丽莎·兰道尔

Lisa Randall

全球"100 位
最具影响力人物"之一

挑战爱因斯坦的 理论物理学大师

全球最权威的 额外维度物理学家

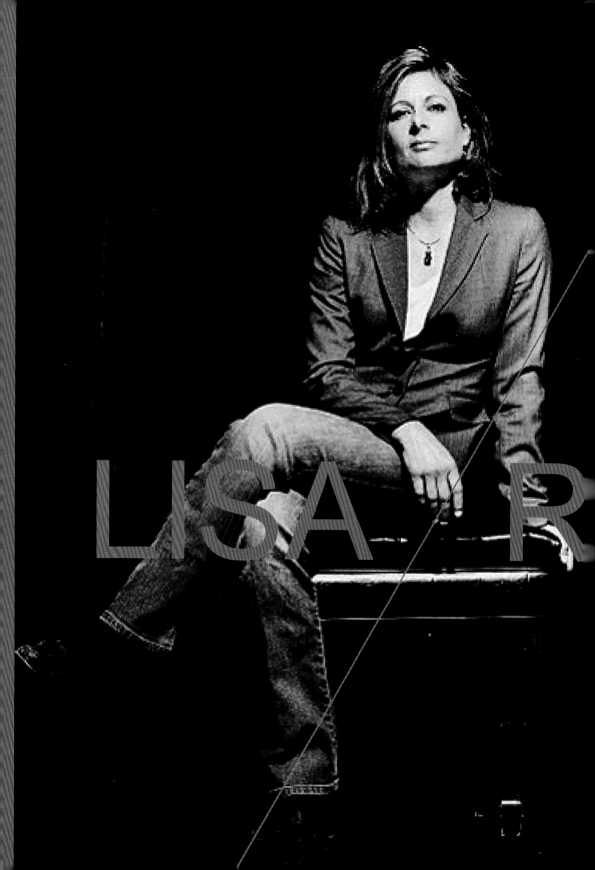

哈佛大学、麻省理工、普林斯顿 **3**大名校终身教授

1962 年 6 月 18 日，丽莎·兰道尔在美国纽约皇后区的一个犹太人家庭出生。她高中就读于史岱文森高中 (Stuyvesant High School)。史岱文森高中是一所以科学及数学见长的公立高中，曾有多位诺贝尔奖得主及各领域的知名人士在此就读，而且这所学校每年还会举办有"美国中学生诺贝尔奖"美誉的西屋科学奖。兰道尔曾经参加过此奖项的争夺，并获得了并列第一的好成绩。

兰道尔本科及博士均毕业于哈佛大学，后在加州大学伯克利分校以及劳伦斯伯克利国家实验室从事过 4 年的博士后研究。1991 年，兰道尔加入麻省理工学院担任助理研究员，1995 年晋升为副教授，并在两年后被授予终身教授。1995 年，她开始在哈佛大学执教。

兰道尔多年来潜心研究理论高能物理，领域涉及粒子物理学标准模型、超对称理论、弦理论、额外维度理论等。从 20 世纪 90 年代开始，兰道尔获得了十余次物理学大奖，其中包括由美国物理学会 2007 年颁发的朱利叶斯·利林费尔德奖 (Julius Edgar Lilienfeld Prize) 以及 2012 年颁发的安德鲁·格芒特奖 (Andrew Gemant Award)。过去 5 年来，兰道尔的论文被引用次数达上万次之多。因为其杰出的成就，兰道尔成为普林斯顿大学物理系第一位女性终身教授，哈佛大学、麻省理工学院第一位女性理论物理学终身教授。

挑战爱因斯坦，**9**年实验首提第五维空间

在哈佛大学的一间实验室里，一位女教授正在做一个核裂变实验。突然，她发现一个微粒竟然离奇地消失得无影无踪。它会跑到哪儿去？这位女教授大胆地提出一个新设想：我们的世界存在一个人类看不到的第五维空间。

这位女教授不是别人，正是 2007 年被《时代周刊》评为"100 位最具影响力人物"之一，被公认为当今全球最权威额外维度物理学家的丽莎·兰道尔。

兰道尔的大胆设想立刻引起了国际物理学界的震惊。要知道，根据爱因斯坦的广义相对论，人类生存的宇宙可是一个"四维时空"。一时间，"哈佛大学美女教授挑战爱因斯坦"的消息传遍全球。兰道尔开始被各大媒体争相报道，其中包括《纽约时报》科学版头条、《经济学家》《科学》《自然》《达拉斯日报》、英国广播电台等。兰道尔更因其美貌荣登美国《时尚》杂志封面。

LISA RANDALL

暗物质毁灭恐龙，**21°** 世纪最惊人猜想

　　在一些虚拟游戏以及科幻大片之外，我们很少同时听到"暗物质"和"恐龙"这两个词。尽管在普通人眼里，暗物质和恐龙都很有趣，但或许都不会把"暗物质"这种看不见的物质和"恐龙"这个代表性的生物联系在一起。兰道尔却这么做了！她和她的合作者们认为：或许正是暗物质最终间接导致了恐龙的灭绝！

　　古生物学家、地质学家、物理学家已经证明，在 6 600 万年前，一个直径达 10 公里的陨星从太空直冲地球，导致了恐龙的灭绝，而原因就是，当太阳穿过银河系时，遇到了由暗物质构成的盘面，改变了太阳系远处星体的轨道，从而导致了这一灾难性的撞击。这一大胆猜想再次震惊了物理学界。

理论物理学大师
丽莎·兰道尔宇宙三部曲

WARPED PASSAGES

UNRAVELING THE MYSTERIES OF THE UNIVERSE'S HIDDEN DIMENSIONS

弯曲的旅行

隐秘的宇宙之维

[美] 丽莎·兰道尔（Lisa Randall）◎著　　窦旭霞◎译　李 泳◎审校

浙江人民出版社
ZHEJIANG PEOPLE'S PUBLISHING HOUSE

SCIENTIFIC SENSE SERIES

湛庐文化"科学素养"专家委员会

寄语

科学伴光与电前行，引领你我展翅翱翔

欧阳自远

天体化学与地球化学家，中国月球探测工程首任首席科学家，中国科学院院士，
发展中国家科学院院士，国际宇航科学院院士

当雷电第一次掠过富兰克林的风筝到达他的指尖；

当电流第一次流入爱迪生的钨丝电灯照亮整个房间；

当我们第一次从显微镜下观察到美丽的生命；

当我们第一次将望远镜指向苍茫闪耀的星空；

当我们第一次登上月球回望自己的蓝色星球；

当我们第一次用史上最大型的实验装置 LHC 对撞出"上帝粒子"；

……

回溯科学的整个历程，今时今日的我们，仍旧激情澎湃。

对科学家来说，几个世纪的求索，注定是一条充斥着寂寥、抗争、坚持与荣耀的道路：

我们走过迷茫与谬误，才踟蹰地进入欢呼雀跃的人群；

我们历经挑战与质疑，才渐渐寻获万物的部分答案；

我们失败过、落魄过，才在偶然的一瞬体会到峰回路转的惊喜。

在这泰山般的宇宙中，我们注定如愚公般地"挖山不止"。所以，

不是每一刻，我们都在获得新发现。
但是，我们继续。
不是每一秒，我们都能洞悉万物的本质。
但是，我们继续。

我们日日夜夜地战斗在科学的第一线，在你们日常所不熟悉的粒子世界与茫茫大宇宙中上下求索。但是我们越来越发现，虽这一切与你们相距甚远，但却息息相关。所以，今时今日，我们愿把自己的所知、所感、所想、所为，传递给你们。

我们必须这样做。

所以，我们成立了这个"科学素养"专家委员会。我们有的来自中国科学院国家天文台，有的来自中国科学院高能物理研究所，有的来自国内物理学界知名学府清华大学、北京师范大学与中山大学，有的来自大洋彼岸的顶尖名校加州理工学院。我们汇集到一起，只愿把最前沿的科学成果传递给你们，将科学家真实的科研世界展现在你们面前。

不是每个人都能成为大人物，但是每个人都可以因为科学而成为圈子中最有趣的人。
不是每个人都能够成就恢弘伟业，但是每个人都可以成为孩子眼中最博学的父亲、母亲。
不是每个人都能身兼历史的重任，但是每个人都可以去了解自身被赋予的最伟大的天赋与奇迹。

科学是我们探求真理的向导，也是你们与下一代进步的天梯。

科学，将给予你们无限的未来。这是科学沉淀几个世纪以来，对人类最伟大的回馈。也是我们，这些科学共同体里的成员，今时今日想要告诉你们的故事。

我们期待，

每一个人都因这套书系，成为有趣而博学的人，成为明灯般指引着孩子前行的父母，成为了解自己、了解物质、生命和宇宙的智者。

同时，我们也期待，

更多的科学家加入我们的队伍，为中国的科普事业共同贡献力量。

同时，我们真诚地祝愿，

科技创新与科学普及双翼齐飞！中华必将腾飞！

WARPED
PASSAGES

韩 涛 著名理论物理学家，美国匹兹堡大学物理天文系杰出教授
匹兹堡大学粒子物理、天体物理及宇宙学中心主任

　　人类真的生活在一个具有多维空间的膜宇宙之上吗？暗物质真的是毁灭"地球霸主"恐龙的"幕后黑手"？发现了"上帝粒子"希格斯玻色子的大型强子对撞机，以及未来的超级对撞机，会为这些玄妙的问题提供深刻的答案吗？听天才理论物理学家丽莎·兰道尔教授用妙趣横生的案例、通俗易懂的语言，对科学求索的真相与未来娓娓道来，让人欲罢不能。这是时下科学研究前沿最振聋发聩的声音！振奋人心，启迪心智！

张双南 中国科学院高能物理研究所和国家天文台双聘研究员
中国科学院粒子天体物理重点实验室主任

　　我们还没有探测到暗物质，但恐龙的灭绝竟然是暗物质造成的？兰道尔"宇宙三部曲"将告诉读者，想理解地球和人类的现在、历史与未来，我们必须搞清楚物质最深层次的结构和宇宙最大尺度的规律！唉，我真为其他想写类似主题的作家们担心，再写出这么出色的书恐怕很难了。

陈学雷 国家杰出青年科学基金奖获得者
国家天文台研究员及宇宙暗物质与暗能量研究团组首席科学家

　　兰道尔教授先后在麻省理工学院、普林斯顿大学、哈佛大学这几所世界最著名的大学担任理论物理学教授，并一直开展着最前沿的科学研究。在这套科普书中，兰道尔教授介绍了物理学家们是如何研究、探索宇宙之

谜的。她并不满足于仅仅介绍那些已经被广泛接受的科学知识，而是着重展示科学家们现在正在进行的猜想和探索，使读者真切地欣赏到科学研究的丰富多彩和趣味，体验科学家们在构造假说、探索未知、获得新发现时所体验到的激情。我相信，想了解科学探索前沿的读者一定会享受阅读这套书带来的乐趣。

朱　进　北京天文馆馆长

在兰道尔教授的笔下，额外维度、暗物质、暗能量、对撞机，这些科学家的"烧脑伙伴"也变得平易近人起来。这套科普书系通俗易懂，与晦涩无缘，揭示了即使是门外汉都读得懂的宇宙真相。

苟利军　中国科学院国家天文台研究员，中国科学院大学教授
"第十一届文津奖"获奖图书《星际穿越》译者

几千年来，人类一直在试图回答"宇宙是什么"这一古老问题。现代天文观测和研究揭示，宇宙包含了时空和普通物质以及很多神秘"角色"。作为世界知名的粒子物理学家，哈佛大学物理系教授丽莎·兰道尔在她的这套系列丛书中，以其渊博的知识、广阔的视野、通俗的语言，以及丰富有趣的事例，给我们讲述了宇宙的基本组成和包含万物的时空，非常值得一读。作者大胆推断，地球上恐龙的灭绝与银河系中的某种暗物质有关。如果这能够被证实，将颠覆我们对宇宙神秘物质的现有认识。

吴　岩　科幻作家，北京师范大学教授

简明扼要，通俗易懂，内容独创。地球人非读不可！

万维钢（同人于野）　科学作家，畅销书《万万没想到》作者
"得到" App《万维钢·精英日课》专栏作家

过去几十年来，理论物理学中最酷的话题已经从量子力学、相对论和黑洞变成了超弦、希格斯粒子和暗物质。如果说，黑洞让人着迷、量子力学让人困惑、相对论让人脑洞大开，那这些新概念则更难让人理解！不过一旦你理解了，就会获得更大的智力愉悦感。物理学家一直致力于在不用公式的情况下让公众理解物理学，丽莎·兰道尔正是这项事业的新晋翘楚。她用一贯的机智语言告诉我们，这一代的物理学正在发生什么。

郝景芳　2016 年雨果奖获得者，《北京折叠》作者

在这个信息爆炸的时代，我们收到的碎片化信息太多，反而难以获得真知。碎片化文章看得再多，也不如读一本真正的好书，尤其是深入浅出、结构恢弘的好书。兰道尔"宇宙三部曲"就是难得一见的、视野辽阔的好书，每一本都选择了令人好奇的话题：宇宙结构、宇宙历史、宇宙物质，并且还与恐龙灭绝这样有趣的话题相结合，更加吸引人，让人读起来手不释卷。而最为难得的是，兰道尔的文笔简洁、优美，你在书中找不到像一般物理学科普图书那种艰深晦涩的语句。她用小说一样的文笔娓娓道来，让你理解人类对宇宙最全面的认知。

史蒂芬·平克　著名认知心理学家，科普作家
畅销书《心智探奇》《思想本质》《语言本能》作者

兰道尔说："在物理界，有几个人从一开始就理解我们，而且相信我们是正确的。令我们感到无比幸运的是，史蒂芬·霍金就是其中一位。"兰道尔在《弯曲的旅行》一书中重在唤起读者的好奇心，而不是讲述专业知识。她耐心地引领读者从简单的直觉经验出发，穿越当代物理学的主要概念，直达令人兴奋的科学最前沿。

马丁·里斯爵士　英国皇家学会会长，剑桥大学天文学家，宇宙学大师

《弯曲的旅行》作者兰道可以说是最为杰出的宇宙学家之一。她告诉我们，在咫尺之外可能还有另外一个宇宙，可惜我们看不到它，实际上我们被束缚在了三维空间——这实在是太吸引人了！

戴维·格罗斯　诺贝尔物理学奖得主

作为一位杰出的探索额外维度的先驱，兰道尔不仅讲述了自己的探索历程，而且驾轻就熟地描述了粒子物理学早期发展的广阔领地。正是它们，引出了更多维度的假说。

看不见的第五维

韩 涛

美国匹兹堡大学物理天文系杰出教授

匹兹堡粒子物理、天体物理与宇宙学中心主任

人类对自然现象的好奇心驱使着我们探索时间和空间（时空）的奥秘。时空是物质存在的形式，可是时空本身到底以什么形式展现、如何确切地描述，却是古今中外物理学家、数学家以及哲学家们煞费苦心研究的问题。自从科学诞生以来，对于时空性质的研究就几乎成了永久的课题。

本书作者丽莎·兰道尔现任教于哈佛大学。她曾是普林斯顿大学物理系的第一位终身女性教授，也是哈佛大学、麻省理工学院的第一位理论物理系的终身女性教授。从事高能理论物理研究工作近30年来，兰道尔获得了多项开创性的重要成果，是当前最有影响力的理论物理学家之一。她和拉曼·桑卓姆（Raman Sundrum）十几年前提出的额外维度模型，与另一个大额外维度理论一起，产生了划时代的意义。现在，兰道尔仍然活跃在科学前沿，致力于基本粒子理论和宇宙学的研究。

作为对额外维度理论的最新进展有开创性贡献的物理学家之一，兰道尔相信额外维度的存在。可不管这些卷曲的额外维度有多大，都是我

们肉眼所看不见的！那么，我们如何从实验中确认它们的存在呢？幸运的是，这种理论很可能在我们目前及未来的实验中留下了蛛丝马迹。现在，设在日内瓦欧洲核子研究中心（CERN）的大型强子对撞机（LHC）已经投入运行，而它也是迄今国际上最大的科学实验装置。

LHC 可以使高能质子对撞，产生高能反应。然后，能量转变成质量，产生新的粒子。一种被称作卡鲁扎 - 克莱因的粒子就是额外维度理论预言的确证，也是 LHC 实验中希望发现的。如果 LHC 中的高能反应有幸达到强引力的范畴，那么还可能产生高维黑洞！

与许多高能物理学家一起，兰道尔也积极投身于 LHC 实验的研究，她近来关于卡鲁扎 - 克莱因粒子及高维黑洞现象的理论预言，都对 LHC 实验具有指导意义。高能物理领域热切期待着革命性的新发现！这种额外维度理论甚至对早期宇宙暴胀理论，以及暗物质的来源都会提供一种新视角。

从目前的观测看来，我们生活在一个均匀的、各向同性的三维空间加一维时间，即四维时空中，还没有实验证据揭示三维空间外的"额外维度"的存在。然而，自 20 世纪初以来就有理论物理学家提出额外维度存在的可能性。**这些额外维度不像我们周围的三维空间那样延伸，而是卷曲到小得看不见。有希望统一引力与量子力学的弦理论，恰恰要求额外维度的存在。**这个观点引起了物理学家及数学家的极大兴趣，甚至被认为是物理学领域的一次革命！传统的弦理论认为，我们生活的三维空间只不过是一个更高维空间中的一部分，但现代弦理论指出，额外维度可以微小到永远无法被观测的程度，即接近所谓的"普朗克长度"，约 10^{-33} 厘米。如果真是这样，额外维度的存在与否，似乎对我们的可观测世界也没有什么作用，因此其存在很难由实验来证实或证伪。

但是，理论物理学研究的最新结果改变了物理学家对额外维度的认识。其实，**额外维度可以很大，有的甚至可以延伸到无穷大！**它们可以不是平坦的，而是变形的、卷曲的。这种观点来源于爱因斯坦广义相对论中的一个概念。**物质能量对时间和空间的制约导致了这些异常性质的出现**。更引起物理学家重视的是，这些新理论还有其他方面的意义和应用。比如，与我们周围的核力和电磁力相比，引力如此之微弱。这种卷曲空间的新理论可以解释这个长期以来的困惑：在严重卷曲的空间里，引力可以在某些区域里表现得很强，而在其他区域里表现得很弱。进而，这种卷曲的额外维度理论还可以帮助理解弱核力得以稳定存在的事实。

在本书的最后一部分，兰道尔提出了一个让读者感到惊讶的问题：究竟什么是维度？"确定一个点所需要的独立坐标数就是维度"，不是吗？其实答案要比想象的复杂得多！物理现象都是由物质间的相互作用所决定的。如果存在很强的相互作用，那么维度的概念就会变得更加复杂。十几年来，理论物理学的最新进展表明，一个四维的强相互作用理论可以等效于一个高维的引力理论，即所谓的对偶性。在这种情况下，维度的概念不再明确。其实，弦理论学家早就发现了另外一个对偶性，称作T对偶。**在弦理论里，卷曲空间的极小体积和极大体积产生的物理结果是一样的，这使得维度的含义再次变得模糊起来**。这些属性实在太玄妙了！兰道尔以及许多顶尖的物理学家都认为，时间和空间一定还有更为基本的描述。

本书以艾克和阿西娜兄妹俩的对话开始引入维度，每一章都会以他们的梦境、经历或故事来代入主题，别有一番风味。本书语言轻松易懂，且图文并茂。书中多处以有趣的例子、图画和故事来描述与比喻深刻的理论：从在婴儿床里爬行时感受到的维度，到不粘锅中准晶体的高维结构，再到以浇花时水的流量比喻力的强度，又到用漏斗的形状来比喻卷曲的额外维度，等等，既生动又贴切，极具可读性。而且该书的翻译严谨，语言通俗，适合于对现代前沿科学有兴趣的广大国内读者。

时空的性质的确是高能物理和宇宙学中最重要的研究主题，那么额外维度真的存在吗？这样引人入胜的想法到底会不会得到实验观测的肯定呢？读者们还是自己从这本妙趣横生的书中寻找答案吧！

发现的激情

陈学雷

国家杰出青年科学基金获得者

国家天文台研究员及宇宙暗物质与暗能量研究团组首席科学家

　　拿到这套书的样章，让我想起 20 多年前（1993 年），我作为一名物理学研究生，参加了由李政道先生创办的中国高等科学技术中心组织的一个国际物理学会议。会议日程上列出的报告中有几位大名鼎鼎的学者，他们的名字，我们在粒子物理学教科书中早已熟悉。但当时还有一个我不很熟悉的名字 "Lisa Randall"，而且在日程中排在十分显著的位置。会议开始后，我见到了她：一位面容美丽、身材苗条的女子。她看上去似乎比我大不了几岁，却十分高冷。而且，我听说她酷爱攀岩。然而在会议中，无论是演讲、问答还是讨论，她都显得学识渊博、机敏睿智、充满自信，与那些年龄、资历都老得多的学者辩论时，完全不落下风，成为会议的中心人物之一。这完全打破了我那时对女性物理学家的错误刻板印象。诚然，我从小遇到过很多成绩比我更优秀的女同学，但也许是因为女孩子们的谦让、文静和不好争辩，总让我怀疑她们不过是比我更用功、更擅长作业和考试而已。对于她们是否能深刻地思索或者作出创造性的发现，我内心总有一点儿怀疑。在物理学发展史上，女性物理学家，特别是理论物理学家，也确实屈指可数。然而，站在我面前的就是一位活生生的杰出的女性物理学家，这证明之前我错了。当然，自那之后，我有幸遇到过很多优秀的女性物理学家，其中也包括丽莎·兰道尔教授的一位中国女弟子苏淑芳博士。她们都向我证明了，女性在物理学或者其他科学研究中，完全可以取得毫不逊色于男性的成就。

兰道尔教授先后在麻省理工学院、普林斯顿大学、哈佛大学这几所世界最著名的大学担任理论物理学教授，并一直在进行着最前沿的科学研究。她有许多卓越的成就，其中最著名的是她与桑卓姆合作提出的"额外维度"模型。在这个模型中，我们所熟知的三维空间只是高维空间中的"膜"（参见《弯曲的旅行》一书）。兰道尔教授的这套科普书系，介绍了物理学家是如何研究、探索宇宙之谜的。《叩响天堂之门》一书不仅介绍了大型强子对撞机所进行的研究的意义，也用科学的道理和事实，澄清了人们对科学的各种误解；《弯曲的旅行》一书，重点是对高维空间的探索；《暗物质与恐龙》一书则介绍了作者提出的一种特别的暗物质模型，并就此提出了一个关于恐龙灭绝的有趣假说，借此又阐述了从宇宙起源到暗物质、从太阳系演化到恐龙等多方面的知识。这三部著作的共同特点是，作者并不满足于仅仅介绍那些已经被广泛接受的科学知识，而是着重展示科学家现在正在进行的猜想和探索，当然也清楚地说明了哪些仍仅仅是猜想和假说。这些猜想也许未必都正确，其中许多可能也会被未来的实验和观测所否定。但是，对这些内容的介绍更可以使读者真切地欣赏到科学研究的丰富多彩和趣味，体验到科学家们在构造假说、探索未知、获得新发现时所体验的激情。

我相信，想了解科学探索前沿的读者一定会享受阅读这套书带来的乐趣。我也特别希望，这些书能鼓励那些喜爱科学、希望未来从事科学研究的女孩子们。

宇宙的故事

得知我的三本书将在中国出版，我感到十分兴奋。不论在理论物理学还是在实验物理学的舞台上，中国都在扮演着日益重要的角色。

我有一些优秀的中国学生以及博士后，而且我也发现，近年来在中国这片土地上，人们对我研究方向的兴趣正在不断增长。不仅如此，中国的实验物理学也在近期取得了一些重要成果。例如，在大亚湾中微子实验室中对最轻、最重中微子混合的振荡测量，其结果震惊了世人，而且它比人们的预期早了至少一年。现有的暗物质探测器，包括 PandaX 与 CDEX，标定了一些重要的能量范围，并且仍在不断探索，以揭示神秘的暗物质粒子的本质。展望未来，计划在中国建造的最大型的对撞机至关重要，它将成为国际主要的粒子物理学实验装置，并能够胜任探索超越已知领域的重任。

作为一位理论物理学家，我的研究领域涉猎甚广，小到物质的内部结构，大到宇宙、空间的本质。这些研究令人兴奋，然而又很难向他人解释清楚——在没有对应语境的情况下更难说清。这三本书给了我一次机会，不仅可以向世人解释我的研究，还可以同时解释作为我研究基础的量子力学、相对论、粒子物理学与天体物理学等物理学知识。我将乐于讲述一些展现这些领域中研究前沿的宏大故事。

我在《叩响天堂之门》一书中解释了科学的本质。它强调了尺度的重要性，也即如何在基本粒子、原子、普通物质或是宇宙的尺度上思考科学问题。《叩响天堂之门》一书也探索了科学的发展历程、什么是"对"与"错"，以及创造力在科学发展中的意义。在这本书中，我还预测了大型强子对撞机（LHC）上的物理结果。大型强子对撞机是建造在日内瓦附近的大型加速器，能让高能质子对撞，以产生新的粒子与新的相互作用，它可以用来研究人类之前所不能及的更小尺度。这本书解释了大型强子对撞机如何运作，以及在这一实验中，科学家正在研究什么以及他们未来将要研究什么。

《弯曲的旅行》一书讲述了我对空间中可能存在的卷曲的额外维度的研究——额外维度是在我们容易观察到的三个维度（左-右、前-后、上-下）之外的某个维度。额外维度可能具有重要意义，它将解释基本粒子的质量，并为它们之间的相互作用引入新的理论可能性。这些卷曲也将容许空间具有一个无穷大的额外维度，它将与我们观测到的一切事物相容。为了讲述这个故事，我回顾了前沿研究中的量子力学、相对论、粒子物理学的基础（既有理论，也有实验），还回顾了弦理论。在这本书中，我会讲述我们是如何把所有研究领域联系在一起，我们是如何得到了这一切，以及我们已经走到了哪一步的大故事。

《暗物质与恐龙》一书，既向外审视宇宙的宏大图景，又向内一窥物质的内部结构。它解释了暗物质的本质及其在宇宙演化中扮演的角色——暗物质是宇宙中捉摸不定的物质，只与引力而不与光相互作用。《暗物质与恐龙》一书也强调了物质的基本性质与我们今日所见的地球、宇宙之间的联系。这本书的内容不仅涵盖了宇宙学，还涉及星系、太阳系和地球之间的相互作用，及其与周边环境的联系。在这一旅程中，我还将解释我对暗物质的新理念：暗物质可能包含了某个小组分，这个组分通过自身的媒介物质——光进行相互作用，而普通物质不与之相互作用。这可能会产生激动人心的结果，包括在银河系平面上，暗物质盘将形成，其引力效应可能导致巨大的流星体撞击地球，从而最终导致恐龙的灭绝。

《叩响天堂之门》《弯曲的旅行》与《暗物质与恐龙》三本书包含了粒子物理学的广阔思想领域，是对我的研究以及更宽泛的粒子物理学和宇宙学的一个简述。这三本书把许多新颖且多元的理念与科学领域结合在一起，给出了对今日科学家工作状态的一个感性认知。

在完成《暗物质与恐龙》这本书之后，我已继续投身于对暗物质的研究中。在许多已有研究的基础上，暗物质已经是一个比较成熟的研究主题了。我们在实验上有了许多直接的结果，也开始着手于更好地理解用来探索宇宙的天文望远镜、人造卫星是如何阐明"暗物质是什么"这一问题的。同时，理论也在不断发展，人们已经超越了对暗物质粒子非常狭隘的假设，并对"暗物质如何相互作用"有了更深刻的想法。我正在思考关于暗物质粒子全部带电（而不只是一小部分带电）的可能性，并自问这一假设可能导出什么结果。现有的研究忽视了某些使这个假设可行的重要结果，或许这可能只是因为：暗物质着实不像粒子物理学家之前所假设的那么无趣。

理解暗物质这种神秘物质的本质，是一个非常令人兴奋的研究主题，毕竟它占据了全部物质能量的85%。我希望中国的读者能享受这一旅程：跟随我一起探索我们是由什么组成的，宇宙中的相互作用是如何发生的，以及我们这些科学家是如何研究宇宙问题的。我确信，你们将会从中学到许多新知识，同时又能提出属于自己的问题和观点。

额外维度是什么？
我们的三维世界之外真的存在一个膜宇宙吗？
扫码关注"庐客汇"，
回复"弯曲的旅行"
听兰道尔教授用3分钟解答额外维度。

第一部分
三维之外

01 维度之谜 / 015

从一维到多维
《巧克力工厂》旺卡梯的秘密
二生三
有效理论，忽略细枝末节

02 额外维度究竟有多大 / 035

为什么世界看起来只有三维
有额外维度的牛顿引力定律
牛顿定律与卷曲维度
额外维度必须小到不可见吗

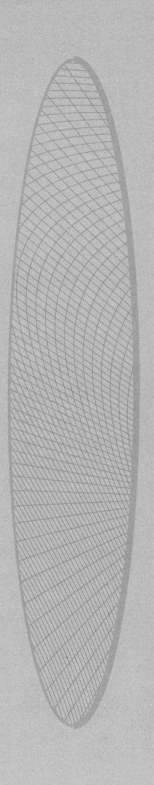

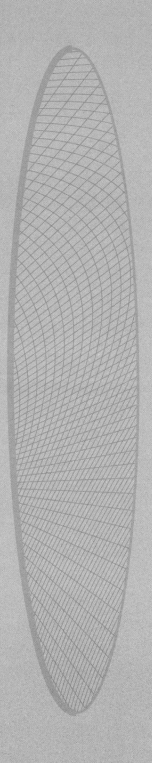

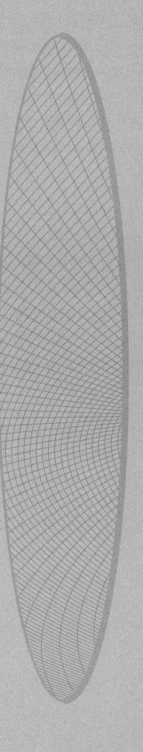

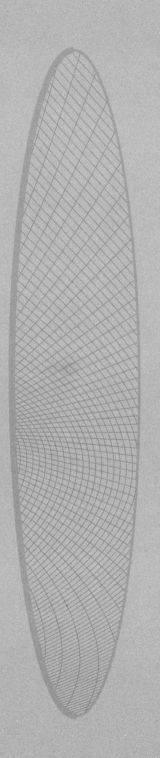

**WARPED
PASSAGES**

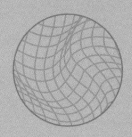

你不是一个人在读书!
扫码进入湛庐"趋势与科技"读者群,
与小伙伴"同读共进"!

宇宙中的隐秘之维

你必须要打扮得漂亮，以免被他忽视。

甲壳虫乐队（The Beatles）

宇宙有着说不尽的秘密，空间的额外维度可能就是其中之一。如果真是这样，那一定是宇宙一直在隐藏着这些维度，小心地包裹着它们，以免被人发现。如果不仔细看，你还真想不到会有什么玄妙。

关于维度认知的错误信息源于婴儿时代，婴儿床首先引领我们进入了一个三维空间（见图 0-1）。当我们在婴儿床里爬行时，是在一个二维的平面上；等我们能站起来往外爬时，又多了垂直的第三维。自那时起，物理定律（更不用说人的常识）就加强了三维理论的信念，排斥任何可能存在更多维度的设想。

然而，时空很可能与我们的想象大相径庭。我们所熟知的物理理论，没有任何一个明确指出时空就只能是三维的。不假思索地否认其他维度存在的可能性，未免显得草率。正如"上下"与"前后"、"左右"有着不同的方向，是一个不同的维度一样，在浩淼的宇宙中也可能存在其他全然不同的新维度，尽管看不见、摸不着，却合情合理。

图 0-1

一个婴儿的三维世界。

　　这种未知的不可见的维度，尚没有一个确切的名称。如果它们真的存在，事物就有了一个新的行动方向，因此，当需要一个名称来提及某个额外维度时，我会称之为"通道"（阐释额外维度时，我用"通道"这个词）。**这些通道可能很平坦，就像我们熟知的那些维度一样；也可能是弯曲的，就像哈哈镜里的影像一样**。它们可能极其微小——比原子还要小得多：迄今为止，凡是相信额外维度存在的人都这么认为。但是，最新成果显示，这些额外维度也可能很大，甚至是无穷大，却仍然很难被看见。我们的感官只认知三个大的维度，突然多出一个无穷大的额外维度，听起来还真是令人难以置信，而这个不可见的无限维度正是宇宙中众多离奇的可能性之一。在本书中，我们就来一探究竟。

有关额外维度的研究还引出了其他一些引人注目的概念，它们足以满足一个科幻迷的科学幻想，诸如平行宇宙、弯曲几何、三维溶洞等，这些话题听起来更像是小说家的杜撰，甚或是痴人说梦，而不像真正的科学求索的主题。尽管如此，它们却是可能出现在额外维度世界中真正的科学景象。（现在不熟悉这些名词和概念没关系，后面我们会进行介绍和探究。）

不粘锅里的另一个世界

即便包含额外维度的物理学允许出现这些引人入胜的情景，或许你仍会纳闷，一向只专注于对可见现象作出预言的物理学家，为什么会对这些如此看重呢？答案一如额外维度本身一样耐人寻味。新的研究成果表明，尽管人们还没有切身感受到额外维度的存在，也依然对额外维度甚是迷惑，但它们却能够揭示宇宙中某些最本质的秘密。对于我们看到的世界，额外维度可能蕴含着某些深意，而有关它们的思想，或许最终会揭示我们在三维空间中错失的某些关联。

如果我们不能从时间上认识到因纽特人和中国人系属同一祖先，那么就不会明白为什么他们有着相似的体貌特征。同样地，与额外维度相伴的联系有可能解释粒子物理学中令人费解的方方面面，帮助我们揭开几十年来的难题。因为当空间锁定在三维时，粒子属性和力的关系似乎难以解释；而在高维空间里，那些关系就自然逻辑自恰了。

我相信额外维度吗？我承认，我信。过去，对于可测量范围之外的物理学的猜想——包括我自己的观点，我虽然很着迷，却也存有一定程度的怀疑。我想正是这样，才使我对这些未知既没有失去兴趣，又保持了忠实的态度。不过有时候，某个想法似乎必定蕴含着真理的萌芽。

> 5 年前的一天，正当我坐船穿过查尔斯河进入剑桥镇时，我突然意识到：我的确相信某种形式的额外维度一定存在。环顾四周，我思忖着那些看不见的维度。我对自己世界观的改变感到非常惊讶，这种感觉我之前也曾经历过：作为一个地道的纽约人，在棒球加时赛中，我突然发现，我竟然在为纽约洋基队的对手波士顿红袜队呐喊助威——那同样是一件我从未料到的事。

对于额外维度的深入了解更增强了我对其存在的信心，而同时那些反对的论点则漏洞百出，不能令人信服；离开额外维度，物理学理论就有很多问题无法解答；随着对额外维度的探索，我们发现，可能还有更多类似于我们这个宇宙的多重宇宙，这表明我们目前只看到了冰山一角！即便额外维度与我将做的描述并不十分一致，但我依然认为，它们极有可能以这样或那样的形态存在，其意义也必定是出人意料、发人深省的。

如果得知在你家厨房里就有可能隐藏着额外维度，那么你的好奇心或许立马就会被激发出来。这个痕迹就在不粘锅里：不粘锅上有一层准晶体的镀层。准晶体的结构十分奇妙，其基本秩序只有在额外维度中才能显现。晶体是一种原子和分子排列高度对称的网格结构，其中一个基本元素会不断重复出现。在三维空间中，我们知道晶体会形成怎样的结构，会以哪种模式排列，可是，准晶体的原子和分子排列却不符合晶体的任何一种模式！

图 0-2 所示的是准晶体的一种排列模式。真正的晶体，结构

精确、规则，就像是坐标纸上的网格；而在准晶体的图例中，我们却看不到这种精确的规则排列。对这些奇特材料的分子排列模式，最贴切的解释办法是借助高维晶体模式的投影——有点儿像三维的影子，以此来揭示它在高维空间里的对称性。**三维空间中全然无从解释的模式，却反映了它在高维世界的有序结构**。带有准晶体镀层的锅之所以不粘，正是利用了准晶体与常见食物的结构差异，锅里镀层的高维晶体投影与常见食物的一般三维结构是有差异的，原子排列模式的不同使得它们不会粘连在一起。原子的这种不同排列模式，既使我们依稀看到了额外维度的存在，也使我们对一些可见的物理现象作出了解释。

图 0-2

彭罗斯拼图。该图是五维晶体结构在二维平面的投影。

相比其他作用力，引力为何不堪一击

额外维度帮助我们理解了一直令人费解的准晶体分子的排列模式，正因如此，现在物理学家们推想，额外维度理论也可以解释粒子物理学和宇宙学中的某些联系——那些只有在三维空间里令人费解的联系。

近 40 年来，物理学家们一直依赖于粒子物理学中的标准模型理论。标准模型理论（在第 7 章中我们会进一步讨论）讲述了物质的根本性质以及物质基本成分之间的相互作用力。物理学家创造了一些自宇宙最初几秒以来从未在我们的世界出现过的粒子，以此来检验标准模型。他们发现，标准模型对这些粒子的许多属性都作出了成功的解释。不过标准模型却无法解答一些根本性的问题，而这些问题又是如此直抵了事物的本质，它们的解答有望使我们对这个世界的建构基础及其相互作用产生新的认识。

本书讲述了我和其他科学家是如何探求标准模型难题的答案，以及怎样进入额外维度领域的。额外维度研究的新进展最终必然会成为万众瞩目的焦点，但在此之前，我要先介绍几个强有力的理论——它们是 20 世纪物理学的革命性进步，我随后讲述的新的理论观点正是建立在这些重大突破之上的。

我们要回顾的话题大致分为三类：**20 世纪早期物理学、粒子物理学以及弦理论**。我们会研究相对论和量子力学的主要观点、粒子物理学的现状以及额外维度可能遇到的难题。我们还将思考弦理论的基本概念。许多物理学家认为，弦理论是现在最有希望将量子力学和万有引力统一起来的理论。弦理论指出，自然界的最基本单位不是粒子，而是基本的振动弦。因为这一理论需要一个超出三维的空间，所以就为额外维度的研究提供了强大动力。我还会讲到膜的作用，膜是薄膜状的物质，在弦理论中如同弦本身一样，是最基本的。我们还将探讨这些理论的成功之处以及它们未能解答的问题，正是这些未解之谜推动了我们当今的研究。

其中，一个主要的未解之谜是：**相比其他作用力，引力为何如此微弱？**爬山时，你可能觉得地球引力并不微弱，但想想，那可是整个地球都在作用于你。但反过来看，一块小小的磁铁却能将一枚曲别针吸起，任地球庞大的质量正在将其拉向相反的方向。**面对一块小小磁铁的小小拉力，地球引力何以如此不堪一击？**在标准三维粒子物理中，微弱的地球引力实在是一个巨大的谜团，而额外维度就有可能成为这个关键的解。

1998 年，我和同事拉曼·桑卓姆提出了一个可能的解释。

我们的观点基于弯曲几何，这是源于爱因斯坦广义相对论的一个概念。据此理论，时间和空间被物质与能量融合在一起，形成了一个卷曲的或弯曲的时空结构。我和拉曼将此理论应用到了一种新的额外维度的模型中，然后发现了一种时空严重弯曲的结构，即便引力在一个空间区域内很强大，而在其他区域内也会变得微弱。

我们还有更加不同寻常的发现：尽管近 90 年来，物理学家一直假定额外维度一定是极其微小的，以此来解释我们为什么看不见它们。可是在 1999 年，我和拉曼不仅发现弯曲时空能够解释地球引力的微弱，还发现看不见的额外维度也可能延伸至无穷大——只要它在弯曲时空里发生适当的卷曲。额外维度可以是无穷大的，却依然隐藏着——这一观点并非所有物理学家都能立即接受，但我物理学领域之外的朋友很快就以为我发现了什么，这并非因为他们完全精通了物理学，而是因为在一次会议上我表述完自己的研究成果之后，在宴会上史蒂芬·霍金让我坐在了他旁边！

在书中，我将解释这些以及其他一些理论成果的基本物理学原理，还有能借以构造它们的空间新概念。然后，我们还会遇到更加离奇的事：一年后，我和物理学家安德烈亚斯·卡奇（Andreas Karch）发现：尽管宇宙的其他部分都是多维的，但我们却可能生活在空间的一个三维口袋里。这个结果引出了大量可能的时空新结构，它可能由不同的区域组成，每个区域包含不同数量的维度。500 多年前，哥白尼提出地球不是世界中心的观点震撼了整个世界，而今，我们不仅不是世界的中心，还有可能只不过生存在一个孤立的三维空间里，而它却也只是高维宇宙的一部分！

新发现的被称作膜的薄膜状物质是丰富的高维景象的重要组成部分。**如果说额外维度是物理学家的运动场，那么膜宇宙——在这个虚拟宇宙中，我们就生存在一个膜上，就是一个可望而不**

可即、多层、多面的丛林体育馆 ❶。本书将带你进入弯曲、庞大、有着无限维度的膜宇宙中，其中一些宇宙只有一个膜，而另外一些有着多层膜，笼罩着看不见的世界。

这一切皆有可能。

未知中的兴奋

假想的膜宇宙是信念的理论性飞跃，它们包含的观点是猜测性的。就如股市一样，冒险可能失败，但也可能带来巨大的回报。

> 想象暴风雪过后的第一个晴日，你坐在上山的缆车上放眼望去，一片白茫茫的雪野，一个脚印儿都没有，雪地就在你的脚下，闪着银光诱惑着你。你知道，无论怎样，只要踏上这片雪地，这必然会是美妙的一天。有些滑道是陡峭的，崎岖不平；而有些则畅通无阻，如闲逛的巡游；还有些要穿越丛林，像走入迷宫一般。但是，即使偶尔会有错误的转向，偏离滑道，这一天仍将是非常美妙且值得留恋的。

对我来说，模型构建就如这雪地一般，有着同样难以抗拒的诱惑力。对于当前现象的基础理论探索，物理学家称为模型构建，它是在概念和观点之间穿梭的"冒险旅行"：有时，新观点显而易见；而有时，却如捉迷藏般不可捉摸。但是，即使在我们并不知道这些有趣的新模型最终会把我们引向何方时，它们也常常开拓出不为人知且令人兴奋的新天地。

----

❶ 对英国读者来说，是一个孩子的攀爬架。

关于我们在宇宙中的位置，究竟哪个理论会作出正确的描述，我们还尚不知情，其中有一些，我们可能永远都不会了解。但令人难以置信的是，并非所有的额外维度理论都是如此。任何一个解释了引力微弱的额外维度理论，最令人兴奋的一个特征就是，如果它正确，我们很快就能发现。而 LHC 研究高能粒子的实验很可能会发现支持这些假设以及它们所包含的额外维度的证据。

LHC 会让一些高能粒子发生碰撞，生成一些我们从未见过的新物质。如果有任何一个额外维度理论正确，它都可能会在 LHC 里留下可见的痕迹，这些证据将包括叫作卡鲁扎 - 克莱因模式的粒子的痕迹。卡鲁扎 - 克莱因模式是额外维度留在我们三维世界的脚印。如果足够幸运，实验还会记录其他线索，甚至可能会发现高维黑洞。

记录这些对象的探测仪是一个惊人的庞然大物——甚至需要穿戴好肩背带、头盔等登山装备才能爬上去工作。事实上，在瑞士靠近欧洲核子研究中心（CERN）附近，我就曾用这些装备进行了一次冰川旅行，CERN 就是 LHC 安家的地方。这些庞大的探测仪会记录下粒子的性质，然后物理学家利用这些性质重构通过它们的粒子。

诚然，额外维度的证据可能并不直接，必须由我们将各种各样的线索拼接起来，不过几乎所有新近的物理学发现都是如此。**20 世纪，随着物理学的发展，我们的研究对象已不单纯是能由肉眼直接观察的事物，而是转向了只有通过测量和逻辑推理才能"看见"的事物。**例如，我们中学时代就已熟悉的质子和中子的组成成分夸克，它就从未独立地出现过，在影响其他粒子时，它们会留下痕迹，正是跟踪这些痕迹，我们才发现了它们。暗物质和暗能量的发现也是如此：我们不知道宇宙中大部分的能量来自哪里，也不知道宇宙所包含的大多数物质的本质是什么，但我们知道宇宙中存在着暗物质和暗能量，这并非因为我们直接探测到了它们，而是因为它们对周围的物质有着明显的影响。我们确定夸克或暗物质、暗能量的存在，只是通过间接的方式；同样地，额外维度也不会直接出现在我们面前。但是，即便额外维度存在的迹象并不直接，我们也能知道它们确实是存在的。

首先我得声明：并非所有的观点最终都能被证明是正确的，许多科学家对所有新理论都持怀疑态度，我这里讲的理论也不例外，但猜想是助推我们理解的唯一办法。最后，即使有些细节并不能完全与现实相符，但一个新的理论观点仍能阐明一些物理学原理，启发我们找到真正的宇宙理论。我确信，本书中我们将探讨的额外维度理论绝不仅仅是真理的一丝萌芽而已。

在从事未知事物的研究和推想新观点时，我们不禁会想起，基本结构的发现总是惊人的，而且总会遭遇怀疑和抵触。令人感到奇怪的是，不仅仅是普通大众，有时，就连提出那些基本结构的人，起初也是犹豫不决的。

　　例如，詹姆斯·克拉克·麦克斯韦创立了经典电磁理论，却并不相信基本电荷单位（如电子）的存在；乔治·斯托尼（George Stoney）于 19 世纪末提出电子是基本的电荷单位，却不相信科学家可能会将电子从原子中分离出来，它们只是原子的组成部分（事实上，电子只携带热量或电场）；元素周期表的发现者德米特里·门捷列夫拒绝接受周期表所体现的化合价的概念；马克斯·普朗克提出由光携带的能量是不连贯的，却并不相信他自己观点里暗含的光量子的现实存在；阿尔伯特·爱因斯坦提出了光量子的概念，却不知道它们的力学属性可能使它们等同于粒子——即我们现在所知的光子。但是，并非每个有着正确新思想的人都会否认它们与现实的联系。许多观点，无论是否被承认，最终还是会被证明是确凿无疑的。

还有什么东西等待我们去发现吗？这个问题的答案，我们可以从卓越的核物理学家、科普作家乔治·伽莫夫（George Gamow）的一段"短命"名言中寻得一丝端倪。他在 1945 年写道："现在，我们只剩下三种本质不同的实体：原子核、电子、中微子，而不是经典物理学中大量的'不可见的原子'……如此一来，在物质基本构成的探索中，我们似乎已经找到了根源。"**伽莫夫写这些的时候，根本不会想到原子核是由夸克构成的，而且不到 30 年，人们就发现了它！**

我们在继续探求着更基本的结构，如果到我们这里便不再有新成果、新发现了，难道你不觉得很奇怪吗？你不觉得那简直令人难以置信吗？现有理论之间的矛盾透露给我们的是，它们一定不是最终结果。前辈物理学家们既没有当今物理学家的工具，也没有动机来探索本书中将描述的额外维度领域。额外维度，或是支持粒子物理学中标准模型的任何其他东西，都将是一项重大发现。

面对周围的世界，我们有什么理由不去探索呢？

WARPED

第一部分

三维之外

PASSAGES

UNRAVELING THE MYSTERIES OF THE UNIVERSE'S HIDDEN DIMENSIONS

维度之谜
WARPED PASSAGES

你可以走自己的路，走自己的路。

佛利伍麦克合唱团（Fleetwood Mac）

不同维度，而不是异度空间

"艾克，我对自己写的这个故事不太有把握，我想加进更多层次，让它更加多维，你觉得这个主意怎么样？"

"阿西娜，你大哥我对于编故事可不太在行！可是，你要让它更加多维，这不会有什么害处。那么，你是要增加新的人设呢，还是要让现有人设的个性更丰满？"

"都不是，我不是这个意思。我要引进新的维度，类似于新的空间维度。"

"你不是开玩笑吧，你要写异度空间？就是人们会有异度灵魂体验，抑或人们死后或临死时会去的那些地方？ ❶ 我没想到你还会对那种东西感兴趣。"

"别呀，艾克，你当然知道我不感兴趣。我说的是不同的空间维度，不是异度灵魂世界。"

"可是不同的空间维度又能有什么差别？难道换一张不同边长的纸，比如说，把 11 厘米 ×8 厘米换成 12 厘米 ×9 厘米，会带来什么变化？"

"别闹了，你还没弄明白我说的意思。我是真的打算加上一些新的空间维度，就如我们看得见的维度一样，只是沿着完全不同的方向。"

"还有我们看不见的维度？我还以为三维就是世界的全部了呢。"

"耐住性子，艾克。我们很快就会弄明白的。"

"维度"这个词，就像许多描绘空间或是在空间中运动的词汇一样，可以有多种释义——我想目前为止我已经听到了全部。因为我们所看到的事物都有它在空间里的图像，因此在描述许多概念时，包括时间和思维，我们也常常使用一些空间术语。这就是说，应用于空间的许多词汇都有多重含义。当我们在专业领域使用这些词汇时，那些不同的含义会使它们的定义变得非常混乱。

"额外维度"这个术语尤其令人迷惑，当我们将其应用于空间之中时，那个空间本身就超出了我们的感官体验。看不见的东西往往难以描述，而我们的生理机能天生就看不见三维之外的空间。光、引力以及所有用于观察的工具，给我们展现的世界都像是一个只含有三维的空间。

我们无法直接观察额外维度，即使它们真的存在。所以有些人会担心，妄图去领悟额外维度的尝试着实让人头疼，BBC 的

额外维度

当我们将其应用于空间之中时，那个空间本身就超出了我们的感官体验。看不见的东西往往难以描述，而我们的生理机能天生就看不见超出三维的空间。我们无法直接观察额外维度，即使它们真的存在。

----

❶ 确实有人问过我此类问题。

一位新闻主持人在一次采访中就是这么对我说的。但是，令人不安的不是想象额外维度，而是描绘它们。描绘高维世界的图像必然会引出复杂的问题。

而想象额外维度，完全是另外一回事，我们完全可以想象它们的存在。当我和同事们用到"维度"和"额外维度"这些词时，我们的大脑就会浮现出它们清晰的概念。因此，请不要急于弄清楚这些新概念在宇宙中会以什么样的图像呈现出来，在此之前，我首先要解释一下"维度"和"额外维度"这两个词，以及在后面用到它们时，我所表达的意思。

我们很快就会发现，当不止有三个维度时，"一言胜千图"。当然，一个方程也如此。

从一维到多维

其实我们每天都在与高维空间打交道，只不过大多数人都不会以此来考虑问题。想想看，当你做一个重要决定（如购置房产）时，会考虑多少因素？你可能要考虑房子的大小，附近有没有学校，离你想去的地方有多远，建筑风格是什么样的，周围是否有噪声，等等。你得将所有愿望和要求都罗列出来，然后在多维里作出最佳决策。

维数

维数就是完全确定空间一点所需知道的量的数目。高维空间可以是抽象的，也可以是具体的。

维数就是完全确定空间一点所需知道的量的数目。高维空间可以是抽象的，比如刚才用来描述你想买的房子特征的那个空间；也可以是具体的，比如我们即将探究的物理空间。不过，买房子时，你也可以把维数看作你在数据库里记录的条目数量，也就是值得你考虑的备选项的数目。

一个更为浅显易懂的例子是将维度应用于人。

如果你认定某人是一维的，那么在你脑海里就会有一个非常具体的理由：这个人只有一种兴趣。比如，山姆成天宅在家里，除了看体育节目外什么都不干，那么描述他就只需要上述这一条信息。你甚至可以将山姆爱看体育节目的嗜好用一维图上的一点画出来（见图1-1）。在画图时，要明确单位，这样别人就可以明白沿着这条唯一轴线的距离代表什么。在图1-1中，山姆被表示为横轴上的一点，这张图表现的是山姆每周看体育节目的小时数。

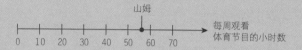

图 1-1

一维山姆定位图。

我们再深入地探讨这个概念：艾克，波士顿居民，是一个更为复杂的人。事实上，他是三维的：21 岁，爱开快车，每月都会在旺德兰（波士顿附近一个有赛犬场的小镇）输钱。图 1-2 画出了艾克，尽管图是画在一张二维图纸上的，但三条轴却说明艾克绝对是三维的。❶

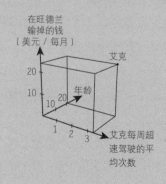

图 1-2

三维艾克定位图。V 形实线是三维定位图的坐标轴，标志为艾克的点对应的是一个 21 岁、每月在旺德兰输掉 24 美元、每周超速驾驶平均 3.3 次的男孩。

---

❶ 如果要挑毛病，你会提出反对意见，说山姆也有年龄，因此还应再有一维。在这里，我们假定对于山姆来说数年如一日，因此年龄就成了一个无关量。

可是，当描绘大多数人时，我们通常赋予他们不止 1 个甚至 3 个特点。阿西娜，艾克的妹妹，是一个酷爱读书的 11 岁小女孩，擅长数学，了解时事，还养猫头鹰做宠物。也许你想给这些也来个定位（尽管我不太确信是出于什么原因），那样的话，阿西娜就应该是五维空间里的一个点，对应的轴有年龄、每周所读书的数量、数学平均成绩、每天读报的分钟数以及所养猫头鹰的数量。但是，要我画出这样一幅图却很困难，因为这需要一个五维空间。即便是电脑程序，也只能做得出三维图像。

不管怎么说，在抽象意义上存在着一个五维空间，它有一个 5 个数的集合，比如 11、3、100、45、4，它表示的是：阿西娜 11 岁，平均每周读 3 本书，数学成绩满分，每天读报 45 分钟，现在养着 4 只猫头鹰。用这 5 个数字，我就把阿西娜描述了出来。如果你认识她，那么通过五维空间里的这个点，就能认出她。

以上 3 个人，每个人对应的维数就是我辨认他们所需的特征的数量：山姆，1 个；艾克，3 个；阿西娜，5 个。当然，作为一个真实的人，仅凭这几条信息，远不足以了解他。

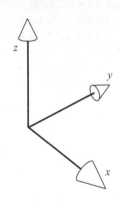

图 1-3

三维空间里的三条坐标轴。

在后面的章节中，我们将用维度来探索空间而非人。这里的"空间"指的是，物质存在以及物理过程发生的区域。一个有着特定维数的空间，指的是需要特定数目的量来确定一个点的空间。在一维空间中，一个点的定位图只有一条 x 轴；在二维空间中，这个点的定位图有 x 轴和 y 轴；而在三维空间中，这个点的定位图就有 x、y、z 三个轴（见图 1-3）。

在三维空间中，你只需要 3 个数字就可以知道自己的确切位置。你确定的数字可以是经度、纬度和海拔，也可以是长度、宽度和高度，或者你还有别的方法来选择你的 3 个数字。这都无关紧要，问题的关键在于，三维意味着你需要不多不少的 3 个数字；二维是，你需要 2 个数字；而多维是，你需要更多数字。

更多维度意味着，你可以在更多完全不同的方向上自由移动。一个在四维空间里的点，只需再加上一条轴——但还是难以描绘。不过想象它的存在并不困难，我们可以用语言和数学名词来尝试。

弦理论提出还有更多维度：它推想有 6 个或 7 个额外维度，也就是说，我们需要有 6 个或 7 个额外坐标轴来定位一个点。弦理论的最新成果显示，可能还远不止这些维度。**在本书中，我会敞开思想，无论有多少额外维度，我都欣然接受。现在，要说出宇宙究竟包含多少维度，未免为时过早。我要描述的有关额外维度的许多概念都适用于任意数量的额外维度，只在很少几个场合有例外情况，届时，我会尽量解释清楚。**

可是，要描绘一个物理空间，不仅仅要确定一些点，还需要明确一个度规（metric）。它确立测量的标度，即两点间的物理距离，也就是轴线上的刻度。这就是说，仅仅知道几个点之间的距离是 17 远远不够，我们还要知道 17 代表的是 17 厘米、17 公里，还是 17 光年。我们用度规来决定怎样测量距离，图上两点之间的距离对应的是其所代表的世界里的量。度规给出了一个测度标准，说明你选择以哪种测量单位来确定标度，就如在一张地图上，0.5 厘米可能代表 1 公里，或者如在米制单位中，它给出了大家认同的 1 米的标杆。

但度规还不仅仅是确定这些，它还会告诉我们空间是否弯曲或是卷曲，就如同一个被吹起的气球表面。度规包含了有关空间形状的所有信息，卷曲空间的度规既指明长度，也指明角度。正如 1 厘米可以代表不同的长度，角度也可以对应不同的形状。之后，当我们探索弯曲空间与引力的关系时，我还会讲到这些。现在我们只说一点，即球体的表面与一张纸的平直表面是不同的，

度规

它确立测量的标度，即两点间的物理距离，它们是轴线上的刻度。但度规还不仅仅确定这些，它还会告诉我们空间是否弯曲或是卷曲。度规包含了有关空间形状的所有信息，弯曲空间的度规既指明长度，也指明角度。

球面上的三角与纸面上的三角也不同，这种二维空间的差异可以从它们的度规看出来。

随着物理学的进步，度规里存储的信息量也在不断演变。爱因斯坦创立相对论时，认识到第四维度——时间，是与空间的其他三维密不可分的。时间也需要一个标度，于是爱因斯坦用四维时空（在三个空间维之上加入时间维）的度规构造了引力。

更新的研究成果显示，其他空间维度也有可能存在。那样的话，真正的时空度规将包含三个以上的空间维度。人们怎样描绘一个多维空间？那就是说出它有多少维度，以及那些维度的度规是什么。但是，在我们进一步探索度规和多维空间的度规之前，我们要再多想想"多维空间"这个术语的含义。

《巧克力工厂》旺卡梯的秘密

在挪威大名鼎鼎的作家罗尔德·达尔（Roald Dahl）的著作《查理和巧克力工厂》（*Charlie and the Chocolate Factory*）中，威利·旺卡（Willy Wonka）给客人介绍了他的"旺卡梯"，用他的话来说"电梯只能向上和向下，而旺卡梯却能够向前、向后、向左、向右、向旁边，无论是横向、竖向、斜向、侧向，只要是你能想到的方向，它都可以到达"。确实，他的装置可以向任何方向移动，只要不超出我们所认知的三维空间。这可真是个富有创意的好主意！

然而，"旺卡梯"并不真正能够向任何"你能想到的"方向移动。威利·旺卡也真够粗心的，他忘记了额外维度通道。额外维度是一个完全不同的方向，它们难以描述，可是通过一个比方，就很好理解了。

1884 年,为了阐释额外维度这一观念,英国数学家埃德温·阿博特（EdwinA. Abbott）写了一本小说:《平面国》(*Flatland: A Romance of Many Dimensions*)。故事发生在一个虚构的二维宇宙——也就是书名里的平面国中,那里的居民都是二维生物(有着不同的几何形状)。阿博特要告诉我们的是,**我们这个世界的人对四维概念充满了迷惑,正如平面国的居民感觉三维概念无比神秘,因为他们一生都生存在一个二维空间中,比如桌面上。**

对我们来说,只要展开想象就能理解三维之外的世界,而对于平面国的居民来说,三维简直无法想象。那里的所有人都认为,宇宙显然只有他们所感知的两个维度,就像我们坚持三维观念一样,平面国的居民对二维自然也是深信不疑。

小说里的叙事者,正方形 A(作者埃德温 A 的别名),被领进了三维世界中。在接受教育的第一阶段,他仍被限制在平面国,这时,让他观察一个三维球体垂直地穿过他所在的二维世界。因为受限于平面国,当球体穿过正方形 A 所在的平面时,他看到的是大小不等的一摞盘子,先是慢慢变大,然后渐渐变小——其实,这就是球体的一个个切片(见图 1-4)。

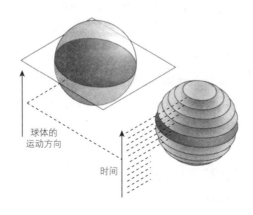

球体的
运动方向

时间

图 1-4

球体穿过平面的图示。如果一个球体穿过一个平面,二维观察者看到的就是一个盘子,而观察者在一段时间内所看到的一系列盘子就形成了这个球体。

一开始，这令《平面国》中的二维叙事者颇感费解，他从未想到会有超出二维的东西，也就不能想象会有像球体一样的三维物体。直到正方形 A 被抬离平面国，进入一个三维世界，他才能真正想象一个球体。从这样一个新视角，他认识到球体就是他所看到的二维切片粘连在一起的结果。即使在二维世界里，正方形 A 也可以把他看到的盘子描绘成一个时间的函数，从而形成球体（见图 1-4）。**只有当他经历了第三维度的旅行之后，他才打开眼界，明白了球体和它的第三维。**

通过这个类比，我们可以想象，当一个超球体（有 4 个空间维度的球体）穿过我们的宇宙时，它看起来就应该是一个三维球体随着时间的推移，先是慢慢增大，然后渐渐缩小。令人感到遗憾的是，我们无缘进入额外维度旅行，也就永远看不到一个完整、静态的超球体，但我们还是可以推想物体在不同维度里的样子，即使我们看不见那些维度。我们可以满怀信心地推断，一个穿越三维空间的超球体看起来就应是一系列三维球体。

再举一例，我们设想一下怎样构造超立方体——即立方体在三维空间里的延伸。一条一维直线连接两个点构成一条线段；在此线段上方再加一条一维线段，用另外两条线段将它们连接，就构成了一个二维正方形；以此方式继续，将另一个正方形置于这个上方，再在原正方形的每个边上以另外 4 个正方形连接，我们就能得到一个三维立方体（见图 1-5）。

依此类推，在四维空间中，我们可以得到一个超立方体；在五维空间也能得出某个东西，暂时还没有名称。即便我们三维中的凡人从未见识过这两种物体，我们也可以根据在低维空间中的方法作出推论：**要形成一个超立方体（也叫超正方体），就是把一个立方体置于另一立方体之上，然后加进另外 6 个立方体，并在原来两个立方体的每个面上进行连接。**虽然这种构建很抽象，也很难描绘，但这并不影响超立方体的真实性。

在读高中的时候，我参加过一个数学夏令营。在那里，我看了电影《平面国》。电影结束的时候，叙事者徒劳地指向平面国居民根本看不到的第三维度，用一种愉快的英式口音说："向上，不是向北。"遗憾的是，当我们试图指向第四维度，即一个通道时，我们面对的是同样的困境。在阿博特的小说中，即使第三维度存在，平面国的居民仍然无法看到，也无法在其中穿行；同样地，我们看不到额外维度，但并不代表它们不存在。因此，**尽管我们还没有看到，也没有在这样的维度中穿行，贯穿本书的潜台词仍然是："不是向北，而是沿着通道向前。"**谁知道我们尚未看见的东西会是什么呢？

二生三

本章的后半部分，我们不再考虑三维之外的空间，而是讨论如何凭借有限的视觉能力，用二维图像来思考和绘制出三维图像。明白怎样将二维图像转化成三维现实，将有助于我们解释高维世界里的低维"图像"。**在我们的思想随着额外维度一同卷曲之前，权且在这儿做一下热身运动。别忘了，我们在日常生活中一直在与维度打交道，所以其实这并不陌生。**

通常，我们所看到的都是物体的表面，而表面只是其外缘。即使这个表面在三维空间里卷曲了，它也只有两个维度，因为在这个表面上，你只需两个数字就能定位一个点。因为它没有厚度，我们推定这个表面不属于三维。

当我们看照片、电影、电脑屏幕或书中的插图时，我们看到的总是二维而非三维的表象，但我们仍能推断出图像所体现的三维实体。

我们能用二维信息构筑三维，这要求我们在制作二维图像时，要忽略一些信息，同时还要保留足够的信息来重现原来物体的基本元素。现在，我们来回想一下，通常将一个三维物体降为二维，都使用什么方法——切片、投影或者全息图，有时干脆忽略一个维度。我们又怎样将其复原，推断出它们所表现的三维物体？

通常，最简单的办法就是切片。每一片都是二维的，但所有这些切片结合在一起就形成了一个真正的三维物体。例如，**在熟食店买火腿时，你拿到的肯定是一摞二维火腿片，而不是整个三维火腿。**❶ 将所有切片摞在一起，你就可以重构其完整的三维形状。

这本书是三维的，但其中的书页只有二维，所有二维书页集合在一起，就构成了这本书。❷ 我们可以用多种图示方法来显示这种书页的集合，如图 1-6 中，我们看到的书是平放的，在这个图中，我们再次玩起了维数游戏，因为每条线段代表的都是一页。只要我们能明白那些线段代表的是二维书页，这个图示就很清楚了。以后描述高维世界的物体时，我们会使用同样的降维方法。

---

❶ 应该说，火腿切片是有厚度的，即便很薄，仍是三维的。但它在另外的这一维度上，尺寸非常小，因此我们可以近似地把它们当作二维的。但即使任意换作别的二维薄片，我们仍可以设想，以此方式将它们结合在一起，从而形成三维物体。

❷ 同样地，如果书页真是二维的，那么它们就该是绝对没有厚度的无限薄的切片。但现在，这么薄的书页就是最为近似的二维物体了。

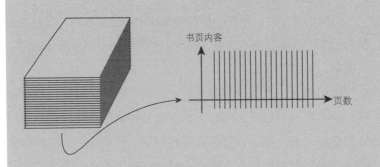

图 1-6

由二维书页构成的三维图书。

　　切片只是以二维代替三维的众多方式之一，另外还有一种方式是投影，这是从几何学中借用的一个术语。为生成一个物体的低维图像，投影给出的是一个绝对处方——墙上的影子就是三维物体的二维投影（见图 1-7）。从图中可以看到，我们（或是兔子）做投影时，会丢失许多信息。沿着墙左右和上下的方向，只需两个坐标就能定位影子上的点，但是被投影的物体实际上还有第三维，这个信息是投影所不能保留的。

图 1-7

兔子的二维投影。投影保留的信息要少于多维物体本身。

　　实现投影的最简单方法是忽略一个维度，例如，图 1-8 显示了一个三维立方体在二维平面上的投影，它的投影可以有多种形式，其中最简单的一个是正方形。

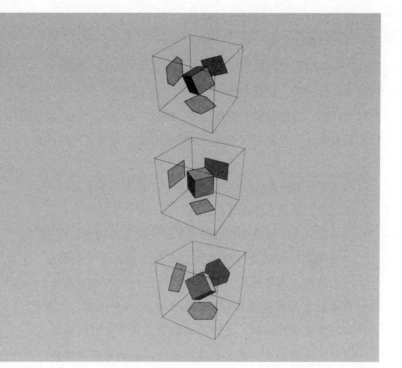

图 1-8

一个立方体的投影。注意，投影可以是正方形，像中间那个图，也可以是其他多种形状。

再回到前面有关艾克和阿西娜的定位图，我们可以忽略艾克喜欢超速驾驶这一信息，把它变成一个二维图。我们也可以不管阿西娜所养的猫头鹰数量，这样，就可以绘制出一幅四维而非五维的图，而忽略阿西娜的猫头鹰就是一个投影方式。

投影忽略了原来三维物体的信息（见图 1-7），不过，我们用投影制作二维图时，有时会加入一些信息，以帮助我们重获部分丢失的东西。这些附加信息可以是油画或全息图中的阴影、颜色，也可以是地形图中表示高度的数字，但有时什么标识都没有，这样一来，二维特写就不可能提供那么多的信息了。

如果不是我们双眼协同合作，帮助我们重构三维图像，那么我们看到的所有东西都将是投影。**如果闭上一只眼睛，你就很难感知远近——一只眼睛只能构建一个三维现实的二维投影，所以**

我们需要两只眼睛来重建三维图像。

我一只眼睛近视，另一只眼睛远视，如果不戴眼镜，我就不能将两只眼睛看到的影像完美结合，而偏偏我又很少戴眼镜。尽管有人告诉过我，说我重建三维图像时会有困难，我却并没觉得有什么问题：在我看来，物体还是三维的，这是因为我可以凭借阴影和视角（以及我对这个世界的熟悉程度）来重建三维图像。

> 可是有一天在荒漠里，我和一个朋友正向远处的峭壁前进，朋友不停地告诉我说，我们可以直达峭壁。我就纳闷他怎么坚持要我们径直穿过一块大石头呢？我原以为那块大石头是峭壁直接突出形成的，会完全挡住我们的路。而实际上，它离我们很近，就在峭壁前面，根本没有与峭壁连在一起，因此也就不会挡路。之所以我会有这种误解，是因为我们是在正午靠近峭壁的，当时它没有影子，我也就没有办法以此构建第三维度，而只有这个维度，才会让我知道远处的峭壁与大石头相隔的距离。直到那次失败，我才意识到阴影和视角的补偿作用。

绘画就是要求艺术家把他们所看到的物体简化成投影。中世纪艺术使用了投影的最简单方式，图 1-9 显示的是一幅镶嵌玻璃画，画上是一个城市的二维投影，这幅画上没有显示第三维度的任何信息，也没有任何标识或迹象来表明第三维度的存在。

自中世纪起，画家们发展了投影的方法，来部分补偿绘画中的维度缺失。与这一方法对立的是 20 世纪立体派所使用的方法，立体主义油画（见图 1-10，毕加索的《朵拉·玛尔的肖像》[*Portrait of Dora Maar*]）能同时呈现多个投影，每个投影展现的是一个不同角度，以此来表现物体的三个维度。

但是，自文艺复兴以来，多数西方画家都用透视和阴影来形成第三维度的幻觉。绘画的一个基本技巧就是要将三维世界简化成二维图像，而且要让观赏者逆转这个步骤，重建本来的三维图像或物体。即使并非所有三维信息都存在，因为我们适应了这种技法，仍然知道该怎样去解读图像。

艺术家甚至尝试过在二维平面上表现更多维度的物体，例如，萨尔瓦多·达利（Salvador Dali）的《耶稣受难图》（*Corpus Hypercubus*，见图 1-11）将十字架表现为一个打开的超立方体。超立方体在四维空间里由 8 个相连的立方体构成，在图 1-12 中，展示了超立方体的几个投影。

图1-10 毕加索立体主义油画《朵拉·玛尔的肖像》。

图 1-11

《耶稣受难图》

图 1-12

超立方体投影图。

　　我曾在引言中举过一个物理学的例子：不粘锅里的准晶体，它看起来就像是一个高维晶体在我们三维世界里的投影。除了服务于艺术之外，投影当然也有其现实意义，医学中就有许多三维物体投影到二维空间的例子：X 光片记录的就是一个二维投影；CAT（电脑辅助 X 线断层照相术）扫描将多个 X 光片结合起来，重建了一个更为详尽的三维图像。有了从不同角度拍摄的足够多的 X 光片，我们就可以把它们串连成一个完整的三维图象；另外还有 MRI（核磁共振成像）扫描，它是通过切片来重构三维物体的。

　　全息照片是另外一种在二维表面记录三维信息的方式。尽管全息图像被记录在低维表面，但它实际上涵盖了原来三维空间的所有信息。也许你在钱包里就能看到这种技术：你信用卡上看起来像是三维的那个图像，就是一张全息照片。

全息图像记录了在不同地点的光的关系，这样，就能够重现一个完整的三维图象。这就好比立体声所使用的原理，它能让我们听出录音时不同乐器所处的位置。利用全息图像所存储的信息，眼睛就可以真实重现它所代表的三维物体。

这些方法显示的是，我们怎样从一个低维图像中获取更多信息，但你真正需要的也许是更少的信息。比如，有些东西在第三维度上非常非常薄，在这个层面上，根本没有什么有趣的事会发生，尽管这张纸上的墨迹实际是三维的，但我们把它当作二维的也不会有什么损失。除非把它放在显微镜下，我们根本不会去想墨迹的厚度。一根电线看起来是一维的，但如果仔细观察，你还是能看到它有一个二维横截面，因此也该是三维的。

有效理论，忽略细枝末节

忽略另外一个看不见的维度没有什么不对，不仅仅是视觉效果，即使是物理作用，如果微小到难以察觉，也常常可以忽略。科学家们在阐述自己的理论或进行计算时，常常忽略（通常是无意识地）一些微小到不可察觉的物理过程。牛顿的运动定律在他能观测的距离和速度上是有效的，他不需要广义相对论的细节仍然作出了成功的预言；生物学家研究细胞时，也不需要了解中子里的夸克。

挑选相关信息，略去细枝末节，这是一种实用主义的做事方法，我们每个人每天都会这样做。这是一种应对冗余信息的办法，对于你所看到、听到、尝到、闻到或触摸到的任何东西，你都可以选择，是细细品味不放过任何一个细节，还是只需了解其"大概"，抓住主要特征？**无论是欣赏油画、品味美酒、阅读哲学，或是安排旅游，你都会不由自主地将自己的想法按照兴趣归类——可能是大小、口味，也可能是观念，而当时你并未发现这些归类有什么相关。**适当的时候，你会忽略一些细节，以便将精力集中在你感兴趣的问题上，而不至于被一些无关紧要的线索所迷惑。

这种摒弃细枝末节的过程应该并不陌生，因为它实际上是我们人类一直在做的。以纽约为例，身居这个繁华都市的纽约人都能够看到曼哈顿的细节和变化。对他们来说，闹市区更为繁华、古老，街道更为崎岖、狭窄；而城郊为了方便人们居住、建造了更多的房产，还有许多中心公园和博物馆。尽管对外人来说，这些差别实际上是很模糊的，但在这个城市之内，它们却真实存在。

但想想远离纽约的人是怎么看的：对他们来说，纽约就是地图上的一个点，也许是一个重要的点、一个有着鲜明特征的点，但仅此而已。即便各不相同，可在别处看来，比如说中西部或是哈萨克斯坦，纽约人并无差别。当我提起这个比方时，住在闹市区（具体来说，是西村）的表弟大为不满，不愿将居住在闹市区和城郊的纽约人归为一类，这更证实了我的观点。但任何一个非纽约人都会告诉他，对并不生活在他们中间的外人来讲，其间的差别实在太小，真的无关紧要。

在物理学中，正式使用这种直觉并以相关的距离或能量来划分范畴已成为常规做法。物理学家接受这种做法，并为它取了名字——有效理论（effective theory）。

有效理论集中研究那些在相关距离内产生"效果"的粒子和

力，我们不会用不可测量的、描述超高能行为的参数来描述粒子及其相互作用，只用那些与我们能探测的尺度相关的事物来构建我们的发现。在任何一个尺度上，有效理论都不会深入探究作为其基础的小尺度理论的细节，它只关注有望被测量或者观察到的事物。如果某个事物超出了你所在尺度的精度，那么你无须考虑其详细结构。这种做法并非科学诈骗，而是忽略冗余信息的一种方式，这是获得正确答案的一种"有效"方式。

当高维细节超出我们的能力时，所有人，包括物理学家在内，都乐于回到三维世界。正如物理学家常常把一根电线当作一维事物对待一样，如果额外维度极其微小，那么高维细节则无关紧要，我们也常常以低维方式来描绘高维宇宙。额外维度小到无法看见，这样所有可能的高维理论，我们都可以通过这种低维描述来总结其可观察的效果。这个低维描述不受那些额外维度数量、大小和形状的影响，足以实现很多目的。

低维的数目不提供根本描述，但它们却是归纳发现和预言的简便方法。如果你确实了解一个理论的小距离细节（即微观结构），就可以利用它们导出发生在低能描述里的量，否则那些量就只能是等待实验来确定的未知数。

在接下来的章节中，我们将详细讲述这些观点，并探究微小、卷曲的额外维度的作用。我们将首先探讨的那些维度非常微小，小到根本不会产生任何影响；然后，当再次回到额外维度时，我们会探索庞大且无限延伸的维度，它们彻底改变了我们现在描绘的这一图像。

额外维度究竟有多大
WARPED PASSAGES

> 无论什么人，没有出路。
>
> 杰斐逊飞机乐队（Jefferson Starship）

阿西娜 "梦游" 仙境

阿西娜突然醒了过来。前一天，为了得到有关维度的启发，她看了《爱丽丝梦游仙境》和《平面国》，可是，当天晚上她做了一个非常奇怪的梦，醒来后她才意识到，那是因为她在同一天里看了这两本书。

阿西娜梦到自己变成了爱丽丝，滑进一个洞里，遇见了兔子。兔子把她推进一个陌生的世界，尽管阿西娜觉得它这样对待客人太粗鲁了，但她仍热切期盼着自己能在奇幻世界里游历一番。

然而，阿西娜势必是要失望的，因为那只兔子把她送进的是一维世界，一个奇怪却并不奇妙的一维世界。她环顾四周，或者应该说是环顾左右，却发现只能看到两个点，一个在左，一个在右（但是颜色很漂亮哦，她想）。

在一维世界里，所有人连同所有物品都是一维的，他们一同排列在这个维度上，就像是一根细线串成的长长珠链。但即使视觉范围有限，阿西娜仍知道，一维世界肯定不止她看到的这些，因为她能听到耳边人声鼎沸。"这是我见过的最荒谬的棋局！我一个子儿都不能动，连城堡都去不了！"从那尖厉的喊叫声中，阿西娜听出躲在那个点后面的一定是红桃皇后。好在自己也是一维的，红桃皇后看不到她，不然又得承受红桃皇后的怒火。

但是阿西娜在这一维世界的舒适日子并没有维持多长时间，滑过一条沟后，她又回到了梦中的兔子洞。那里有一个电梯将她带入了一个假想的其他维度宇宙中，兔子当即宣布："下一站，二维世界。"阿西娜并不喜欢"二维世界"这个名字，但她还是小心翼翼地走了进去。

其实，阿西娜大可不必那么犹豫，二维世界的所有东西与一维世界几乎没什么两样，但她还是发现了一样不同的东西——一个贴着标签的瓶子，上面写着"喝我"。因为实在厌倦了一维世界，阿西娜立即顺从地喝下。她"倏地"就变小了，随即，她看到了第二维度。这一维并不大，它是一个很小的、卷起来的圆圈。现在，她就像站在一根细长管子的表面上。一只渡渡鸟正沿着这个圆圈和自己赛跑，但它想停下来了。看到阿西娜很饿的样子，它善意地给了她一块蛋糕。

刚吃了一点渡渡鸟给的梦幻蛋糕，阿西娜就开始长大。只吃了几口（这一点她很确信，因为她仍感觉很饿），蛋糕就快没了，只剩下一点碎屑。她想，还好，至少还有点碎屑，可要使劲眯起眼睛才能看到。不止蛋糕从她的视线中消失了：当阿西娜回到她平常的大小时，整个第二维度都不见了。

她想："二维世界实在是太离奇了，我最好还是回家吧。"她的归途同样充满了历险，这个我们留到以后再讲。

即便不知道 3 个空间维度为什么特别，我们仍可以问"它们哪里特别"。如果说宇宙最根本的内在时空包含更多维度，它怎么可能看起来只有 3 个维度？如果阿西娜在一个二维世界里，为什么有时她只看到 1 个维度？如果弦理论正确描述了自然，空间中确实存在 9 个维度（另加上时间维度），那么另外 6 个失踪的维度化作了什么？为什么我们看不到它们？它们会对我们的可见世界产生明显的影响吗？

最后的 3 个问题是本书的核心。然而，当务之急是，我们要确定是否有一种方法可以让额外维度隐藏起来，以至于让阿西娜的二维世界看起来只有一维，或者有着额外维度的宇宙会呈现出我们看到的三维空间结构。如果我们愿意接受世界还有额外维度的观点，那么无论它出自何种理论，对于为什么找不到它们存在的任何迹象，一定存在一个合理的解释。

本章我要讲到极端卷曲的维度，它们不像我们熟悉的三个维度那样无限延伸；相反，它们会很快将自己绕起来，像一个紧紧缠绕的线圈一样。沿着一个卷曲维度，任何两个物体都不会相隔太远，任何想远距离旅行的尝试最终都会成为一圈接一圈的环游，就像渡渡鸟跑圈儿一样。这些卷曲维度可能非常微小，我们根本注意不到它们的存在。事实上，我们明白，如果微小的卷曲维度真的存在，要探测它们还真是个难题。

为什么世界看起来只有三维

弦理论，最有希望将量子力学与引力统一起来的理论，给出了思考额外维度的具体理由。我们所了解的唯一和谐形式的弦理论负载着这些令人诧异的附属物。然而，虽然弦理论在物理学中的出现使额外维度备受瞩目，但额外维度观点的提出却由来已久。

早在 20 世纪早期，爱因斯坦的相对论就让人们想到可能存在额外维度。**相对论描述了引力，却没有解释为什么我们感受到的引力会是如此。**爱因斯坦的理论对空间维度的数量没有任何倾向，无论是三维、四维或十维都同样有效。那么，我们的世界为什么看起来只有三维呢？

1919 年，紧随爱因斯坦广义相对论（完成于 1915 年）之后，波兰数学家西奥多·卡鲁扎在爱因斯坦的理论里看到了这种可能，并大胆地提出了第四维度——一个全新的看不见的空间维度❶。他提出额外维度可能与我们熟悉的三个维度不同，但他并没能明确指出具体的区别。卡鲁扎提出额外维度的目的是要将引力和电磁力统一起来，尽管这个失败的细节与我们不相干，但他大胆提出的额外维度却至关重要。

　　卡鲁扎的论文写于 1919 年，当时，一家学术期刊邀请爱因斯坦审稿，请他决定是否发表这篇文章。对于这一观点的价值，爱因斯坦犹豫不决，难下定论。直到两年之后，他才同意将论文发表，并最终承认了它的原创性。但爱因斯坦仍想知道这一维度是什么：它在哪里？它为什么不同？它会延伸多远？

这些问题是显然要问的，可能困扰你的也正是这些问题。但没有人回答爱因斯坦，直到 1926 年，瑞典数学家奥斯卡·克莱因才解答了这一问题。克莱因提出，**额外维度会卷曲成一个圆圈，**

---

❶ 在这章及以后的章节里，我们会明确空间维度。引进相对论后，我们会转向时空，把时间当作另一维度考虑在内。

且极其微小，只有 10^{-33} 厘米，即十亿亿亿亿分之一厘米。这个极其微小的卷曲维度无处不在：空间的每一个点上都会有它自己的小圈圈，只有 10^{-33} 厘米。

这个微小的量代表普朗克长度，我们后面详细讲述引力时，这是一个非常重要的量。克莱因选择普朗克长度，是因为它是唯一自然出现在量子引力理论里的长度，而引力与空间形状又是密切相关的。现在你只需知道普朗克长度非常之小，小到不可测量——比我们可能探测到的任何东西都要小得多。它是如此之小，原子比它大 10^{24} 倍，质子比它大 10^{19} 倍，如此小的东西是很容易被忽略的。

日常生活中有很多物体在我们熟悉的三维中都是有一维小到不可察觉，**墙上的涂料，或是从远处看的晾衣绳，都像是少于三维的东西：我们忽略了涂料的厚度及晾衣绳的粗细。**在粗心的观察者看来，涂料好像只有二维，晾衣绳好像只有一维，尽管我们知道实际上这两者都有三维。要看清这类东西的三个维度只有靠近了仔细观察，或是借助足够精确的工具。如果我们扯着一根橡胶管穿过足球场，从直升机上往下看（见图 2-1），橡胶管好像只有一维，但如果近距离观察，你就会发现橡胶管的二维表面及其包裹的三维容积。

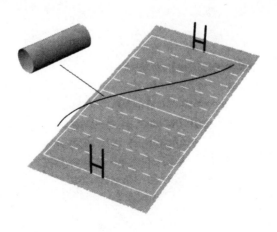

图 2-1

在空中看到的穿过足球场的橡胶管。从空中看这根橡胶管，像是只有一维。但是走近了细看就会发现它的表面有二维，而其形成的容积有三维。

对克莱因来说，小到不可察觉的东西不是物体的粗细或厚度，而是整个维度本身。那么，**小维度究竟代表什么意思呢？一个有着卷曲维度的宇宙对于居住在里面的人来说，看上去是什么样子？**同样地，这个问题的答案完全取决于卷曲维度的大小。我们以一些小生物为例，来看居住在这样一个世界里会是什么情形，这些生物可能比卷曲的额外维度要大，也可能比其小。因为要画出 4 个或是更多的维度实在是不可能的，因此，我们首先来看一个只有二维的宇宙，其中包含一个卷曲的维度——紧紧卷起呈很小的形状（见图 2-2）。

图 2-2

一个维度卷曲时的二维宇宙。当一个维度卷曲时，一个二维的宇宙看起来就只有一维了。

再想想花园的橡胶管，我们可以把它看成由一长条橡胶片卷成的管子，它有一个圆形的横截面。这时，我们把这根橡胶管想象成整个宇宙（而不是宇宙里的一个物体）。如果宇宙的形状像是这根橡胶管，那么我们就会有长长的一维和卷曲且很小的另一维——这正是我们想要的。

对居住在花园橡胶管宇宙里的小生物，如一只小虫来说，宇宙看上去是二维的（在这一情景中，我们的小虫只能紧贴在橡胶管的表面上——二维宇宙是不包括内腔的，不然就成三维了）。小虫可以爬向两个方向：**沿着橡胶管的长度向前或是绕着它转圈，就像只能在二维宇宙里转圈的那只渡渡鸟一样，绕着橡胶管爬行的小虫自一点开始，最终必然会爬到它开始的地方。**因为第二维度非常小，小虫爬不了多远就会回到原地。

如果居住在橡胶管上的一群小虫经受到外力，如电力或引力，这些力会将虫子吸引或推向橡胶管表面的任何方向。虫群可能会被打散——沿着橡胶管延伸的方向或者沿着它的圆周运动，而且会感受到出现在橡胶管上的任何作用力。只要有足够的能力看清如橡胶管直径般微小的距离，那么，其上的作用力和物体就会显示出橡胶管实际拥有的两个维度。

但是，如果小虫能观察其周围环境，它就能注意到这两个维度是非常不同的：沿着橡胶管长度的那一维非常大，甚至是无穷大；而另一维则非常小。在橡胶管圆周这一维度上，两只虫相隔永远不会太远，而想沿着这一方向长途旅行的虫子总会回到起点。**一只喜欢动脑筋、有思想的虫子，会明白它的宇宙是二维的：一维延伸到很远；另一维则很小，并卷成一个圆圈。**

但是，小虫的视角与我们假设在克莱因宇宙里的视角并不一样：在这个宇宙中，额外维度卷曲成极端微小的尺度，只有 10^{-33} 厘米。况且，我们还不如小虫那么小，所以根本无法探知如此微小的维度，更别提在其中旅行了。

为完成我们的比喻，我们再来假想一个比虫子大一点儿的生物，居住在这样一个花园橡胶管宇宙里。它的感知能力比较弱，因此不能探知小的物体和结构。它观察这个世界的眼睛会忽视细小如橡胶管直径那样的细节，即便在对其有利的视角，这个大生物对另外一维仍是视而不见，它只能看到一维。**如果某个生物的视力足够敏锐，能够探知如橡胶管粗细般微小的东西，那么它就能看到花园橡胶管宇宙有不止一个维度；如果它的视力不足以感知橡胶管的粗细，那么它所能看到的就只有一条线。**

再者，物理作用也不会泄露额外维度的存在。花园橡胶管宇宙里的大生物会占满整个微小的第二维，因此小的生物永远也感觉不到还有这样一个维度。如果没有能力探查在额外维度上的结构和变化，如物质或能量的摇摆或波动，那么它们就永远无法感知额外维度的存在。第二维度上的一切变化都会被冲掉，这就像发生在原子结构尺度上的纸的厚度变化，那是你无论如何都注意不到的。

阿西娜梦到的二维世界，与这个花园橡胶管宇宙非常相似。因为她既有机会变得与二维世界的宽度一样大，也有机会变得比它小，她既能够从大于第二维度又能够从小于第二维度的视角观察同一宇宙。**对于大的阿西娜来说，二维世界与一维世界好像都是一样的；只有变小了，阿西娜才能分辨其中的差别。**同样的道理，如果花园橡胶管宇宙的另一空间维度小到看不见，其中的生物就不会知道它的存在。

现在，我们再回到卡鲁扎-克莱因宇宙，这里有我们所了解的三维，还有看不见的另一维，我们可以再次用图 2-2 来想象这种情形。理想的话，我应该画出这 4 个空间维度，但遗憾的是，这真的超出了我的能力（即使将书翘起都做不到）。但是，因为构成我们空间的这 3 个无限维度本质都是一样的，我只需再画出一维来代表就行，这让我可以自由地使用其他维度来代表不可见的额外维度。这里显示的另一维度是卷曲的，与另外三维截然不同。

正如我们的二维花园橡胶管宇宙一样，四维的卡鲁扎-克莱因宇宙也有一个微小卷曲的维度，使其看上去比实际要少一维。我们无法了解额外的空间维度，除非我们能够找到其微观结构的证据，否则卡鲁扎-克莱因宇宙看上去就只有三维，如果这一维足够小，那么卷曲的额外维度将永远无从探知。后面，我们将探索它究竟有多小，但现在我们确信普朗克长度远远超出了我们的探测能力。

在生活和物理学中，我们只关注那些对实际产生作用的细节。

如果你不能观察其细微结构，就可以假装看不到它。物理学中，这种忽略无关细节的做法，在前一章的有效理论里得到了最好的体现。在这一理论中，只有你能实际观察到的事情才是重要的。上面的例子，我们用的是三维有效理论，这样，额外维度的信息就被忽略掉了。

尽管卡鲁扎 - 克莱因宇宙的卷曲维度就在我们身边，但因为它实在太小了，以至于其中的任何变化都是不可感知的。正如纽约人之间自认为的差别对外人来说无关紧要一样，如果其细节变化只体现在微观尺度上，那么宇宙中额外维度的结构也是无关紧要的。就算从根本上讲确实存在许多额外维度，远比我们日常生活中认可的要多，但我们看到的东西仍然可以用我们观察到的维度来描述。极其微小的额外维度不会改变我们对世界的看法，甚至不会影响大多数物理计算。即使存在额外维度，如果我们不能看到或感受到它们，就可以将其忽略，这并不影响我们正确描述所看到的景象。可事情并不总是这样，以后我们会对这一简单景象进行修正，但这会与更多的假设相关。

图 2-3 显示的是一根橡胶管或其中一维卷成圆圈的宇宙，我们可以从中了解卷曲维度的另一个重要特点。我们集中来看无限维度上的任何一点可以发现，任一点上都有一个完整的卷曲的空间，即圆圈，橡胶管就是由这无数圆圈粘连在一起形成的，就如我们在第 1 章中讲到的切片一样。

图 2-3

一维卷成圆圈的两维宇宙。在两维宇宙里，如果一个维度卷起，那么，在其无限延伸的那一个空间维度上，每一个点上都有一个圆圈。

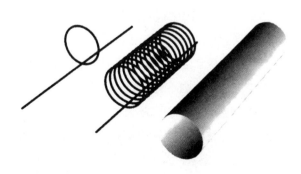

图 2-4 给出了不同的例子：有两个（而不是一个）无限延伸的维度，再加上卷成圆圈的另外一个维度。这种情况下，二维空间里的任一点上都有一个圆圈。如果有三个无限维度，那么三维空间里每一点上都会有卷曲维度。你可以把额外维度空间的每一点看作你身体里的细胞，因为每个细胞都携带了完整的 DNA 序列，同样，三维空间里的每一点上都寄居着一个完整的卷曲的圆圈。

图 2-4

一维卷曲的三维宇宙。在一个三维宇宙里，如果其中一维卷起，那么在这一平面的每个点上，都会有一个圆圈。

到目前为止，我们只探讨了一个额外维度，也就是卷成圆圈的维度。但即使卷曲维度表现为其他任何形状，我们所说的一切仍可以成立。我们来选择一个环形，如炸面圈的形状，它的额外两维同时卷曲成圆圈（见图 2-5），如果两个圆圈——绕着一个洞的圆和形成面圈身体的那个圆都足够小，那么卷曲的这两个维度都将永远不能被发现。

但这只是一个例子。如果维度更多，会有大量可能的卷曲空间——有着卷曲维度的空间，因维度的具体卷曲方式不同而各不相同。有一类卷曲空间对弦理论至关重要，这就是卡拉比 - 丘流形。它得名于意大利数学家尤金尼奥·卡拉比（Eugenio Calabi），他首次提出这种特殊形状，而华裔哈佛数学家丘成桐证实了其在数学上的可能性。这些几何形状以一种非常特殊的方式将额外维度卷曲缠绕在一起，与所有的卷曲空间一样，这些维度卷曲得很小，却以一种更为复杂、更难绘制的形式缠绕。

图 2-5

两维同时卷曲的四维宇宙。如果四维中有两维都卷成炸面圈形状，那么空间的任一点上都有一个面圈。

无论卷曲维度采取何种形状，也无论它们有多少，在其无限维度的每个点上，都有一个包含所有卷曲维度的极小的卷曲空间。因此，如果弦理论学家是正确的，那么**空间里的每个地方——你的鼻尖上、金星的北极点上、网球场上空你上次击球球杆划过的每个点上，都会有一个小到不可见的六维卡拉比 - 丘空间，多维几何在空间的每个点上都无处不在。**

与克莱因一样，弦理论学家也常常指出卷曲维度只有普朗克长度的大小，即 10^{-33} 厘米。这种尺度的卷曲空间会隐藏得很好，我们几乎肯定没有方法能探测到如此微小的东西。那么，普朗克长度的额外维度也就很可能不会留下任何痕迹。因此，即便我们生活在一个有着普朗克长度额外维度的宇宙里，我们依然只能认知熟悉的三个维度。宇宙中可能有很多这种微小的维度，但我们也许永远没有足够的能力去发现它们。

有额外维度的牛顿引力定律

图文并茂地解释为什么当额外维度卷曲至很小时会隐藏起来固然很好，但是检验物理定律符合这一直觉仍然至关重要。

牛顿于 17 世纪提出的万有引力定律告诉我们：引力的大小取决于两个有质量物体❶之间的距离。这就是我们熟知的平方反比定律，也就是说，引力强度会随着距离的增大而逐渐减弱，与距离的平方成反比。例如，如果你将两个物体之间的距离增加两倍，引力强度就会削弱到原来的 1/4 ；如果相隔距离是原来的 3 倍，则引力会削弱到原来的 1/9。万有引力平方反比定律是最为古老、最为重要的物理定律之一，正因如此，行星才会有其自己特定的椭圆轨道。任何可行的物理理论都必须遵循平方反比定律，否则必败无疑。

万有引力定律对距离的依赖，体现在牛顿的平方反比定律中，它与空间维数有着密切的关联。这是因为，维数决定了引力在空间里的发散速度。

---

❶ 本书中的"有质量"物体是为了与质量为零（且以光速运动）的"无质量"物体相区别。

我们来细想一下这种关联，这在我们以后探讨额外维度时至关重要。我们来设想一个供水系统，其中的水既可以直接流入一根橡胶管，也可以流向一个洒水装置。假设流过橡胶管和洒水装置的水量相同，而且都能浇灌花园里一定数量的花朵（见图2-6）。当水流过橡胶管时，橡胶管直接对准花朵，那么这株花就会得到所有的水，这与橡胶管根部到其对准花朵的龙头的距离是无关紧要的，因为所有的水最终都会浇到花上，无论橡胶管有多长。

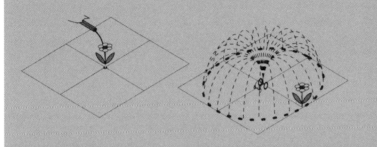

图 2-6

两种不同的浇花方式。由一个把水洒向四周的洒水装置浇到花上的水量要少于由橡胶管直接浇到花上的水量。

但是，假设等量的水流进一个洒水装置，则可以同时浇灌许多花。就是说，洒水装置将水向四周喷洒，洒遍一定距离之内的花。现在水被喷洒至这个距离内的所有植物，那么原来的那株花就不能再得到所有水了。而且，花离水源越远，洒水装置需浇灌的植物就越多，水被喷洒的范围就越广（见图2-7）。这是因为，在3米的圆圈里比在1米的圆圈里可以种更多的花儿，水喷洒得越广，花儿离得越远，得到的水就越少。

同样的道理，任何一个在不止一个方向上被平均分配的东西，对于任何特定物体，无论是一株花，还是我们会看到的一个经受引力的物体，离得越远，产生的影响就越小。引力与水一样，离得越远，分布得就越广。

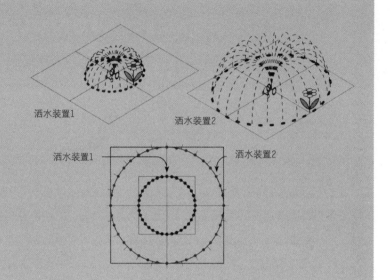

图 2-7

用洒水装置浇花。当洒水装置将水洒向一个半径更大的圆圈时，水喷洒的空间更大，而花儿得到的水就更少。

从这个例子我们还可以看出，为什么维度的数量对水（或引力）的分布会产生如此强烈的影响：**由一个二维洒水装置喷出的水，会随着距离的增大而喷洒得更广；而从单维橡胶管里流出来的水根本就没有分散。**现在，我们再设想一个洒水装置将水以球形喷洒（这个洒水装置就像是蒲公英长出种子的绒球），而不仅仅是向四周喷洒。那么，随着距离的增大，水会分散得更快。

现在，我们将这一推理应用到引力，并得出在三维空间中引力与距离的精确关系。牛顿万有引力定律的成功需基于两个事实：引力在各个方向上的作用都是相同的；空间有三个维度。现在我们设想一颗行星，它能吸引其影响范围内的所有物质，因为引力在各个方向上的作用都相同，行星作用于另一物体（如一颗卫星）的引力强度就取决于两者之间的距离，而非方向。

为形象地表示引力的强度，图 2-8 中左图显示了从一个行星核心延伸出的引力射线，就像是从洒水装置喷洒出的水。

这些射线的密度决定了行星作用于邻近任何物质的引力强度：穿过一个物体的引力线越多，引力越大；而引力线越少，则引力越小。

图2-8

一个大质量物体（如行星）发散出的引力线。穿过一个球面的引力线的数量是相同的，无论其半径大小。因此，离这个物体的中心越远，引力线就越分散，而引力也就越弱。

注意，穿过球面的引力线数量是相同的，而不论距离远近（见图2-8中间图和右图所示），但因为引力线分布于球面的每个点，距离越远，引力必然就越弱。精确的分散因子取决于定量度量一定距离上的引力线分布有多广。

穿过一个球面的引力线数量是一定的，无论它离其核心物质有多远。球体的表面积与其半径的平方成正比：表面积等于一个数乘以其半径的平方。分散于球面的引力线数量一定，因此引力必然随着半径的平方减弱，这种引力场的分散就是万有引力平方反比的来源。

牛顿定律与卷曲维度

现在我们知道了引力在三维空间里遵守平方反比定律，但要注意的是，这个论点似乎非常依赖一个既定事实：我们的空间有三个维度。假设只有两个维度，引力就只会以一个圆圈向外发散，那样，引力随距离减弱的速度就会慢得多。假设有不止三个维度，比如一个超球体，那么随着行星与其卫星之间距离的增大，其表面积增大的速度会更快，而引力也会因此迅速减弱。似乎只有三个维度才会产生这种与距离平方成反比的依赖关系，但如果真是这样，那么研究额外维度的物理学家们为什么也认可牛顿的引力平方反比定律呢？

了解卷曲维度如何解决这一潜在矛盾，是很有趣的。其基本逻辑是：引力线不能任意深入卷曲维度，因为卷曲维度的大小是有限的。尽管引力线最初是向所有维度发散的，但当其发散范围超出额外维度的大小时，它们就别无选择，只能沿着那些无限维度的方向延伸。

这仍可以用橡胶管的例子来说明。假设橡胶管的一端有一个盖子，水将通过盖子上的一个小孔进入水管（见图2-9）。正常情况是，**流过小孔的水并非当即沿水管直流而下，而是先要充满水管的整个横截面**。但是很显然，如果你正拿着管子的另一端在花园里浇水，那么水是如何进入水管的就根本无所谓了。虽然水刚进入水管时会向不止一个方向喷射，但很快就会撞到水管内壁，然后再流出。这时，水流看上去就只有一个方向。从根本上讲，在微小的卷曲维度上的引力线就是如此。

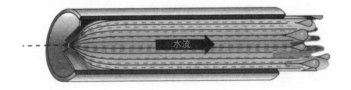

水流

图 2-9

流入橡胶管的水流。穿过小孔进入水管的水首先会向三个维度发散，然后再沿着水管水平方向的一维流动。

如前所述，我们仍可以想象一定数量的引力线由一个庞大的球体向外发散，在小于额外维度大小的距离内，引力线会均等地向所有方向发散，如果你能测量那个小尺度上的引力，那么就能测得高维里的引力。**引力线的发散方式正如水穿过小孔进入橡胶管一样，会首先充满整个橡胶管的内部。**

但是，在大于额外维度大小的距离上，引力线只能向着无限维度的方向延伸（见图2-10）；在微小的卷曲维度里，引力线在触碰到空间边缘之后，便不能再继续延伸，只能弯曲，而它们剩下的唯一出路就只有沿着仅有的一个方向延伸。因此，在大于额外维度大小的距离上，额外维度就仿佛根本不存在一般，而引力定律便会转而向牛顿的平方反比定律靠拢——就是我们现在看到的样子。这意味着，如果你只测量距离大于额外维度大小的两个物体之间的引力，那么即使是从数量的观点来看，你仍无法得知额外维度的存在；只有在卷曲空间的狭小区域内，引力与距离的依赖关系才能反映额外维度的存在。

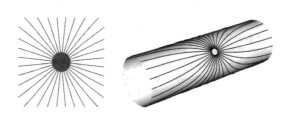

图 2-10

当一个维度卷曲时，由一个庞大物体发散出的引力线。在短距离内，引力线会以辐射方式向外发散；在远距离上，它们只会沿着无限维度延伸。

额外维度必须小到不可见吗

现在我们可以肯定的是，如果额外维度足够小，它们就是不可见的，而且不会在我们能观察的距离尺度上产生可探测的影响。长期以来，弦理论学家们一直假设，额外维度的大小就是普朗克长度，但现在有人对此提出了质疑。

没有谁足够了解弦理论，能确定地说出额外维度究竟有多大。类似普朗克长度的大小是有可能的，任何小至不可探测的维度都有其道理，但普朗克长度实在太小了，即使远比它大的卷曲维度，我们也仍旧不可能察觉。由于至今我们还没能亲眼见到它们，因此，**额外维度研究的一个重要问题就是：这些维度究竟有多大？**

在本书中，我们将探讨以下问题：额外维度究竟有多大，这些维度对基本粒子是否会产生可辨别的影响，以及实验是怎样进行的。我们会发现，额外维度的存在会大大改变我们研究粒子物理所遵循的规则，而且其中一些改变会产生可观察的实验结果。

我们还将探讨一个更为激进的问题：**额外维度是否必定是极小的？我们确实看不到微小的维度，但难道维度必须小到不可见吗？会不会有一个维度是无限延伸的，而我们却没有发现？**如果真是这样，那么额外维度该与我们所见的维度截然不同。到目前为止，我才只举出了一些最为简单的可能性。以后我们会看到，即使与我们所熟知的三个无限维度截然不同，为什么我们仍不能排除无穷大额外维度这种近乎极端的可能性？

在第 3 章中我们将探讨另外一个问题，也许你也曾想过：为什么微小的额外维度不是局限在两堵"墙"之间的线段，而是卷曲的球呢？现在还没有人想到这种可能——但为什么不呢？原因在于，**如果假设空间有终点，那就要知道，在那个终点发生了什么？会像过去图画里扁平地球所暗示的那样，事物到了宇宙末端会掉下去吗？或者它们会被反射回来，又或者它们根本到不了那里？**要明确在终点究竟发生了什么，我们首先要了解科学家所说的边界条件。如果空间有终点，那么终点在哪里？它又是怎样终结的？

膜——高维空间里的薄膜状物质给我们有"终点"的世界提供了必要的边界条件。正如我们将在第 3 章中看到的，膜能生成一个（或多个）不同的世界。

03

我们生活在一个膜宇宙上吗
WARPED PASSAGES

> 我会像胶一样地黏住你。黏住你，因为我已被你俘虏。
>
> 埃尔维斯·普雷斯利（猫王）

总是被困在路上的艾克

与好学的阿西娜不同，艾克不爱看书，他只喜欢玩游戏、搞机械和玩车。但是，艾克却很讨厌在波士顿开车，因为那里的司机驾车鲁莽，路标也不清楚，马路总在没完没了地施工，艾克总是被困在路上。尤其令人懊恼的是，前面也根本没什么车。虽然这样的路况非常诱人，可艾克一点儿办法都没有，毕竟他不是阿西娜养的猫头鹰，不能插翅飞过去。对被困在波士顿公路上的艾克来说，第三维毫无用处。

许久以来，几乎没有几个"自爱"的物理学家会认为额外维度值得思考。它纯属推测，又是那么怪异，没人能对它们说出个所以然来。但是最近这些年，额外维度的命运出现了转机：**它不再是不受欢迎的不速之客，而成了人们追捧的、激发灵感的良友。**这鹊起的声名要归功于"膜"，以及由这些引人入胜的结构所带来的众多可能的崭新理论。

1995年，当来自加州大学圣塔芭芭拉分校卡夫里理论物理研究所（KITP）的物理学家乔·波尔钦斯基（Joe Polchinski）确认膜是弦理论的基础时，整个物理界为之一震。但是，早在此之前，就有物理学家提出过薄膜状物质，例如 p- 膜（一些调皮的物理学家是这么叫它的），是一种只在某些维度无限延伸的物质，它是物理学家通过爱因斯坦的广义相对论推导出来的。

粒子物理学家也曾提出过一些把粒子束缚于膜表面的机制。但是，弦理论里的膜是第一种已知既能束缚粒子又能束缚力的膜，我们很快就会看到，正是这一部分使它们吸引了所有人的兴趣。就像在三维空间里被困在二维公路上的艾克一样，粒子和力也会被困在一些叫作膜的低维表面上，即便宇宙仍有许多等待探索的其他维度。如果弦理论正确描述了我们生存的世界，那么物理学家将别无选择，只能承认这种膜的确是可能存在的。

膜宇宙是一幅令人兴奋的新景象，它彻底改变了我们十几年来对引力、粒子物理学和宇宙学的理解。膜很可能在宇宙中存在，而且我们没有理由否认我们或许就生活在一个膜上。膜甚至有可能在决定我们宇宙的物理属性中发挥着重要作用，并能最终解释可见的现象。如果真是这样，那么膜以及额外维度必将永驻于此。

像切片一样薄

在第1章里，我们已看过一种思考二维世界（平面国）的办法：

把它当成一个三维空间里的二维切片。**在阿博特的小说里，正方形 A 走出二维平面国，进入三维世界游历了一番，然后认识到平面国只不过是一个更大的三维世界的切片而已。**

回到平面国，正方形 A 提出他所见到的三维世界很可能也只是一个切片（这很符合逻辑）：一个更高维度空间的三维切片。当然，这里的"切片"并不只是一个如纸片般的二维薄膜，而是这类事物的逻辑延伸，如果你喜欢，可以称其为一个假想的薄膜。你可以把正方形 A 猜想的三维切片当成四维空间里的一个三维切块。

但是，正方形 A 的三维"导游"很快就打消了他对三维切片的臆想。就像我们认识的绝大多数人一样，这个缺乏想象力的三维居民只相信他能看见的三维空间，根本不会去考虑第四维度。

膜将一个数学概念引入物理学中，它与一个世纪前《平面国》里的描述极为相似。现在，物理学家开始回到这个观点：**包围我们的三维世界可能就是高维世界里的一个三维切片。**膜是一个特别的时空区间，只能在空间（可能是多维）的一个切片里延伸。"薄膜"一词让我们选择了"膜"，这是因为，像膜一样，薄膜是裹在物质外面的一层，或者是穿过物质的一个夹层。有些膜是夹在空间里面的切片，而另一些则是裹住空间的切片，就像三明治的面包片一样。

无论哪种膜，它都是一个区域，比包围它或与它相邻的整个高维空间的维度少。注意，薄膜有两维，而膜的维度可能是任何数量。尽管最有可能引起我们兴趣的膜有 3 个空间维度，可是"膜"这个名词指代的却是所有这种类型的切片。有些膜有 3 个空间维度，而另外一些膜却可能有更多（或更少）的维度。我们会用 3-膜来指有 3 个维度的膜，而 4-膜指有 4 个维度的膜，依此类推。

膜

膜将一个数学概念引入到物理学中，它是一个特别的时空区间，只能在空间（可能是多维）的一个切片里延伸。无论哪种膜，它都是一个区域，维度少于包围它或与它相邻的整个高维空间。

边界膜和内嵌膜

在第 2 章里，我们解释了额外维度为什么不可见的原因：它们卷曲的形状可能太小，以至于未能显露出它们存在的任何证据。关键的一点在于，额外维度可能很小。但额外维度不可见的原因，没有一个是基于它们是卷曲的这一事实。

这就暗示了另外一种可能：也许维度不是卷曲的，而只是在一定距离内终结了。因为，**如果维度消失得无影无踪，就会潜伏着危险，你一定不想某段宇宙会在其终点跌落下去，所以，这些有限的维度必定会有边界。**边界让我们知道，它们在哪里终结以及是怎样终结的。那么，当粒子和能量到达这些边界时会发生什么？

答案是：它们会遇到一个膜。在高维世界里，膜有可能是被称作"体"的整个高维空间的边界。体与膜不同，它会向所有方向延伸。体会跨越每一维，既可能在膜上，也可能在膜外（见图3-1）。因此，**体是庞大的，而相对来说，膜是扁平的（在某些维度上）**，就像一张煎饼。如果膜在某些方向上是体的边界，那么，体的某些维度可能与膜平行，而另一些维度则可能偏离它。如果膜是边界，那么脱离了膜的维度只能向一侧延伸。

为了了解终结于膜的有限维度的特征，我们可以设想一根长长的细管。管子里有三个维度：长的一维，短的二维。为了让与扁平膜的类比更直观，我们假设管子有方形的横截面，这样的话，无限长的管子里就有了 4 个无限延伸的方形横截面。如果管子自身就是宇宙，那么它是一个三维宇宙，其中有两维被各边的壁束缚，而另一维则延伸至无穷。

我们知道，细长的管子如同第 2 章花园里的橡胶管一样，从远处看是一维的。但我们仍可以像以前一样问，这样一个方管宇宙（包括管壁及其内腔）对生活在其中的好奇生命来说，会是什么情形？

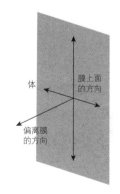

图 3-1

膜与体。膜是一个低维表面，在膜上，既有方向顺其延伸，也有方向会离它远去，伸向更高维度的体。

可能正如你猜想的那样，这要看那个生物的认知能力。一只可以在方管里自由行动的小飞虫，会感知到它是三维的。与二维花园橡胶管的例子不同的是，我们想象这只小飞虫可以在方管里自由飞翔，而不是只能紧贴在它的表面上。然而，如在花园橡胶管里一样，小飞虫会感知到有一条长长的维度，与另外两维完全不同。在这个方向上，小虫可以自由地飞翔，直至很远（假设我们的管子很长，甚至是无限长）；而在另外的两个方向上，小虫能飞越的距离很近，也就只是方管的宽度。

但是，除了各自所拥有的维数之外，花园橡胶管与方管宇宙还有一处差别：与之前的小虫不同，这个方管里的飞虫是在管子里面飞的。因此，**飞虫有时会碰壁，它可以前后飞，也可以上下飞，但总是会碰壁。而橡胶管上的小虫则不同，它永远不会遇到这样的边界；相反，它只会一圈接一圈地爬下去。**

当飞虫撞到方管宇宙里的边界时，必须有一定的规范来约束它的行为。管子的壁就决定了它的行为：飞虫可能会撞到壁上而死去；也可能因管子是有弹性的而被反弹回来。如果管子真的是一个由膜作边界的宇宙，那么，这些二维的膜就能够决定，当粒子或携带能量的其他任何物体撞到边界时会发生什么。

当物体撞到边界的膜时，它们会反弹回来，如同台球从案边弹回或光从镜子上反射回来一样。这就是科学家所说的反射边界条件。如果物体从一个膜上弹回，则能量没有损耗：它没有被膜吸收或泄漏出去，没有任何物体超出膜外。边界膜就是"世界终点"。

在一个多维宇宙里，膜就发挥了以上方管宇宙中边界壁的作用。与管壁一样，这样的膜也比整个空间有更少的维度（边界肯定比其包围的物体维度少），面包的边界如此，空间的边界也是如此。我们房子的外墙也是一样：它比房间少一维，房间是三维的，而任何一面墙（当我们忽略其厚度时）都只会跨越两个维度。

这一节到目前为止，我们集中探讨了位于边界的膜，但膜并不总是位于体的边缘，它们可以存在于空间的任何地方。尤其是，膜可能位于空间内远离边界的某个地方。**如果将边界膜看作长面包一端的那层薄壳，那么非边界膜就像长面包中间的一个切片。**非边界膜与我们已经探讨过的那些膜一样，仍是低维物体，在它的每一侧都有一个高维的体空间。

下一节我们会看到，无论体或膜有几维，也无论膜位于空间内还是其边界，膜都能俘获在它上面的粒子和力，这使得它所占据的空间区域变得非常特别。

被膜俘获

尽管有许多空间是你能够到达的，但你却未必会探索所有的空间。也许还有一些地方是你一直渴望要去，却永远也不能成行的，比如外太空或是大海深处。虽然你从未去过这些地方，但是从理论上讲，你可以去。没有哪个物理定律会限制这种可能。

但是，假如你居住在一个黑洞里，那么你的旅行就将会受到严格的限制，甚至比沙特阿拉伯的女性受到的限制还要多。黑洞（直至其完全消亡）会把你困在里面，使你永远无法逃脱。

在我们熟悉的例子里，行动受限的东西有很多，对它们来说，有些空间区域是永远无法到达的。比如电线里的电荷，再比如算盘里的珠子都是位于三维世界的物质，却只能沿着一个维度运动。还有一些常见的事物也是被限制在二维表面上的：浴帘上的水珠，只能沿着浴帘的二维表面滑下（见图3-2）;被困于显微镜下玻璃片上的细菌，也只能体验二维的运动。另一个例子是山姆·劳埃德（Sam Loyd）的"十五数字推盘"游戏，这个烦人的游戏是：一个盛着 15 块塑料薄片的小塑料盘，里面的每个薄片上都有一个字母或是图案。你需要在塑料盘里水平移动它们，直到它们排列成正确的一句话或一幅图（见图 3-3）。除非你作弊，否则那些字母或图案不得离开塑料盘，不能在第三维度里移动。

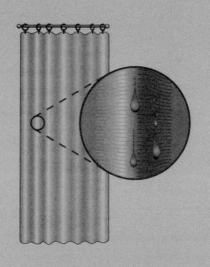

图 3-2

浴帘上的水珠。在一个三维的房间里，水珠被挡在二维的浴帘上。

图 3-3

山姆·劳埃德的"十五数字推盘"游戏。

膜，就像浴帘或劳埃德的十五数字推盘游戏一样，会把事物限制在一个低维的表面上。它们引入了这样一种可能：在一个有着更多维度的世界里，并非所有的物质都能够自由地在任何地方旅行。恰如浴帘上的水珠被束缚于一个二维的平面上一样，粒子和弦也可能被限制在一个三维膜上，而这个膜就处在高维世界中间。但与浴帘上的水珠不同的是，它们是真正地被束缚了；与十五数字推盘游戏也不同，膜不是随意挑选的，它们可是高维世界的"职业选手"了。

被困在膜上的粒子被物理定律真正地束缚在了这些膜上，这些物质永远也不能进入延伸出膜外的额外维度。然而，并非所有的粒子都会被困在膜上，有些粒子可以自由地穿行于体中。但是，将有膜的理论与无膜的多维理论区别开来的，正是膜上的粒子——那些不能在所有维度上运动的粒子。

从理论上讲，膜和体的维度可以是任何数量，只是膜的维数永远要少于体的维数。膜的维数就是被膜束缚的粒子获准在其上面自由移动的维度的数量，尽管会有多种可能，但最让我们感兴趣的膜还是那些三维膜。我们不知道三维为什么看起来这么特别，但是有着 3 个空间维度的膜是与我们的世界密切相关的，因为它们可以沿着我们了解的 3 个空间维度延伸。这样的膜会出现在一个体中，这个体中可以有任何数量的维度，4 个、5 个或是更多，只要是超过 3 个。

即便宇宙确实有很多维度，但如果我们所熟悉的粒子和力被束缚在一个向 3 个维度延伸的膜上，那么它们仍会像在只有三维的世界里一样于膜上运动。如果光也被困于膜上，那么光线也只能沿着膜发散，在一个三维的膜上，光的表现就恰如它在一个真正的三维宇宙里一样。

而且，被限制在膜上的力，也只会对被困在同一个膜上的粒子发挥作用。构成我们这个世界的基本物质，如原子核和电子，以及这些物质之间的相互作用力，如电子力，都可能被限制在一个三维的膜上。被膜束缚的力只能沿着膜的方向扩散，而被膜束缚的粒子将产生交换，但只能沿着膜的维度运动。

因此，**如果生存在这样一个三维的膜上，你将能够沿着它的维度自由行动，几乎与在我们眼下的三维世界里一模一样。**其他维度将与膜相邻，但被困在这个膜上的物质，将永远也不能渗透到更高维度的体中。

虽然力和物质都可能被困在膜上，但膜宇宙的奇妙之处就在于，我们知道并非所有的东西都被限制在一个膜上。例如，引力永远也不会被限制在膜上，根据广义相对论，引力被交织在时空结构上。这就意味着，引力必定能穿越所有维度。如果它被限制在某个膜上，那我们就只能放弃广义相对论了。

好在事情并不是这样的。即便有膜存在，万有引力还是处处都能被感受到，无论在膜上还是离开膜。这点很重要，这意味着膜宇宙必须与体相互作用，即便只是通过引力。因为引力延伸到体中，而且所有东西都是通过引力而相互作用的，所以，膜宇宙总与额外维度相联系。膜宇宙并非孤立存在：

> 它们是一个更大的整体的组成部分，并与之相互作用。除了引力之外，在体宇宙中，还有可能存在其他的粒子和力。如果这些粒子真的存在，那么它们也会与被困在膜上的粒子相互作用，并把被膜束缚的粒子与更高维度的体宇宙联系起来。

除了我曾提到过的性质之外，后面我们将简要讲到的弦理论的膜还有一些特别属性：它们能够携带特定的电荷；受到外力时，会以特殊方式响应。但后面讲到膜时,我很少具体谈论这些性质。只要记住我们在本章里谈到的性质就足够了:**膜是低维表面,它们能束缚住粒子和力,而且可以是更高维空间的边界。**

神秘的膜宇宙

因为膜能俘获多数粒子和力,所以,我们生存的宇宙想必就构筑在一个三维的膜上,并漂浮在一个更高维度里。引力会延伸至额外维度中,而恒星、行星、人类以及我们能感受到的所有其他东西,都可能被限制在一个三维的膜上。如此说来,**我们就生存在一个膜上,膜就是我们的家园。**膜宇宙的概念正是基于这种假定(见图 3-4)。

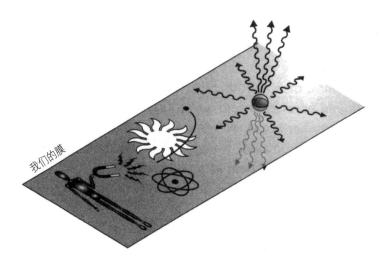

图 3-4

我们生存的膜宇宙。我们可能生活在膜上,也就是说,组成我们的物质、光子以及其他标准模型粒子都可能是在膜上。但是引力是无处不在的,既在膜上,也在体中,就如图中扭动的曲线那样。

如果说,有一个膜悬浮在一个高维空间里,那么无可否认,就会有更多的膜也悬浮于其中。在膜宇宙的图景里,常常会涉及不止一个膜,我们还不清楚宇宙究竟会出现几个或是几种膜。"多重宇宙"这个名称与超过一个膜的理论相关联（见图 3-5）。人们常常用这个词来描述这样一个宇宙：其组成部分要么没有相互作用，要么相互作用微弱。

我觉得"多重宇宙"这个词有点奇怪：因为宇宙的定义本来就是许多部分联合在一起形成的一个整体。但是，也许会有一些不同的膜，它们相距遥远，无法联系；或是只能通过穿梭于它们之间的中介粒子产生微弱的联系。那样，在遥远膜上的粒子，感受到的力可能就会是完全不同的，而被膜束缚的粒子将永远不能与被束缚在另一张膜上的粒子产生直接的联系。因此，当不止一个膜所共同的力只有引力时，我有时就会把涵盖了两个膜的宇宙称作多重宇宙。

对于膜的思考让我们意识到：对于自己生存的这个空间，我们了解的实在是太少了。**宇宙可能就是一个辉煌壮观的建筑，将所有位于其中的膜连接了起来。**即使我们知道了它基本的组成部分，但在一个密布着多层膜的多重宇宙里，可想而知，总会有一些离奇的新景象，而且我们了解的、不了解的粒子在空间几何里的分布可能，也会有无数种。同样一副纸牌，会有多种不同的发牌法，这里存在着太多的可能。

其他的膜也许与我们的膜平行，也许包含平行的世界，但也许还会存在许多其他类型的膜宇宙。**膜可以相互交叉，而粒子可能就被束缚在交叉线上。膜可以有不同的维数，它们可以弯曲，可以移动，也可以包裹未被发现的不可见维度。**展开想象，你可以随心所欲地勾勒你的图景。宇宙中存在这样的几何图景也并非没有可能。

在一个有着内嵌膜的高维体宇宙里，有一些粒子可能会进入更高维度，也有一些粒子就只能待在束缚它的膜上。如果体将两个膜隔开，那么，有些粒子会在这个膜上，有些则会在另一个膜上，还有一些会夹在中间。有关粒子和力在不同膜与体之间是怎

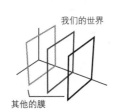

图 3-5

多重宇宙。宇宙可以包含多重膜，它们之间或是只通过引力相互作用，或是根本互不相干，像这样的构成常被称作多重宇宙。

样分布的，理论上会有多种方式。尽管膜来自弦理论，但我们仍不明白为什么弦理论会独独钟情于某个特定的粒子和力的分布方式。膜宇宙给我们引入了一些全新的物理图景：

> 它们既描述了我们自以为了解的世界，也描述了在未知的其他膜上的其他未知世界。在一些看不见的维度上，它们与我们的世界遥遥相望。

在那些遥远的膜上，也许还存在着被束缚的新的力。我们不能直接与之相互作用的新粒子，兴许就在这些膜上传播。能够解释暗物质和暗能量（我们据其引力效应推测的一种身份不明的物质和能量）的其他物质，兴许就分布在不同的膜上，或既在体里，又在其他膜上。而当你从一个膜走到另一个膜时，引力甚至也可能对粒子产生不同的影响。

> 倘若其他膜上有生命，那么，由于他们被拘禁在完全不同的环境中，有着不同的感官，很可能体验着完全不同的力。我们的感觉会感知周围的化学反应、光和声音；而其他膜上的生物，倘使他们存在，也不大可能会与我们膜上的生命有太多相似的感觉，因为基本的力与粒子可能是不一样的。或者，其他的膜与我们的膜根本毫无相似之处，而我们能确定的唯一共同分享的力就是引力，而即使是引力，其作用也可能会发生变化。

膜宇宙的作用取决于膜的数量和类型，以及它们的位置。这对好奇心大的人将是个打击：**被限制在遥远的膜上的粒子和力，对我们未必会产生强烈的影响**。它们可能只决定在体中运动的东西，发出微弱的、可能永远不能到达我们的信号。因此，许多可以想象的膜宇宙即便真的存在也仍将难以探知。毕竟，引力是我们唯一明确知道的，由我们膜上的物质与所有其他膜上的物质共同分享的相互作用，而引力又偏偏是一种极其微弱的力。如果没有直接证据，那么其他的膜就只能隐匿在理论和猜测的范畴里。

但是，我要讲的某些膜宇宙是可以产生可探测的信号的。这些可探知的膜宇宙，对我们世界的物理特性会产生深远的影响。尽管膜宇宙的泛滥在某种程度上让人心烦，可它却真的令人振奋。膜不仅有助于解决粒子物理里长期存在的问题，而且，如果我们足够幸运，且描述的某个图景正确的话，我们将很快在基本粒子物理实验里找到膜宇宙存在的证据。我们有可能真的生存在一个膜上——不出 10 年，我们就会真正弄清楚。

至于现在，我们还不知道，在众多的可能性里哪一个（如果有的话）会是对宇宙的正确描述。因此，我将保留所有选择，以免遗漏什么有趣的东西。**无论最终证明哪种图景正确描述了我们的世界，我要讲的那些图景都会引进一些引人入胜的、全新的观点，而这都是前人从未想到过的。**

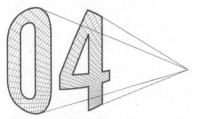

04

理论物理世界的奇幻旅行
WARPED PASSAGES

她是模特，魅力四射。

发电站乐队（Kraftwerk）

什么速度呀和新发明，以及第四维空间诸如此类

"嗨，阿西娜，你是在看电影《卡萨布兰卡》吗？"
"是的，不想和我一起看吗？这一幕可真棒！"

请你一定要牢记，
亲吻就是亲吻，
叹息就是叹息。
随着时光流逝，
爱情真谛永不变。

"等等，艾克，你不觉得最后这句有点奇怪吗？这里本来应该很浪漫的，可听起来倒像是在讲物理。"

"阿西娜，如果这你都觉得奇怪的话，那你最好还是先听听原版歌曲《任时光流逝》（*As Time Goes By*）的开始一段。"

> 我们生活的这个时代，
> 爱弄些缘由给人理解。
> 什么速度呀和新发明，
> 以及第四维空间诸如此类。
> 我们还有些许烦恼，
> 有关爱因斯坦先生的理论。

"艾克，你真以为我会相信吗？我猜，下一步你就会说里克和伊尔萨逃进了第七空间！好了，就当我刚才什么都没说，还是坐下来，我们安安生生地看电影吧。"

20 世纪早期，爱因斯坦提出了相对论；1931 年，鲁迪·瓦利（Rudy Vallee）录制了由赫尔曼·赫普菲尔德（Herman Hupfeld）所作的歌曲《任时光流逝》，就是艾克叙述的那一版。但是，等到由杜利·威尔逊（Dooley Wilson）扮演的山姆一角演奏了《卡萨布兰卡》的曲调之后，那段被省略了的歌词以及时空科学在大众文化里就被遗忘了。尽管萨尔瓦多·卡鲁扎早在 1919 年 ❶ 就提出了宇宙中存在一个额外维度的观点，但是，直到最近，科学家才对这一观点给予了足够的重视。

我们已探讨了什么是维度，以及维度是怎样逃过我们的眼睛的。下一步，我们就要问：**是什么重新激起了人们对额外维度的**

---

❶ 2004 年，红袜队赢得了全美棒球联赛的冠军；而上一次得冠军，是在 1918 年，一年后卡鲁扎就提出了额外维度——这是多久以前的事了啊。

兴趣？为什么科学家要相信它们确有可能存在于真正的物质世界里？这要解释起来，话可就长了，它会涵盖 20 世纪一些最为重要的物理学成果。后面几章里，在开始描述可能的多重宇宙之前，我将首先回顾这些成果，并解释它们为什么是新近一些理论的先驱。我们将考察发生在 20 世纪早期的范式转变（量子力学、广义相对论）、当今粒子物理学的精髓（标准模型、对称性、对称破缺、等级问题）以及关于解决当前未解问题的新观点（超对称、弦理论、额外维度和膜）。

但是，在涉猎这些问题之前，本章将简要地介绍一下物质，目的是搭建一个物理平台。由于要理解我们的探索方向，得先熟悉当今物理学家所采用的推理类型，因此，我们还将探讨对于新近进展至关重要的理论研究方法。

最初，我觉得使用歌词"爱情真谛永不变"是一个明智的选择，但细想之后，我觉得这歌词也太物理了，我甚至怀疑是不是记忆在跟我开玩笑，因为这对记歌词来说是常有的事——即使你认为这首歌早已烙进了你的脑海里。可是，当我发现，这歌词实际比我想象的还要契合物理学时，就不由得我不惊讶了（而且觉得好玩）。以前我可从没想到过"时光流逝"就是第四维度！

物理见解常常也像这次发现一样：**细小的线索往往会揭示一些不期然的联系。**如果你足够幸运，你的发现甚至会超出你的预期，令你喜出望外，当然你得找对地方。在物理学中，一旦你发现了某种联系，即使只有一点细微的线索，你也会以你认为最好的方法去寻求其意义。那可能需要科学的推测，也可能需要为你认为可靠的理论导出数学结果。

下一节，我们将介绍现代物理学探寻这些线索所采用的方法：模型构建（这可是我的强项）以及基本高能物理的另一种方法——弦理论。**弦理论学家试图从一个确定的理论得出对宇宙的预言；而模型构建者试图先找到解决特定物理问题的方法，然后由此出**

发创建理论。模型构建者和弦理论学家都意图寻找更为综合的理论，来解释更多的问题。他们旨在回答类似的问题，却以不同的途径接近它们。研究有时是科学的推测，如模型构建；有时是为已确信正确的最终理论推理出逻辑结果，如弦理论。很快我们会发现，额外维度的最新研究成功地结合了这两种方法。

自上而下，还是自下而上

尽管最初我喜欢数学和科学都是因为其彰显出的确定性，而今我却发现，那些未解的问题和不期然的联系，对我更有吸引力。量子力学、相对论和标准模型所包含的原理，拓展了人们的想象。但是，它们却无法撼动当今物理学家正倾力关注的一些新奇的观念。鉴于现存观念的缺陷，我们知道是新理论出场的时候了。那些缺陷预示了新的物理现象，在我们完成更精确的实验时，它们必将出现。

粒子物理学家试图找到一些自然定律来解释基本粒子的运动规则。这些粒子以及它们所遵循的物理定律，就是物理学家所称理论的基本组成部分。理论是一整套的要素和原理，包括预测各要素之间相互作用的规则和方程。在本书中，当我说"理论"时，指的就是这层含义，而不是口语里说的"粗略猜想"的意思。从理想角度讲，物理学家当然希望找到一个能解释所有现象的理论，最好还是一个规则最少、基本组成要素最少的理论。有些物理学家的终极目标就是创建一个简单、凝练、统一的理论—— 一个可以用来预测所有粒子物理实验结果的理论。

寻求如此高度统一的理论，可谓志向远大，甚至有人说是胆大无畏。但在某种程度上，它反映了人们自古就有的对简洁理念的追求：**在古希腊，柏拉图设想出完美的形式，如几何形状和**

理想状态，世间万物只能大致近似；亚里士多德也相信理想形式，但他认为只有观察才能揭示世间万物近似的理想形式；宗教也常常会想象出一个更为完美或更为统一的状态，它从现实中脱离出来，却又以某种形式与现实相联：伊甸园里人类堕落的故事，就设想了一个理想的极乐世界。尽管现代物理学的问题和方法与先哲们的不同，但物理学家同样是在追求一个简洁的宇宙，只不过表现为构成世界的基本成分，而不是哲学和宗教。

然而，有个明显的障碍使我们无法找到一个能与现实世界相联的完美理论：我们周围找不到这种完美理论所应体现的简洁性。问题在于世界本身就很复杂。要将一个简洁、凝练的形式与一个复杂、真实的世界联系起来需要做大量工作。一个统一的理论，一方面要简洁凝练，另一方面又必须有足够的空间来容纳相应的观察和发现。我们倒乐意相信会有这么一个视点，从中看到的所有东西都是完美、可预见的，可世界却不像我们描述它的理论那般单纯、简洁和有序。

粒子物理学家以两种不同的方法——自上而下和自下而上，来缩短理论与现实之间的距离。

有的理论学家采取"自上而下"的办法：他们由理论出发，首先相信理论是正确的，比如弦理论学家由弦理论出发，然后试图导出其结果，使其与我们观察到的纷繁世界联系起来。而模型构建者选择的则是一条"自下而上"的道路：他们先找出观测到的基本粒子与其内在相互作用之间的联系，然后由此推导出其基本理论。他们在物理现象中寻找线索，创建模型，即一些样本理论。最终，这些理论可能正确，也可能错误。两种方法各有其优势和缺陷，而最佳的前进路线并不总是显而易见的。

两种科学方法之间的冲突很有意思，因为它反映了两种不同的科学研究方式，这种分化是科学界长期争议的新近体现。**你是选择柏拉图的方法，还是亚里士多德的方法？**柏拉图试图从一些

自上而下

有的理论学家采取一种"自上而下"的办法：他们由理论出发，首先相信理论是正确的，比如弦理论学家由弦理论出发，然后试图导出其结果，使其与我们观察到的纷繁世界联系起来。

基本真相里获得领悟，而亚里士多德则立足于经验观察。你是准备自上而下，还是自下而上？

自下而上

这种选择也可以称为"老年爱因斯坦 Vs. 青年爱因斯坦"。爱因斯坦年轻时立足于实验与客观现实，即使他所谓的思想实验也都来自物质场景。在发展广义相对论时，他发现了数学的价值，之后，爱因斯坦改变了方法：他发现数学成果对其理论完成是至关重要的，这使得他在以后的事业中更多地使用理论方法。然而，向爱因斯坦看齐未必会解决问题。尽管他将数学成功地应用到了广义相对论中，但他后来为了统一理论而进行的数学探索却毫无结果。

模型构建者选择的则是一条"自下而上"的道路：他们先找出观测到的基本粒子与其内在相互作用之间的联系，然后由此推导出其基本理论。他们在物理现象中寻找线索，创建模型，即一些样本理论。最终，这些理论可能正确，也可能错误。两种方法各有其优势和缺陷，而最佳的前进路线并不总是显而易见的。

从爱因斯坦的研究道路可以看出，科学真理有很多种，发现它们的道路也有很多种：其中一个基于观察，例如类星体和脉冲星的发现；另外一个基于抽象的原理和逻辑，例如，卡尔·史瓦西（Karl Schuwarzschild）首先推导出黑洞是广义相对论的数学结果。最终，我们希望这些方式能够互相融合——如今，黑洞既能从观测数据的数学计算导出，也可以从纯理论导出，但在研究早期，我们基于两种真理所取得的进展却很少同步。对弦理论来说，它的原理和方程并不如广义相对论那般完善，因此由它推导出结果要困难得多。

弦理论一经崭露头角，粒子物理学界立即被彻底分裂。"弦革命"首次使粒子物理学界产生分化是在20世纪80年代中期，当时我还在读研究生。从那时起，就有一派物理学家决意要全身心地投入弦理论的优美数学王国中。

弦理论的根本前提是：自然界的基本物质是弦，而非粒子。我们现在观测到的周围的粒子只不过是弦的结果：它们是由振动的弦产生的不同振动方式，就像是从振动的小提琴弦上跳出的不同音符。弦理论之所以引人瞩目，是因为物理学家正在寻找一种能够有机融合量子力学和广义相对论的理论，能够作出可直达最为微观的可探测领域的预言。在许多人看来，弦理论似乎是最有希望的理论。

然而，另一派物理学家却决意要留在实验能够探索的相对低能的物理领域。当我在哈佛大学时，那里的物理学家，包括优秀的模型构建者霍华德·乔治（Harward Georgi）和谢尔登·格拉肖（Shedon Glashow），以及众多天才的博士后及研究人员，全都是模型构建的忠实拥护者。

一开始，弦理论和模型构建两种对立观点的争论很热烈，两派都坚持认为自己才是探索真理的正确道路。**模型构建者认为弦理论学家是在一个梦幻的数学领地里，而弦理论学家则认为模型构建者纯属在浪费时间，无视真理。**

由于在哈佛大学有许多杰出的模型构建者，而我又喜欢模型构建的挑战，因此我初涉粒子物理学时，是站在这一阵营的。弦理论是一个光彩夺目的理论，它已得出了一些深刻的数学和物理见解，其中将很可能包含能最终描述自然的正确成分。但要找到弦理论与真实世界的联系却是令人却步的艰巨任务。问题在于，弦理论所定义的能量尺度比我们能以现有仪器探索到的能量要大1亿亿倍，即使粒子碰撞的能量增大10倍，我们也不知道会发生什么。

就我们现在了解的情况，弦理论与它描述世界的预言之间，还隔着一条巨大的理论鸿沟。弦理论方程所描述的物体实在是小到令人难以置信，而其具备的能量又高至超乎想象，即便是以我们可以想到的任何技术制造出任何探测仪器，都不大可能探测到它们。不仅从数学来讲要得出弦理论的结果和预言极具挑战，而且我们甚至都还不甚明了该怎样组织弦理论的基本要素，及确定该解决哪个数学问题。**在一个充满了岔路的丛林里，是很容易走失的。**

在我们能实际观测的距离内，弦理论能带来很多可能的预言，其预言的粒子立足于理论中尚未明了的基本成分构造。如果排除一些推想的假设，弦理论的世界可能比我们的可见世界包含更多的粒子、更多的力以及更多的维度。我们需要知道，是什么使得额外的粒子、力以及维度与我们所见到的不同。我们还不了解会有什么物理特征倾向于某种构造而非另一种，甚至不清楚怎样找到弦理论与现实世界相符的任何表现。只有在非常幸运的情况下，我们才能萃取出所有正确的物理原理，使弦理论预言与我们的观察相匹配。

例如，弦理论中不可见的额外维度必须与我们看到的三维不同。弦理论的引力要比我们周围常见的引力更为复杂：与让苹果落下砸到牛顿脑袋的那种力不同，弦理论的引力要作用于 6~7 个额外维度。尽管弦理论非常新奇且炫目，但其诸如额外维度等一些令人迷惑的特征却模糊了它与可见宇宙的联系。**是什么让那些额外维度与可见维度不同？为什么它们不全都一样？**如果能发现自然为什么和怎么隐藏弦理论的额外维度，将是非凡的成就，无论使用什么探索方法都是值得的。

弦理论也想让自己"现实"起来，但到目前为止，所有尝试似乎都带着宇宙外科手术的意味：为了使其预言与现实世界相符，理论家不得不剔除所有不应具备的成分——去除粒子，将额外维度不动声色地隐藏起来。尽管由此得出的粒子与正确粒子相去不远，但你仍能断定它们并非完全正确。优雅的确是一个正确理论所应具备的优良特征，但只有在我们完全明了理论的所有含义时，才能判定它是否真的完美。弦理论起初是令人惊艳的，但弦理论学家最终必须面对这些根本的问题。

当我们在一片山区探险时，没有地图，就很难判断哪条路才

是最终到达目的地的最近路线。在思想领域，也如同在地形复杂的山区一样，该走哪条路并不是从一开始就明晰的。即使弦理论最终能将所有已知的力和粒子有机地统一起来，我们仍不能断定，它包含的只是一个呈现了一定粒子、力和其相互作用的山峰呢，还是一个更为复杂的、有着多种含义的广阔天地？如果一路坦途，路标明确，那么探索将轻而易举。但，事情却很少这样发展。

因此我要强调，超越标准模型向前的道路是模型构建。"模型"这个词很容易让人想起小时候建造的小型战舰或城堡，或者电脑里为了重建一种已知动态的数字模拟。例如，人口是怎样增长的、海水是怎样运动的。但粒子物理学的模型构建却不同于以上任何一种含义，它与时尚界或是杂志上所用"模特"的含义有些类似：**无论是T台上的模特，还是物理学中的模型，展现的都是一种富于想象力的创作，它们会以各种各样的形式呈现出来，最美的必然会赢得最多的关注。**

不用多说，相似仅此而已。粒子物理学的模型是对标准模型之外的另一些基本理论的推测。如果你认为一个统一的理论是山脉的顶峰，那么模型构建者就像是一个探路者，他试图找到连接山脚与山顶的路，一条能最终将所有观点都联系起来的路，而这基础就是已确立的物理理论。尽管所有模型构建者都承认弦理论的确很出色，且有可能最终被证明是正确的，但他们仍不能像弦理论家学那般确定地知道，如果最终登顶会发现什么理论。

在第7章我们会看到，标准模型是一个明确的物理理论，有一组固定的四维世界的粒子和力。超越标准模型的模型仍包含这些基本成分，并在已探明的能量水平上重现其结果，而且它们还包含了一些只在更小的距离内才能探测到的新力、新粒子和新相互作用。物理学家提出这些模型，是为了解决眼下的难题。而模型可能会为已知或假想粒子提出一些新的不同的行为，这些行为取决于模型假设所导出的一组新的方程。模型也可能提出新的空间场景，例如我们将以额外维度和膜来探索的那些场景。

即使我们完全通晓了一个理论及其含义，这个理论还可能以其他方式表现出来，对于我们生活的真实世界，它们可能会有不同的物理结果。比如，即使我们从理论上知道粒子和力是怎样相互作用的，仍需要知道在真实世界里存在哪些特定的粒子和力，模型使我们能抽样检验这些可能。

不同的假设和物理概念可以区分不同的理论，同样，理论原理所适用的距离和能量尺度也可以区分不同的理论。模型是直达这些不同特征核心的一种方法，它们让你探索一个理论的内在含义。**如果你认为理论是指导你做蛋糕的一个大致说明，那么模型则是一个精确配方。理论会告诉你加糖，而模型则会明确说明加半杯糖还是两杯糖；理论会说葡萄干可加可不加，而模型则会给你一个更明白的指示：不要加。**

模型构建者关注的是标准模型里那些未解决的问题，并试图使用已知的理论来应对其不足。模型构建的方法因直觉而激发起来，弦理论明确预言所在的能量远大于我们的观察。而模型构建者想了解全面的景象，以找到与我们的世界相关的部分。

现实地说，模型构建者承认不能立即导出一切东西。我们不是要导出弦理论的结果，而是要弄清楚基本物理理论的哪些要素能解释已知的观测结果，揭示实验结果之间的联系。模型的假设可能会是最终基本理论的组成部分，也可能在我们明白其更深层的理论基础之前就阐明某些新的关系。

物理总是努力以最少的假设来预言最多的物理量，但这并不意味着我们总能立即就明确找出最为根本的理论。常常是人们先有了进步，然后才从根本上明白其来龙去脉。例如，物理学家早就知道温度与压力的关系，并将其应用于热力学与发动机的设计，但直到很久以后，人们才在一个更基本和微观的层面将其解释为大量原子和分子的无规则运动的结果。

因为模型关注物理"现象"（意即实验发现），因此与实验密切联系的模型建构者有时被称作"现象学家"。"现象学"可算不上一个好措辞，因为它不能公正地涵盖数据分析，而数据分析在当今复杂的科学世界里与理论是密不可分的。模型构建者更多地是注重解释与数学分析，而不是像这个词在哲学里的含义所暗示的：简单的表象。

相反，最好的模型确实有其可贵之处：对于物理现象，它们能作出确定的预言，给实验者验证或反驳模型的断言提供一个途径。高能实验不仅仅是在寻找新的粒子，也是在测试模型，并寻找建立更好模型的线索。所有已创建的粒子物理学模型，都包括适用于可探测能量的新的物理原理及新的物理定律，因此，它能预见新的粒子及它们之间的可测试的关系。找到这些粒子并测量其性质，就能证实或排除一些思想。高能实验的目标就是帮助我们找到一些基本的物理定律，还有赋予它们解释能力的概念框架。

并非所有的模型最终都能被证明是正确的，但模型仍是研究可能性及构筑素材库的最好方法。如果弦理论正确，我们最终就可能得知某些模型是如何导出其结果的，就像热力学源于原子理论那样。但是，十多年来，两大阵营的对峙没有一丝结束的意思。阿尔比恩·劳伦斯（Albion Lawrence），一位来自布兰迪斯大学的年轻弦理论学家，在与我讨论这种分歧时，是这么评论的："不幸的是，弦理论与模型构建是两个截然不同的课题，模型构建者与弦理论学家多年来互不交流。我总觉得，弦理论就像所有模型的祖父一样。"

　　弦理论学家与模型构建者都在探寻一条有迹可循的
　　优雅路径，以将理论与可见世界联系起来。任何理论，
　　只有其道路本身，乃至从山顶往下看到的风景，都显现
　　出它的优雅时，才真正是引人入胜和可能正确的。模型

构建者自下而上，很可能要承受多次起点错误的风险，
而由自下而上的弦理论学家同样也有风险：他们可能会
发现自己正处在一个陡峭、孤立的悬崖边，远离营地，
无法找到回去的路。

你也可以说我们正在寻找一种宇宙的语言：弦理论学家关注
的是语法的内在逻辑，而模型构建者则专注于他们认为最有用的
名词和词组。如果说粒子物理学家是在佛罗伦萨学习意大利语，
那么，模型构建者则会懂得怎样寻找食宿，并学会问路所需要的
最基本的词汇，但他们说出的话可能很好笑，而且可能永远也不
能完全领会"炼狱"的含义；相反，弦理论学家可能立志于掌握
意大利文学的精妙之处，但他们可能不等学会怎样点餐，就将面
临被饿死的危险。

好在情况现在已有了改观。最近，理论研究和低能物理现象
两者都支持了对方的进展，而许多人现在也已开始同时考虑弦理
论和以实验为指导的物理学了。在我的研究中，我还是继续沿
袭模型构建的道路，但是，也会纳入弦理论的观点。我认为，
最终很有可能会通过结合两种途径的最佳方法而取得进展。

阿尔比恩说："**两者之间的界限不再那么鲜明了，这很大程
度上得益于额外维度的研究，人们开始互相交流。**"两派不再是
那么泾渭分明，也有了更多共同的立场。目标和观念重新开始融
合，无论是在学术上还是社交上，模型构建者和弦理论学家都有
了强烈的重合。

我将描述的额外维度理论最美的一面就是，两个阵营的观点
开始融合起来。弦理论的额外维度也许有些痴人说梦，但兴许它
们最终是一个机会，可以帮助我们找到解决老问题的新方法。我
们当然可以问：**额外维度在哪儿？为什么我们没见到它们？**但我
们也可以这样问：**这些看不见的维度对我们的世界是否有重要意**

义？它们可能会帮助我们揭示一些与观测现象相关的内在联系。模型构建者喜欢尝试把一些概念联系起来，比如额外维度与可见的三个维度、粒子质量之间的关系。而且，如果幸运的话，基于额外维度模型的见解有可能会成功解决弦理论面临的一大难题：它的不可实验性。模型构建者已使用了由弦理论得出的理论要素来解决粒子物理学中的问题，而那些模型，包括那些有额外维度的模型，将会产生可以检验的结果。

我们后面研究额外维度模型时会看到，模型构建的方法正与弦理论并肩探索着粒子物理学、宇宙演变、引力和弦理论，并产生了重要的新见解。有了弦理论的"语法知识"和模型构建者的"词汇"，两者就可以开始携手编撰一本合乎逻辑的"短语手册"了。

进入物质内核

我们最终将探讨的观点会包含整个宇宙，但这些观点的根源在于粒子物理学和弦理论——志在描述物质的最小组分的理论。因此，在开始我们的旅程，进入这些理论性极强的领域之前，让我们先来看看物质，深入其最微小的部分进行一番简单的游历。**在探索原子的旅途中，我会做你的向导，请记住物质的基本建构成分以及不同物理理论所讨论的物质的大小，它们可以作为地标，然后，你可以根据它们识别方向，并分辨每个物理领域所关注的基本成分。**

物理学中，大多数理论的基本前提是：物质是由一些基本粒子构成的。层层剥离、逐步深入之后，最终你总能发现基本粒子。这是粒子物理学家研究的宇宙，在这里，粒子是最小的元素。弦理论将这一假设再推进一步，设想那些最小的微粒是一些基本的振动弦。但即使是弦理论学家，他们也相信物质是由一些微粒——其核心不可再分的实体构成的。

相信所有东西都是由粒子组成的，这或许有些困难。确实，对我们的肉眼来说，这很不明显。这是由于我们的感官能力太过粗糙，无论何时何地，都不能直接探知如原子一般微小的东西。但是，即使我们不能直接看到它们，基本粒子仍是物质的基本组成部分。**就如在你的电脑或电视屏幕上呈现的虽然是连续的图像，但这些图像实际上是由一些小点组成的。**物质是由原子构成的，而原子又是由更小的基本粒子构成的。我们周围的物质看上去连续完整，但其实质并非如此。

物理学家要探查物质内部，并推导出其基本成分，首先需要技术上的进步，创造出灵敏的测量仪器。但是，每当他们开发出更为精确的技术工具，就会出现一些更细微的结构、更为基本的成分。而每次物理学家得到能够探索更小尺度的工具时，都会发现还有更基本的组成成分——亚结构，构成前面已知结构元素的成分。

粒子物理学家的目标就是发现物质的最基本成分以及这些基本成分所遵循的基本物理定律。我们研究小尺度，是因为基本粒子就在这些尺度上相互作用，而且很容易解析出基本的力。在大尺度上，基本成分被联结成化合物，很难解析出基本物理定律，因此也就比较模糊。小尺度的奇妙之处就在于新的原理和新的联系只在这里适用。

物质不仅仅只是一个俄罗斯套娃，里面一个套一个都是一样的复制品，而更小的距离会揭示出真正新奇的现象。直到17世纪，在威廉·哈维等科学家将人体解剖开、看到人体内部之前，即便是人体的运行，例如心脏和血液循环，都是被错误理解的。而最近的实验对物质也做了同样的事：探索更小的距离，新的世界在那里通过更基本的物理定律运行着。正如血液循环对所有的人体活动都很重要一样，基本物理定律在大尺度上对我们同样有着重要的影响。

现在我们知道所有物质都是由原子构成的，它们通过化学过程联合在一起形成分子。

原子非常小，大约是一埃，即一亿分之一厘米。但原子不是最基本的：它还包括一个位于中心的、带正电的原子核，原子核周围环绕着带负电的电子（见图4-1）。原子核比原子要小得多，只占原子大小的十万分之一。而带正电的原子核本身也是一个复合物：它由带正电的质子和中性（不带电）的中子组成，两者合称为核子，它比原子核小不了多少。

这是20世纪60年代以前科学家们所持有的有关物质的图景，也很有可能是你在学校里学到的蓝本。

图4-1

原子构成图。原子包括一个微小的原子核和围绕原子核旋转的电子，而原子核又包括带正电的质子和不带电的中子。

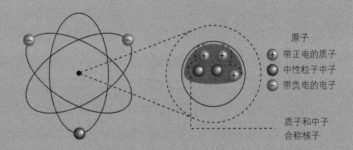

原子

➕ 带正电的质子

⚫ 中性粒子中子

➖ 带负电的电子

质子和中子合称核子

尽管以后我们会看到，量子力学给出了一幅比你能画出的任何图形都更为有趣的、有关电子运行轨道的图画，可原子的这一模板还是正确的。但是现在我们知道，质子和中子也不是最基本的粒子。与我在引言里提到的伽莫夫的话相反，质子和中子还包含亚结构，一种更为基本的组成成分，叫作夸克。质子包含两个上夸克和一个下夸克，而中子包含两个下夸克和一个上夸克（见图4-2），这些夸克通过一种叫作强力的原子核力束缚在一起。而原子的另一组成成分电子——却不同，就我们现在所知，它是基本的粒子：电子不能被分成更小的微粒，里面不再含有亚结构。

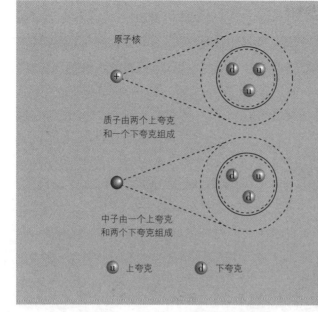

原子核

质子由两个上夸克
和一个下夸克组成

中子由一个上夸克
和两个下夸克组成

u 上夸克   d 下夸克

图 4-2

原子核构成图。质子和
中子是由更为基本的夸
克通过强力束缚在一起
形成的。

物理学家、诺贝尔奖获得者斯蒂芬·温伯格（Stephen Weinberg）
发明了"标准模型"一词，用它来称呼已确立的粒子物理学理论，
它描述了物质的基本组成成分——电子、上夸克、下夸克之间的
相互作用以及我们很快就将谈到的其他基本粒子。标准模型还描
述了基本粒子 4 种相互作用力中的 3 种——电磁力、弱力和强力
（引力通常被省略）。

虽然几百年前我们就知道了引力和电磁力，但直到 20 世纪
后半叶，还无人知道后面这两种不太熟悉的力：**弱力和强力作用
于基本粒子，在核反应过程中至关重要。例如，它们将夸克束缚
在一起，使原子核衰变。**

如果愿意，我们还可以把引力也包括在标准模型里，但我们
通常并不这样做，因为在与粒子物理相关的距离尺度上，引力实
在是太微弱了，远不足以在实验所能达到的能量水平上产生任何
影响。我们关于引力的通常概念，在极度高能和极小尺度上失去

了作用。这对弦理论很重要，但并不出现在可测量的距离尺度上。研究基本粒子时，引力只在标准模型的某些延伸里才有意义，例如，在我们后面将探讨的额外维度模型里。而在所有其他有关基本粒子的预言里，我们都可以忽略引力。

既然已进入到基本粒子世界，那我们就四处看看，参观一下邻居们的领地。上夸克、下夸克和电子位于物质核心，可是，现在我们知道，还有另外一种更重的夸克以及其他一些更重的像电子一样的微粒，它们在通常的物质里是找不到的。

例如，电子的质量只是质子质量的 0.5‰，而有一种叫作 μ 子的粒子，与电子有精确相等的电荷，其质量却比电子质量大 200 倍；另一种叫作 t 子的粒子，也有等量的电荷，其质量还要再大出 10 倍。而且，在过去的近 40 年里，高能对撞机实验还发现了更重的粒子。为了产生它们，物理学家需要大量高度集中的能量，当今高能粒子对撞机实现了这种需要。

我知道这节是我们进入物质内核的游览，但我刚才所说的这些粒子并不处于物质世界的稳定物体中。**尽管所有已知物质都由基本粒子构成，但更重的基本粒子并不是物质的组成部分：在你的鞋带里、桌面上、火星上或是你已知的任何其他现实物体上，你都找不到它们；它们是由当今高能对撞实验产生的，是紧随宇宙大爆炸之后早期宇宙的组成部分。**

但不管怎样，这些重粒子是标准模型的基本成分。与我们熟悉的粒子一样，它们也通过相同的力互相作用，而且很可能会帮助我们更深入地了解物质的最基本物理定律。如图 4-3 和图 4-4 所示，我列出了标准模型的粒子，中微子和传递力的规范玻色子也包括在内，在第 7 章详细讨论标准模型的元素时再细细讲述。

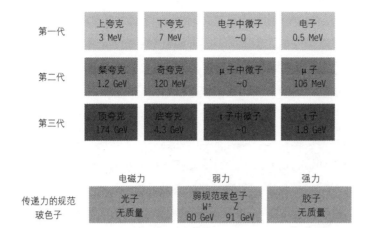

第一代	上夸克 3 MeV	下夸克 7 MeV	电子中微子 ~0	电子 0.5 MeV
第二代	桀夸克 1.2 GeV	奇夸克 120 MeV	μ子中微子 ~0	μ子 106 MeV
第三代	顶夸克 174 GeV	底夸克 4.3 GeV	τ子中微子 ~0	τ子 1.8 GeV

图 4-3

标准模型里物质的粒子以及它们的质量。同一列里的粒子电荷相等，质量却不同。

	电磁力	弱力	强力
传递力的规范玻色子	光子 无质量	弱规范玻色子 W± Z 80 GeV 91 GeV	胶子 无质量

图 4-4

标准模型里传递力的规范玻色子、它们的质量以及所传递的力。

　　没人知道为何存在标准模型的重粒子，有关它们的目的、它们在终极基本理论中发挥的作用，以及为何它们的质量与我们更为熟悉的物质组成成分的质量相差如此之大，诸如此类的问题是标准模型面临的主要未解之谜。而这还只是标准模型未能解决的众多谜题中的几个而已，例如，为什么只有 4 种力，而没有其他力？是否还有其他力我们未能探测到？为什么引力相比其他已知力如此微弱？

　　标准模型还留下了一个更为理论性的问题，这也是弦理论希望能够解答的：**我们怎样将量子力学和引力在所有距离尺度上协调起来？**这一问题不同于其他，它与当今可见现象无关，而是一个关乎粒子物理学内在局限的问题。

　　两种类型的未解问题——有关可见现象和纯理论现象的，给了我们足够的理由去超越标准模型。尽管标准模型强大而成功，可我们仍然相信，必定还有更为基本的结构等待我们去发现，而对更为基本原理的求索也必将有所回报。就如作曲家史蒂夫·里奇（Steve Reich）在《纽约时报》上的精辟言论一样（他为自己的一个作品打的一个比方）：

> 先只有原子，然后有质子和中子，然后又有夸克，而现在我们开始谈论弦理论。似乎每隔 20、30、40、50 年，就会有一扇新的大门打开，向我们展现又一层次的世界。

当前和将来的粒子对撞机实验不再寻找标准模型的成分，因为它们都已被发现了。标准模型根据它们的相互作用，已很好地组织了这些粒子，它们的全家福已经很清楚了，而实验家们要找的是更为有趣的粒子。现在的理论模型包括了标准模型的成分，但为了解决标准模型的未解问题又加进了一些新的元素。我们希望，现在和将来的实验能够提供线索，让我们识别它们，发现物质的真正本质。

尽管我们已经在实验和理论上了解了更根本的理论应具有的特征，但在高能实验（探索更小距离）提供答案之前，我们仍不太可能知道哪个才是对自然的正确描述。正如我们在后面看到的，理论线索表明，未来 10 年的实验几乎肯定会发现新的东西。它可能不是弦理论的确切证据，因为这很难找到，但我们会看到它们将是一些奇异的事物，如新的时空关系或新的却仍未发现的额外维度，它们会是在弦理论以及其他的粒子物理理论里发挥重要作用的新现象。即便我们有着丰富的想象力，这些实验仍有可能揭示我们从未想过的事物。它们究竟会是什么？我和我的同事们都在好奇地等待着。

宇宙的想象力远比我们丰富

我们已知道刚才所介绍的物质结构是 20 世纪物理学研究重要进展的结果，这些伟大的进展对于我们将提出的有关世界的更为普适的理论至关重要，而它们本身就是伟大的成就。

从下一章开始，我们将回顾这些进展。理论在观察和克服前人理论的缺陷基础上发展起来，通过了解那些非凡的早期成果，你可以更好地认识新近成果的作用。图 4-5 指出了我们所探讨的理论的内部联系。我们会看到每种理论是怎样通过总结旧理论的经验建立起来的，而新理论又是怎样填补了只有在完善了旧理论之后才能发现的空白的。

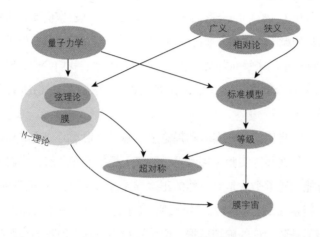

图 4-5

我们将探讨的物理领域及其联系。

我们首先介绍的是 20 世纪早期两个革命性的观念：相对论和量子力学，通过它们，我们知道了宇宙的形状、它所包含的物质以及原子的构成和结构。然后，我们介绍了粒子物理学的标准模型，它发展于 20 世纪六七十年代，预言了我们刚才所看到的基本粒子的相互作用。我们还将探讨粒子物理学中一些最为重要的原理和概念：对称、对称破缺以及物理量对尺度的依赖，通过它们我们了解到物质的最基本成分如何生成了我们看到的结构。

标准模型虽然很成功，却留下了一些没有解决的基本问题。这些问题是如此根本，解决它们会让我们对于这个世界的建构基础产生新的认识。在第 10 章，我们将展现标准模型里最为有趣也最为神秘的一面：基本粒子质量的来源。我们会看到，如果要解释已知粒子的质量以及引力的微弱问题，我们几乎肯定需要一个比标准模型更为深刻的物理理论。

额外维度模型探讨粒子物理学的这些问题，却还是利用了弦理论的观点。在讨论过粒子物理学基础之后，我们将介绍弦理论的根本动机和概念。我们不会由弦理论直接得出模型，但弦理论包含了一些我们在创建额外维度模型时所使用的元素。

这个回顾涉及许多立场，因为额外维度研究将粒子物理学的两条主线——模型构建和弦理论的许多理论成果结合在了一起。在一定程度上了解这些领域里最为有趣的新成果，会有助于你更好地理解构建额外维度模型的根本动机和方法。

但是，如果你想跳过这些知识，那么在成果回顾的每一章结尾，我都会列出一些重要概念，以便以后在我们回到额外维度模型构建时参考。这些"探索大揭秘"列出了本章的概要、总结，以便在你想跳过某一章，或者想专注于某个资料时，可以用于以后查阅。我也偶尔会提到不在"探索大揭秘"里的内容，但这些"探索大揭秘"回顾的是一些关键概念，对本书后半部分的主要结果至关重要。

从第 17 章开始，我们将探索充满了额外维度的膜宇宙。这些理论提出，组成我们宇宙的物质被限制在一个膜上。膜宇宙观点提供了关于广义相对论、粒子物理学和弦理论的新见解。我将呈现的这些不同的膜宇宙会作出不同的假设，解释不同的现象。同样，在每章结尾的"探索大揭秘"里，我会总结每个模型的特征。我们还不知道哪种观点（如果有的话）会正确地描述自然。但我们完全可以相信，我们最终会发现膜是整个宇宙的一部分，而我们连同其他平行宇宙都被限制在了膜上。

我在这项研究中学到了一样东西：**宇宙的想象力远比人类要丰富。有时，它们的秉性是如此出人意料，我们只是碰巧才能发现它们。能遇到这样的惊喜真是太神奇了，我们的已知物理定律也因此会产生令人吃惊的结果。**

现在，我们就开始探索那是些什么定律。

WARPED

第二部分

20 世纪两大革命性宇宙观

PASSAGES

UNRAVELING THE MYSTERIES OF THE UNIVERSE'S HIDDEN DIMENSIONS

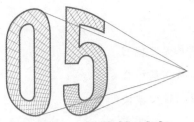

相对论：弯曲的时空

WARPED PASSAGES

> 引力定律是非常、非常严格的，只不过是我们为了自己的利益，
> 一直在歪曲它们。
>
> 比利·布拉格（Billy Bragg）

艾克的保时捷和 GPS

伊卡洛斯·拉什莫尔三世（艾克）迫不及待地要向迪特尔展示他的新保时捷，但是，虽说这新车很值得他骄傲，可更令他兴奋的是他最近自行设计安装的全球定位系统（GPS）。

艾克想让他的朋友迪特尔佩服一下，于是，他说服迪特尔一起驾车到当地的赛车场。他们上了车，艾克将目的地输入程序，两人就出发了。可让艾克大失所望的是，他们最终停错了地方——GPS 系统根本不像他预计的那么管用。迪特尔的第一反应是，艾克一定犯了什么可笑的错误，比如说把米和英尺弄混了。但艾克坚信自己不会犯这么低级的错误，他向迪特尔保证，问题肯定不在这儿。

第二天，艾克和迪特尔摆弄了几下。可令人沮丧的是，他们在兜风时发现 GPS 比以前表现得更糟了。艾克和迪特尔继续找问题，终于，在困惑了一周之后，迪特尔忽然灵感闪现：他快速地计算了一下，吃惊地发现，如果不考虑广义相对论，艾克的 GPS 系统累积的误差每天会达到 16 公里。艾克没想到他的保时捷会快到需要考虑相对性计算，但迪特尔解释说，车本身没有那么快，可 GPS 信号是以光速传播的。迪特尔修改了软件，将 GPS 信号必须穿过的引力场的变化也计算在内，这次，艾克的 GPS 系统终于能像市面上买到的一样正常运行了。

艾克和迪特尔长舒一口气，开始计划他们的下一次兜风。

20 世纪初，英国物理学家开尔文爵士说：**"现在，物理学家已经没什么新东西可以发现了，剩下的就是让计算越来越精确。"** 开尔文爵士的错误从此可是出了名：就在他讲过这番话后不久，相对论和量子力学彻底改变了物理学，而且出现了当今人们研究的各个不同的物理领域。但是，开尔文爵士的另一句更为深刻的话却千真万确，**"科学财富的积累是遵循复利定律的"，以它来形容这些革命性的进步尤为恰当。**

本章将探讨引力科学，看它如何从牛顿定律的伟大成就演进到爱因斯坦引力论的革命性进步。牛顿定律是经典的物理定律，几个世纪以来科学家们一直使用它计算机械运动，包括由引力促进的运动。**牛顿定律非常伟大，它使我们对于各种运动的预言异常精确，精确到足以将人类送上月球，将卫星送入轨道，让欧洲的高速列车在转弯时不致脱轨，激发人们在发现天王星轨道异常时去寻找第八颗行星——海王星；但是可惜它不足以让 GPS 系统精确无误。**

我们现在应用的 GPS 系统，正是因为爱因斯坦的广义相对论才使精确度达到了 1 米之内，这实在令人难以置信；更让人不可思议的是，目前为了确定火星上积雪深度的变化，我们使用的是来自绕火星运转的宇宙飞船的激光扫描数据，如果将广义相对论计算在内，产生的数值精确度可在 10 厘米之内。当然，在相对论创建初期，任何人——甚至包括爱因斯坦自己都没有料到，这样一个抽象的理论会得到如此实际的应用。

本章将探索爱因斯坦的相对论，这个在众多领域得到广泛应用的、异常精确的理论。我们将首先简要回顾牛顿的引力论，它在我们日常见到的能量和速度中还是颇为有效的；然后，我们将转到它失效的极限，即极高速（接近光速）和极大质量或极高能量的区域。在这些极限区域里，牛顿引力被爱因斯坦的广义相对论所超越。有了爱因斯坦的广义相对论，空间（以及时空）由一个静止的舞台演变成了一个能够移动和弯曲的、有着自己丰富生命的动态实体。我们将探讨这一理论，介绍它的起源，以及让科学家们相信它的实验验证。

牛顿的万有引力王国

引力就是让我们站在地面上的力，也是你把球抛向空中时使它加速返回的那种力。16 世纪末，伽利略证明，这种加速对于**地球表面的所有物体（无论其质量大小）都是同等的。**

但这种加速取决于物体离地球核心有多远。通常来讲，引力强度取决于两物质之间的距离——两物体相隔越远，其间的引力就越弱。而且如果产生引力吸引的不是地球，而是其他物体，那么引力强度就要取决于那个物体的质量。

牛顿创建了万有引力定律，此定律总结了引力对质量和距离的依赖关系。

牛顿定律认为，两个物体之间的引力与它们各自的质量成正比，这两个物体可以是任何东西：如地球和月球，太阳与木星，篮球和足球，或你喜欢的任何东西。物体质量越大，两者之间的引力作用越强。

牛顿的万有引力定律还指出，引力取决于两个物体之间的距离：两个物体之间的引力与其距离的平方成反比。这种平方反比定律正是源于那个著名的苹果，因为苹果就在地球表面，牛顿能够推算出苹果由于地球引力而产生的加速度，然后将它与月球被吸引产生的加速度相比。月球离地球中心的距离，要比地球表面离中心的距离远 60 倍，因此，月亮由于地球引力作用而得到的加速度是苹果的加速度的 1/3 600（3 600 是 60 的平方），这种引力的减弱符合离地球中心的距离的平方。

然而，即使知道了引力强度取决于质量和距离，我们仍需要一个信息才能确定总的引力强度。这一缺失的信息是一个数值，被称作牛顿万有引力常数，也就是计算经典引力时的一个因子，引力作用与它成正比。引力非常微弱，这在牛顿常数的极小值上也得到了反映。

地球引力或太阳与行星之间的引力，看起来似乎非常大，这只不过是因为地球、太阳和行星的质量非常庞大。因为牛顿常数很小，在基本粒子之间的引力也就极其微弱。**引力为何极其微弱，这本身就是一个极大的谜题。**

尽管牛顿定律正确，可直到 20 年以后的 1687 年，他才将它发表，他试图找到理由来证明自己理论里的一个关键假设：**地球施加引力的方式好像是将其庞大的质量全部集中在地球核心上。**而就在牛顿致力于发展微积分以解决这一问题时，约翰尼斯·开普勒经测量发现，行星的运行轨道是椭圆的，埃德蒙·哈雷、克里斯托弗·雷恩（Christopher Wren）、罗伯特·胡克以及牛顿自己通过分析行星的运动，都取得了重大进展，从而确立了万有引力定律。

这些人对行星运动问题都作出了重大贡献，而牛顿则因平方反比定律集盛誉于一身。这是因为，牛顿最终证明了只有在平方反比定律成立时，作为一个核心力量（太阳引力）的结果，才会产生椭圆轨道；而他还以微积分证实，球体的质量似乎真的是集中在其核心。但是，牛顿还是对其他人的重要贡献表示了感谢：**"如果说我看得更远些，那是因为我站在巨人的肩膀上。"**（但也有传闻说，牛顿之所以这样说，是因为他很反感身材矮小的胡克。）

在高中物理课上，我们学到了牛顿定律，并对这种有趣系统的活动做了计算。可我的老师鲍梅尔先生却告诉我们，刚学的万有引力定律是错误的。我仍记得当时有多么生气：为什么明知它错误还要教给我们？以我在高中时代对这世界的观点，科学的最大优点就在于它总是正确可信的，并能作出准确和现实的预言。

兴许鲍梅尔先生是为了追求轰动效果吧，他显然将对于万有引力定律的结论简单化了。牛顿定律没有错，只不过它是一种近似，一种在大多数场合效果很好的近似。对于大量的参数而言（如速度、距离、质量等等），它非常正确地预言了引力。更为精确的基本理论是相对论，而只有当你在处理极高速度、极大质量或极大能量时，相对论才会作出可以观测的不同预言。**牛顿定律对一个小球运动的预言精确得令人钦佩，这是因为它不受以上条件的约束。而使用相对论去预言一个小球的运动，则纯属自找麻烦。**

事实上，爱因斯坦自己最初以为狭义相对论不过是牛顿定律的改进，而没想到会是彻底颠覆科学范式。当然，他也过分低估了他工作的终极意义。

狭义相对论，颠覆时空观念

物理定律最为合理的一点就是，对于任何人它都是适用的，如果人们在不同国度，或坐在以不同速度行驶的列车上，或正乘飞机旅行，却体验到了不同的物理定律，那么肯定没有人会因此责备我们质疑物理定律有效性和实用性的做法。物理定律应是基本的，而且对所有观察者都成立。计算的任何差异都应因环境而异，而不是因物理定律所导致。事实上，如果一个普适的物理定律要依赖于某个特定事物，倒是非常奇怪的。你要测量的特定量也许会依赖于你的参照系，但制约这些量的定律是不会改变的。爱因斯坦对狭义相对论的阐释便证实了这一点。

爱因斯坦对引力的研究最终被称作"相对的理论"，实际上，这确实有点儿讽刺意味。促使狭义相对论和广义相对论产生的根本原因是，物理定律对所有人都是适用的，无论他处于何种参照系。事实上，爱因斯坦倒是喜欢"不变性理论"这一术语。一个记者曾建议他重新考虑它的名称，在给这个记者的回信里，他承认"相对论"这个词的确很不幸，但那时，这个名称早已深深烙在了他的大脑里。

爱因斯坦最早关于参照系和相对性的见解来自他对电磁学的思考。电磁学理论自 19 世纪就已被人们所熟悉，其基础是麦克斯韦定律，该理论描述了电场、磁场的活动和电磁波，给出了正确结果，但最初所有人都以"以太"的运动来错误地解释预言。

以太是一种假想的不可见物质，电磁波被当作它的振动。爱因斯坦意识到，如果有一个以太，那就也应有一个更有利的观察角度或参照系，这是因为以太在这个参照系中是静止的。他的理由是，同样的物理定律对匀速❶运动的人都应是适用的，匀速可以是相对于彼此的运动，也可以是相对于静止的人——即在一个被物理学称为惯性系的参照系里。为了要求所有物理定律（包括电磁学理论）对所有惯性参照系内的观察者都成立，爱因斯坦放弃了以太的观点，而最终创立了狭义相对论。

爱因斯坦的狭义相对论彻底改变了传统的时空观念，是一次巨大的理论飞跃。物理学家、科学史学家彼特·加里森（Peter Galison）提到，将爱因斯坦推上正确轨道的，不仅仅是以太理论，还有爱因斯坦当时的工作。加里森之所以这样说的理由是，生长于德国，而当时在瑞士伯尔尼一家专利局工作的爱因斯坦，对时间和时间协调一定有着很强的观念。所有去过欧洲旅行的人都知道，那些国家，如瑞士和德国，都非常看重精准，这让在那里旅行的乘客有着非常愉快的体验——他们完全不用担心火车会延误。在1902—1905年间，爱因斯坦在这家专利局工作，那时乘火车旅行已变得越来越频繁，而协调时间则成了尖端的新技术。**20世纪早期，爱因斯坦很可能想到了现实世界的问题，例如该怎样协调在这一车站与下一车站之间的时间。**

当然，爱因斯坦没必要为了解决现实的时间协调问题而发明相对论，（对于已经习惯了火车常常误点的美国人来说，协调时间无论怎样听上去都还有点新奇❷）。但协调时间引出了有趣的

----

❶ 匀速既给出了速度，也给出了方向。

❷ 别误会，我还是很喜欢火车的，但我希望在美国铁路事业能得到更好的扶持。

以太

以太是一种假想的不可见物质，电磁波被当作它的振动。爱因斯坦意识到，如果有一个以太，那就也应该有一个更有利的观察角度或参照系，这是因为以太在这个参照系中是静止的。

问题：时间协调对相对行驶的火车来说，可不是一件容易的事。如果我要与一个人对表，而这个人正在一列行驶的火车上，那我就需要考虑信号在我们之间传递所延误的时间，因为光速是一定的，而与静止坐在我身边的一个人对表和与远处的一个人对表又是不同的。 ❶

将爱因斯坦引向狭义相对论的一个关键发现是，我们必须重建时间概念。根据爱因斯坦的理论，时间和空间不应再被人们孤立地来看待，虽然它们不是一回事——时间和空间显然是不同的，但你测量的量却依赖于你的旅行速度，狭义相对论就是这一见解的结果。虽然很离奇，但人们可以由两个假设得出爱因斯坦狭义相对论的所有新奇结果。要陈述它们，我们需要懂得惯性系（参照系的一个特定类型）的含义。首先，我们选择匀速（速度和方向）运动的任一参照系，一个静止的就很好。惯性参照系就是指相对于第一个参照系以固定速度移动的参照系，比如一个以恒定速度从旁边跑过或驾车驶过的人。

爱因斯坦的假设指出：

- 物理定律在所有惯性系都是不变的；
- 光速在所有惯性系都是不变的。

这两个假设告诉我们：牛顿定律是不完善的。一旦接受了爱因斯坦的假设，我们就别无选择，只能以符合这些规则的、更新的物理定律来取代牛顿定律。随后的狭义相对论导致了所有你可能听说过的令人瞠目的结果，如时间膨胀、观察者对同时性的依赖、移动物体的洛仑兹收缩。当在以相对光速很慢的速度运行的

---

❶ 尽管在美国火车总不能协调好时间，但"美铁"（Amtrak）宣传阿西乐（Acela，穿越东北走廊的快速列车）的广告语"用空间换时间"，似乎确实承认了狭义相对论。但是，"时间"和"空间"并非可以等价交换，尽管"用时间换空间"的口号真正描述了我严重延误的火车旅行，但对于高速列车来说，这可算不上是一个吸引人的广告。

物体上应用时，新的定律看上去与旧的经典定律非常相像，但当在高速（以光速或接近光速）运行的物体上应用时，牛顿定律和狭义相对论的解释是有很明显的差异的。例如，在牛顿力学中，速度只是简单相加。在高速路上一辆迎面向你驶来的车，驶近你的速度就是你们两车速度之和。同样的道理，**如果你在行驶的火车上，一个人从站台上向你扔一个球，那么那个球的速度应该是球本身的速度加上火车的速度**（我以前的一个学生维泰克·斯奇巴可以证实这一点：有人向正在靠近的列车投了一个球，车上的维泰克恰巧被球打中，他差点没被击昏过去）。

根据牛顿定律，你在一列行驶的火车上，所看到的迎面向你射来的一束光的速度，应该是光速与火车行驶的速度之和。但如果像爱因斯坦第二条假设所说的那样，光速不变，这就不对了。**如果光速总保持不变，那么，你在行驶的火车上时一束向你射来的光的速度，与你静静地站在地面上时一束向你射来的光的速度都是一样的。**虽然这与你的直觉有些相悖，因为你的直觉都是来自日常生活中所遇见的低速，但光速的确是不变的，而且，在狭义相对论里，速度不像在牛顿定律中那样只是简单地相加，相反，速度的相加需要遵循由爱因斯坦假设所得出的相对论公式。

狭义相对论的许多含义并不符合我们习惯的时间和空间观念。狭义相对论与以前牛顿力学对时间和空间的看法是不同的，正因如此，才产生了许多有悖于直觉的结果。时空的测量要取决于速度，而且在相对于彼此运动的系统里融合在一起。但是，尽管它们让人惊讶，可一旦你接受了这两个假设，那么不同的时空观念就是其必然结果。

WARPED PASSAGES
弯曲的世界

我们来看为什么会这样:假设有两艘相同的船,有着相同的桅杆,一艘船停泊在岸边,另一艘正在驶离。再假设两位船长在第一艘船启航时已对好了表。

现在假设两位船长要做一件非常奇怪的事:两人同时决定在他们各自的船上测量时间。他们在船的桅杆顶部和底部各放置一面镜子,然后将光由底部的镜子照向顶部的镜子,以此测量光在两面镜子之间往返的次数。当然,从现实角度来讲,这确实有点荒谬,因为光往返的频率实在是太快了,根本无法计量。但是,请耐住性子,就让我们假设两位船长的计数非常快,因为我要用这个有点缺乏真实性的例子来说明,时间在行驶的船上被拉长了。

如果两位船长都知道光往返一次要花多少时间,那么,用光往返一次的时间乘以光在两面镜子之间往返的次数,就能算出时间的长度。但是,现在假设停泊船只的船长不用他自己静止的镜子钟,而是以行驶船只上光在桅杆两端镜子之间往返的次数来测量时间。

从行驶船只船长的角度来看,光只是上下穿梭;而从停泊船只船长的角度来看,光就必须旅行得更远一些(才能走完行驶船只走过的距离,见图5-1)。但光速是不变的——这正是有悖于直觉的地方,无论是射向停泊船只的桅杆顶部,还是射向行驶船只的桅杆顶部,光速都是一样的。那么,行驶的镜子钟则必须"滴答"得慢一些,以此来弥补行驶船只上光旅行的更长的距离。

这个与直觉相悖的结论(行驶船只与静止船只上的钟必须以不同的速率"滴答")所遵循的事实是:在一个移动参照系里的光速和静止参照系里的光速是相同的。尽管以这种方法测量时间很可笑,但无论以何种方式测量,同样的结论——移动的钟表走得要慢一些都会成立。如果船长戴着表,他们会观察到同样的事实(再次提请

图 5-1

光束在静止船只上和行驶船只上从桅杆顶部反射下来的路径。在静止的观察者（在岸边停泊的船上或是在灯塔里）看来，行驶船只上光束走过的路径会更长。

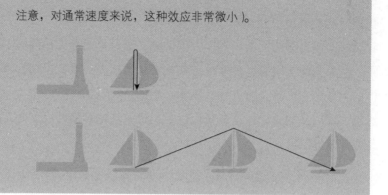

尽管上面的例子不真实，但所描述的现象真正产生了可测量的结果。例如，狭义相对论使快速运动的物体经历了不同的时间，这种现象叫作时间膨胀。

物理学家在研究对撞机或大气产生的基本粒子时，测量了时间膨胀。这些粒子以相对论速度（接近光速穿行），例如，称作 μ 子的基本粒子与电子有相同的电荷，但它更重，而且会衰变（即它会转变为其他更轻的粒子）。

μ 子的寿命，即在其衰变之前的时间，只有 2 微秒。如果一个运动的 μ 子与一个静止的 μ 子有着同样长的寿命，那么在它消失之前，就只能穿行 600 米。但 μ 子却成功穿过了大气，在对撞机里，直达大型探测仪的边缘。因为它接近光速的高速运动，使其寿命在我们看来要长许多。在大气中，μ 子穿行的距离比在基于牛顿定律的宇宙里穿行的距离至少要远 10 倍。我们能看到 μ 子，这一事实本身就证实了时间膨胀（及狭义相对论）产生了真切的物理效应。

狭义相对论之所以重要，既因为它与经典物理学有着巨大差异，也因为它是广义相对论和量子场论发展的基础，而这两者在最近的研究进展中都发挥了重要作用。因为我在后面探讨粒子物理学和额外维度模型时，不会用到狭义相对论预言，所以，我只好遏制自己的欲望，不再去细讲狭义相对论出神入化的结果，例如为什么同时性要取决于观察者是否运动，以及运动物体的大小与它们静止时有什么不同。相反，我将细述另一重大进展，即广义相对论，这在我们以后讨论弦理论和额外维度时是非常关键的。

等效原理，广义相对论的开始

1905 年，爱因斯坦完成了他的狭义相对论。1907 年，当他打算写一篇论文总结他关于这一课题的最新研究时发现，自己已经在质疑这一理论是否适用于所有场合了。他注意到两处重要的疏忽，其中一处是，物理定律只在某些特定的惯性参照系里才是同样的，这些参照系以固定速度相对于彼此运动。

在狭义相对论里，这些惯性系占据了一个优势地位，该理论没有考虑任何正在加速的参照系。**开车时，如果你踩了油门，那么，你所处的参照系将不再是狭义相对论所适用的特定参照系。**这就是狭义相对论的"狭义"之处："狭义"的惯性系只是所有可能参照系的一小部分。对那些相信没有特定参照系的人来说，该理论只突出惯性参照系问题就表现了出来。

爱因斯坦的第二处疑虑与引力有关。虽然他指出了物体在某些场合是怎样回应引力的，但他起初并没有想出确定引力场的公式。在某些简单场合，引力场定律已被熟知，但爱因斯坦还不能够对所有可能的物质分布导出引力场。

1905—1915 年，经过一番艰苦卓绝的探索，爱因斯坦解答了这一问题，其结果便是广义相对论。

> 新的理论围绕着等效原理展开。等效原理指出，加速度的作用与引力的作用是不可区分的。所有物理定律在一个正在加速的观察者和一个处在引力场中静止的观察者看来都应该是相同的：引力场使所有在静止参照系内的物体加速，与原来的观察者的加速度相等，只不过方向相反。换句话说，你没有办法辨别你是正在稳定地加速还是静止地站在引力场中。根据等效原理，没有办法能够将这两种场合区分开来，观察者也永远无从知道自己是处于哪种场合。

等效原理

等效原理指出，加速度的作用与引力的作用是不可区分的。等效原理源自惯性质量和引力质量的相等。原则上讲，这本应是两个互不相同的量。

等效原理源自惯性质量和引力质量的相等。原则上讲，这本应是两个互不相同的量。惯性质量决定一个物体如何对外力作出回应，即如果施以外力，物体会如何加速。惯性质量的作用在牛顿第二定律里也有总结：$F=ma$，即如果你对一个质量为 m 的物体施以作用力 F，产生的加速度则为 a。牛顿第二定律告诉我们，同样的力如果施加在一个更大质量的物体上，则会产生更小的加速度。这在经验上是我们非常熟悉的：**如果你以同样的力去推一个小板凳和一架钢琴，小板凳肯定会被推出去更远，且滑得更快。**注意，这一定律适用于任何作用力，如电磁力。在任何与地球引力无关的场合，它都是适用的。

而另一方面，引力质量遵循引力定律，并决定引力强度。正如我们所看到的，牛顿引力的强度与相互吸引的两个物体的质量成正比，这些质量即引力质量。引力质量与惯性质量同时遵循牛顿第二定律，结果殊途同归，也因此，我们给了它们同样的名称：质量。但从原则上讲，它们应是不同的，我们应称其中一个为"质量",而另一个为"重量"。好在我们不必这么做。

两种质量相同这一神秘事实有着深刻的含义,它促使爱因斯坦去辨认、去开发。

引力定律指出引力强度与质量成正比;而牛顿定律又告诉我们用这种(或其他)力会产生多大的加速度。因为引力强度与质量成正比,而这质量还决定其加速度,那么这两个定律合在一起就告诉我们,即便根据公式 $F=ma$,力要取决于质量,而由引力导致的加速度则完全可以不考虑正在加速的质量。

对于距一个物体同等距离的所有物体或人来说,它们所经受的引力加速度必然是一样的。这正是伽利略所证实的断言,从比萨斜塔上坠落的两个物体,地球引力对其产生的加速度都是相同的,与它们的质量无关。加速度的大小与被加速的物体质量无关,这一事实是引力所独有的特征,因为除引力外,所有其他力都要依赖于质量。因为引力定律和牛顿定律以同样的方式依赖质量,所以计算加速度时,质量就被抵消了,因此,加速度也就与质量无关了。

这一推理相对比较简单,但其含义却颇为深刻。因为在同样不变的引力场中,所有的物体都有着相同的加速度,如果这唯一的加速度能够被抵消,那么引力的证据也就被同时抵消了。一个自由落体恰恰正是这样:它的加速度恰好抵消了重力。

等效原理告诉我们,如果你和周围的物体一同自由落下,那么,你根本意识不到还有一个引力场,你的加速度会抵消引力场对静止时的你产生的重力加速度。从在轨道中运行的宇宙飞船图片里,我们已熟悉了这种失重状态。在宇宙飞船中,宇航员和他周围的物体都感受不到重力。

教科书里常常用一幅图来说明引力失效的后果（从一个自由落体的观察者角度来看，见图5-2）。图中画的是，一个人在一部自由下落的电梯里抛掷小球。在图中，你看到的是人和球同时下落，电梯里的人看见球总是在离电梯地面的相同高度，他看不到球的下落。

在物理课本中所呈现的自由下落的电梯，好像是这世界上再自然不过的一件事：里面的观察者静静地看着并不下落的球，镇定自若，丝毫不担心自己的个人安危。而在电影里电梯缆绳若被割断，演员坠向地面，我们看到的则是一幅惊悚的场景，这形成了鲜明的对比。为什么会有如此截然不同的反应？如果所有东西都在自由下落，原也没有什么可惊恐的：这情形就和所有东西都是静止的没有什么区别，只不过是在一个零引力的环境里。但是，如果像在电影里那样，一个人在自由下落，而下面的土地却仍是坚挺不动的，那他被吓呆便是理所当然的了。如果一个人在一个自由下落的电梯里，而下面等待这降落的是坚实的地面，那么，在他的自由落体运动终结时，他肯定会意识到引力是多么好（见图5-2最后一幅所示）。

爱因斯坦的结论看上去是如此地令人惊讶和离奇，这是因为，我们生长在地球上，脚下就是静静的大地，这让我们的直觉产生了谬误。当地球引力让我们静止于地面时，我们能注意到引力的作用，是因为我们不会沿着重力的方向被直接吸进地核中去。在地球上，我们已习惯了这种使物体坠落的引力，但"坠落"真正的意思是"相对于我们的坠落"。如果我们与一只下落的球同时坠落，就像我们在自由下落的电梯里那样，球也并不会比我们下降得更快，因此我们也就看不到它的下落。

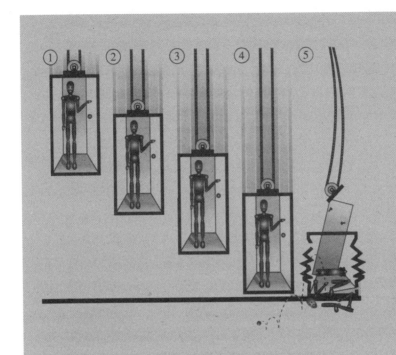

图 5-2

一个人在自由下落的电梯里抛掷小球。在电梯里，观察者虽然松开了球，但他看到的球并不下落。但是，当自由落下的电梯撞到静止的地面时，里面的观察者可就不会太高兴了。

　　在这一自由落体的参照系里，所有的物理定律都会与你和周遭的一切都静止时所遵循的物理定律完全一致。自由落下的观察者观察到的运动，应以狭义相对论里的方程来描述，即对在惯性的、不加速的参照系里的观察者适用同样的方程。1907 年，爱因斯坦在回顾相对论的一篇论文里解释了引力场的存在为何是相对的："因为对于一个从屋顶自由坠落的观察者来说，至少在其邻近的周围，是不存在引力场的。"这就是爱因斯坦的重要见解。

> 自由下落的观察者的运动方程也就是惯性系里观察者的运动方程，自由下落的观察者感觉不到重力——只有那些非自由下落的物体才会受重力影响。

在日常生活中，我们通常并不会遇上自由下落的东西或人。当自由落体发生时，常常都是惊悚、危险的，但正如在参观爱尔兰的莫赫尔悬崖时，一个爱尔兰人对物理学家拉斐尔·布索（Raphael Bousso）所说的："**杀死你的并非下落，而是你下落终止时的碰撞！**"有一次，我在攀岩中摔折了几根骨头，被迫缺席了我组织的一场会议。这时，就有很多人来取笑我，说我是在验证引力理论，而我可以信心十足地宣布，引力加速度与预言是完全一致的。

两大实验，验证广义相对论

广义相对论还有很多内容，很快我们会讨论到其他部分——它们耗费了科学家更长的时间。可是，仅等效原理就解释了广义相对论的许多结果。一旦爱因斯坦认识到在加速参照系里引力可以被排除，他便可以通过假设一个加速系统等同于一个有引力的系统而算出引力的作用。这使得他能够计算一些有趣系统里的引力作用，而别人则以这些系统来检验他的结论。现在，我们来探讨几个最为重要的实验验证。

第一个是光的引力红移，红移使我们探测的光波频率低于其发出的频率。你可能遇到过类似的效应，比如，**当一辆摩托车从你身边呼啸而过时，你听到的声音先是升高，而后降低。**

有很多方法可以帮助我们理解引力红移的起因，但最简单的可能还是打比方。设想你向空中抛一个球，球上升的速度会因重力的作用减慢下来，但是，尽管球速减慢了，球的能量并未损失，它已转化为势能，然后，当球下落时，作为动能被释放出来。

同样的推理也适用于光的粒子——光子。就如一个球被抛向空中失去了冲力一样，当光子由引力场逃逸时也会失去动力。这意味着光子和球一样,在挣脱引力场时失去了动能但获得了势能,但是光子不会像球那样慢下来,因为光速是不变的。抢先说一下,下一章我们会看到量子力学的一个结果,光子的频率下降时,其能量就会下降。一个穿过变化的引力场的光子所经历的正是这样:为了降低其能量,光子必须降低频率。这种频率的降低就是引力的红移。

反过来说,**一个正朝着引力源方向运动的光子,其频率就会增加**。1965 年,加拿大物理学家罗伯特·庞德(Robert Pound)和他的学生格伦·雷布卡(Glen Rebka)通过研究由伽马射线辐射源放出的伽马射线测量了这种效应。他们把这个伽马射线辐射装置放在哈佛大学杰弗逊物理实验室的"塔"顶上,现在我就在这里工作(尽管它是整座建筑的一部分,但杰弗逊实验室高耸的阁楼连同它下面的几层被统称为"塔")。

塔顶和塔底的引力场会有轻微的差异,因为塔顶离地球中心会稍远一些。测量这种差别最好是能找个高塔,那样会使伽马射线的发射(塔顶部)和探测(地下室)之间的高度差达到最大。但即使塔只有三层,加一个尖顶,再加上塔尖上往下俯瞰的窗户,一共 22.5 米高,庞德和雷布卡还是测量出了被放射和吸收的光子之间的频率差异,精确得令人难以置信:一千万亿分之五而已。他们因此确认,广义相对论对引力红移的预言可达到 1% 的精度。

等效原理第二个实验观察结果是光的偏折。引力既能吸引能量也能吸引质量,毕竟,著名的 $E=mc^2$ 公式意味着能量与质量是密切相关的:如果质量经受引力,那么能量也一样。太阳的引力影响质量,同样也会影响光的轨迹。**爱因斯坦的理论预言,光在太阳的影响下会产生偏折,并产生一定的偏折**。这一预言在 1919 年的日全食时得到了验证。

英国科学家阿瑟·爱丁顿（Arthur Eddington）组织了两支探险队，一支到西非海岸的普林西比岛，一支到巴西的索布拉尔——那是观测日食的最佳地点。他们的目的是拍摄太阳周围的恒星，以检验看似离太阳很近的恒星相对于它们通常的位置而言是否会产生偏移。如果恒星看上去真的移动了，那就意味着光是沿着弯曲的轨迹运行的（科学家们需要在日全食时进行测量，这样就不会因为太阳过强的光芒掩盖了黯淡的星光）。可以肯定的是，恒星恰好出现在那个"错误的"位置上，测到的正确的偏折角度提供了支持爱因斯坦广义相对论强有力的证据。

令人难以置信的是，光的偏折已被明确确立并理解，现在已成了人们的探索工具，用于探索宇宙的质量分布，并在一些已燃烧殆尽、不再发光的小恒星里寻找暗物质，这些物质就像是黑夜里的黑猫，是很难被发现的。观测它们唯一的方式就是通过引力作用。

引力透镜

引力透镜是天文学家了解暗物质的一种方式。暗物质与所有其他东西一样，通过引力相互作用。尽管燃尽的恒星自身已不发光，但在它们身后（从我们的角度来看）可能会有亮的物质，它们发出的光是我们能够看到的。

引力透镜是天文学家了解暗物质的一种方式。暗物质与所有其他东西一样，通过引力相互作用。尽管燃尽的恒星自身已不发光，但在它们身后（从我们的角度来看）可能会有亮的物质，它们发出的光是我们能够看到的。**如果光的路途中没有暗恒星，那么光就会直射过来，但是，一颗明亮恒星发出的光如果要经过暗恒星，就会发生偏折。**由左侧经过的光线会比从右侧经过的光线更明显地折向相反方向；而从顶部经过的光线会比从底部经过的光线更明显地向对侧偏折。这样，在暗物质后面的一个明亮星体就会产生一个多重影像，这种作用就被称作引力透镜。图 5-3 描绘出的是，当恒星发出的光线因中间经过的大质量物体而向不同方向偏折时，所产生的多重影像。

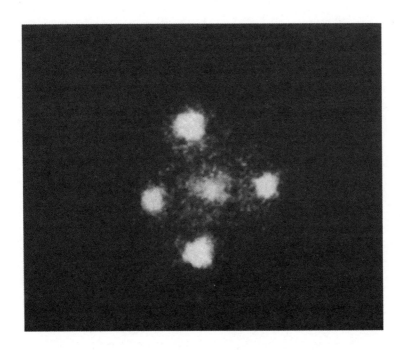

图 5-3

类星体的多重影像。一个遥远、明亮的类星体在经过中间一个大质量星云时，光线会折向不同方向，从而形成"爱因斯坦十字"的多重影像。

一切源于宇宙的弯曲

根据等效原理，引力与恒定加速度是不可区分的。很高兴你已明白这一点，因为我必须承认，我将其简化了。毕竟，这两者并非完全不可区分，那么，区别在哪儿呢？如果引力等于加速度，那么，在地球相对的两个半球上的人就不可能同时落向地球了。地球毕竟不可能同时向两个方向加速。比如，处在中国和美国两个不同方向上的人感受到的地球引力，不可能被看作一个加速度。

解决这一矛盾的方法是等效原理所主张的——引力只能够由同一地点的加速度取代。在空间的不同位置上，可以根据等效原理取代引力的加速度通常也应处在不同方向上。关于中国和美国关系问题的答案就是：**与美国引力相等的加速度和能产生中国引力的那个加速度的方向是不同的。**

这一重要见解使爱因斯坦对引力论又进行了一次完整的、全新的阐释。爱因斯坦不再将引力看作直接作用于一个物体的力，相反，他把它描述成是时空几何的弯曲，反映了在不同地点抵消引力所要求的不同加速度。**时空不再是一个事件发生的空白背景，而是一个主动的参与者。**有了爱因斯坦的广义相对论，引力就被理解成时空的弯曲结构，反过来，它又由物质和能量所决定。现在，我们来探讨时空弯曲的概念，爱因斯坦的革命性理论正是立足于此。

弯曲的时空

数学理论必须是内部连贯一致的，但不同于科学理论的是，它不必对外部现实作出回应。当然，数学家们的灵感常常来自对周围世界的观察，立方体、自然数等数学对象也确实能在现实世界里找到对应。但是，数学家们会将这些关于熟悉概念的假设推广为物理现实不那么确定的对象，如超正方体（在四维空间的超立方体）和四元数（一个新奇的数字体系）等。

公元前 3 世纪，欧几里得写下了有关几何学的 5 个基本公理，由这些公理产生了一个优美的逻辑结构，在中学时代你可能对此有过简单的涉猎。但后来数学家们发现第五公理（即著名的平行线公理）很麻烦。这一公理说的是，过线外一点，有且只有一条直线与原直线平行。

欧几里得提出他的公理后两千年来，数学家们一直争论不休，这第五公理究竟是独立于其他四个而存在，还是只是另外四个公理的逻辑延伸？会不会有一种几何体系除了最后一个外其他都成立？如果不存在这样的几何体系，那么第五公理就不是独立的，因此也就无关紧要了。

直到 19 世纪，数学家们才给第五公理找到了恰当的位置。伟大的德国数学家卡尔·弗雷德里克·高斯（Carl Friedrich Gauss）发现，第五公理正如欧几里得断言的那样，可以被另一公理取代。他继续研究并取代了它，由此发现了另外的几何体系，并证明第五公理是独立的。在此基础之上，非欧几何诞生了。

俄国数学家尼古拉·伊万诺维奇·罗巴切夫斯基（Nikolai Ivanovich Lobachevsky）也发展了非欧几何。可是，当他将自己的研究寄给高斯时却失望地发现，这位老数学家早在 50 年前就想到了同样的观点，只不过这位德国人因为怕被同事嘲笑，一直隐藏着自己的研究，所以，无论是罗巴切夫斯基还是任何其他人都不曾知道高斯的结果。

高斯原本不必这么担忧的，很显然，欧几里得的第五公理并非总能成立，因为我们都知道还会有其他可能。例如，虽然经线在赤道是平行的，但它们在南、北极点会相交。球体上的几何就是非欧几何的一个例子。如果古人是在球体上写字，而不是在羊皮纸上，那么，这点对他们也会是显而易见的。

但是，非欧几何还有许多例子，与球体不同，它们是不能在三维世界里直观地实现的。高斯、罗巴切夫斯基和匈牙利数学家雅诺什·鲍耶（János Bolyai）❶ 等人最初的非欧几何，研究的正是

----

❶ 雅诺什·鲍耶是一个天才，尽管他的父亲法尔卡什·鲍耶（Farks Bolyai）希望他能成为一位数学家，可雅诺什却因为贫穷没能进入学院而参加了军队。他对非欧几何的研究开始也受到了别人的打击，他最终将它发表只不过是因为父亲坚持要把它放进自己的一本著作里。法尔卡什是高斯的朋友，他把雅诺什写的附录寄给高斯。但不出所料，这次还是让雅诺什失望了：尽管高斯看到了雅诺什的天资，但在回信中，他只说道："要我称赞他，结果会成了称赞我自己。因为在过去这 30 年甚至是 35 年里，我一直在冥思苦想的正是这些内容，他的全部研究几乎与我的完全一致。"就这样，雅诺什的数学生涯再次受挫。

这样一些根本不可描绘的几何理论，也难怪他们花了这么久时间才发现它们。

有几个例子可以说明是什么使得弯曲几何与这页上面的平面几何有所不同：图 5-4 显示了三个二维平面。第一个是球体表面，有稳定的正弯曲；第二个是平面的一部分，零弯曲；第三个是双曲抛物面，有稳定的负弯曲，马鞍的形状、两座山峰之间的地形和一片品客薯片的形状都是负弯曲表面的例子。

图 5-4

正弯曲、零弯曲和负弯曲的表面。

很多测试方法可以让我们知道，某个特定的几何空间属于这三种可能形状的哪一种。例如，你可以在这三种形状的每个表面上画一个三角形：在平坦表面上，三角形的内角之和总是 180°。而如果三角形的顶点在北极，另外两点在赤道上，间距 1/4 赤道长度，这样一个在球体表面的三角形会是什么样？这个三角形的每个角都是 90° 直角，因此，它的内角之和是 270°。这在一个平坦表面上是永远也不会发生的，但在一个正弯曲的表面上，因为表面突出，三角形的内角之和必然大于 180°。

同样道理，画在双曲抛物面上的三角形内角之和必然小于 180°，这是其负弯曲的反映。这不太容易见到：在靠近马鞍两边顶部的位置各画一点，另一点向下，沿着双曲抛物面延伸至底部，如果你骑在马上，就是你一只脚踩的地方。最后这一角比起它在平面上要小，因此三个角加起来小于 180°。

一旦内在一致地确立了非欧几何，即它的假设不会有任何矛盾和悖论，德国数学家乔治·伯恩哈德·黎曼（Georg Bernhard Riemann）便研究出了一个丰富的体系来描述它们。**一张纸不能**

被卷成一个球体，但可以被卷成一个圆筒；如果不碎裂，不向后折叠，你无法将马鞍摊平。在高斯研究的基础上，黎曼创建了又一数学形式，将这些事实囊括在内。1854 年，针对如何通过它们的内禀性质来刻画所有几何，他发现了一个一般性的解决方法。他的研究奠定了现代数学领域微分几何的基础，这一数学分支专门研究曲面和几何。

因为从现在起，我将几乎总是把空间和时间放在一起考虑，所以我们会发现时空的概念比空间更为有用。时空要比空间多一维：除了"上下""左右""前后"之外，它还包括时间。1908 年，数学家赫尔曼·闵可夫斯基（Hermann Minkowski）使用几何概念发展了这一时空结构的绝对观念。爱因斯坦研究时空所用的时间和空间坐标要依赖于一个参照系，而闵可夫斯基则明确指出一个独立于观察者的时空结构，任何一个给定的物理情境都可以由它表现出来。

在本书其余部分，除非特别说明，我说维度时都指时空维度数。例如，**我们看周围时，看到的就是我以后所指的维宇宙。偶尔我会把时间单列出来，说"三维加一维"的宇宙，或三维空间。但请记住，所有这些术语指的都是同一场景——即有三个空间维度和一个时间维度。**

时空结构是一个很重要的概念，它简明地表现了一个时空几何的特征，这一时空几何与由特定能量和物质分布所产生的引力场密切呼应。但起初，爱因斯坦并不喜欢这一观念，要对自己已经解释过的物理再作重新阐述，在他看来，这未免太过分了。但他最终还是认识到，这一时空结构对于完整、概括地描述引力和计算引力场是非常重要的。从记录来看，闵可夫斯基在最初认识爱因斯坦时对他也没有什么好印象：根据以往爱因斯坦学生时代在他微积分课上的表现，闵可夫斯基给爱因斯坦的评价是"一条懒狗"。

拒绝非欧几何的不仅仅是爱因斯坦一个，他的朋友、瑞士数学家马塞尔·格罗斯曼（Marcel Grossmann）也觉得它太复杂了，劝爱因斯坦不要用它。但他们最终一致认为，解释引力唯一可行的方法就是用非欧几何来表现时空结构，直到此时，爱因斯坦才得以诠释和计算弯曲的时空，它与引力相等，而这也成为完成广义相对论的关键。在格罗斯曼承认失误之后，他们两人携手，共同致力于研究错综复杂的微分几何，以简化他们高度复杂的早期尝试，来明确诠释引力理论。终于，他们完成了广义相对论并对引力本身有了一个更为深入的理解。

爱因斯坦的广义相对论

广义相对论提出了一个全新的引力概念：现在我们知道，引力（这种力让我们站在地球上，也让我们的星系和宇宙联系在一起）并非直接作用于物体，而只是时空几何弯曲的结果。这一概念使爱因斯坦有关时空一体的概念形成了一个合理的理论结果。

广义相对论利用了惯性质量和引力质量的深层联系，单纯以时空几何诠释了引力的作用。任何形式的物质和能量分布都会弯曲时空，时空里的弯曲路径决定着引力的运动，而宇宙里的物质和能量又引起时空本身膨胀、波动或是收缩。

在平坦空间里，两点之间的最近距离，即大地线（地球椭球面上连接两点的最短程曲线），是一条直线。在弯曲空间里，我们仍可以把大地线定义为两点间的最短距离，但这条路径看上去未必是直的。比如，飞机沿着地球大圆飞过的航线就是大地线（一个大圆是绕过地球最粗部分的任一圆，如赤道或一条经线）。虽然这些路径不是直的，但除非你凿穿地球，它们就是地球上两点间的最短距离。

在弯曲的四维时空里，我们仍然可以定义大地线。对于被时间隔开的两件事，大地线就是时空中把一件事与另一件事联系起来的自然路径。爱因斯坦意识到，自由落体就是沿时空的大地线运动，因为这是阻力最小的路径。他由此得出结论：**在没有外力的情况下，下落物体会沿着大地线落下，就像一个人在自由下落的电梯里那样，他感觉不到重力，也看不到小球的下落。**

但是，即使事物是在沿着大地线穿越时空，且没有外力，但引力还是有其明显作用。我们已经看到了，引力与加速度在同一地方是等效的这一重要见解，导致爱因斯坦发展了一种有关引力的全新的思考方式。他推断出，因为由引力导致的加速度对于同一地方的所有质量相同的物体都是相同的，所以，引力必然是时空本身的一种属性。

这就是为什么自由落体在不同地方意味着不同的事情，而只有在当地，引力才可以由唯一的一个加速度所取代。**我和对应的一个在中国的人，即使我们两人都是在当地一个爱因斯坦意义的电梯里，我们仍是在以不同的方向下落。**自由落体的方向并非处处都是一样的，这是因为受到了弯曲时空的影响——一个单一的加速度不可能抵消地球上所有地方的引力作用。在弯曲的时空里，不同观察者的大地线是各不相同的，因此，引力在全球范围里都会产生可见的作用。

广义相对论要比牛顿引力深入得多，因为无论能量和质量以何种形式分布，它们所引致的相对性引力场都能够被计算出来。而且，时空几何与引力作用内在联系的发现，使爱因斯坦得以弥补他最初对引力诠释的一大空白。尽管当时物理学家都知道物体会对引力作出何种反应，但他们都不知道引力是什么。现在，他们知道了引力场是由物质和能量引起的时空的弯曲，这一弯曲遍布宇宙各处，或者，还如我们很快将会看到的，延伸至一个可能包含膜的更高维度的时空里。所有这些情形中更为复杂的引力作用，都会体现在时空表面的褶皱和弯曲里。

WARPED PASSAGES
弯曲的世界

图画能最好地描绘物质和能量怎样使时空结构弯曲，以产生引力场。图5-5所示的是一个位于空间里的球体。球体周围的空间被扭曲了：这个球使空间表面陷落，陷落的深度反映出球的质量和能量。另一个球从旁边滚过，它会滚向中心的陷落处，也就是质量集中的地方。根据广义相对论，时空就是以这样一种类似的方式弯曲。同时，从旁边滚过的另一球会加速滚向这球的中心。在这种情况下，其结果正好符合牛顿定律的预言。但它们对运动的诠释和计算却极为不同。根据广义相对论，小球是随着时空表面的波动，由此表现出由引力场导致的运动。

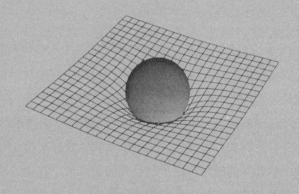

图 5-5

一个位于空间的球体。
一个有质量的物体使周
围空间产生弯曲，由此
产生了引力场。

图5-5可能会让人产生误解，因此我要提醒大家注意几件事：

第一，图中球周围的空间是两维的，而实际上，被弯曲的是整个三维空间和整个四维时空，时间也会弯曲，因为从狭义相对论和广义相对论的视角看，它也是一维。例如，狭义相对论告诉我们，在不同地方时钟会以不同速率"滴答"，这就是时间的弯曲。第二，在弯曲几何里，绕着第一个球滚动的第二个球同样会影响时空的几何形状，我们假设它的质量相比第一个大球太小，因而忽略这一微弱作用。第三，使时空产生弯曲的物体可以是任何维度的。以后，在这类图画里，我们会以一个膜来代替这个球体的作用。 "

但是，在所有情况下，物质决定时空如何弯曲，而时空决定物质如何运动；在没有外力的情况下，弯曲时空确定了大地线，物体将沿着它行进；引力是体现在时空的几何形状里的。爱因斯坦花费了近 10 年时间推出这一时空和引力的精确关系，并将引力场的作用也涵盖其中——毕竟，引力场也有能量，因此也会使时空弯曲。爱因斯坦的付出是英勇的、伟大的。

爱因斯坦在他的著名方程里明确了怎样找到宇宙的引力场。尽管他最为著名的方程是 $E=mc^2$，但物理学家称作"爱因斯坦方程"的却是他确定引力场的方程。这一方程的背后是艰苦卓绝的付出，它告诉我们怎样通过一个已知的物质分布确定一个时空度规。你计算的度规决定了时空几何的形状，它会告诉你怎样把一些与任意尺度相关联的数转化成确定几何的物理距离和形状。

随着广义相对论的最终建立，物理学家可以确定引力场并计算它的作用。与使用以前的引力公式一样，物理学家使用这些方程算出物质在一个已知引力场中是怎样运动的。例如，把地球或太阳等庞大球体的质量与位置代入方程，就可以计算出著名的牛顿的万有引力。在这个特殊例子中，结果没有改变，但意义大不相同。物质和能量弯曲了时空，而这种弯曲产生了引力。但广义相对论更大的优势在于：它的物质和能量分布包含了所有形式的能量——包括引力场自身的能量。即使在某些场合，引力本身是最为主要的能量，广义相对论仍然非常有用。

爱因斯坦方程适用于任何形式的能量分布，因此改变了宇宙学家，即宇宙历史学家的看法。现在，科学家如果知道了宇宙的物质和能量分布，就能计算出宇宙的演变。在一个空白空间里，空间是完全平坦的，没有任何褶皱和波纹——没有任何弯曲。然而，**如果宇宙充满了能量和物质，那么它们就会弯曲时空，演化出各种有趣的、可能的宇宙结构和行为。**

我们生活的宇宙绝非静止不变：正如我们很快会看到的：我们还可能生活在一个弯曲的五维宇宙里。值得庆幸的是，广义相对论告诉了我们怎样计算它们的结果。就像我们二维几何的例子里有正、负、零弯曲一样，四维时空几何结构也有正、负、零弯曲，它们是物质和能量恰当分布的结果。以后我们探讨宇宙学和额外维度里的膜时，由物质和能量引起的时空弯曲非常重要。这些物质和能量既存在于我们的可见宇宙中，也存在于膜上和体里。我们会看到三种类型的时空弯曲（正、零、负）在更高的维度上同样能够实现。

广义相对论的许多结果是牛顿引力所计算不出的，除了其他众多的优点之外，广义相对论还消除了牛顿引力让人心烦的超距作用（action-at-a-distance）：物体一出现或运动，它所产生的引力作用便处处都能感觉到。而用广义相对论，我们知道时空先弯曲，然后才有引力。这一过程并非立即产生的，它需要时间。引力波是以光速穿行的，只有在一个信号花费一定时间、到达某一地点并使时空产生弯曲之后，引力才会在这一给定位置产生作用。这怎么也不可能比光到达那里发生得更早，因为光速是我们已知的最快速度。比如，**你接收到一个无线电信号或是手机信号的时间，怎么也不会早过一束光到达你那里的时间。**

而且，物理学家还能以爱因斯坦方程探索其他类型的引力场。可以用广义相对论描述和研究黑洞，当质量高度集中于一个很小的体积时，就形成了这种吸引人的、谜一样的物质。在黑洞里，空间几何被极度弯曲，以至于进入黑洞的任何东西都被困在里面，即使光也不能逃逸。尽管在广义相对论创建之后，德国数学家、天文学家卡尔·史瓦西几乎立刻便算出了爱因斯坦方程的解，从而发现了黑洞 ❶，但直到 20 世纪 60 年代，物理学家才真正开始重视这一观点——黑洞有可能是我们宇宙里真实的东西。如今，黑洞已在天文物理领域被广泛接受，事实上，似乎在每个星系的中心，包括我们自己的星系，都存在一个超大质量黑洞。而且，**如果存在隐藏的宇宙维度，那就一定存在更高维度的黑洞，如果它们很大，就像天文学家观察到的四维黑洞一模一样。**

奇迹总发生在最不可能的地方

让我们总结一下 GPS 系统的故事：如果我们计算的位置要精确至 1 米之内，那么，对时间的测量必须精确至 $1/10^{13}$。要达到这一精度，唯一可能的办法是使用原子钟。

但是，即使我们有了完美的时钟，时间膨胀还会使它们以 $1/10^{10}$ 的速度减慢。这一误差如果得不到纠正，到我们理想的 GPS 系统就会放大 1 000 倍。我们还必须考虑引力蓝移，这也是广义相对论的作用，由光子穿越变化的引力场引起，它所产生的误差至少也是这么大。这一作用加上其他的广义相对论偏差，累积产生的误差，如果被忽略，最终会达到每天误差 16 公里。艾克（以及现下的 GPS 系统）必须纠正这些相对论作用的误差。

尽管相对论现在已得到了验证，还产生了现代实用仪器必须考虑在内的效应，但在我看来，最初竟有人听信爱因斯坦，也实

---

❶ 那是在第一次世界大战期间，史瓦西正在德国军队服役，当时他还在俄国前线上。

在令人惊讶。他没有一点儿名气，因为找不到更好的工作才在伯尔尼一家专利局做小职员。他就是在这样一个最不可能的地方，提出了一个有悖于当时所有物理学家信念的理论。

　　哈佛大学的科学史学家杰拉尔德·霍尔顿（Gerald Holton）告诉我，德国物理学家马克斯·普朗克是爱因斯坦的第一个支持者，如果不是普朗克当即认识到爱因斯坦研究的伟大成就，它可能要等更长的时间才会被认识和接受。普朗克之后，紧接着是其他一些著名的物理学家对它逐渐了解、认识、给予关注，很快，全世界都关注了起来。

- 光速是不变的，它不依赖于观察者的速度。
- 相对论改变了我们有关时间和空间的观念，它告诉我们可以把它们看作单一的时空结构。
- 狭义相对论列出了能量、动量（即一个物体遇到外力时会作出何种反应）和质量的关系。例如，$E=mc^2$，其中 E 是能量，m 是质量，c 是光速。
- 质量和能量使时空产生弯曲，由此，你就可以把弯曲的时空当作引力场的来源。

D
-imension
探索大揭秘

量子力学：上帝不掷骰子
WARPED PASSAGES

> 也许你会问自己，我对了？……还是我错了？
>
> 传声头乐队（Talking Heads）

她是从哪个门进来的？

艾克在纳闷，不知到底是因为阿西娜让他看了太多的电影，还是因为迪特尔对他讲了太多的物理知识，不管什么原因吧，总之艾克昨晚梦到了一个量子侦探。那个侦探穿着军大衣，一脸木然。在梦中，侦探说："除了名字之外，我对她一无所知，而她就站在我面前，但从看到伊莱克特拉❶的第一眼起，我就知道她是个大麻烦。我问她从哪儿来，她拒绝回答。这屋子有两个门，她肯定是从其中某一个进来的。但伊莱克特拉沙哑着嗓子低声说：

---

❶ 这个名字指的是电子，而不是希腊神话中的人物。

'先生，别问了。我是不会告诉你从哪个门进来的。'"

"看到她在发抖，我努力想让她镇静下来。但当我走近她时，伊莱克特拉却疯了似地后退一大步，她恳求我不要再靠近了。见她那么不安，我只好离她远远的。跟不确定的人打交道我并不陌生，但这次我却束手无策了，看来这会儿要跟不确定耗上了。"

量子力学尽管有悖于直觉，却从根本上改变了科学家对世界的看法。大多数现代科学都起源于量子力学：统计力学、粒子物理学、化学、宇宙学、分子生物学、进化生物学、地质学（通过放射性元素推定年代），所有这些无一不是这一进步的结果，它们要么因量子力学而创立，要么因量子力学而得到改进。**如果没有半导体和现代电子，则根本不可能有电脑、DVD 播放机、数码相机等现代世界的诸多便利设施，它们的发展全都仰仗于量子现象。**

我不太确信在大学里初学量子力学时，是否真正理解了它的奇妙。我学会了它的基本原理，也能够在不同场合应用它。但是直到多年以后我开始讲授量子力学的知识并仔细研究量子力学的逻辑时，才发现它竟是这么神奇。尽管我们现在只是把量子力学当作物理学课程的一部分，但它真的令人称奇。

科学应该怎样发展，量子力学的故事可谓一个非常完美的范例。量子力学早期是以模型构建理论开始的——不等任何人形成任何理论，它就开始探索一些令人费解的现象，实验和理论同时蓬勃迅速地发展着。物理学家创立了量子理论，来解释经典物理学不能解释的实验结果；反过来，量子理论又提出了更进一步的实验来验证假设。

科学家们花了很长时间才厘清这些实验观察的所有含义——量子力学的意义实在是太激进了，以至于大多数科学家并不能立即领悟它们。在接受量子力学的假设之前，科学家们只能暂时搁置心里的迷惑，因为它们与熟悉的传统观念有着太大的差异。甚至像马克斯·普朗克、欧文·薛定谔（Erwin Schrödinger）和阿尔伯特·爱因斯坦这样的理论先驱，也从未真正地接受量子力学的思考方式。"上帝不掷骰子。"爱因斯坦以此表达了他的反对。这句话也因此成了名言。大多数科学家最终的确接受了这一真理（正如我们现在理解的这样），但这种接受并非一蹴而就。

20世纪早期科学进步的激进特征弥漫在现代文化里：当时，文学和艺术的根本特征以及人们对心理学的理解都发生了翻天覆地的变化。尽管有人将这些进步归因于第一次世界大战带来的动荡和破坏，但艺术家如瓦西里·康丁斯基（Wassily Kandingsky）却说："**原子能够穿透一切的事实说明任何事情都可以改变。因此，在艺术上，什么都有可能发生。**"康丁斯基这样描述了他对核原子的反应："原子模型的坍缩给我心灵的影响无异于整个世界的坍塌——最坚固的城墙顷刻间轰然倒塌；如果一块石头出现在我面前，在空气里融化、消失，我一点儿都不会感到惊诧。"

康丁斯基的反应是有点极端。量子力学非常激进，以至于当被应用于非科学场合时，它还是很容易被用过头。我发现最大的麻烦是，不确定性原理常常被滥用，人们往往似是而非地误用它，把它作为不准确的借口。本章我们将看到，不确定性原理实际上是对可观测量的一个极为精确的表述。当然，这一表述有着令人惊讶的内涵。

现在，我们来介绍量子力学和它的基本原理，这些原理使它有别于之前的经典物理。我们将讲到的离奇的新概念包括量子化、波函数、波粒二象性和不确定性原理，本章概括了这些主要观点，并简要回顾了它们的发展历史。

没有比量子力学更离奇的了

粒子物理学家西德尼·科尔曼（Sidney Coleman）曾说过，如果说成千上万的哲学家花了几千年的时间寻找世界上最为奇异的东西，那么，他们再也找不到比量子力学更为离奇的事物了！量子力学之所以难以理解，是因为它的结论是那么的有悖于常理，又是那么的出人意料。它的基本原理不仅有悖于以前所有已知物理的基本前提，也有悖于我们自己的经验。

量子力学看上去如此奇怪，其中一个原因是，**我们的生理机能根本就不能够让我们观察到物质和光的量子本性**。通常只有在一埃的尺度上，也就是原子的尺度上，量子作用才会有意义。如果没有特殊仪器，我们根本不可能观察到那么小的尺度，即使是具有高分辨率的电视或电脑显示器的像素通常都小得我们根本看不见。

量子力学如此奇怪的另一个原因是，**我们看到的只是大量原子的集合，这么多原子，足以让经典物理掩盖量子的作用。通常，我们看到的光也是大量光量子的集合**。尽管眼睛的感光器官非常灵敏，足以捕捉到光的最小单位——单个量子，但是通常因我们的眼睛要处理这么多的量子，以至于任何可能的量子效应都被更明显的经典行为淹没了。

如果说量子力学让人难以解释，那也有充足的理由。量子力学意义深远，它足以容纳经典物理的预言，但反过来并非如此。在许多情况下，例如，当涉及大物体时，量子力学与牛顿经典力学的预言是一致的，但没有一个尺度可以让经典力学作出量子预言，因此，当我们试图用熟悉的经典术语和概念去理解量子力学时，我们必然是要遇到麻烦的。**试图用传统的观念去描述量子作用，就好像是要以 100 个英文单词为限去翻译法语，以这么有限的英文词汇，常常只能含糊地解释某些概念和词语，而有一些则根本无法表达。**

量子力学的先驱之一，丹麦物理学家尼尔斯·玻尔（Niels Bohr）意识到，要描述原子内部的活动，人类的语言远远不够。他在回顾这一主题时，讲了他的模型是如何"像图画一样，本能地闯进了他的脑海"。正如物理学家沃纳·海森伯（Werner Heisenberg）解释的："我们只记得，通常的语言完全失去了作用，在物理学领域里，语言已毫无意义。"

因此，我不会尝试用经典模型去描述量子现象，相反，我要描述一些使量子力学与以前的经典理论如此不同的、重要的基本假设和现象，我们会逐个回忆那些对量子力学及其发展作出贡献的重要发现和见解。尽管这一讨论大致遵循着它们的历史顺序，但我真正的目的是要把量子力学内在的许多新观点、新概念逐一地介绍给大家。

起源：一切就像"卡路里灾难"那样

量子力学的发展分为几个阶段。一开始，它只是一些恰好与现象相符的、随意的假设，虽然没人知道它们为什么相符。这些突发奇想没有任何基本物理理论的支持，但的确给出了正确答案。我们现在所称的旧量子论包含的就是这些猜想，理论的基本假定是：像能量和动量这样的物理量不可能是任意值，而只可能限于一组离散的、量子化的数值。

量子力学由粗陋的旧量子论发展而来，它肯定了我们很快就会遇到的神秘的量子化猜想。更重要的是，量子力学给出了一个明确的程序，预言了量子力学体系会怎样随时间演变，这大大增加了理论的威力。但量子力学最初也只是摸索，因为没人知道后面的发展会怎样，开始的时候，量子化假设就只有这点内容。

旧量子论开始于 1900 年，德国物理学家马克斯·普朗克提出，光如砖块一样，也只能以某些量子单位配给。根据普朗克的假设，任何特定频率的光所包含的总能量只能是那个基本能量单位与其特定频率的乘积。这个基本单位等于一个常量乘以频率 f，这个常量就是我们现在所称的普朗克常数 h，那么有着特定频率 f 的光的能量就可能是 hf、2hf、3hf，等等，但根据普朗克的假设，不可能介于两者之间。光与砖不同，因为砖的量化是我们随意假定的，它不是最根本的——砖还可以一劈两半，而光必然会有一个不可再分的既定频率的最小能量单位，它是一个永远不会出现中间值的能量。

普朗克最初提出这一颇具先见之明的非凡建议，是为了解决一个理论难题，称作黑体紫外光 ❶ 灾难。黑体 ❷ 如一块煤，是一种能吸收所有辐射然后再把它辐射出来的物体，它所放射的光的总量和其他能量取决于它的温度。一个黑体的物理属性完全体现在它的温度上。

但是，关于黑体辐射的光，经典预言是有问题的：经典计算预测的高频率辐射所放射的能量，要远远大于物理学家的观察和记录。测量显示，黑体的辐射并非由不同频率平等奉献，高频率反而比低频率贡献更少，只有低频率才可以放射出显著的能量，因而，放射性物体是 "红热"（red-hot）而不是 "蓝热"（blue-hot）。但经典物理学却预言了大量的高频率辐射。事实上，放射的总能量中，据传统推理所预测的辐射是有限的，传统物理学面临着一个紫外光灾难问题。

解决这一两难境地的权宜之计是，假设黑体辐射的能量全部

---

❶ "紫外光" 的意思是 "高频率"。
❷ 黑体实际是一个理想化物体，现实物质（如煤）并非完美的黑体。

是由低于一个上限值的频率所贡献的。普朗克对这一可能不以为然，他偏重于另一假设：光是量子化的，而这一假设显然同样的随意。普朗克的理由如下。

> 如果任一频率的辐射包含的都是一个基本辐射单位的整数倍，那么，因为基本能量单位太大，高频率的辐射根本就不可能发出。因为光量子单位所包含的能量与频率成正比，高频率辐射即便是只有一个单位，也仍旧会含有大量的能量，如果频率太高，一个量子所含有的最小能量值则会因为太大而不能放出。黑体只能放射那些低频率的量子，因此普朗克的假设就杜绝了过高频率的辐射。

有一种比喻可以帮助我们理解普朗克的逻辑。你可能在聚餐时遇到过这样的人：该点甜点了，他们却拒绝。因为害怕进食太多会增肥的食品，所以即使嘴上很馋，他们也很少给自己点甜食。如果服务生说甜点其实很小，那他们可能就会点上一份，但如果份量大，再切成一块块的蛋糕或冰激凌、布丁什么的，他们就干脆不要了。

面对这种情形，会有两种人：艾克属于第一种，他很有节制，而且确实不喜欢甜食。如果甜点太大，艾克根本就不会去吃它。而我则属于另外一种，阿西娜也一样，这种人觉得甜点太大了，因此自己就不点了，但又做不到像艾克那样拒绝美食，然后又会忍不住诱惑，就从每人的盘子里分一点。就这样，即使阿西娜拒绝给自己点甜食，但最终吃下去的却一点儿也不少。如果阿西娜与很多人一起吃饭，那么，从每个人的盘子里她都尝一点，最终她就会遭受不幸的"卡路里灾难"。

根据传统理论，黑体就像是阿西娜一样，它会发出任何频率的小量的光，使用经典推理方式的理论学家因此就会预测到"紫外光灾难"。为避开这一困境，普朗克提出的黑体就像是那种绝对饮食有度的人，就像艾克一样，他绝对不会去吃一点甜食。

　　黑体的表现会严格遵守普朗克的量子规则，它只会以量子能量单位发出一定频率的光，能量值等于常数 h 乘以频率 f。如果频率太高，能量量子会变得太大，那个频率的光就不能发出，因此，黑体发出的辐射大部分都是低频率的，高频率会被自动排除。在量子理论里，一个黑体不会发出大量的高频率辐射，因此，它发出的辐射要远远小于经典理论的预言。如果一个物体发出辐射，我们称它的辐射模式为光谱（见图 6-1），即物体在每一频率每一温度会释放多少能量。某些物体的光谱，比如恒星，就与黑体光谱类似，我们在许多不同温度下测量过这样的黑体光谱，它们都符合普朗克的假设，图 6-1 显示，黑体所发出的辐射都是低频率的，到了高频率，辐射则关闭了。

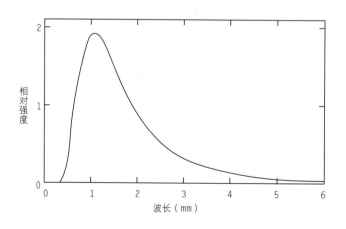

图 6-1

宇宙里一个微波背景的黑体光谱。黑体光谱显示了辐射物体在固定的温度值下所发出的所有频率的光的总量，要注意的是，光谱里摒除了高频率的光。

　　20 世纪 80 年代以来，实验宇宙学最为杰出的一个成就就是，黑体光谱测量越来越精确，它记录了宇宙产生的辐射。最初，宇宙是一个火热的、大密度的、包含高温辐射的火球，此后，宇宙膨胀，辐射大大冷却下来。这是因为随着宇宙的膨胀，辐射的波长也会增长，而波长越长则对应频率越低，频率越低则能量越低，能量越低则温度越低。宇宙现在所包含的辐射就像是一个绝对温度只有 2.7K 的黑体所产生的辐射——这比其初始状态凉快多了。

卫星最近测量了这一宇宙微波背景辐射（见图 6-1），它看上去与一个绝对温度为 2.7K 的黑体光谱完全一致，这一测量显示的偏差要小于万分之一。事实上，这一遗留的辐射是迄今所测得的最为精确的黑体光谱。

1921 年，当普朗克被问及他是怎么想到光是量子化的这一奇异假设时，他回答道：**"这纯属走投无路才做的假设。6 年来，我一直在研究黑体理论，我知道这是一个根本性问题，而且我知道答案，我必须不惜一切代价找到一个理论性的解释……" ❶** 对普朗克来说，光量子化是一种工具，一个对正确的黑体光谱进行胡乱组装的机器。以他的观点，量子化不一定是光本身的属性，但可能是辐射光的某种原子属性。尽管普朗克的臆测迈出了理解光量子化的第一步，但他自己却从未完全领会它。

5 年以后，也就是 1905 年，爱因斯坦对量子理论作出了重大贡献——他确定光量子是真实的东西，而不仅仅是抽象的数学概念。那一年是爱因斯坦非常忙碌的一年，他提出了相对论、通过研究物质的统计性质帮助证实了原子和分子的存在、给出了量子论的有效解释——所有这些都是他在瑞士伯尔尼专利局工作期间完成的。

爱因斯坦利用光量子假说解释了被称作光电效应的现象，由此提高了光量子假说的可信度。实验者把同一频率的辐射照向

----

❶ "……不惜一切代价" 的基础是，不能违背热力学的两个定律。

物质，辐射会放出电子。实验显示，若用更多的光（这意味着携带更大的能量）集中射向物体，并不能改变所放出电子的动能（运动能量）最大值。这有悖于我们的直觉：参与能量越多，所产生的电子也必然会有越大的动能。由此，电子动能的限度就成了一个谜，为什么电子不能吸收更多的能量？爱因斯坦的解释如下。

> 辐射是由单个的光量子组成的，只有某些特定量子会将其能量贡献给特定的电子，供给某个电子的光就像是一枚导弹，而不像枪林弹雨。因为只有一个光量子能击发出电子，因此再多的参与量都不能改变被发出电子的能量。加大参与量子的数量，只会使光发射出更多电子，但不能影响单个电子的能量最大值。

　　爱因斯坦以固定大小的能量包来解释光电效应，这些固定大小的能量包即光的量子单位。经过这样的解释，被发出电子的动能最大值总是不变的属性就变得容易理解了——一个电子所拥有的最大动能是固定的，就是它接收到的光量子的能量减去将电子从原子中击发出来所需要的能量。利用这一逻辑，爱因斯坦导出了光量子的能量。他发现，它们的能量取决于参与光的频率，这与普朗克预测的完全一致。对爱因斯坦来说，这就是光量子真实存在的确切证据。他的解释给出了一幅有关光量子的非常具体的景象：**一个光量子击中一个电子，电子由此被击发出来。正是这一成就（而非相对论）使爱因斯坦获得了1921年的诺贝尔物理学奖。**
　　但奇怪的是，尽管爱因斯坦承认光量子单位的存在，却不愿接受这些量子是无质量的粒子，即它们虽然携带能量和动量，却没有质量。关于光量子粒子特征的第一个有说服力的证据，是1923 年的康普顿散射（Compton Scattering）测量。在此实验中，一个光量子击中一个电子，然后产生散射（见图 6-2）。通常，你可以通过测量粒子碰撞后的偏转角度来测得粒子的能量：如果光子是没有质量的粒子，当它们与其他粒子如电子碰撞时，就会表现出一种特定的活动方式。而测量显示，光量子的表现确实就像是一个没有质量的粒子在与电子相互作用，由此我们便得出了一个无可更改的结论：**光量子实际是一些粒子。我们现在称这些粒子为光子。**

图 6-2

康普顿散射。在康普顿散射里，一个光子（λ）击中一个静止的电子（e⁻）而产生散射，并表现为不同的能量和动量。

爱因斯坦拒绝接受光量子理论，这确实令人费解，因为这一理论恰是在他帮助之下创立起来的。但相比普朗克的反应，他的表现又不那么令人吃惊：对爱因斯坦量子化的建议，普朗克干脆不信。尽管普朗克和其他几个人对爱因斯坦的许多成就都赞赏有加，但这次他们的热情却有所保留。普朗克甚至说过，多少有点儿贬低的意思：**"他的猜测并未言中，比如他的光量子假说也错失了目标，但这对他并不能造成多少影响，因为即使在一个最为确定的学科里，想要引进一个全新的观念而又不冒任何风险根本是不可能的。"**不要搞错，爱因斯坦的光量子假说可是正中目标，普朗克的言论只是反映了爱因斯坦见解的颠覆性特征，以及科学家们最初不情愿接受的事实。

发现原子

量子化与旧量子论的故事并未在研究过光之后就结束，结果发现，原来所有的物质都是由基本量子构成的。尼尔斯·玻尔是第二个站到量子假说队列里的人，在他的研究中，他将量子用于一个早已确立的粒子——电子。

玻尔对量子力学的兴趣，部分源于他当时正试图弄清楚原子的神秘性质。19世纪有关原子的概念模糊得令人难以置信：**许多科学家根本不相信原子的存在，只不过把它当作一种有用的启发式教学工具，而这又没有现实基础。**即便有些科学家真的相信它存在，却又把它们与分子混淆。而我们现在知道，分子是由原子组成的。

直到20世纪初，原子的真正属性和构成才被人们广泛接受，问题的部分原因是，希腊词汇"原子"的本意是"不可分割的东西"，因此人类对原子的最初定位就是一个不可改变、不可分割的事物。但到19世纪，随着物理学家对原子行为有了更多的了解，他们开始意识到这一观点肯定是错的。

到19世纪末，人们已正确测量了原子的一些属性，如放射性和光谱线（spectral lines）——光被发出和吸收的特定频率，而这两种现象都显示原子是能够改变的。在此基础之上，1897年，J.J. 汤姆逊（J.J.Thomson）发现了电子，并提出电子是原子的组成部分，这意味着原子一定是可以再分的。

到20世纪初，汤姆逊综合当时的原子观察，合成了他的"梅子布丁"模型（plua pudding），这个名称源于一种把水果丁分散地嵌在蛋糕里的英式甜点。他提出，**有一种带正电的成分遍布整个原子（蛋糕部分），而带负电的电子（水果）则镶嵌于其中。**

1910 年，新西兰人欧内斯特·卢瑟福（Ernest Rutherford）证明了这一模型是错误的。当时，汉斯·盖革（Hans Geiger）和他的一个研究生欧内斯特·马斯登（Ernest Marsden）进行了由卢瑟福提议的实验。他们发现了一个坚实、紧密的原子核，远比原子小。

氡 222（一种镭盐放射性衰变所产生的气体）放出了我们现在称为氦核的阿尔法粒子。物理学家通过发射出原子中的阿尔法粒子并记录阿尔法粒子散射的角度，发现了原子核的存在。只有存在一个坚实、紧密的原子核时，才会产生他们记录的这种急剧的散射，一个分散的、弥漫于整个原子的正电荷根本不可能将粒子打得如此分散。用卢瑟福的话来说："这可能是我一生中见过的最不可思议的事了：就好像你朝一张卫生纸发射了一枚长 38 厘米的炮弹，而它竟然反弹回来并击中了你。这真是太令人难以置信了！"

卢瑟福的结果推翻了"梅子布丁"模型，他的发现意味着正电荷不是遍布于整个原子的，相反，它被局限于一个极小的内核中。而且肯定有一个坚实的核心组成部分——原子核。根据这幅图像，原子的组成就是：**电子沿轨道围绕着中心一个小原子核旋转。**

2002 年夏天，我参加了弦理论的年会，碰巧那年会议在剑桥大学的卡文迪什实验室召开。许多重要的量子力学先驱，包括两名领军人物卢瑟福和汤姆逊都在这里完成了他们的重要研究。装饰走廊的是早年那些令人兴奋的回忆，游览走廊的工夫，我听说了许多有趣的故事。

例如，中子的发现者詹姆斯·查德威克（James Chadwick），他学物理只是因为不好意思承认自己在等待录取时排错了队；汤姆逊当实验室主任时很年轻，有封贺信是这样写的："请原谅我的失误，没有致函祝您像一个教授那么成功、愉快，因为您当选的消息对我是天大的惊喜，以至于都忘了要这么做。"（物理学家也并不总是大度有礼。）

但是，尽管 20 世纪早期在卡文迪什和别的地方，一幅清晰的原子图像已经建立，但其表现出来的组成成分却几乎击溃了物理学家最根本的信念。卢瑟福的实验提出，原子是由一个原子核与沿轨道绕其运行的电子组成的。这幅图像，尽管简单，却有着不幸的缺陷：它必然是错误的。

经典电磁学理论预言，如果电子沿圆形轨道运行，那么它们会通过发射光子辐射能量（经典的说法是电磁波辐射）。因此，光子会带走能量，留下能量更小的电子，它旋转的圆形轨道会越来越小，就这样螺旋转着绕向中心。实际上，经典电磁学理论预言原子不可能是稳定的，而且不到一纳秒就会坍缩。原子稳定的电子轨道完全是个谜：**为什么电子没有丢失能量，并螺旋地向中心的原子核落下去？**

要解释原子的电子轨道，需要与经典论证彻底决裂。为找到通向这一必然结论的合理逻辑，探索者们发现了经典物理学的缺陷，只有发展量子力学才能弥补这一缺陷。尼尔斯·玻尔提出的就是这样一个革命性的建议，他将普朗克的量子观念延伸到了电子，而这也是旧量子论的基本组成部分。

原子的电子轨道

玻尔确定电子不可能在任何旧轨道上运行：电子轨道的半径必然满足他提出的公式。他发现这些轨道全凭幸运和天才的猜想。他认为，电子的行为必须像波一样，这就意味着它们在绕原子核运动时会上下振动。通常来讲，一个特定波长的波每经过一段特定距离就会上下振动一次，这个距离就是波长。那么绕着一个圆运动的波同样也有其相应的波长。在这种情况下，波长就确立了波在绕着原子核旋转动时上下振动一次的弧度。

在固定半径轨道上运行的电子不可能有任意波长，而只能有一个特定的波长，以使它能以固定的次数上下振动。这就隐含了确定允许波长的法则：波在确定电子轨道的圆上旋转时，上下振动的次数一定是一个整数（见图 6-3）。

图 6-3

根据玻尔量子假说，一个电子波的可能模式。

尽管玻尔的提议非常激进，而其意义又非常含糊，但他的猜想却似乎真的起到了作用。如果正确，它就保证了稳定的电子轨道：只允许存在某些特定的电子轨道，不允许出现中间的轨道；如果没有外来作用使电子从一个轨道跳向另一轨道，那么电子就没有办法向中心的原子核移动。**你可以把一个有着特定电子轨道的玻尔原子想象成一座多层建筑，在这个建筑里，你只能在二层、四层、六层等双数楼层里活动，因为你不可能踏足中间的楼层如三层和五层——你永远只能被限制在你所在的双数楼层上，没有办法下到底楼走出去。**

玻尔的波真是一个天才的设想。他没有说自己明白它的含义，他作出这一猜想只是为了给稳定的电子轨道找到解释。但他建议里的量子特征使它可以得到验证，尤其是，玻尔的假说正确预言了原子光谱。光谱线给出了一个未电离原子发出和吸收的光的频率，未电离原子指的是一个中性原子，它的所有电子携带的净电荷为零。物理学家注意到，光谱线显示的是一个条纹状的图案，而不是一种连续的分布（即所有频率的光都有）。但没人知道这是什么原因，也没人知道为什么恰恰会是他们见到的这些频率。玻尔用他的光子假说解释了为什么光子的发出和吸收恰好是这些测到的频率。

> 尽管电子轨道对孤立的原子是稳定的，但当一个恰当频率（根据普朗克的理论，是恰当能量）的光子释放或是带走能量时，是能够改变电子轨道的。

玻尔使用经典物理学的推理方式计算了遵守他的量子假说的电子的能量，从这些能量中，他预言了由只含有一个电子的氢原子所发出和吸收的光子的能量，即频率。玻尔的预言是正确的，这些正确预言大大增加了他的量子假说的可信度，也正因如此，爱因斯坦和其他科学家才相信玻尔一定是对的。能发射和吸收因而也能改变电子轨道的量子包，借前面多层建筑的比喻，可以被比作放在窗户外面的绳子的长度。**如果每条绳子的长度恰好是从你所待的楼层到另一双数楼层所需的长度，而那层楼的窗户又是开着的，那么绳子就为转换楼层提供了工具。**但这种转换只能在双数楼层之间。同样的道理，光谱线只能表现出某些特定的值，即占据容许轨道的电子之间的能量差。

即便玻尔没有为他的量子化条件提供任何解释，但他显然是正确的。人们测量了许多光谱线，而他的假设可以用来再现它们。如果说这种一致只是巧合，那也太神奇了。终于，量子力学证明了他的假设。

粒子的使命恐惧

尽管量子假说非常重要，但只有在法国物理学家路易·德布罗意（Louis de Broglie）和奥地利籍物理学家欧文·薛定谔及德裔物理学家马克斯·玻恩（Max Born）取得一定的进展后，量子力学中粒子与波的联系才渐渐变得明朗起来。

德布罗意提出了一个伟大的建议，他转变了普朗克的量子假说，由此跨出了关键的第一步：旧量子论的自由漫步终于迈向了真正的量子力学理论道路。普朗克把量子与辐射波联系起来，而德布罗意（像玻尔一样）假想粒子也可以像波一样活动。德布罗意的假说意味着粒子也可以表现出像波一样属性，而这些波又是由粒子的动量所决定的。（对低速运动来说，动量即质量乘以速度；对所有速度，动量告诉我们物体会如何回应外力。尽管在相对论速率里，动量是一个更为复杂的质量与速度的函数，但它适用于高速的动量推广，也指示了相对论速率的物体会怎样回应外力。）

德布罗意假定，动量为 P 的粒子关联着一个其波长与动量成反比的波，即动量越小，波长越长；波长还与普朗克常数 h 成正比。[1] 德布罗意建议的背后含义是，一个振动激烈的波（即有很小的波长），相比一个振动迟缓（有较大的波长）的波携带着更大的动量；较小的波长意味着更快的振动，德布罗意为它赋予了更大的动量。

如果你觉得这种粒子——波的存在很令人迷惑，那是因为它的确如此。当德布罗意第一次提出他的波时，没人知道它们有什么用。马克斯·玻恩提出了一个惊人的解释：波是一个位置函数，

----

[1] 波长等于普朗克常数 h 除以动量。

它的平方给出了在空间的任一位置找到一个粒子的概率，❶ 他称其为波函数。马克斯·玻恩认为，粒子不可能固定，而只能以概率来描述，这与经典的设想有着天壤之别。它意味着，你不可能知道粒子的确切位置，只能确定在某些地方找到它的概率。

但即便量子力学的波描绘的只是概率，量子力学还是能预言波随时间的确切演化方式：给定任一时间的值，你就可以确定它在以后时间里的值。薛定谔创立了波动方程，它显示了与量子力学的粒子相关的波的演变。但找到一个粒子的概率有什么意义？这是一个令人迷惑的观点，毕竟没有分数粒子这样的东西。在当时，用波来描述粒子是（在某种意义上，现在依然是）量子力学最令人吃惊的观点，尤其是人们都知道粒子的活动就像是一个台球，而不是像波。这样看来粒子说与波动说似乎是不可调和的。

要解决这一明显的矛盾，你需要了解这样一个事实：用一个粒子永远无法探测到粒子的波动特征。当你探测单个粒子时，只能探测到它处在某个特定的位置上。为了能勾画出完整的波，你需要许多相同的电子，或多次重复一个实验。即使每个电子都关联着一个波，一个电子也只能测得一个数字。但如果你能准备大量的相同电子，就会发现在每个位置上的电子的分布与量子力学给定的电子的概率波成正比。

单个电子的波函数告诉我们，有着同一波函数的许多同样的电子会如何表现。任何单个电子只能出现在一个位置上，但如果有许多相同的电子，它们就会呈现像波一样的位置分布图。波函数显示的就是一个电子出现在那些位置上的概率。

这好比是人群的身高分布，每个人都有各自的身高，但分布

----

❶ 尽管在空间中确定一点需要三个坐标，但我们常常将其简化，假定波函数只依赖于一个坐标。这使得我们很容易在一张纸上画出波函数的图像。

图显示的则是个体具有某特定身高的可能性。同样的道理，即便一个电子的表现像是粒子，但是许多电子就会形成一个由波来描述的位置分布图；不同的是，单个电子也仍然关联一个波。

　　图 6-4 显示的是一个电子的概率函数，这个波给出了在某一特定位置上找到一个电子的相对概率。我画的曲线在空间的每一点（或沿一条线的每个点，因为纸是平面，我只能画出空间的一个维度）上都有具体的值。如果我能多次复制同一个电子，那么我就能得到电子位置的一系列测量结果，进而就会发现我所测量的这个电子出现在某个特定位置上的次数与这一概率函数成正比：**测量值越大，电子越有可能出现在那个位置上；测量值越小，电子越不可能在那里出现。**波反映了许多电子的累积效应。

图 6-4

一个电子的概率函数。

　　即使你用了许多电子来勾画一个波，但是量子力学的特殊之处在于，单个电子也可以用波来描述。这就意味着，你永远也不可能确定地预测到这个电子的所有事情：**如果你测得了它的位置，你会发现它是处在一个特定的点上的；但在你作出这个测量之前，你只能预测这个电子有一定的概率会在那个地方出现，而不能确切地说出它最终会出现在哪儿。**

　　这一波粒二象性由著名的双缝实验得出，篇首故事里伊莱特克拉的不明来历指的就是双缝实验。以前，双缝实验只是物理学家的思想实验，用以说明电子波函数的含义和结果。直到 1961 年，德国物理学家克劳斯·琼森（Claus Jonsson）才在实验室里完成了这一实验。实验的组成是：一个电子发射器发出电子，穿过有两条平行狭缝的隔板（见图 6-5），电子穿过狭缝，射到隔板后面的一个屏幕上，由屏幕记录下来。

这个实验本意是要效仿 19 世纪中期的一个相似实验，那个实验显示了光的波动特征。当时，英国医生、物理学家以及埃及古物学家托马斯·杨（Thomas Young）[1]，将一束单色光穿过两个狭缝打在屏幕上，以观察光在屏幕上形成的波状图案。那一实验显示，光的表现就像波一样。用电子来做同样的实验的关键是，看你将怎样观察电子的波动特征。

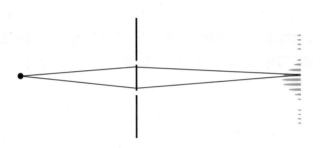

图 6-5

精心设计的电子双缝干扰实验。电子可以穿过两个狭缝中的任一个，最终射到屏幕上，记录在屏幕上的波状图案就是两条路径相互干扰所产生的结果。

事实上，如果你用电子做双缝实验，那么便会看到与托马斯·杨在光里所看到的同样的现象：狭缝后的屏幕上出现的是波动图案（见图 6-6）。在光的例子里，我们理解波是由干扰引起的：一些光通过这条狭缝，而另一些光通过另一条狭缝，由此记录下的波状图案反映的就是两者之间的干扰。那么，波状图案对电子又意味着什么？

屏幕上的波状图案告诉了我们一个有悖于直觉的事实：我们应该会想到每个电子都通过了两个狭缝。对于单个电子，你不可能了解它所有的事情，任何一个电子都有可能穿过其中的一个狭缝。即便每个电子的位置在它们到达屏幕时都被记录了下来，但没人知道一个特定的电子究竟是从哪个狭缝穿过的。

----

[1] 托马斯·杨甚至帮助解读了罗塞塔石碑上的古埃及文字。

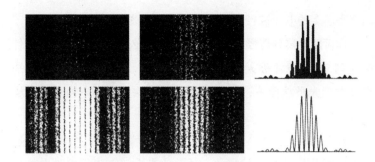

量子力学告诉我们，一个粒子从其起点到终点可以采取任何可能的路径，粒子的波函数就反映了这一事实，这是量子力学的众多新奇特征之一。与经典物理学不同，量子力学并不为一个粒子明确指定运动轨迹。

但当我们已经知道了电子是粒子，那么双缝实验又是怎样表明单个电子会像波一样活动的？毕竟，没有像半个电子这样的东西，被记录下的任一电子都有它特定的位置。事情究竟是怎样进行的？答案就是我之前说过的：只有在记录许多电子时，你才能看到波的图案。每个单独的电子都是一个粒子，它打在屏幕上只能有一个位置，但许多电子被射在屏幕上的累积效果就是一个经典的波状图案，反映了有两条电子途径干扰的事实。在图 6-6 中，你就可以看到。

波函数给出的是一个电子可能击在屏幕上某个特定位置的概率。一个电子可能会出现在任何地方，但你在某个特定位置找到它的概率是一定的，这个概率由波函数在某点的值决定。许多电子一起形成一个波，假设电子通过两个狭缝，你就会得到同样的波。

1970 年，日本的外村彰（Akira Tonomura）、意大利的佩尔基奥基奥·默里（Piergiorgio Merli）、朱利奥·波济（Giulio Pozzi）和奇安弗兰科·米西罗利（Gianfranco Missiroli），在真正的实验里清晰地观察到了这些，他们令电子一个个地穿过狭缝。

当越来越多的电子被打到屏幕上时，一个波的图案就形成了。

你可能会感到奇怪，像波粒二象性这么戏剧性的东西，为什么直到 20 世纪才被人们注意到？例如，为什么人们没有早一点注意到光虽然像波，但实际是由一些独立的小东西——光子组成的？

答案在于，没人（除非超人）能看到单个光子 ❶，因此，量子力学的作用就不容易察觉。通常的光看起来也不像是由量子组成的，我们看到的都是形成可见光的光子束。而大量的光子在一起表现得就像一个经典的波。要观察光的量子特征，你需要一个很弱的光子源，或一个精心设计的系统。如果有太多的光子，你就不能区分单个光子的效果。在经典光里，因为包含许多光子，再加进一个光子，也根本不足以造成任何差别。你的灯泡表现的都是经典现象，即使它多发出一个光子，你也根本不会注意到。只有在精心设计的系统里，你才会观察到量子现象的细节。

如果你不相信这最后一个光子实际是无足轻重的，那就想想你投票时的感觉吧。成千上万的人都参与了投票，当你知道你这一票根本不足以对结果造成任何影响时，你还愿意费时费力地去投这一票吗？单个人的投票结果一般会被淹没在人群中。即便选举结果由许多单个选票的累积作用所决定，但单张选票却很少能改变结果。但有一个著名的例外：佛罗里达，那是一个"摇摆州"，当重复投票时有可能会产生不同结果。让我们把这对比再推进一步，你可能也看到了，只有在量子力学上——还有在佛罗里达，它的表现就像一个州量子——重复测量还真的会产生不同的结果。

----

❶ 人们实际能够探测到单个光子，但是要通过精心设计的实验。通常，我们看见的标准光都是由许多光子组成的。

海森伯的不确定性原理

物质的波特征有许多含义有悖于常理，现在我们从电子的不确定性转向海森伯的不确定性原理，这也是物理学家和人们茶余饭后津津乐道的话题。

德国物理学家沃纳·海森伯是量子力学的先驱之一。在他的自传里，他讲述了在慕尼黑神学培训学院总部驻扎期间，自己如何萌生了有关原子和量子力学这一革命性观点的。1919年，他被派驻在那里对抗巴伐利亚。枪击事件平息以后，他坐在学院的屋顶上看柏拉图的《对话录》，尤其是《蒂迈欧》。柏拉图的教义使海森伯相信："为了阐释物质世界，我们需要了解其最小的成分。"

> 海森伯憎恨年轻时代周围世界的喧闹与躁动，他希望能回到"普鲁士时代，那时人们的生活原则是：个人抱负要服从国家事业，人们生活简朴、正直廉洁、英勇无畏、克己守时"。但海森伯的不确定性原理却无可否认地改变了人们的世界观。也许是海森伯生活的动荡年代将他带上了一条革命的科学道路，却非政治道路。无论是怎样一种状况，我还是觉得多少有点好笑，不确定性原理的作者竟是有着这样一种矛盾性格的人。

不确定性原理告诉我们，某些成对的物理量不可能同时被准确测量到。这与经典物理学截然不同，经典物理学认为，至少在理论上，只要你愿意，就可以准确地测量一个物理系统的所有特征，如位置和动量。

对这些特定的物理量，先测量哪一个，是至关重要的。例如，如果你先测量位置，然后再测量动量（这个量既给出了速度也给出了方向），得到的结果会和你先测量动量再测位置是不同的。而在经典物理学中不会有这样的情形。当然，我们习惯的情形也都不会这样。只有在量子力学里，测量顺序才会对结果有影响。而且，根据不确定性原理，对测量顺序会产生影响的两个量的不确定性相乘总会大于一个基本常数，即普朗克常数 h，它的值是 6.582×10^{-25} GeV 秒。❶**如果你执意要非常准确地知道位置，那么你就不可能同样准确地知道动量，反之亦然。**无论你的测量工具有多精密，也无论你尝试过多少次，你永远不可能同时将两个量都进行精确的测量。

普朗克常数在不确定性原理中的出现，有着重大的意义，因为它是一个只在量子力学中出现的量。回想一下，根据量子力学，一个有着特定频率的粒子的能量等于普朗克常数乘以频率。如果经典力学统领世界，那么，普朗克常数的值等于零，而且根本不会有基本量子。但以真正的量子力学来描述世界，普朗克常数则是一个非零的固定值，而且这个数值告诉了我们不确定性的存在。

从理论上讲，任何单一的量都可以精确地被测量到。有时，物理学家用波函数坍缩来明确指出某种东西已被精确地测量，因而有确定的值。"坍缩"一词描绘的是波函数的形状，它不再扩展，而是在某一特定位置上有了一个非零的值，因为这以后测得其他值的概率是零。在这种情况下（一个量已被精确测量），不确定性原理告诉我们，在测量了一个量之后，对不确定性原理中的另一个与之成对的量，你会一无所知。对另一个量的值，你的不确定性是无限的。当然，如果你先测量第二个量，那么第一个量就是你事先所不知道的。无论哪种方式，对一个量你知道得越精确，另一个量的测量就必然越不精确。

----

❶ GeV 是一种能量单位，我很快就要讲到。

在本书中，我们不去探究不确定性原理的详细推导过程，但对其来源，我们还是简单了解一下，这些对后面的内容并非至关重要，所以，如果你不感兴趣，大可直接跳到下一部分。但也许，你对不确定性的基本推理，还想知道得更多一点。

在这一推导中，我们集中来看时间 - 能量不确定性，因为这个较容易理解和解释。时间 - 能量不确定性原理把能量（根据普朗克假设，也指频率）的不确定性与表征系统变化率的时间间隔联系起来了。也就是说，能量不确定性与表示系统变化的典型时间的乘积总会大于普朗克常数 h。

当你打开电灯听到附近收音机的静电噪声时，时间 - 能量的不确定性就出现了。打开开关，会引发各种频率的无线电波，这是因为通过电线的电量突然发生变化，因此能量（由此引起频率）也会发生很大变化，你的无线电由此把它当作静电干扰。

为理解不确定性原理的来源，我们来看另一个截然不同的例子：滴水的水龙头。❶ 我要说的是，要确定水龙头滴水的准确速度，你需要长时间的测量，这就非常类似于不确定性原理的断言。一个水龙头和流过的水量，涉及许多原子，这是一个非常复杂的系统，不可能显示出可观察的量子力学作用，因为它们已被经典过程所淹没。但有一点是不变的，即越是要精确地测量频率，就需要越长的时间来测量，而这正是不确定性原理的核心。因为在一个精心设计的量子力学系统里，能量和频率是互相关联的，因此量子力学的一个系统会将这种相互依赖的关系再延伸一下。这样，频率不确定性与测量时间的长短（就如我们马上就要看到的）之间的关系，就转化为能量和时间之间的不确定性关系。

----

❶ 在这一例子里，我们假设水龙头滴水是不规律的。真正的水龙头并不一定这样。

假设水的滴落速度是大约每秒1次。如果你的秒表精确度是1秒，即你至多会让它在1秒内停下，那你测得的速率会怎样？如果你等上1秒钟，看到落下1滴水，你就会认为可以由此得出结论：水龙头的滴水速度是每秒1次。但如果你的秒表只能在1秒内停下，你的观察就不能明确地告诉你，测量水龙头滴水花了多长时间。如果你的秒表滴答了1下，那么，时间有可能是稍稍多于1秒，甚至也有可能是接近2秒，那么在1秒和2秒之间，水龙头滴水的准确时间究竟是几秒呢？如果没有更为精确的秒表或是更长的测量时间，你就找不到更为满意的答案。用这个秒表测量，你只能得出这样的结论：水的滴落速度可能介于1秒1次或者2秒1次之间。如果你说水的滴落速度是每秒1次，那么从根本来讲，测量误差可能会达到100%。也就是说，你只有两种可能，要么对，要么错，你出错的可能是一半对一半。

但是，假设在做这一测量时，你等了10秒钟，那么在秒表滴答了10次之后，测得水滴了10次。用这只精确度只有1秒的表，你只能推测出10滴水滴落所花的时间大约在10~11秒之间。你的测量仍旧是水的滴落速度：大约是每秒1次，而这次的误差就只有10%了，因为你等了10秒钟，测量的频率达到1/10秒之内。注意，你测量所花的时间（10秒）与频率的不确定性（10%或0.1）的乘积大约是1。再注意，在上一例里，你的频率测量误差可能更大（100%），但是所花时间更短（1秒），频率的不确定性与测量所花时间的乘积，大约也是1。

你可以沿着这一思路继续下去：如果要进行100秒的测量，那么，所测得的滴水频率可能精确到1/100；如果测量水的滴落长达1 000秒，那么测量的频率可能精确至1/1 000。在所有这些情况中，测量的时间间隔与测量频率的精确度的乘积总是1。❶

----

❶ 在此，我就不再推算这一数字了。

时间 - 能量不确定性原理的核心在于，越想测得更为准确的频率，所需花费的时间就越长。要使频率的测量越来越精确，就必须测量更长的时间。时间与频率的不确定性乘积大约总是 1。[1]

现在让我们完成这一简单的不确定性原理的推导，如果你有一个足够简单的量子力学系统，如一个光子，它的能量就等于普朗克常数 h 乘以频率。对这样一个物体，你测量能量的时间间隔与所测得的能量的误差的乘积总会超过 h。只要你愿意，可以尽可能准确地测量能量，但这个实验就相应需要更长的时间。这就是与我们刚才所推导的同样的不确定性原理，唯一不同的就是多转了一道弯，增加了能量与频率的量子关系。

两个重要的能量值及其在不确定性原理下的意义

至此，我们已基本完成了量子力学基本内容的介绍。在这一节及下一节，我们将回顾量子力学的另外两个元素，在以后的章节中，我们会用到它们。

在这一节中，我们会讲述不确定性原理与狭义相对论的一个重要应用，不会再涉及任何新的物理原理。它探讨了两个重要能量与具有那些能量的粒子所敏感的物理过程的最小尺度之间的关系——粒子物理学家一直在用这些关系。后面一节介绍自旋、玻色子和费米子，这些概念还会出现在下一章有关粒子物理的标准模型里，而且，在后面我们探讨超对称时也会出现。

根据位置与动量的不确定性原理，位置与动量的不确定性乘

---

[1] 以上推理并不能完全真实地解释真正的不确定性原理，因为你永远无法确定，在测量的这一有限的时间段内，测到的就是真正的频率。难道水会永远这么滴下去吗？还是只有在测量的这段时间内在滴？尽管这很微妙，有点难以表现，但即便用一个更为精确的秒表，也永远都不可能做得更好，超过真正的不确定性原理。

积必然会超过普朗克常数。它告诉我们，任何东西——无论一束光、一个粒子或任何其他物质，或所能想象的任何系统，只要它对发生在小尺度的物理过程敏感，就必然涉及大范围的动量（因为动量必然是极不确定的），尤其是，所有对这些物理过程敏感的物体，一定包含极高的动量。根据狭义相对论，动量高，能量就高。这两个事实结合在一起就告诉我们，探索小距离尺度的唯一方式就是使用高能量。

另一种解释是，我们需要高能量来探索小距离，是因为只有波函数在很小范围内变化的粒子才会受小距离物理过程的影响。就如维米尔（Vermeer）不可能用一个 5 厘米宽的画笔完成他的作品，而你用模糊的视力不可能看到精妙的细节一样，如果粒子的波函数不是只在很小的范围内变化，它们也不可能对小距离内的物理过程产生反应。但根据德布罗意的观点，粒子的波函数涉及的波长很小，它的动量就很大，粒子 - 波的波长与其动量成反比。因此，根据德布罗意的观点，我们也可以得出这样的结论：要敏锐地测知小距离物理，就需要高动量，因而也需要高能量。

这对粒子物理学有着极为重要的意义，只有高能粒子才能感知小距离物理过程的作用。我用两个具体例子来说明那些能量会有多高。

粒子物理学家通常用电子伏的倍数来表示能量，我们将电子伏缩写为 eV，就念它的字母音。1 电子伏是克服一个电位能差移动一个电子所需要的能量，就好比是由一个 1 伏的很弱的电池所提供的能量。我在文中还会用到与它相关的单位：吉电子伏或 GeV 和太电子伏或 TeV，1 GeV 等于 10 亿 eV；1 TeV 等于 1 万亿 eV（或 1 000 GeV）。

粒子物理学家还发现，用这些单位不仅可以测量能量，也可以用来表示质量。这是因为，狭义相对论通过光速将质量、动量、能量联系了起来，而光速是一个常量 c=299 792 458 米 / 秒，因此，我们可以用光速将能量转换为质量或动量。例如，爱因斯坦著名的公式是 $E=mc^2$，这意味着与一个特定的能量相关的是一个既定的质量。因为所有人都知道转换的系数是 c^2，我们就可以把它包括在内，用 eV 来表示质量，这样一来，质子的质量用这一单位表示就是 10 亿 eV，即 1 GeV。

这种转换就好比我们常在日常生活中告诉别人"火车站离这有 10 分钟的路"一样，我们心里假设了一个特定的转换系数。 如果是步行 10 分钟，这个距离有可能是 1 公里；如果是以高速路上开车的速度，那 10 分钟的路程有可能是 16 公里。你和你的对话人之间会有一个公认的转换系数。

这些狭义相对论关系，连同不确定性原理，就确定了带有特定能量或质量的一个波或粒子所能经历和探测的物理过程的最小空间范围。现在，我们就将这些关系应用到粒子物理学中两个非常重要的能量上。在以后的章节里，它们会常常出现（见图 6-7）。

图 6-7

粒子物理学中一些重要的长度和能量标度。更大的能量（根据狭义相对论和不确定性原理）对应的是更短的距离——一个更为活跃的波对于发生在更小距离上的相互作用很敏感。引力作用与普朗克能量成反比，普朗克能量很大则意味着引力作用很微弱；弱力级能量（通过 $E=mc^2$）确立了弱力规范玻色子质量的范围。弱力长度是指弱力规范玻色子传递弱力的距离范围。

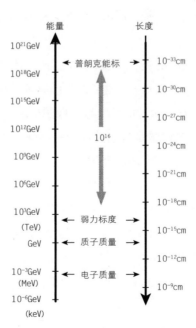

第一个能量称作弱力能标，是 250 GeV。这一能量的物理过程确定了弱力和基本粒子的主要性质，更重要的是确定了基本粒子是如何获得质量的。物理学家（包括我自己）都期望我们在探索这一能量时能发现一些新的、由未知物理理论所预言的作用，并能更多地了解物质的基本结构。幸运的是，实验很快就会探索到弱力能标，而且应该很快就能告诉我们想知道的。

有时，我也会用弱力质量，它通过光速与弱力能标相联。以更为传统的质量单位表示，弱力质量标度是 10^{-21} 克，但就如我刚才解释的，粒子物理学家共同认可用 GeV 来表示质量。

与之相应的弱力长度是 10^{-16} 厘米，或一亿亿分之一厘米，这就是弱力的范围，即粒子能相互影响的最大距离。

因为不确定性告诉我们，探知小距离必须用高能量，弱力长度也就是能量为 250 GeV 的粒子所能探知的最小长度，这是物理过程所能影响的最小范围。如果想以这一能量探测更小的距离，那么距离不确定性必须小于 10^{-16} 厘米，而这将打破距离 - 动量的不确定性关系。

现如今正在使用的费米实验室加速器和在日内瓦 CERN 建成的 LHC 要探索的就是直达这一尺度的物理过程，我将讨论的许多模型都将在这一能量水平产生可见的结果。

第二个重要的能量是普朗克能标——M_{Pl}，即 10^{19}GeV。这一能量对所有引力理论都非常重要，例如，牛顿引力定律的引力常数与普朗克能标的平方成反比。两个质量之间的引力作用很小，是因为普朗克能标很大。而且，普朗克能标是经典引力理论所能适用的最大能量。超出普朗克能标，重要的就是量子引力理论，它将量子力学和引力统一在一起。在后面的章节，当我们谈到弦理论的时候，会看到在旧的弦理论模型里，弦的张力很可能取决于普朗克能标。

量子力学和不确定性原理告诉我们，当粒子达到这一能量时，它们就能探知在微小如普朗克长度❶的物理过程，这个微小长度只有 10^{-33} 厘米。这是一个极端微小的距离，远小于我们能测得的任何长度。但要描述发生在这样微小尺度的物理过程，就需要量子引力理论，而这一理论可能就是弦理论。因此，普朗克长度与普朗克能标都将在后面的章节反复出现。

玻色子和费米子

量子力学在粒子世界做了一个重要的划分，所有粒子被分为玻色子和费米子。这些粒子可以是基本粒子，如电子和夸克；也可以是复合体，如质子或原子核。任何粒子要么是玻色子，要么是费米子。

一个粒子究竟是属于玻色子还是费米子要取决于它们的内禀自旋，这一名称会让人产生联想，但粒子的"旋转"与实际的空间运动并无联系。如果一个粒子有自旋，是指它们的内部作用就像是在旋转，尽管实际并非如此。

例如，电子和电磁场的相互作用依赖于电子的经典旋转——它在空间的实际自转，但这种相互作用还依赖于电子的自旋。经典的旋转是由现实空间里的实际活动❷引起的，而自旋则不同，它是一个粒子的属性：是固定的，而且有着不变的、特定的值。例如，光子是一个玻色子，它的自旋是 1，这就是光子的属性，就如同光子以光速行进一样，是一个基本事实。

在量子力学里，自旋也被量子化。量子自旋值可以是 0（即没有自旋），也可以是 1 或 2，或其他任何整数的自旋，我称它

---

❶ 这与前面章节里提到的普朗克长度是同一个量。
❷ 有一定物理基础的人就会知道，它是指轨道倾斜动量。

们是自旋 -0, 自旋 -1, 自旋 -2, 如此等等。玻色子的命名是为了纪念印度物理学家萨地扬德拉·玻色(Satyendra Nath Bose), 被称作玻色子的粒子都是整数自旋——量子力学的自旋与自转无关, 玻色子的自旋可以是 0、1、2 等。

费米子自旋的量子化是量子力学出现之前人们无论如何都想象不到的。费米子得名于意大利物理学家恩里科·费米(Enrico Fermi), 它的自旋是半整数, 即 1/2 或 3/2。一个自旋为 1 的粒子转一圈才能回到原来的结构, 而自旋为 1/2 的粒子旋转两圈才能回到原来的结构。尽管费米子自旋为半整数倍令人感到奇怪, 但质子、中子和电子等都是自旋为 1/2 的费米子。**从根本上讲, 所有我们熟悉的物质都是由自旋为 1/2 的粒子构成的。**

大多数基本粒子都是费米子, 这一性质决定了我们周围物质的许多属性。尤其是泡利不相容原理, 它阐明了两个同一类型的费米子永远不会出现在同一位置。正是这一不相容原理, 形成了原子化学结构的理论基础。因为有着相同自旋的电子不可能出现在同一位置, 它们必须占据不同的轨道。

正因如此, 我才以一座有着不同楼层的建筑来做比喻。根据泡利不相容原理, 不同楼层代表许多电子在围绕原子核旋转时, 电子所占据的不同的量子化电子轨道。**正因为这一原理, 你才不会将手插进桌子, 也不会掉进地球中心。桌子和你的手都有着坚实的物质结构, 是因为不相容原理使物质形成了它们各自的原子、分子和晶体结构。**你手上的电子与桌子的电子是相同的, 所以当手拍击桌子时, 电子无处可去, 两种相同的费米子不可能同时出现在同一位置上, 因此物质才不会坍缩。

而玻色子的表现与费米子恰恰相反, 它们会出现在同一位置上。玻色子就像鳄鱼——喜欢一个摞一个地叠在一起。如果你向本来就有光的地方再射去一束光, 它的表现可完全不同于你空手拍桌子。光是由玻色子——光子构成的, 光与光可以互相渗透,

费米子

大多数基本粒子都是费米子, 这一性质决定了我们周围物质的许多属性。尤其是泡利不相容原理, 它阐明了两个同一类型的费米子永远不会出现在同一位置。正是这一不相容原理, 形成了原子化学结构的理论基础。因为有着相同自旋的电子不可能出现在同一位置, 它们必须占据不同的轨道。

两束光完全可以射向同一位置。事实上，激光所依赖的事实正在于此：玻色子可以占据同一领地，因此允许激光生成强烈的、协调一致的光束。超流体和超导体也都是由玻色子组成的。

玻色子属性的一个极端例子是玻色 - 爱因斯坦凝聚：**许多相同的粒子表现得像一个粒子一样——这是费米子永远无法做到的（它们不能出现在相同位置上）**。玻色 - 爱因斯坦凝聚的实现，正是因为组成它们的玻色子不同于费米子，可以具备完全相同的性质。2001 年，埃里克·康奈尔（Eric Cornell）、沃尔夫冈·克特勒（Wolfgang Ketterle）和卡尔·韦曼（Carl Wieman）因为发现玻色 - 爱因斯坦凝聚而获得诺贝尔物理学奖。

在之后的章节，我将不再讨论费米子和玻色子行为的具体性质。我会用到的唯一内容是，基本粒子有其内禀自旋，可以表现为向一个或另一方向旋转；而且，所有粒子的特征都可以刻画为费米子或玻色子。

- 量子力学告诉我们，物质和光由一些离散的单位"量子"组成。例如，光看上去是连续的，但实际是由被称作光子的离散量子组成的。量子是粒子物理学的基础。粒子物理学的标准模型解释了已知的物质和力，它告诉我们，所有物质和力归根到底都可以用粒子和它们的相互作用来解释。

- 量子力学还告诉我们，任何粒子都有一个相关的波，即粒子的波函数。这个波的平方就是在某个特定位置找到一个粒子的概率，为了方便起见，我称它为概率波，即波函数的平方，概率波的值会直接给出概率。当我们后面探讨引力子的时候，会出现这样的波，引力子即传递引力的粒子；当我们探讨卡鲁扎 - 克莱因模式时，概率波同样很重要，卡鲁扎 - 克莱因模式是沿着额外维度，即在垂直于常见维度的方向上具有动量的粒子。

- 量子力学与经典力学的一个显著差别在于：量子力学告诉我们不可能确定一个粒子的路线——你永远无法知道一个粒子从起点到终点的确切路径。这告诉我们,在粒子传递力时,我们必须将它可能采取的所有路径都考虑在内。因为量子路径可能包括所有互相作用的粒子,因此,量子力学作用可能影响质量和相互作用的强度。

- 量子力学将所有的粒子分为玻色子和费米子。两种不同类型粒子的存在是标准模型结构的关键,对标准模型的延伸超对称也至关重要。量子力学的不确定性原理以及其狭义相对论的关系告诉我们,我们可以用物理常数将粒子的质量、能量和动量,与具有那个能量的粒子所能经历的力或相互作用的最小区域尺度联系起来。

- 两种最常用的关系包括两种能量,即弱力能标和普朗克能标。弱力能标是250 GeV(吉电子伏),而普朗克能标要大得多——1 000亿亿 GeV。只有在小于 10^{-17} 厘米范围之内,力才会对一个携有弱力能标的粒子产生可测量的影响。这一长度范围非常微小,但对原子核的物理过程和粒子获得质量的构造是非常重要的。

- 尽管弱力长度已经非常微小,但普朗克长度还要远远小于它,只有 10^{-33} 厘米,这是力对携有普朗克能量的粒子能够影响的区域范围。普朗克能标决定了引力的强度,粒子必须具备这一能量,引力才会成为强力。

WARPED

第三部分

探秘基本粒子物理

PASSAGES

UNRAVELING THE MYSTERIES OF THE UNIVERSE'S HIDDEN DIMENSIONS

物质的已知最基本结构
WARPED PASSAGES

你从不孤单，你从不会被疏远！即便你独自守候，只要呼唤陪伴，必有人到你身边誓死保护你！……当了"喷气机"，你就永远是"喷气机"！

里夫 《西区故事》

豌豆公主的秘密

在所有故事里，最让阿西娜感到迷惑的是安徒生的《豌豆公主》。

故事讲的是一位王子欲寻觅一位真正的公主结婚，却一直没有找到。在徒然地寻找了几个星期后，有一天，在暴风雨中，碰巧有位公主路过王宫，请求躲避风雨。由此，不知不觉中，这位狼狈的公主就成了王后验证真正公主的试验对象。

王后准备了一张床，上面铺了无数层床垫，然后又铺了无数层羽绒被。在这厚厚的床垫和被褥底下，她放了一粒小小的豌豆。当晚，她把这位公主请进了这一精心准备的客房。次日一早，这位公主（她最终证明自己是真正的公主）抱怨，昨晚一夜都没合眼。整个晚上，她在床上翻来覆去，发现身上被硌得青一块紫一块——之所以这么不舒服，全都是因为那粒豌豆！王后和王子这回相信，这位公主有真正的王室血统，别人又怎么可能如此娇嫩呢？

阿西娜把这个故事寻思了一遍又一遍。她觉得，如果一个人只是安安静静地躺在床上，即便像公主那般娇嫩、敏感，要发现厚厚床垫下的一粒豌豆也未免实在太离谱了。经过好几天的琢磨，阿西娜终于想出一个说得通的解释，她立即跑去告诉哥哥艾克。

通常的看法是，公主证明自己是真正的王室血统，是因为她的皮肤娇嫩，能够敏感地察觉到哪怕是埋在厚厚的床垫和被褥下的那粒小小的豌豆。但阿西娜不相信，提出了另外的解释。

阿西娜的解释是：王后走后，留下公主一个人在房间里。这下子，公主可撒了欢儿，她抛开平日的高贵矜持，什么礼仪，什么端庄，统统让位于活泼好动的孩子天性。公主一个人在屋子里，床上床下地跑啊、跳啊，可算闹了个够。终于把自己折腾累了，她想睡觉了。她一个高蹦上床，然后又"嗵"地倒了下去，这么一来，那床垫被压得厉害，下面的豌豆便突起来，一下子把公主身上硌得青一块紫一块。阿西娜觉得这公主还是蛮令人佩服的，可更让她满意的，是自己对这个故事的新阐释。

在原子里发现亚结构，就如同公主发现豌豆一样，是一项非凡的成就。被称作"夸克"的粒子，是质子的组成成分，它在质子里所占的体积与质子相比，就如同一粒豌豆在厚厚的床垫下一样。一个 1 立方厘米的豌豆在一个 2 米 × 1 米 × 1/2 米的床垫里所占的比例是床垫体积的一百万分之一，夸克在质子里所占的比例与此没什么差别；而物理学家发现夸克的方式与阿西娜设计的公主活泼好动的发现方式也有些类似。**安安静静的公主怎么也不可能发现被层层盖住的豌豆。同样地，如果不是将高能量粒子打进质子去探索它的内部，物理学家怎么也不会发现夸克。**

在这一章里，你可以像公主一样纵情跳跃，跳进粒子物理学的标准模型里。标准模型是描述物质的已知基本成分以及它们之间相互作用力的理论，❶它是一项辉煌的成就，展现了许多令人称奇、令人兴奋的成果。你不必记住所有细节，因为后面讲到它们时，我会重提所有这些粒子的名称或它们相互作用的性质，但标准模型是我很快将讲到的许多离奇的、额外维度理论的基础，而且，随着你对这些激动人心的最新成果的了解，会加深你对标准模型及其主要观点的认知，且让你对物质的基本结构以及当今物理学家思考世界的方式产生更深入的了解。

电子与无处不在的电磁场

列宁在他的哲学著作《唯物主义和经验批判主义》里用了一个有关电子的比喻，他说"电子是不可穷尽的"，这里指我们用以解释它的那些层出不穷的理论观点。事实上，自从量子力学改变了我们的观点之后，我们对电子的理解如今已与20世纪初大为不同。

可是，从物理意义上来讲，与列宁的话正好相反：电子是可以穷尽的。**就目前的发现，电子是基本的、不可再分的。电子，因为不存在"不可穷尽的"结构，对粒子物理学家来说，是标准模型里最容易描述的粒子。电子是稳定的，又没有更小的组成成**

---

❶ 尽管被称作"标准模型"，但习惯中存在歧义：有人将假想的希格斯粒子也包括在内，但这里指的只是那些已知粒子，这是我所遵循的惯例。在第10章我们将探讨希格斯粒子。

分，因此，我们只要列出它的几个属性，包括质量和电荷，就可以完整地描述它的特点。电子会向电池的正极流动；移动的电子还会对磁力作出回应：电子在穿过磁场时，路径会发生弯曲。这两个现象都是电子带负电荷的结果，它使电子对电和磁产生回应。

19 世纪以前，人们以为电和磁是两种互不相干的力，但在 1819 年，丹麦物理学家、哲学家汉斯·奥斯泰德（Hans Oersted）发现，移动的电流会产生磁场。由这一发现，他推想描述电和磁应该有一个统一的理论：它们一定是一枚硬币的两面。指南针会对闪电作出反应，这就印证了奥斯泰德的结论。

如今我们还在使用的经典电磁场理论创立于 19 世纪，它所立足的观察是：电和磁是相互联系的。"场"的观念对此理论至关重要，物理学家将弥漫于空间的量称为"场"，例如，引力场在任一点的值表示那一点引力的作用有多大。任何类型的场都是这样：场在任一位置的值，都表示场在那里的强度。

19 世纪后半叶，英国化学家、物理学家迈克尔·法拉第提出了电磁场的概念。由于家境贫寒，他 14 岁就不得不辍学，但他却能作出这番具有革命性影响的物理研究，不能不令人称奇。那时他是一名订书匠学徒，他的师傅鼓励他读那些书并教育他，这无论对他还是对物理学史，都可谓幸事。

> 法拉第的观点是：电荷会在空间的所有地方形成电磁场，而电磁场又反过来作用于其他物体，无论这些物体在哪儿。但电磁场对带电物体的作用强度要依赖于它们的位置。场的值越大，其作用越强；值越小，则作用越弱。

把铁屑撒向磁铁周围，你就会看到磁场存在的证据：这些微粒会根据磁场的强度和方向自行排列。把两块磁铁靠近，你也能感觉到磁场的存在，在它们触碰之前，你就能感觉到它们的相互吸引或相互排斥。每块磁铁都会对弥漫于它们周围的场产生回应。

有一天，就在我即将结束攀岩时，我深刻体会到了电磁场的无处不在。当时，我和一个同伴正在科罗拉多靠近博尔德的一个山脊上，同伴是攀岩新手，却有着丰富的徒步旅行经验。一场电子风暴正悄然临近！因为不想让他紧张，我只是催促他动作快点，并没有告诉他绳子就要断裂，而那一刻他的头发也竖了起来。等安全到达山下后，我们愉快地回顾这次历险：这是一次难忘的攀登经历，总的来说非常幸运。同伴告诉我说，他当然知道我们当时所处的险境，因为我的头发也明显地竖了起来。电磁场不只存在于一个地方——就在我们的周围，它无处不在。

19世纪以前，还没有人以场的形式描述过电磁，人们习惯性地将这种力描述成超距作用。在上中学的时候，你可能学到过这种表达方式，它描绘了一个带电物体怎样对另一带电物体立即产生吸引或排斥，无论它在何处。这看起来似乎并不神秘，因为我们早就习以为常。**可一个地方的东西会立即影响远处的另一个东西，这应该是非常奇特的，那这种作用是怎么传递的呢？**

场和超距作用虽然听起来只是语义上的差别，但实际上是两个极为不同的概念。根据电磁场的解释，一个电荷对空间的其他区域不会立即产生影响，场需要时间来调整。一个移动的电荷会在周围形成一个场，然后（但会很快地）渗透到空间中去，只有在光（由电磁场形成）经过一定时间抵达后，物体才会感受到远处电荷的活动。因此，电磁场的变化不会超过光速。在空间任一点，只有当远处的电荷经过一定时间到达那一点后，场才能作出回应。

尽管法拉第的电磁场观点非常重要，但其意义还仅停留在启示作用上，没有很大的数学意义。也许是因为他所受的教育有限，数学并不是法拉第的强项。而另一位英国物理学家，詹姆斯·克拉克·麦克斯韦则融合了法拉第的观点创立了经典电磁场理论。麦克斯韦是一位杰出的科学家，他兴趣广泛：光与色、椭圆数学、热动力学、土星环、用蜜糖罐测量纬度以及猫头朝下坠落怎样做到四脚落地，同时还保持其斜向冲势的问题❶等都在他的涉猎范围之内。

麦克斯韦对物理学最大的贡献是描述了电磁场的方程组，运用这一方程组可以从电荷和电流的分布推导出电磁场的值。❷由此，他推想到电磁波的存在，**这些电磁波可以是各种各样的电磁辐射，如电脑、电视、微波炉以及现代的许多便利设备都会产生电磁辐射**。但麦克斯韦犯了一个错误，他与其他同时代的物理学家一样，把场的观点太过物质化了，以为场是由以太的振动产生的——正如我们看到的，爱因斯坦否定了这一观点。但爱因斯坦还是将狭义相对论的起源归功于麦克斯韦：麦克斯韦的电磁场理论使他想到光速是不变的，由此引出了他的不朽之作。

光子，力的传递者

麦克斯韦的经典电磁场理论作出了许多成功的预言，但由于

---

❶ 猫没有锁骨、脊柱灵活、容易弯曲。因此可以将身体团成一团，以保持其斜向的冲势。事实上，对此，人们至今仍在研究。

❷ 理查德·费曼（Richard Feynman）说过："从人类历史的长远角度来看，比如，从现在算起到1万年以后，19世纪最为重要的事件毫无疑问是麦克斯韦电动力定律的发现。"

光子

量子电磁场理论将电磁力归因于被称作光子的粒子交换，光子就是我们上一章讨论的光的量子。其运作方式是，一个电子发出一个光子，光子再传向另一电子，将电磁力传递给它后消失。通过它们的交换，光子就传递了一个力。

它的出现要早于量子力学，因此，它并没有包括量子作用。如今，物理学家以粒子物理学来研究电磁场力，粒子物理学的电磁场理论，除了包括麦克斯韦久经研究和验证的经典理论预言之外，还兼容了量子力学的预言。因此，相比经典电磁学，它是一个更为全面、更为精确的电磁场理论。事实上，电磁场的量子理论作出了精确的预言，经验证，其精确度令人难以置信地达到了一百万分之一。❶

量子电磁场理论将电磁力归因于被称作光子的粒子交换，光子就是我们上一章讨论的光的量子。其运作方式是，一个电子发出一个光子，光子再传向另一电子，将电磁力传递给它后消失。通过它们的交换，光子就传递了一个力。这就好像是一封秘函，将信息从一地传递到另一地后，就立即被销毁了。

我们知道电磁力有时相吸，有时相斥：当携带异性电荷的物体相互作用时，它们相吸；当携带同性电荷，无论是同正还是同负时，都相斥。你可以把光子传递一种相斥的力看作两个冰球运动员在来回地传递一个球：运动员每次接到球后，会迅速带球从另一队员身边滑开，穿过冰场；而相吸的力，则更像是两个新手在抛飞盘。两个滑冰运动员会越离越远；而初学抛飞盘的两个人，则会越靠越近。

光子是我们将遇到的第一种规范玻色子。**规范玻色子是一种基本粒子，它的任务就是传递某种特定的力。**"规范"（gauge）一词听上去挺吓人，19 世纪末物理学家选用它，是因为它指的是两条路轨间的标准距离，而这比较切合物理情境。100 年前，这个词远比现在常用。弱力玻色子和胶子是规范玻色子的另外两个例子，它们分别传递弱作用力和强作用力。

20 世纪 20 年代末至 40 年代期间，英国物理学家保尔·狄拉

---

❶ 这是对一个称为电子异常磁矩的量测量而得出的。

克（Paul Dirac）与美国物理学家理查德·费曼和朱利安·施温格（Julian Schwinger），以及朝永振一郎（Sin-Itiro Tomonaga）发展了光子的量子力学理论，他们称这一新发展的量子理论分支为量子电动力学（QED）。量子电动力学包括了经典电磁理论的所有预言以及物理过程中的粒子（量子）作用，即由交换或生成量子化粒子所引起的相互作用。

QED 预言了光子的交换将怎样产生电磁力，例如，图 7-1 示例的过程：两个电子进入相互作用区域，交换一个光子，然后受其所传递的电磁场力的影响，最终出现在其他路线（如运动速度和方向）。

场理论为图示里的每一部分都标定了数值，这样我们就能用它作出量子预言。这幅图就是费曼图的一个例子，费曼图以图画的形式描述了量子场论的相互作用（这些图以理查德·费曼的名字命名，费曼也为自己的创意感到自豪，他甚至在自己的小房车上都涂上了这些图标）。

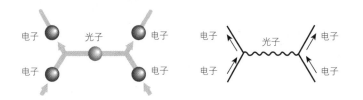

图 7-1

费曼图例。右边的费曼图有多种释义，其中一个如左图所显示（由下往上看），两个电子进入作用区域，交换一个光子，然后两个电子离开。这一图示还可以解释为电子 - 正电子湮灭。

但是，并非所有 QED 过程中的光子都会湮灭。除了一些虚幻的介子或是内部粒子❶之外，如那些引起电磁作用，然后瞬间湮灭的光子，还有一些真正的、外来的光子。它们是进入作用区域，然后离开的粒子。这些粒子有时会产生路线偏移，有时会转化为其他粒子。无论是哪种情形，这些进入或离开的粒子都是真实的物理粒子。

----

❶ 在第 11 章里，我们会看到，它们还被称作虚粒子。

量子场论

量子场论

量子场论是我们研究粒子的工具，它的基础便是能够产生或毁灭这些粒子的永恒的、无处不在的对象。这些对象即量子场论的"场"，这个名字受到了电磁场的启发。与经典的电磁场类似，量子场也遍布于时空。但量子场却发挥着不同的作用，它们会产生或吸收基本粒子。根据量子场论，粒子可以在任何地点、任何时间产生和毁灭。

量子场论是我们研究粒子的工具 **❶**，它的基础便是能够产生或毁灭这些粒子的永恒的、无处不在的对象。这些对象即量子场论的"场"，这个名字受到了电磁场的启发。与经典的电磁场类似，量子场也遍布于时空。但量子场却发挥着不同的作用，它们会产生或吸收基本粒子。根据量子场论，粒子可以在任何地点、任何时间产生和毁灭。

例如，一个电子或光子可以在空间中任何地方出现或消失。通过粒子的产生与毁灭，量子过程允许宇宙的带电粒子数量发生变化，每一个粒子的产生与毁灭都有其特定的场。在量子场论中，不仅电磁力，其他所有力和相互作用都是以场来描述的。场能产生新粒子，也能让已存在的粒子消失。

根据量子场论，粒子可被想象成量子场的激发态。一个没有任何粒子的状态是真空，它所含的场是不变的；而有粒子存在的状态所包含的场会发生相应的隆起和弯曲：场得到一个隆起就产生一个粒子；当它将这隆起吸收，场再归于稳定，粒子便被摧毁了。

产生电子和光子的场必须是无处不在的，这样才能保证在时空中的任一点，所有的相互作用都会发生。这一点很重要，因为相互作用只发生在局部，也就是说，只有同一地点的粒子才有可能参与相互作用。超距作用更像是天方夜谭，粒子没有超感觉（ESP）——它们必须通过直接接触才能发生相互作用。

当然，电磁场里的相互作用发生在并非直接接触的远距离粒子之间，但这是因为有能与相互作用的带电粒子直接接触的光子或其他粒子的帮助。在这种情况下，电荷看似立即对彼此

---

❶ QED 就是将量子场论应用于电磁场。

产生了影响，这只是因为光速非常快。实际上，相互作用只发生在局部过程中。光子先是遇到一个带电粒子，然后再遇到另外一个。因此，就在带电粒子的那一确切位置，场生成，并毁灭了光子。

反粒子与正电子，从科幻进入现实

量子场论还告诉我们，每一个粒子都必然存在一个与它相反的对应物，称作反粒子。汤姆·斯托帕德（Tom Stoppard）在他的剧作《谍变》（*Hapgood*）中这样描述反粒子："当一个粒子遇到它的反粒子时，它们会彼此消融，会转化成能量爆炸，这你能理解。"**所有的科幻迷都知道反粒子——它们是用来制造毁灭宇宙武器的东西，也是电影《星际迷航》中"进取"号航空母舰的驱动力。**

这几种应用都是虚构的，但反粒子并非虚构。反粒子是粒子物理世界观里的真实组成部分。在场论与标准模型里，它们同粒子一样重要。实际上，反粒子就和粒子一样，只不过是具有相反的电荷。

保尔·狄拉克在创立量子场论描述电子时，第一次遇到反粒子。他发现，与量子力学和狭义相对论都协调的量子场论必须包括反粒子。他并非刻意地将它们添加进来，在他纳入了狭义相对论时，理论就自然出现了。**反粒子是相对性量子场论的必然产物。**

为什么说反粒子会随狭义相对论出现，这里大致解释一下：带电粒子能在空间里前后移动，那么根据狭义相对论，我们就可能天真地以为，这些粒子在时间中也能够前后移动。但就我们所知，无论粒子还是我们知道的其他任何东西，都不能在时间里向

反粒子

量子场理论还告诉我们，每一个粒子都必然存在一个与它相反的对应物，称作反粒子。反粒子是粒子物理世界观里的真实组成部分。

后流动。事实是带相反电荷的反粒子取代了逆时间倒流的粒子。反粒子产生了倒流粒子所能产生的效应，这样，即便没有逆流，量子场论的预言也能与狭义相对论互相协调。

假想一部电影的播放是带负电荷的大量电子从一点流向另一点。现在，想象倒着放映这部电影，那么负电荷会向后流动，（就电荷来说）这就等于正电荷在向前流动。正电子（电子的带正电荷的反粒子）就形成一个向前流动的正电子流，它们的表现就像是逆时间倒流的电子。

量子场论告诉我们，如果存在任何一种类型的带电粒子，如电子，就必然存在一个对应的带相反电荷的反粒子。例如，电子的电荷是 –1，而正电子的电荷则是 +1。除了电荷之外，反粒子与这个电子完全一样。质子的电荷也是 +1，但质子要比电子重 2 000 倍，因此不可能成为它的反粒子。

正如斯托帕德说过的：当两者发生接触时，反粒子和粒子确实会互相消融，因为粒子与其反粒子的电荷相加总是为零。所以，当粒子遇上其反粒子时，它们会彼此湮灭。粒子和反粒子在一起，它们不带电荷，因此，我们由爱因斯坦的公式 $E=mc^2$ 可知，所有的质量都会转化为能量。

另一方面，如果有足够的能量，也可以让粒子与反粒子之间互相转换。在高能粒子加速器里，既可以毁灭粒子，也可以生成粒子。物理学家用粒子加速器来进行重粒子研究的实验，重粒子质量太大，在我们常见的物质里找不到。在对撞机里，粒子和反粒子相撞，彼此湮灭，由此会突发大量的能量，从而生成新的正反粒子对。

物质——尤其是原子，是由粒子而非反粒子构成的，因此，像正电子等反粒子，通常在自然界中并不存在。但在对撞机里，在宇宙的高温区域，甚至在医院里（人们用正电子发射断层扫描［PET］来发现癌症），它们都可以暂时生成。

格里·加布里埃尔斯（Gerry Gabrielse）是我在哈佛大学物理系的同事，他一直在杰弗逊实验室的地下室里制造反粒子。多亏格里及其他人的贡献，我们才精确地知道，尽管电荷相反，但反粒子确实和它们对应的粒子一样，有相同的质量和引力作用。只是反粒子很少，也不足以构成危害。科幻迷们尽可以放心，反粒子对建筑物的危害，远不及不断兴建新的实验楼和办公楼所带来的危害严重，因为这些建筑的兴建，总是伴随着大规模的环境破坏和噪声污染。

电子、正电子和光子是最简单、最容易得到的粒子，电磁力和电子成为物理学家最先理解的标准模型成分，并非出于偶然。但电子、正电子和光子不是仅有的粒子，而电磁力也不是仅有的力。

在图 4-3 和图 4-4 中，我列出了已知的粒子和除引力之外的力。❶ 图中未列出引力，是因为它与其他力有着本质的区别，必须区别对待。弱力和强力，尽管名字平凡，但其性质却非常有趣。后面两部分，我们就来看看它们究竟是怎样的。

弱力和中微子

尽管在日常生活中我们可能注意不到弱作用力，因为它们非常微弱，但在许多核过程中，它至关重要。许多形式的核衰变都要归因于弱力，比如钾 -40 的衰变（就在我们的地球上，它的衰变非常缓慢——平均大约要 100 万年，足以持续给地核供热）；事实上，中子本身的衰变也要归因于弱力，核过程改变了原子核的结构，而通过这些过程，原子核里的中子数发生变化，释放出大

弱力

尽管在日常生活中我们可能注意不到弱作用力，因为它们非常微弱，但在许多核过程中，它至关重要。许多形式的核衰变都要归因于弱力；事实上，中子本身的衰变也要归因于弱力，核过程改变了原子核的结构，而通过这些过程，原子核里的中子数发生变化，释放出大量能量，这些能量可以用于核武器或核弹，也可以用于其他目的。

----

❶ 在粒子物理学里，这意味着除引力之外的基本的力（即弱力、强力和电磁力）。

量能量，这些能量可以用于核武器或核弹，也可以用于其他目的。

弱力在重元素的生成中发挥了重要作用，重元素是在剧烈的超新星爆发时产生的。弱力与恒星（包括太阳）发光也有紧密的关系：它会激发连锁反应，使氢转化为氦。由弱力引发的核过程，有助于使宇宙组成不断演变。根据我们的核物理知识可以算出，大约 10% 的宇宙史前氢被用作了恒星的核燃料（令人高兴的是，剩下的 90% 保证了宇宙短期内无须依赖于外来能源）。

尽管弱力非常重要，但科学家意识到它的存在却是不久之前的事。1862 年，当时最受推崇的一位科学家威廉·汤姆逊（William Thomson，后来的开尔文爵士 ❶），因为不知道核过程是由弱力引起的（这很正常，因为那时弱力还未被发现），只是大致地估算了太阳和地球的年龄。汤姆逊的依据只有唯一的已知光源——白炽光，他推测太阳得到的能量使它的生命不可能超过 3 000 万年。

达尔文却不喜欢这一结果，通过估算位于英格兰南部的威尔德峡谷侵蚀形成所需要的年限，他得出的地球最小年龄更接近正确的结果。达尔文认为 3 亿年这个数字可能性更大，因为依据自然选择，地球才能有足够的时间出现如此大量的物种。

但所有人——包括达尔文自己，都以为汤姆逊是对的，因为他是那么一位负有盛名的物理学家。达尔文如此信赖汤姆逊的推导和声誉，以至于在他最新版的《物种起源》里，略掉了自己的估算时间。直到卢瑟福发现辐射的重要意义后 ❷，达尔文关于地

---

❶ 汤姆逊获得这一荣誉，并不仅仅是因为他在科学上的成就，还因为他反对爱尔兰的《国内法令》（*Home Rule*）。

❷ 卢瑟福提出了他的结果，但他知道这样做一定会引起与开尔文爵士的冲突。A.S. 伊夫（A.S.Eve）所著的《卢瑟福传记》里引用了这样一段："我进入房间，里面有些昏暗，但还是很快就发现开尔文爵士在听众席里。我知道在自己发言的最后，有关地球年龄的一部分必然会遇到麻烦，因为我的观点与他的相悖。令我宽慰的是，开尔文很快就睡着了，但当我讲到最重要的一部分时，我看到这老家伙站了起来，睁开眼睛，恶狠狠地瞪了我一眼！突然我灵感闪现，说道：'开尔文爵士将地球年龄说短了，是因为没有发现更新的证据。而他那一预言性的论断指的正是我们今晚要探讨的，镭！'看哪，那老家伙的目光几乎要将我烧死。"

球年龄的观点所遭受的质疑才得以澄清。不过，最终人们确定地球和太阳的年龄大约是45亿年，这远远地超过了汤姆逊和达尔文的估算。

20世纪60年代，美国物理学家谢尔登·格拉肖和斯蒂芬·温伯格（Steven Weinberg），以及巴基斯坦物理学家阿卜杜斯·萨拉姆（Abdus Salam），虽然都在独立地（且并非一定和谐地）工作，却共同创立了弱电统一理论。这一理论解释了弱力并提供了有关电磁力的新见解。❶

根据弱电统一理论，就像光子的交换传递电磁力一样，称作弱规范玻色子的粒子交换产生了弱力作用。弱规范玻色子有三种：带电的两种，W+和W-（W代表弱力，+号和-号是规范玻色子的电荷）；中性的一种，称作Z（因为其电荷为零）。

如光子的交换一样，弱规范玻色子的交换所产生的力也可以是相吸或相斥的，这取决于粒子的弱荷。弱荷在弱力中所发挥的作用，就如电荷在电磁力中所发挥的作用。只有携带弱荷的粒子才会经受弱力作用，而它们携带的特定弱荷会决定它们所经受的相互作用的强度和类型。

但是，在电磁力和弱力之间也有几处重要的差别，其中最令人吃惊的是弱力要区分左右，或者如物理学家所说的"宇称不守恒"定律（violates parity summetry）。**宇称不守恒定律意味着粒子与其镜像的表现互不相同。**20世纪50年代，美籍华裔物理学家杨振宁和李政道提出了宇称不守恒定律，1957年，该定律被另一位华裔物理学家吴健雄所验证。杨振宁和李政道获得了当年的诺贝尔物理学奖。可奇怪的是，吴健雄这位唯一在标准模型构建中作出贡献的女性，却没有因其重大发现而获得诺贝尔奖。

----

❶ 事实上，对弱相互作用的研究还要更早一些，并且人们已知太阳内部会出现核反应机制。但是，直到后来，人们才发现了它与弱力的联系。

有些宇称不守恒现象我们应该是熟悉的，例如，我们的心脏都在身体的左边。如果当初我们换种方式进化，让人的心脏长在右边，那我们也会像现在一样，认为所有的人体特征就应该是这样子的。心脏在左边还是右边，应该不会影响根本的生物进程。

1957 年，吴健雄进行了这一实验，但在这之前的许多年里，物理定律（尽管不一定是物理对象）"显然"不会有任何手征偏好，毕竟没有理由必须这样。当然，引力和电磁力以及许多其他的相互作用力都没有这种区别。可弱力，自然界里一种基本的力，却要区分左右。尽管令人惊讶，可弱力确实打破了宇称守恒定律。

一种力为什么会选择这种旋向而放弃另一种呢？答案就在费米子自旋里。就如要旋紧螺丝，你必须顺时针旋转而不能逆时针旋转一样，粒子也有它的旋向性，以表明其自旋方向（见图 7-2）。许多粒子，如电子和质子，会选择一种自旋方向：要么向左，要么向右。"手征"一词来源于希腊语的"cheir"，意思是"手"，在这它指的是两种可能的自旋方向。粒子可以是左旋的，也可以是右旋的。就像我们的指纹，有的向左旋，有的向右旋。

图 7-2

夸克和轻子可以是左旋的，也可以是右旋的。

弱力打破了宇称守恒定律，是因为它会以不同方式作用于左旋粒子和右旋粒子，只有左旋粒子才经受弱力。例如，左旋电子会经受弱力，而右旋的则不会。实验清晰地显示了这些——这就是世界运行的方式，但为什么会这样，却没有一个直观的、力学上的解释。

你能想象一种力只作用于你的左手而不作用于你的右手吗？

我所能说的就是，宇称不守恒定律虽然令人瞠目，却是久经验证的弱相互作用的属性，它是标准模型最引人入胜的特征之一。例如，中子衰变时出现的电子总是左旋的。弱相互作用打破了宇称性，因此，当我列出全部的基本粒子和作用于它们的力时（见图7-6），就需要分别列出左旋粒子和右旋粒子。

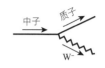

图 7-3

中子与弱规范玻色子相互作用图。与一个 W⁻ 规范玻色子的相互作用将一个中子转换成一个质子（中子里包含的下夸克转换成质子里的上夸克）。

虽然宇称不守恒似乎非常奇特，但它还不是弱力唯一的新奇属性。第二个同样重要的属性是：弱力能真正将一种粒子类型转化为另一种（却仍旧维持原来的电磁荷总量）。例如，当一个中子与一个弱规范玻色子相互作用时，就可能出现一个质子（见图7-3）。这与光子的相互作用完全不同，光子永远不会改变任何类型的带电粒子的净数量（即粒子数减去反粒子数），如电子数减去正电子数。为了对比，图7-4列举了一个光子与一个电子的相互作用，一个电子进入，而后变成另一个电子（同时附上了我们以前用过的简图）。一个带电弱规范玻色子与中子和质子的相互作用，使一个孤立的中子衰变成了一个完全不同的粒子。

图 7-4

光子 - 电子相互作用图。曲线指的是光子，如左边简图所示，电子进入，与光子相互作用，然后沿相互作用的顶点方向离开。

但是，因为中子与质子有着不同的质量，且携带着不同的电荷，所以为了维持电荷、能量和动量守恒，中子衰变成质子必须加上其他粒子。结果是，当中子衰变时，它不仅产生了一个质子，还产生了一个电子和一个中微子❶，这一过程叫作贝塔衰变（beta decay，见图7-5）。

----

❶ 实际上它是一个反中微子，但在此这并不重要。

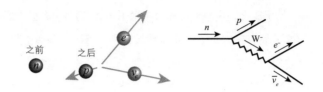

图 7-5

贝塔衰变。贝塔衰变中，一个中子通过弱力作用衰变成一个质子、一个电子和一个反中微子。右图为这一过程的费曼图：一个中子转化成一个质子和一个虚拟的 W⁻规范玻色子，W⁻规范玻色子接着转化成一个电子和一个反中微子。

第一次观察到贝塔衰变时，没人知道还有中微子，它只通过弱力相互作用，而不通过电磁力。粒子探测仪只能发现带电粒子或放出能量的粒子，因为中微子没有电荷且不会衰变，所以探测仪找不到它，也就没人知道它的存在。

但如果没有中微子，贝塔衰变似乎就不能维持能量守恒。**能量守恒是一个基本的物理定律，即能量既不会产生，也不会消亡——它只会从一个地方传递到另一个地方。**贝塔衰变不能维持能量守恒的假设引起了轩然大波，但许多负有盛名的物理学家，因为不知道中微子的存在，宁可作出这一激进的（也是错误的）论断。

中微子

第一次观察到贝塔衰变时，没人知道还有中微子，它只通过弱力相互作用，而不通过电磁力。粒子探测仪只能发现带电粒子或放出能量的粒子，因为中微子没有电荷且不会衰变，所以探测仪找不到它，也就没人知道它的存在。

1930 年，沃尔夫冈·泡利指出了一条"亡命的出路"：一个新的中性粒子，❶ 这为持怀疑态度的人拯救科学开辟了一条道路。他的观点是，中子衰变时，中微子偷偷挟走了一部分能量。三年后，恩里克·费米将这一"小小的"中性粒子命名为"中微子"，并给出了坚实的理论基础。但中微子的主张看起来是那么的缺乏基础，以至于当时著名的科学期刊《自然》杂志拒绝刊登费米的论文，因为"它所包含的假设太过遥远，读者根本不会感兴趣"。

但泡利与费米的观点是对的，现在，物理学家都一致认可中微

------

❶ 这是 1934 年一次重要的科学会议发给与会者信函里的原话，而泡利为参加一个舞会错过了这次会议。

子的存在。**❶** 事实上，我们现在知道中微子一直在我们身边"流淌"，在太阳的核过程中它与光子一同被释放出来，每秒钟都有上亿的中微子穿过我们，但它们的作用非常微弱，我们从未注意到。我们确定存在的中微子都是左旋的；右旋中微子要么不存在，要么很重——重到根本不可能生成，或者作用太过微弱。无论是哪种情形，总之，至今在对撞机里都没有生成右旋中微子，我们也从未见过它们。

因为我们对于左旋中微子远比右旋中微子更为确定，所以我在图 7-6 中分列左旋和右旋粒子时，只列出了左旋中微子。

现在，我们知道了弱力只作用于左旋粒子，而且能改变粒子类型。但为了更好地理解弱力，我们需要一个理论来预测传递力的弱规范玻色子的相互作用。物理学家最初发觉构建这一理论并非易事，他们需要取得重大的理论进展，然后才能真正理解弱力及其作用。

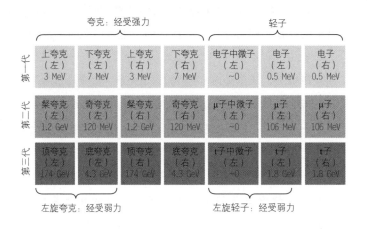

图 7-6

标准模型里的三代。左旋与右旋夸克和轻子都分别列出。每一列包含的粒子都含有相同的电荷（不同味的粒子类型），弱力能够将第一列的元素转化为第二列，也能把第五列的元素转化为第六列。夸克经受强力，而轻子不经受强力。

问题出在弱力的最后一个奇异特征上：它在很小的距离内陡然下降，这个距离只有 10^{-16} 厘米。这使得它与引力和电磁力的作用极为不同，正如我们在第 2 章里看到的，那两个力的强度与距离的平方成反比。尽管引力和电磁力都会随着距离的增长而变

----

❶ 1956 年，克莱德·考恩（Clyde Cowan）与弗雷德·莱因斯（Fred Reines）在一次核反应中，终于探测到中微子，消除了所有尚存的疑虑。

弱，但它们不会像弱力这样突兀地下降。**光子会在很远的距离里传递电磁力，而弱力的表现为什么会有这么大的差别？**

显然，物理学家需要找到一种新的作用类型来解释像贝塔衰变这样的核过程，但尚不明了这种新的作用究竟会是什么。在格拉肖、温伯格和萨拉姆创立弱力理论之前，费米插入了一个理论，包括一个涉及光子、中子、电子和中微子这 4 种粒子的新型的相互作用。这一费米相互作用直接产生了贝塔衰变，而没有激起一个作为中介的弱规范玻色子。换句话说，这一相互作用允许质子直接转化成它的衰变产物——中子、电子和中微子。

然而，即便当时所有人都很清楚，费米的理论不可能成为对所有能量都起作用的正确理论。尽管它的预言对低能量下的情况是正确的，但对高能量下的情况却明显地错了。**在高能量之下，粒子的相互作用要强烈得多。事实上，如果你错误地以为可以将费米理论应用于高能粒子，那么你会得出根本不合情理的预言。**比如，粒子相互作用的概率会超过 1，而这是根本不可能的，因为任何事情的发生频率都不可能超过永远。

虽然在解释低能和距离足够的粒子的相互作用时，基于费米相互作用的理论非常有效，但物理学家发现，如果要了解高能量现象，他们还需要对像贝塔衰变这样的过程有一个更为根本的解释。弱规范玻色子传递力的理论似乎在高能量领域更有效，但没人能解释弱力的作用距离为什么会这么小。

物理学家最终发现，这一短小的作用距离是弱规范玻色子质量非零的结果。在粒子物理学中，不确定性原理与狭义相对论暗含的关系会产生显著的作用。我在第 6 章末尾讨论过带特定能量（如弱力能量或普朗克能量）的粒子受外力影响的最小距离。由于能量与质量之间的狭义相对论关系 $E=mc^2$，有质量的粒子，比如弱规范玻色子，会自动地将质量与距离之间的类似关系包含进来。

尤其是，一个既定质量的粒子交换所传递的力，当质量很小时，距离稍长一点，力就会消失（这一距离也与普朗克常数成正比，与光速成反比 ❶ ）。这一质量与距离的关系告诉我们，弱规范玻色子的质量约为 100 GeV，只能在 10^{-16} 厘米的范围内自动地将弱力传递给粒子，超出这一距离，由粒子传递的力就将变得极其微弱，我们根本探测不到。

弱规范玻色子的非零质量对弱力理论的成功是极为关键的，弱力只在很短的距离内发挥作用，而且非常微弱，距离稍长一点，几乎就同不存在一样。从这一角度来看，弱规范玻色子与光子和引力子是不同的，后两者都是无质量的。因为光子与引力子——传递引力的粒子，携带能量和动量却没有质量，所以，它们能穿越更远的距离来传递力。

粒子没有质量，这一概念虽然听起来很特别，但从粒子物理学角度来看不足为奇。粒子没有质量，说明它们能以光速行驶（毕竟，光是由无质量的光子组成的），而且能量和动量总会遵守特定关系：能量与动量成正比。

然而，弱力的传递者却有质量，从粒子物理学角度来看，有质量的规范玻色子——而非无质量的——确实非常奇怪。铺平弱力理论道路的关键，就是要理解弱规范玻色子质量的来源，它使得弱力对距离的依赖关系与电磁力对距离的依赖关系非常不同。在第 10 章，我们将探讨使弱规范玻色子产生质量的机制——希格斯机制。当今粒子物理学面对的一个最大困惑就是要寻求一个根本理论—— 一个使粒子获得质量的精确模型（在第 12 章我们会详细讲述）。额外维度的魅力之一就是，它们有可能帮助解开这一谜题。

----

❶ 有一种方法可以看到，量子力学和狭义相对论对此关系都很重要，即普朗克常数告诉我们，它与量子力学有关；而光速告诉我们，它与狭义相对论有关。如果普朗克常数为零（此时则经典力学适用）或者光速是无限的，则距离为零。

夸克和强力

我的一个物理学家朋友曾这样对我妹妹解释他所研究的"强力"（strong force）："之所以叫作强力，是因为它的作用非常强大。"虽然我妹妹并不觉得这一解释足够明白，但强力确实名副其实。它是一种极度强大的力量，可以将质子的组成要素紧紧地束缚在一起。在正常情况下，这些要素是不可能分开的。强力与本书的后半部分并无直接关联，但为完整起见，在此我还是讲一些基本事实。

强力由量子色动力学（QCD）理论所描述，是标准模型里我们能够以规范玻色子交换来解释的最后一个力。它也是在 20 世纪才被发现的，强规范玻色子被称作胶子，因为它们传递的力就像"胶"一样，能把作用的粒子紧紧地黏合在一起。

20 世纪 50~60 年代，物理学家相继发现了许多粒子，他们给每一种粒子都分别以希腊字母命名，例如，π、θ 和 Δ，这些粒子被统称为强子——来源于希腊语的"hadros"，意为"胖的，重的"。

确实，强子比电子质量要大很多，几乎可以与质子质量相比，而质子质量要比电子大 2 000 倍。强子的庞大质量一直是个谜，直到 20 世纪 60 年代，物理学家默里·盖尔曼（Murray Gell-Mann）提出：**许多强子并非基本粒子，它们本身是由被称作夸克的粒子所构成的。**

盖尔曼的"夸克"一词来自詹姆斯·乔伊斯（James Joyce）的小说《芬尼根的守灵夜》（*Finnegans Wake*）里的诗句："冲马克叫三声夸克，他一定没有从吼叫声中听出什么，他所得到的一定都偏离中心。"而就我的推论来说，这与物理学里的夸克实在没有什么相干，只

> **强力**
>
> 强力由量子色动力学理论所描述，是标准模型里我们能够以规范玻色子交换来解释的最后一个力。它也是在 20 世纪才被发现的，强规范玻色子称作胶子，因为它们传递的力就像"胶"一样，能把作用的粒子紧紧地黏合在一起。

除了两件事：它们有三个；它们一样令人费解。❶

盖尔曼提出有三种夸克❷，现在它们被称作上夸克、下夸克和奇夸克，并对应于可能束缚在一起的众多夸克组合，其中会有大量强子的存在。如果他的观点正确，强子应正好符合预言的类型。就如以前新物理原理提出时常有的情况一样，盖尔曼在提出他的建议时，并不真正相信夸克的存在。不过，他的提议是非常大胆的，因为科学家当时只发现了几个被预言的强子。因此，当隐匿的强子相继被发现时，夸克假设得到了证实。对盖尔曼来说，这真是一个伟大的胜利。由此，他获得了 1969 年的诺贝尔物理学奖。

即便物理学家一致同意强子是由夸克组成的，但直到夸克假设提出 9 年之后，强子物理学才以"强力"的形式得到解释。**强力是最后一个被理解的力，这确实令人奇怪，其原因很大一部分是由于它的力量太过强大了。**现在我们知道，强力如此强大，以至于经受强力的粒子如夸克，总是被紧紧地束缚在一起而难以分离——经受强力的粒子不会没有约束地自由闲逛，因此对它们的研究就变得很困难。

每种夸克类型里又有三类，物理学家饶有趣味地用颜色来标识它们，有时称它们为红、绿、蓝。而这些色夸克总会与其他夸克或反夸克束缚在一起，形成色中性组合（color-neutral combinations）。

在这些组合里，夸克与反夸克的强力"色荷"会互相抵消的情形，这就好比白色光中各种颜色互相抵消的情形。❸色中性组合有两种：稳定的强子结构要么包含一个夸克和一个反夸克，两

----

❶ 夸克还是一种德国奶酪，如果它含有凝乳，那这名字就再贴切不过了，因为凝乳漂浮在奶酪里像是夸克在一个强子里。可惜，我的德国朋友告诉我它不含凝乳。

❷ 现在我们知道有 6 种。

❸ 这就是"量子色动力学"名称的由来。

者形成一对；要么包含三个自行紧紧束缚在一起的夸克（没有反夸克）。例如，在 π 子里，是一对夸克与反夸克；而在质子和中子里，则是三个被束缚在一起的夸克。

在强子里，夸克间的强力色荷互相抵消，这与在原子里质子电荷与带负电的电子电荷互相抵消类似，但你可以任意使一个原子电离，而分离如质子和中子等强子却非常困难。它们被强力胶子紧紧地束缚在一起——胶子更恰当的名称应该是"疯狂胶子" **❶**，因为它们的束缚状态实在难以打破。

现在我们就要回到夸克的发现上，这就与阿西娜修正解释的比喻完全一样了。质子和中子包含的都是三个夸克的组合，其中，与强力相关的电荷互相抵消了。质子包含两个上夸克和一个下夸克——不同的夸克类型有不同的电荷。因为上夸克的电荷是 +2/3，而下夸克电荷为 −1/3，所以质子的电荷是 +1；而一个中子有一个上夸克和两个下夸克，所以它的电荷是 0（−1/3，−1/3 和 +2/3 的和）。

夸克可以被看作一个大的、糊状质子里的坚硬的一点——它嵌在质子或中子里，就像一粒豌豆藏在床垫里。 正如在床上弹跳的公主被豌豆硌青了一样，实验者会向其中射进一个高能电子，它发出一个光子，而光子从夸克上直接弹开，这看上去与光子从一个大的、蓬松物体里弹开大不相同。就像卢瑟福的阿尔法粒子从一个坚硬的原子核上弹开会与从一个分散的正电荷上弹开看起来大不相同一样。

在斯坦福线形加速器中心（SLAC）进行的弗里德曼·肯德尔·泰勒的深度非弹性散射实验，通过追踪记录这一作用而发现了夸克。实验显示了电子从质子上散射的表现，由此提供了夸克真实存在的第一手实验证据。由于这一发现，杰瑞·弗里德曼（Jerry

夸克

夸克可以被看作一个大的、糊状质子里的坚硬的一点——它嵌在质子或中子里，就像一粒豌豆藏在床垫里。正如在床上弹跳的公主被豌豆硌青了一样，实验者会向其中射进一个高能电子，它发出一个光子，而光子从夸克上直接弹开，这看上去与光子从一个大的、蓬松物体里弹开大不相同。就像卢瑟福的阿尔法粒子从一个坚硬的原子核上弹开会与从一个分散的正电荷上弹开看起来大不相同一样。

---

❶ 在英国，它们被称为"超级胶子"。

Friedman)、亨利·肯德尔（Henry Kendall）（他们是我在麻省理工学院的同事）以及理查德·泰勒（Richard Taylor）共同获得了1990年的诺贝尔物理学奖。

夸克在高能碰撞里产生时，还没有被束缚形成强子，但这并不意味着它们是独立的——它们总会有其他夸克和胶子的陪伴，使其在强力之下最终呈现为中性。夸克从不会是自由的、没有"随从"的物体，许多相互强烈作用的粒子会护卫着它。粒子实验捕捉到的也不会是一个独立的夸克，而是一系列由夸克、胶子组成的，差不多向同一方向运动的粒子。

这一队朝着同一方向运动的、由夸克和胶子组成的粒子合称为"喷射流"（jets）。**一个高能的喷射流一旦形成，就会像一条绳子一样永不消失。**当你截断一条绳子，你只会得到两条绳子。同样地，当相互作用将喷射流断开时，这些片段只会形成新的喷射流：它们永远不会分离成单个的、独立的夸克和胶子。估计斯蒂芬·桑德海姆（Stephen Sondheim）在为《西区故事》（*West Side Story*）写《喷射机帮之歌》（*Jet Song*）的歌词时，一定不会想到高能粒子对撞机，但他的歌词却令人钦佩地如此符合强烈作用的粒子喷射流：高能的、强烈作用的粒子总在一起，"你从不会孤立……总有人保护你"。

已知的基本粒子

本章描述了四种已知力的三种：电磁力、弱力和强力，另一种力——引力非常微弱，不会对粒子物理学的预言产生可实验观察的影响。

但我们还没有完成标准模型粒子的介绍。我们依据它们的电荷以及旋向来分辨它们，正如我们前面描述过的，左旋和右旋粒子会带有不同的弱荷。

粒子物理学将这些粒子分作两类：它们要么是夸克，要么是轻子。夸克是经受强力的基本费米子；轻子是不经受强力的费米子，电子和中微子都属于轻子。"轻子"一词源于希腊语"leptos"，意为"小的"或"精细的"，指电子的微小质量。

奇怪的是，除了电子和上夸克、下夸克这些对原子结构至关重要的基本粒子之外，还有另外一些粒子，它们虽然很重，却与我们介绍过的粒子有着相同的电荷。所有的最轻的稳定夸克与轻子都有它们相对应的更重的翻版，没有人知道它们为什么会存在，也没人知道它们存在的目的是什么。

μ子是首先在宇宙射线中被发现的粒子。当第一次意识到，它只不过是电子的一个更重的形式（要重 200 倍）时，物理学家拉比（I.I.Rabi）问道："谁要它来的？"尽管 μ 子像电子一样带负电，但它比电子重，而且可以衰变成电子。也就是说，μ 子是不稳定的（见图 7-7），很快会转化成一个电子（及两个中微子）。就我们所知，它在地球上没什么用，是无关紧要的。那它为什么存在？这是标准模型里的众多谜题之一，我们希望科学进步最终能够解答。

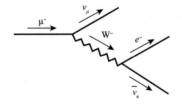

事实上，标准模型的所有粒子每组都有三个携带相同电荷的复本（见图 7-6）。每套复本被称作一代或是一族。

第一代粒子包括一个左旋和一个右旋的电子，一个左旋和一个右旋的上夸克，一个左旋和一个右旋的下夸克，以及一个左旋的中微子。第一代粒子包含了原子所有的稳定组成部分，即所有物质都是由第一代稳定粒子组成的。

第二代和第三代粒子会产生衰变，且不会在通常的已知物质中出现，它们并非第一代粒子的绝对翻版：虽然与第一代的对应粒子电荷相同，却更重。只有在高能粒子对撞机里才能找到它们，但科学家至今不清楚它们存在的目的。第二代包含一个左旋和一个右旋的 μ 子，一个左旋和一个右旋的粲夸克，一个左旋和一个右旋的奇夸克，以及一个稳定的左旋 μ 子中微子。第三代包含一个左旋和一个右旋的 τ 子，一个左旋和一个右旋的顶夸克，一个左旋和一个右旋的底夸克，一个左旋 τ 子中微子。有着相同电荷的一组粒子的同样复本，即每一代里的一个成员，都被称作这一粒子类型的"一味"。

由图 7-6 可以看出，尽管在盖尔曼首次提出时，只有三味已知夸克，但现在我们已发现了六味：上类型三味，下类型三味——每一代里都有一味。除了上夸克本身以外，上类型里还有另外两味携带相同电荷的夸克——粲夸克和顶夸克；同样地，下类型夸克里也有三味——下夸克、奇夸克和底夸克。μ 子和 τ 子是电子的较重翻版，属于"轻子"。

物理学家一直在努力，想弄清楚为什么存在三代粒子以及粒子为什么具有特定质量。这是标准模型面对的主要问题，也是激发当前研究的动机。与他人一起，我的整个职业生涯都在致力于此项研究，而至今，仍在孜孜以求地探寻着这些问题的答案。

重味夸克相对于它们的轻味明显要重许多，尽管在 1977 年我们就发现了第二重的夸克——底夸克，但最重的顶夸克却直到1995 年才显露出其行踪。下一章的主题是两个粒子实验，其中包括引人注目的顶夸克的发现实验。

- 标准模型里包含了引力之外的作用力以及经受这些力的粒子。除了众所周知的电磁力之外，原子核里还有两种作用力：强力和弱力。

- 弱力提出了标准模型仍未解答的最主要谜题：另外两种力都是通过无质量的粒子来传递的，而传递弱力的规范玻色子却有质量。

- 除了传递力的粒子之外，标准模型里还包含经受这些力的粒子，它们分作两类：经受强力的夸克和不经受强力的轻子。

- 在物质里发现的轻夸克和轻子（上夸克、下夸克和电子）并非仅有的已知粒子。另外还存在较重的夸克和轻子：上、下夸克和电子都有它们对应的两个较重版本。

- 这些重粒子是不稳定的，它们会衰变成较轻的夸克和轻子。粒子加速器实验能生成它们，并显示出这些较重粒子与那些熟悉的、稳定的轻粒子所经受的是同样的力。

- 每一组包含的一个带电轻子、一个上类型夸克、一个下类型夸克的粒子被称作一代，一共有三代。每代里的同类型粒子相继加重，这些粒子种类被称作"味"，有三味上类型夸克、三味下类型夸克、三味带电轻子、三味中微子。

- 在后面的章节，我不会用到特定类型的夸克和轻子的细节和名称，但我们需要知道这些"味"和"代"，因为它们强烈约束着粒子的属性。它们会给我们提供重要的线索，让我们知道标准模型之外的物理会受到什么约束。

- 在这些约束中，最重要的是，带有相同电荷的夸克和轻子的不同"味"很少会互相转换，我们排除能轻易换"味"的粒子理论。后面我们会看到，这对超对称破缺模型及标准模型的其他发展提出了很大挑战。

-imension
探索大揭秘

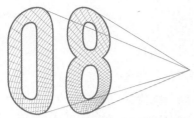

高能粒子加速器的惊人新发现

WARPED PASSAGES

> 哪怕历尽千难万险，我一定会找到你。
>
> 金发女郎乐队（Blondie）

他的猎物迟早会出现

在梦中，艾克再一次遇到了那个量子侦探。这次，侦探非常清楚地知道自己要找什么，而且非常清楚地知道它在哪里，他所要做的就是等待，如果判断正确，他的猎物迟早会出现。

找到重粒子并非易事，但要揭示标准模型的基本结构并最终解释宇宙的物理构成，那么我们必须这么做！我们对粒子物理学的了解，大部分来自高能粒子加速器实验，它们首先将快速运动的粒子束加速，然后使它们与其他物质相碰撞。

在高能粒子对撞机里，被加速的粒子束与被加速的反粒子束相撞，在它们相撞的极小区域内会产生大量能量，这些能量接着被转化成在自然界里难以被找到的重粒子。**宇宙大爆炸时，宇宙温度极高，所有粒子大部分都存在。但自那以后，唯一能找到已知最重粒子的地方，就只有在高能粒子对撞机里了。**从理论上讲，只要有足够的能量，即由爱因斯坦 $E=mc^2$ 所给定的能量，对撞机就能够生成所有的粒子与反粒子对。

但是，高能物理的目的不仅仅是寻找新的粒子。高能粒子对撞机实验会告诉我们以其他任何方式观察不到的自然的基本定律——这些定律作用的领域太过微观，以至于我们根本不能直接看见。**高能实验是探索发生在微小距离尺度的相互作用的唯一方式。**

本章讲的两个对撞机实验，对证实标准模型的预言以及限定物理理论的有效范围都非常重要。这两个实验本身都令人难忘，但它们还使我们体会到：物理学家将来探索新现象（如额外维度）时，会面临什么样的困难。

顶夸克，众里寻他千百度

顶夸克的探寻过程，充分展现了在对撞机里寻找粒子的困难。那时，对撞机的能量还不足以制造它，而实验者发挥了聪明才智，千方百计地应对了这一挑战。虽然顶夸克不是已知物质原子的组成部分，但没有它，标准模型就不完善，因此，自20世纪70年代开始，物理学家就坚信它的存在。可是直到1995年，人们才探测到它。

那时，对于顶夸克，物理学家已徒然地寻找了多年。标准模型里第二重的粒子——底夸克，已在1977年被发现，它的质量是质子的5倍。虽然当时物理学家都以为顶夸克马上就要现身了，而且实验者们也争先恐后地要找到它，并宣布这一盛事，但令人惊讶的是，一次次的实验却均告以失败，人们以 40 倍、60 倍甚至是 100 倍于产生质子所需要的能量进行对撞实验，还是未能找到它。这说明，顶夸克显然很重——远远重于其他所有已探测到的夸克。**经过 20 年的追寻，人们终于追踪到了它的踪迹，这才发现它的质量几乎是质子质量的 200 倍。**

因为顶夸克如此之重，狭义相对论隐含的关系告诉我们，只有在极度高能的对撞机里才能生成它。高能量总是需要一个大型的加速器，这在技术上难以实现，而且耗资巨大。

最终生成顶夸克的对撞机是费米实验室的 Tevatron，它位于伊利诺伊州离芝加哥将近 50 公里外的巴达维亚草原。这一对撞机最初设计的能量，距离生成一个顶夸克所需的能量还差得很远，但工程师和物理学家们进行了多次改进，大大地提高了它的性能。Tevatron 凝聚了多次改进的成果，1995 年，它的运行能量大大增加，并进行了多次对撞，这是最初的机器根本无法做到的。

Tevatron 现在仍然在运行，坐落于费米实验室。该实验室是一个加速器实验中心，为纪念物理学家恩里科·费米而得名，于 1972 年投入使用。

我第一次到费米实验室时感到非常有趣，在那里有野生的玉米、鹅，更奇特的是，甚至还有野牛，但除此之外，这里便再无奇趣可言，甚至可以说是呆板、枯燥的。电影《反斗智多星》(*Wayne's World*) 就在费米实验室南 9 公里的奥罗拉取景，如果你熟悉这部电影，就知道费米实验室的周边环境了。好在物理学家善于鼓舞人心，总会让你高兴起来。

Tevatron 的得名是因为它加速的质子和反质子能量都要达到 1 TeV（太电子伏），等于 1 000 Gev（吉电子伏），这是迄今为止所有加速器所能达到的最高能量。Tevatron 产生的高能质子和反质子束在环形机里循环，每隔 3.5 微秒在两个对撞点发生对撞。

粒子束和反粒子束路径交叉的地方会发生有趣的物理过程。因此，在两个对撞点上有两个独立的实验团队，并分别安装了探测仪，其中一个叫 CDF（费米实验室对撞机探测仪），另一个叫 Do（这是放置探测仪的质子与反质子对撞点的名称）。这两个实验旨在广泛地搜寻新的粒子和物理过程，但在 20 世纪 90 年代早期，物理学家梦寐以求的就是找到顶夸克——两个实验团队都想最先发现它。

多数重粒子是不稳定的，很快就会发生衰变。衰变发生时，实验要寻找的就是粒子衰变的产物，而不是粒子本身。例如，顶夸克会衰变成一个底夸克和一个 W 子（传递弱力的带电规范玻色子）；而 W 子也会衰变成轻子或夸克。因此，寻找顶夸克的实验要找的就是底夸克协同其他夸克或轻子的组合。

然而，粒子出现的时候可不会挂着姓名标签，因此，探测仪只能通过它们的特别属性来辨认，如它们的电荷或参与的相互作用，而且，这些属性分别需要探测仪里不同的部分来记录。分置于 CDF 和 Do 的两个探测仪也都分成了几个部分，每一部分记录不同的特征。

有一部分叫作追踪仪，它探测的是从原子里电离的电子在其轨迹里所留下的带电粒子；另一部分叫热量计，可以用于测量粒子通过时所释放的能量；探测仪里还有其他一些组成部分，分别用来辨识有着其他特别属性的粒子，如底夸克，它在衰变之前的寿命比其他大多数粒子都长。

探测仪一经捕捉到信号，就会通过大量电线和放大器来传输这一信号，并记录结果。但是，并非所有的探测结果都值得记录，当质子和反质子相撞时，很少会生成有趣的粒子，如顶夸克或底夸克；更多时候，碰撞只能产生轻夸克和胶子，甚至还有些时候根本不会产生任何有价值的东西。事实上，在费米实验室里，为产生一个顶夸克所进行的对撞，有千百亿次，但它们根本不含顶夸克。

面对如此大量的无用数据，没有一个计算机系统足够强大，以至于能够找到有意义的对撞。因此，实验总会包含一些感应器，这种装置包含一些软、硬件设施，只允许记录一些可能有价值的结果，其作用就像是夜总会雇用的保安，专门驱逐那些捣乱的人。在 CDF 和 Do 两个实验站里的感应器，将实验所需筛选的对撞数量缩减到了万里挑一——这仍是一项巨大的挑战，但相比从上百亿次里选择已经容易多了。

一旦信息被记录下来，物理学家就会尽力去解读，并重建任何有意义的对撞里会出现的粒子。因为总是会有很多次对撞、产生很多的粒子，而信息却是有限的，所以重建一次对撞的结果是一项艰巨的任务，它也拓展了人们的聪明才智。或许在未来的几年里，数据分析就会有更进一步的发展。

在 1994 年之前，CDF 的几个工作小组都发现，有几次对撞很像顶夸克（见图 8-1），但他们并不确信。尽管 CDF 小组不敢肯定那年他们已发现了顶夸克，但 1995 年 Do 和 CDF 两个实验站都确认了这个发现。我在 Do 里的朋友达伦·伍德（Darien Wood）向我描述了最后编委会里的紧张气氛——他们要在会上完成数据分析和报告实验结果的论文。会议进行了一整夜，他们累了时，就趴在桌子上小睡一会儿。然后，一切继续。

图 8-1

由 Do 记录的一次顶夸克
探测实验的结果。该实
验探测顶夸克以及同时
产生的反顶夸克的衰变
产物。右上角的直线是
一个 μ 子，它直达探测
仪的外围；4 个长方形的
组块是 4 个"喷射流"；
向右的直线是中微子消
失的能量。

　　Do 和 CDF 两个实验团队为顶夸克的发现共同作出了贡献：
一个从未出现过的粒子终于被制造出来，这一新发现的粒子与其
他已确定的粒子一起，加入到了标准模型的队列里。现在，我们
已发现了许多顶夸克，因此已确切地了解了顶夸克的质量和其
他属性。我们甚至担心，将来高能粒子对撞机会产生太多的顶
夸克，以致顶夸克反倒会成为混淆和干扰其他粒子发现的东西。

　　新的理论肯定会被发现。**很快我们将看到，为什么说标准
模型的未解问题告诉我们，只要对撞机的能量比现在再高一点，
就有可能出现新的粒子和物理过程。**LHC 实验就是要寻找超
出标准模型的结构的证据。如果这些实验成功，回报将是丰厚
的——它是对所有物质基本结构的更好的理解，要完成这一艰
巨的任务，既需要高能的、多粒子的碰撞，也需要新观点。

标准模型的精确验证

　　现在，让我们从伊利诺伊平原转移到多山的瑞士——欧洲核

子研究中心 CERN 的驻地。验证标准模型预言的实验很多，但最为壮观的还要数 1989—2000 年间在 CERN 的大型电子 - 正电子对撞机（LEP）里进行的实验。

CERN 的中心驻地设在欧洲，其主入口离法国边境非常近，分隔两国的边防警卫亭就在大门外，许多居住在法国的 CERN 员工每天要穿越边境线两次。穿越边境时，他们很少遇到麻烦——除非他们的车不符合赫尔维蒂标准（*Helvetic Standards*），那样，瑞士就不允许进入了；再有一种危险的情况就是，科学家心思太过专注于工作而犯规。这是一个同事曾经历过的：过边境时，他还在想着黑洞的问题，警卫请他停车检查，而他长驱直入，根本没有停下。

更引人注目的是，CERN 与费米实验室的周边环境大不相同。CERN 位于欧洲最高峰勃朗峰脚下，毗邻美丽的汝拉山脉（*Jura mountains*），离霞慕尼山谷（Chamonix）很近。这是一个美丽的山谷，两边山上冰雪覆盖，一直能延伸到路上（虽然由于全球气候变暖，现在路上已少见冰雪）。尽管城里的冬天常常阴云密布，但在 CERN，幸运的物理学家们在很多日子里都沐浴着阳光，皮肤黝黑地度过冬季，因为他们在附近的山上就能滑雪、溜冰或徒步旅行。

CERN 创建于第二次世界大战之后，诞生于新兴的国际大合作的氛围中。最初的 12 个成员国包括：联邦德国、比利时、丹麦、法国、希腊、意大利、挪威、荷兰、英国、瑞典、瑞士和南斯拉夫（于 1961 年退出）。随后，奥地利、西班牙、葡萄牙、芬兰、波兰、匈牙利、捷克斯洛伐克共和国以及保加利亚也加入进来。参与 CERN 活动的观察员国包括印度、以色列、日本、俄罗斯联邦、土耳其和美国。CERN 是一个真正的跨国团体。

与 Tevatron 一样，CERN 也有着许多傲人的成就。1984 年，卡罗·卢比亚（Carlo Rubbia）和西蒙·范德梅尔（Simon Von Der

Meer）被授予诺贝尔物理学奖，因为他们设计了最初的 CERN 对撞机，并发现了弱力规范玻色子。这一成就，打破了美国在粒子发现上的垄断。CERN 还是万维网 WWW、HTML（超文本标记语言）和 http（超文本传输协议）的诞生地，创造这些的英国人蒂姆·伯纳斯 - 李（Tim Berners-Lee）正是 CERN 的员工。他创建 Web 是为了让分散于各国的实验者能够通过链接立即得到信息，而且这样能使计算机共享数据。当然，网络的影响力已远远地超出了 CERN——科学研究得到如此广泛的现实应用是人们不曾预见的。

几年后，CERN 就会成为一条纽带，联结起一些最为振奋人心的物理成果。LHC 就坐落于此，它现在的能量达到了 Tevatron 能量的 7 倍。由 LHC 所作出的发现必然是全新的、质的飞跃，LHC 要寻找并且很有可能找到标准模型的未知的物理基础，它们或是证实、或是排除我在本书中所描述的这些模型。尽管 LHC 位于瑞士，但它是真正的国际大合作，所 LHC 实验正在世界各地进行着。

20 世纪 90 年代，在 CERN 的物理学家和工程师们建造了令人难以置信的 LEP（大型电子 - 正电子对撞机）。它是一个 Z 玻色子"工厂"，生产了上百万的 Z 玻色子——传递弱力的三种规范玻色子之一。通过研究上百万的 Z 玻色子，LEP 的实验者（以及在 SLAC——加利福尼亚的斯坦福线形加速器中心的人们）能对 Z 玻色子的属性作出详尽的测量，以空前的精确度验证标准模型的预言。具体描述这些测量会离题太远，但我会很快让你明白它们的精度是多么令人惊讶！

验证标准模型的基本假设非常简单，标准模型预言了弱规范玻色子的质量以及基本粒子的衰变和相互作用，我们可以通过检查所有这些量的相互关系是否符合理论的预言来验证弱相互作用理论是否内在一致。如果有新的理论，其中的新粒子和新的相互作用在弱力能标上有显著作用，那就会出现改变弱相互作用预言的新因素，使它们与标准模型的值有所不同。

因此，标准模型以外的模型所作出的有关 Z 玻色子属性的预言会稍不同于标准模型的预言。20 世纪 90 年代早期，为使预言得到验证，所有人都在使用其他模型来预言 Z 玻色子的属性，但所使用的方法都烦琐得令人难以置信。这些方法让人很难领会，而概括它的文件页数多到我根本不愿携带。当时，我在加州大学伯克利分校做博士后，1992 年夏天，在我参加费米实验室的一个暑期项目时，我突然间得出结论：**不同的物理量之间的关系是不可能烦琐到需要这么长的篇幅来概括的。**

我和当时在费米实验室的博士后米奇·戈登（Mitch Golden）一起创立了一种更为简洁的方法来阐释弱相互作用的实验结果。我们证实，只需在标准模型里添加 3 个能概括所有非标准模型的贡献量，就能系统地囊括新的（虽然尚未看见的）重粒子效应。我花了几周时间厘清它，终于在一个周末的紧张工作之后得到了一个答案。这一发现让我感到无比欣慰，Z- 工厂让测量的所有过程都可以有机地联系起来，我和米奇都觉得我们描绘了一幅更加清晰的图像，将理论与测量联系了起来，效果是令人满意的。但作出发现的并不只有我们，SLAC 的迈克尔·佩斯金（Michael Peskin）和他的博士后竹内（Takeuchi）几乎同时也做了类似的工作，随后，又有许多人也跟上了我们的脚步。

但真正的成功故事却是关于标准模型的 LEP 验证，这一验证精确得令人难以置信。我们不讲细节，只通过两件事来看看它们的精确是多么令人钦佩。

第一件事是有关发现正电子和电子对撞的确切能量，实验者需要知道这一能量来确定Z玻色子质量的确切值。他们必须将影响能量值的所有可能考虑在内，但即使把所有想到的可能都计算进来，他们仍注意到，当在某些特定时间进行测量时，能量似乎还是有轻微的涨落。究竟是什么引起了这一变化？结果是日内瓦湖的潮汐，这太不可思议了！湖的水位随着潮汐和那年的大雨有涨有落，这就影响到周围的地形，而电子和正电子在对撞机里穿行的距离就产生了细微的变化。一旦将潮汐作用也考虑在内，Z玻色子质量会随着时间变化的假象便被排除了。

第二件事是每隔一段时间，电子和正电子的位置似乎就会稍稍发生偏移，这表明对撞机里的磁场发生了变化。现场的一位工作人员发现，这一变化与TGV的通过密切相关。TGV是穿行于日内瓦和巴黎之间的高速列车。显然，一些与法国直流电相关的电力尖峰轻微地扰乱了加速器。一位在CERN工作的巴黎物理学家阿兰·布隆代尔（Alain Blondel）给我讲述了这一故事最有趣的部分：实验者们有绝好的机会来证实这一假设，因为TGV的许多员工都是法国人，难免会罢工。因此，罢工日时实验者们便享受到了一个"无尖峰日"。

-imension
探索大揭秘

- 研究粒子物理学最重要的实验工具是高能粒子加速器，高能对撞机是使粒子碰撞到一起的粒子加速器。如果能量足够大，对撞机就能产生出因为质量太大而不能在我们周围存在的粒子。
- Tevatron是当今运行的最为高能的对撞机。
- 位于瑞士的LHC，能量是Tevatron的7倍，可以检验粒子物理学的许多模型。

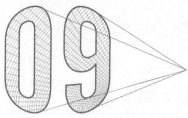

对称：粒子获得质量的基本组织原则
WARPED PASSAGES

> 啦，啦啦啦啦，啦啦啦啦，啦啦啦啦啦啦啦啦啦。
>
> 头脑简单乐团（Simple Minds）

谁才是闯祸那一只

阿西娜打开笼子，让她的 3 只猫头鹰出来放放风。但不幸的是，艾克那天也把汽车的折叠车顶放了下来。这可倒好，好奇的猫头鹰就飞了进去。一只最为捣蛋的猫头鹰把车里面踩得乱七八糟，还划破了一道小口。

看到这片狼藉，艾克大发雷霆，他冲进阿西娜的房间，警告她看好那些猫头鹰，以后不许再闯祸。阿西娜抗议说，她的猫头鹰一向都很乖，她只要看住最捣乱的那只就行了。但这会儿，3 只猫头鹰已然都飞回了笼子，艾克和阿西娜谁也分不清究竟是哪一只闯了祸。

标准模型运行得很好，但这只是因为理论中的夸克、轻子和弱规范玻色子——在带弱荷的物质间传递弱力的带电的 W 子和 Z 子，都有质量。当然，基本粒子的质量对宇宙里的所有东西都是至关重要的：**如果物质真的没了质量，就不可能形成真实、喜人的事物，而宇宙的生命与结构也自然是无稽之谈。**但在有关力的最简洁的理论里，弱玻色子和其他基本粒子似乎都应该是无质量且以光速行驶的。

你可能会觉得奇怪，既然力的理论会偏好零质量，那么为什么不是任何质量都可以呢？那是因为力的最基本的量子场论不能容忍这一点，它明确禁止标准模型基本粒子质量的任何非零值。标准模型的一大成果就是，它找到了解决这一问题的方法并形成了一个理论，其中的粒子具有我们观测所确定的质量。

下一章，我们就将探索让粒子获得质量的机制，即著名的希格斯机制。但在本章，我们会探讨一个重要的话题——对称。**对称和对称破缺帮助确定了宇宙如何从一个浑沌状态发展成我们现在所见的复杂结构。**希格斯机制与对称，尤其是与对称破缺密切相关。若想理解基本粒子是如何获得质量的，首先要熟悉这些重要的概念。

化繁为简，完美的对称

对多数物理学家来说，对称是一个神圣的字眼。我们可能会想到其他许多社团也都非常看重对称，像基督教的十字架、犹太教的大烛台、佛教的达摩轮、伊斯兰教的新月以及印度教的曼荼罗，它们都呈现出了对称的形态（见图 9-1）。说某样东西对称，就是说你可以以某种方式操作它，比如，让它旋转、用镜子将它反射或将它的组件对调，而操作后，新的结构与原来的相比不会有所改变。例如，将大烛台上两根相同的蜡烛对调，你不会看出有任何差别，而从镜子里照出的十字架与它本身也完全相同。

图 9-1

宗教中的对称。犹太教的大烛台、基督教的十字架、佛教的达摩轮、伊斯兰教的新月、印度教的曼荼罗都呈现出了对称性。

无论数学、物理还是现实世界，当存在对称时，我们就可以做一些转换，而不改变其原始形态。如果有人在你背转身时，对调了一个系统的组成，或让它旋转，或用镜子将它反射，但当你转过身再看它时却没发现任何差别，那么这个系统就是对称的。

WARPED PASSAGES
弯曲的世界

对称通常是指一种静态属性：比如，一个十字架的对称与时间无关。但物理学家常喜欢将对称描述为假想的对称变换——即我们可以在一个系统中应用这个操作，而不会改变它的可观察属性。比如，我不说大烛台的蜡烛都是一样的，而是说如果将两支蜡烛对调，大烛台仍不会呈现出其他变化。我并不一定为了证明对称而真的去调换蜡烛，但是假设我真正地调换了，我也看不出任何改变。为了方便起见，有时我将以这种方式来描述对称。

我们熟悉的不仅是科学和宗教象征中的对称，世俗世界的艺术也是如此。在许多绘画、雕塑、建筑、音乐、舞蹈和诗歌中都体现了对称。这一方面，伊斯兰艺术也许表现得最为淋漓尽致，在其建筑和装饰艺术上，无论细节还是整体都广泛地使用对称，见过泰姬陵的人都可证实这一点：无论从哪一角度望去，这一建筑都是一样的；再加上陵前水池中的倒影，就像有两座泰姬陵互相辉映；即使是树木的种植，都保持了这一建筑的对称。我参观的时候，看到一个导游正在指点人们看一些对称的地方，就请他告诉我其他的对称，结果为了看全所有的对称，我要从一些非常奇特的角度来观赏这一建筑，甚至爬到旁边的碎石堆上。

在日常应用中，人们常常将对称与完美等同起来。当然，对称之所以吸引人，是因为它很规律和整齐。对称还有助于我们的学习，因为无论是空间还是时间上的重复，都会在我们大脑里形成难以磨灭的印象。正是由于大脑对于对称的天生知觉及纯粹的审美意识，我们才会让自己的周围布满对称。

但对称不仅仅出现在艺术和建筑里，在自然界没有任何人为的干涉，仍旧存在对称。因此，在物理学中，你常会遇到对称。物理的目的是将一些彼此独立的量联系起来，以依据观察作出预言。在这一意义上，对称是自然的产物。当物理系统存在对称时，相比没有对称，你就可以依据更少的观察来描述这一系统。比如，如果两个物体有相同的属性，在测量了其中一个的行为之后，我就得知了决定另一物体行为的物理定律——两个物体相同，它们的行为也必然相同。

在物理学中，一个系统中对称变换的存在意味着存在某些既定的程序，可以重新安排这一系统，而不会对其物理属性留下可测量的改变。❶ 例如，如果一个系统具有旋转和平移对称，这是空间对称中人们熟知的两个例子，那么物理定律在任何方向、任何位置都同等适用。旋转对称和平移对称告诉我们，当你挥棒击球时，你面朝什么方向、站在什么位置都无关紧要，只要你用同样大的力，棒球就会以同样的方式飞出。即使你变换方向，或是在另一房间或另一位置做重复的测量，所有实验都会产生同样的结果。

----

❶ 尽管我是从转换的结果来描述对称，但如往常一样，对称是静态系统的一种属性。也就是说，即使我并不真正地去做任何转换，这一系统仍维持对称。

在物理定律中，对称的重要性是怎么强调都不为过的。许多物理定律，例如麦克斯韦的电动力学定律、爱因斯坦的相对论都深深地依赖于对称，通过利用各种各样的对称，我们常常可以简化以理论作出物理预言的任务。例如，对行星在椭圆轨道的运动、宇宙的引力场（或多或少地属于旋转对称）、电磁场中粒子的表现以及其他许多物理量的预言，只要我们将对称考虑在内，其运算就要简单得多。

物理世界的对称并不明显，但即便不那么明显或只是理论工具，对称也常常能大大简化物理定律的形式。我们很快要讨论的力的量子理论，也不例外。

内部对称，与空间无关

物理学家通常将对称分为不同的几类，我们最熟悉的可能要数空间对称——即在外部世界能够移动或旋转物体的对称变换。这种对称，包括我刚提到的旋转和平移对称，都告诉我们，无论一个系统指向什么方向或位于什么位置，物理定律都是普适的。

现在，我要说的是另外一种对称——内部对称。**空间对称告诉我们，物理学同等对待所有方向和位置；而内部对称则告诉我们，物理学以相同方式作用于性质不同但效应不可分辨的对象。**内部对称变换以不可察觉的方式交换或混合不同的对象。事实上，我已经给出了一个内部对称的例子——大烛台上蜡烛的对调，内部对称认为两支蜡烛是相同的，这一陈述针对的是蜡烛，而非空间。

但是，传统的大烛台既有空间对称又有内部对称：蜡烛是相同的，意味着存在内部对称；而将烛台绕其中心旋转180°，蜡烛仍保持不变，这意味着它还存在空间对称。但即便不存在空间对称，内部对称仍可存在，例如，即使马赛克镶嵌形成的树叶

内部对称

内部对称变换以不可察觉的方式交换或混合不同的对象。事实上，我已经给出了一个内部对称的例子——大烛台上蜡烛的对调，内部对称认为两支蜡烛是相同的，这一陈述针对的是蜡烛，而非空间。

形状并不规则，但你仍可以任意地对调其中两片相同的绿色马赛克。

内部对称的另一例子是，你可以任意地调换两个相同的红色玻璃球。如果你两只手里都抓着一个相同的玻璃球，那么哪个球在哪只手中就都无所谓了。即使你在两个球上标明了"1"和"2"，我是否已调换了两只球，你仍无法知道。注意，玻璃球的例子不像大烛台和马赛克的例子那样，与空间位置密切相关：**内部对称关注的是物体本身，而非它们在空间的位置。**

粒子物理学处理的是关于不同的粒子类型的内部对称，它有点抽象。这种对称将粒子以及生成粒子的场都看作可以对调的，正如当你滚动两个相同的玻璃球或是将它们弹到墙上时，它们的表现会完全相同，有着相同电荷和质量的两种粒子类型也应遵循相同的物理定律。描述这一现象的对称，就是味对称（flavor symmetry）。

在第 7 章我们看到，"味"是有着相同电荷的 3 种不同的粒子类型，每一代里都有一味。例如，电子和 μ 子是两味带电轻子，这意味着它们有着相同的电荷。如果在我们生活的世界里，电子和 μ 子的质量也相同，那么这两个就完全可以对调了，如此一来，就会有一种味对称。据此，电子和 μ 子在其他所有粒子和力面前就会有完全相同的表现。

在我们的世界里，μ 子比电子要重，因此味对称并不完全贴切，但是对于某些物理预言，质量的不同并不十分重要，因此，如 μ 子和轻子等有着相同电荷的轻粒子的味对称，对计算还是非常有用的。有时，利用即使并不完美的对称也能帮助我们算出足够准确的结果，粒子间的质量差异通常很小（相比能量和大质量物体而言），对预言不会形成可测量的差别。

但现在对我们最为重要的对称类型，是与力的理论相关的对称，它是精确的对称。这一对称也是粒子间的内部对称，但它比我们刚才说的味对称还要抽象一点。下面的例子与这一特定类型的内部对称更为相似：回想你上中学时，物理课上、电影院里或美术课上见过的三盏射灯，通常是一红、一绿、一蓝，它们同时发光会产生白光。如果将三盏灯的位置调换，新的布置仍旧会产生白光。光束从哪一位置射出并不重要，因为我们关注的是它的最终结果——在这种情况下，白光进行内部对称变换（对调不同的光）不会产生任何可见的影响。

现在我们看到，这一对称与力的对称非常相似。因为在这两种情形里，你都不能看到所有的状况，即只能看到混合的灯光，而不能看到所有变化，因此，灯光的放置就会呈现对称。如果你能看到灯光，就会知道它们已经做了调换。正如我们早先提到的，色与力的类似，就是描述强力的量子色动力学中"色"字的由来。

1927 年，物理学家弗里茨·伦敦（Fritz London）和赫尔曼·外尔（Hermann Weyl）经实验证实：**最简洁的量子场论对于力的内部对称的描述非常类似于以上例子中射灯的对称**。力与对称的联系非常微妙，因此，在课本之外你根本见不到它。即便不能完全理解这一联系，也并不影响你跟上有关质量问题的讨论——包括随后几章的希格斯机制和等级问题——因此，如果愿意，现在你可以直接跳到下一章。但如果你有兴趣知道内部对称在力的理论和希格斯机制里发挥了什么样的作用，就请继续看下去。

对称和力，排除虚假偏振

电磁力、弱力和强力都要涉及内部对称（引力与空间和时间对称相关，因此必须分开来讨论），如果没有内部对称，量子力学有关力的理论就会成为无迹可循的一团乱麻。为理解这些对称，我们首先要探讨规范玻色子的极化。

可能你熟悉光的极化（或偏振）概念，例如，偏光太阳镜只允许垂直偏振的光通过，摒除水平偏振的光，这样的结果是光不会那么刺眼。在这种情况下，偏振就是与光相关的电磁波振动的独立方向。

量子力学将波与每一个光子都联系起来，每个光子都会有不同的偏振，但是并非所有可以想见的偏振都可以被接受。光子向任一个方向行驶时，波的振动方向只能垂直于它的运动方向。波的这一表现就像是海浪一样，海浪也只是在竖直方向上振动，因此，当海浪经过时，我们会看到浮标或小船在水面上下浮动。

与光子相关的波会以垂直于其运动方向的任何方向振动（见图 9-2）。实际上，存在无数这样的方向：想象垂直于运动直线的一个圆，你会看到波可以沿着圆的任一半径方向振动，而由圆心辐射出来的方向是无数的。

但是，在物理中描述这些振动时，我们只需两个独立的垂直振动就可以了。以物理学术语来说，它们叫作横向偏振（transverse polarizations）。这就好比你用 x 轴和 y 轴来标志一个圆，从圆的中心，无论你画哪一条线，它总会在某一点上与圆相交——有特定的 x、y 的值，因此，你只需两个坐标就能使这一点与其他所有点区分开来。同样地，尽管会有无数的方向垂直于一个波的运动方向，但所有这些偏振光的方向都可以归于一个集合，用两个互相垂直的方向就可以全部描述。

重要的是，理论上还可能存在第三种偏振方向，即波会沿着它的运动方向振动（假设它存在，我们就只能称它为纵向偏振）。

例如，声波就是这样传播的，但不存在这样的光子偏振。三种可以想见的独立的偏振方向，自然界中只存在两种。**光子永远也不会沿着它的运动方向和时间的方向振动：它只会垂直于其运动方向振动。**

即便我们单从独立的理论思考中看不到纵向偏振的谬误，但量子场论也会助我们将它排除。如果物理学家错误地将三种偏振方向考虑进来，使用这样一个力的理论进行计算，那么这一理论对其属性的预言根本没有意义。例如，它所预言的规范玻色子相互作用的频率会高得荒谬。事实上，它预言的相互作用频率会超过永远——即在时间上大于100%。任何理论，作出这样不合情理的预言显然是错误的，因此自然界和量子场论都明确表示：这种非垂直方向的偏振是不存在的。

不幸的是，物理学家创建的关于力的最简单理论包含了这一虚假的偏振。这并不奇怪，因为要适用于所有光子的理论不可能将某个沿着特定方向的特定光子的信息都包含在内。而没有这一信息，狭义相对论就不能识别所有的方向。一个理论若要保持狭义相对论对称（包括旋转对称），则需要三个（而非两个）方向来描述光子振动的所有方向，在这样的描述里，光子会在空间的所有方向上振动。

但我们知道，事实并非如此。对任何特定的光子，它的运动方向是选定的，而在另一方向的振动是不被允许的。但因为所有光子都有各自不同的运动方向，你可不想为每个光子都构造一个不同的理论，我们需要的是无论光子向哪个方向运动都适用的理论。尽管你可以尝试创造一个不包括虚假偏振的理论，但是保留旋转对称而以其他方式消除那个虚假的极化方向，岂非更为简单而明晰？物理学家的目的就是简化自己的工作，他们发现，把虚假的纵向偏振包含在内，运用一个额外要素来将好的、有物理意义的预言与虚假的分开，这样的量子场论最为有效。

内部对称就在这里进入了理论图景。内部对称在力的理论中所发挥的作用，就是为了排除不需要的偏振所引起的矛盾，让我们不致损失狭义相对论的对称。无论是独立的理论思考还是实验发现，都告诉我们运动方向上的偏振并不存在，内部对称是滤除这一虚假偏振最简单的方法。

它们把偏振分为好的和坏的两类，即符合对称的一类和不符合对称的一类。它的作用方式有点太过专业，不太好解释，但我会打一个比方，让你对它有个大致的了解。

假设你有一台制作衬衫的机器，可以制作长袖和短袖两种衬衣。但不知什么原因，机器的制造者却忘了加进一个控件来保证左衣袖和右衣袖的长度是一样的。有一半时间你作出的衬衣是好的——两只都是长袖或两只都是短袖，可另一半时间你做的衬衣全是残次品：一只袖长，一只袖短。不幸的是，你只有一台机器。

你有两种选择：要么把机器扔掉，一件衬衣都做不成；要么留着这台机器，做一半好衬衣、一半残次品。但你也不会很困惑，因为需要扔掉哪些衬衣很明显，只有左右对称的才能穿。即便仍然用这台机器制作衬衣，只保留左右对称的那些，这样你的穿戴仍会很得体。

与力相关的内部对称完成的就是类似的使命，它提供了一个有用的标记，将那些在理论上我们可能观察到的量（我们想要保留的偏振）和那些不应出现的量（沿着运动方向的虚假偏振）区分开来。这就像计算机里的垃圾邮件过滤器，它要找的是垃圾邮件的明显特征，并将它与有用邮件区分开来。同理，内部对称"过滤器"会将保持对称的物理过程与那些虚假的过程区分开来，这使清除像垃圾邮件一样的偏振更为简单。如果它们出现，就会打破内部对称。

这一对称方式与我们前面讨论的三色射灯的例子非常相似，

在那个例子里，我们观察到的只是三种颜色一起形成的白光，而不能看到单独的灯光的颜色。同样地，**在有关力的理论里，只有一些特定的粒子组合符合内部对称，也只有这些组合才会出现在物理世界。**

与力相关的内部对称，摒除了所有涉及虚假偏振的过程——即沿着运动方向的振动（这在自然界里并不真实存在）。就如不符合左右衣袖对称的衬衫很容易被挑出扔掉一样，不符合内部对称的虚假偏振也会被自动删除，不会干扰计算。一个规定了正确的内部对称的理论，就会排除可能出现的虚假偏振。

电磁力、强力、弱力都是通过规范玻色子来传递的：电磁力通过光子，弱力通过弱规范玻色子，强力通过胶子。每一类型的规范玻色子都有一个相关的波，在理论上，它可以在任何方向上振动；但实际上，它只会在垂直方向上振动。因此，这三种力，每种力都需要它自己特定的对称来排除传递力的规范玻色子的虚假偏振。因此，与电磁力相关的有一对称，与弱力相关的有一对称，而与强力相关的又是另一对称。

在力的理论里，内部对称似乎非常复杂，但要形成一个有用的力的量子场论，并作出正确预言，这是物理学家所知道的最简单的方法。要区分真实的和虚假的偏振，只有通过内部对称。

我们刚刚探讨的内部对称对力的理论是非常关键的，它们也是希格斯机制的基础，这一机制告诉我们标准模型的基本粒子怎样获得质量。下一章，我们将不再需要内部对称的细节，但我们会看到对称（及对称破缺）是标准模型的基本组成部分。

规范玻色子、粒子和对称

到现在为止，我们只讨论了规范玻色子的对称作用，但是，与力相关的对称变换却不仅仅对规范玻色子发挥作用。规范玻色子会与经受它所传递的力的粒子发生相互作用：光子与带电磁力电荷的粒子相互作用；弱规范玻色子与带弱荷的粒子相互作用；胶子与夸克相互作用。

由于这些相互作用，只有将规范玻色子及与它们相互作用的粒子同时改变时，才能保持内部对称。我们来看一个比方：如果旋转只作用于一些物体而不作用于其他物体，那么就不能算是对称变换。**如果你只旋转奥利奥饼干的上层，而不旋转其他部分，那么你只会把它分开；你只有将整个奥利奥饼干同时旋转，才不会看出改变。**

同样的原因，只改变传递力的规范玻色子而不改变经受力的粒子，这种转换将无法维持对称。排除胶子虚假偏振的内部对称，也要求夸克和胶子一样可以对调。事实上，调换夸克与调换规范玻色子的对称变换都是同一对称变换。保持对称的唯一办法就是把两者混在一起，就如要保持奥利奥饼干不变一样，唯一的办法就是将它同时整个旋转。

本书中最为吸引我们的力是弱力，与弱力相关的内部对称将3种弱规范玻色子同等对待，它还将一些粒子对看作对等的，如电子和中微子、上夸克与下夸克等。这一弱力对称变换会将三种弱规范玻色子对调，也会把这些粒子对对调。至于胶子和夸克，只有当所有东西都一起对调时，才有可能保持对称。

-imension
探索大揭秘

- 对称告诉我们两个不同的结构在什么情况下会有相同的表现。在粒子物理学中，对称的用途是禁止某些相互作用：那些不能维持对称的相互作用。
- 对于力的理论，对称非常重要，因为力的最简单有效的理论包括了与每种力相关的对称。这些对称排除了我们不想要的粒子，也排除了这一理论可能作出的关于高能粒子的错误预言。

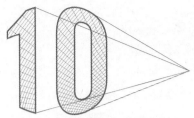

基本粒子的质量来源：有趣的自发对称破缺和希格斯机制

WARPED PASSAGES

> 某一天早晨，锁链终将会打破。
>
> 艾瑞莎·富兰克林（Aretha Franklin）

警察可不会看到保时捷的风驰电掣

更严格的限速法令使得远距离开车成了艾克的噩梦，他多么渴望能够随心所欲地放开速度飞驰啊，可是几乎大约每跑不到一公里他就会被警察逮到。对那些常见的、大众化的车，警察是从不愿费心去管的，他们只会骚扰像他这种开着鲜亮的、涡轮发动机车的人。

为了表示顺从，艾克只开很短的距离，因为这样，他就可以完全避开警察了。在离他出发点方圆不到一公里的区域内，警察从不干涉，而他就能肆意地开快了。尽管出了他周围的社区，没人见识过保时捷的风驰电掣，但在他家周围，那可是有目共睹的。

对称非常重要，但宇宙通常并不能呈现完美的对称，稍微有点不完美的对称使世界变得更为有趣（且更有条理）。对我来说，物理研究最有趣的一面就是寻找一些联系，让对称在一个不对称的世界里变得有意义起来。

当对称并不完美时，物理学家称其为对称破缺。尽管对称破缺常常很有趣，但从审美角度来看，它可能不那么吸引人。它可能会损失（或降低）系统或理论潜在的美感。泰姬陵虽那么讲究对称，但它的对称也并非绝对完美：原计划在对面要再建造一座陵墓，以保持一个完美的四面旋转对称，但建造者的后人因为节俭还是放弃了这一计划，而是在原来的基础上加了一个偏离中心的陵墓，这就稍稍损失了其本来应有的美感。但幸运的是，对于颇具审美情趣的物理学家来说，对称破缺甚至比绝对的对称还要完美和有趣。绝对对称往往是枯燥的，如果蒙娜丽莎展现的是一个对称的微笑，那肯定不会有现在的艺术效果。

在物理学中，就如在艺术中一样，简洁并不一定是终极目标。 现实生活和世界很少是完美的，你能说出的所有对称几乎都是破缺的。尽管物理学家非常看重和崇尚对称，我们仍不得不在对称的理论和不对称的世界间寻找一种联系。虽然最好的理论崇尚对称理论的典雅，但同时也会兼容必要的对称破缺，以作出符合我们现实世界的预言。我们的目的是让理论更为丰富，有时甚至是更为完美，而不致损害其原本的优雅。希格斯机制的概念，就是这样一个成熟的、优雅的理论观点，它所依赖的现象正是自发对称破缺（这是我们下节讨论的内容）。苏格兰物理学家彼得·希格斯提出的这一机制，使标准模型的粒子——夸克、轻子和弱规范玻色子获得了质量。

如果没有希格斯机制，则所有的基本粒子都不能具有质量；而粒子具有质量的标准模型，如果没有希格斯机制，在高能领域就会作出不合情理的预言。希格斯机制的神奇之处就在于，它既然让你得到了蛋糕，就可以让你享用它：粒子获得了质量，但在高能情况下，当有质量的粒子遇到问题时，它们的表现又像是没有质量一样。我们会看到，希格斯机制既允许粒子具有质量，又使它们能够在有限的范围内自由行驶，就像艾克的车一样，驶出不到一公里他会被警察拦住，但在有限的距离内，他可以自由驰骋。这就解决了高能问题。

尽管希格斯机制是量子力学最完善的观点之一，给出了所有基本粒子质量的基础，但它还是有点抽象。由于这一原因，除了专家，大多数人对它并不了解。但即使不明白希格斯机制的细节，也不会影响你理解我后面讨论的观点（如果你愿意，可以跳到后面的"探索大揭秘"部分），但本章确实给我们深入理解粒子物理学和支撑当今粒子物理学理论发展的思想（如自发对称破缺）提供了一个机会。

作为一个额外收获，对希格斯机制的更多了解还会让你知道一个关于电磁场的神奇见解，这是在 20 世纪 60 年代，人们正确理解了弱力和希格斯机制后才发现的。以后，当我们探索额外维度模型时，对于希格斯机制的理解会让那些新近观点的潜在优势变得有意义起来。

没有永远的对称

在描述希格斯机制之前，我们首先要看一下自发对称破缺，这是一种特殊的对称破缺，也是希格斯机制的核心。自发对称破缺在宇宙中许多我们已知的属性里发挥了重要作用，且在我们即将探索的所有事情中都可能发挥作用。自发对称破缺不仅在物理中比比皆是，而且在我们日常生活中也普遍存在。自发对称破缺是物理定律仍旧维持的对称，但现实世界的事物排列却做不到这样。当一个系统不能维持它本应呈现的对称时，就会出现自发对称破缺。或许最好的解释方法还是举几个例子。

首先设想一张圆形餐桌，桌边围坐了几个人，桌上的杯子都摆在两人中间。那么，人们该用哪个杯子呢？是右边的，还是左边的？这不好说。按礼仪，我该用右边的。但礼仪规范也是随意确定的，实际上左边和右边的杯子作用都一样。

可是，一旦有人选择了杯子，对称就被打破了。选择的契机并不一定是系统的组成部分，在这个例子中，它是其他因素——口渴。但如果一个人自动选择了用左边的杯子喝水，那么，旁边的人也会用左边的，结果是，桌上的所有人都用左边的杯子喝水。

在有人拿起杯子之前，一直存在着对称，但直到那一刻，对称便被自动打破了。没有哪条物理定律规定你必须选择左还是右，但你必须作出选择。此后，左右便不再相同，因为对称不复存在，你也不能再将两个杯子交换。

再看另一个例子，一支铅笔立在一个圆的中心。有那么短暂的一刻，它垂直地立着，这时所有的方向对它都是相同的，存在着一种旋转对称。但铅笔不会总这么立着：它肯定会自动倒向某个方向，一旦铅笔倒下，原来的旋转对称就会被打破。

请注意，决定倾倒方向的并非物理定律本身。无论铅笔倒向何方，决定铅笔倒向的物理定律都是一样的。打破对称的是铅笔，是系统的状态。铅笔不可能同时倒向所有方向，它肯定会选择某个方向倒下。

一座墙如果无限高、无限长，那么沿着它的任一方向看，它应该处处都是一样的。但是，实际的墙总会有边界，只有离它很近，且边界超出了你的视野时，你看到的墙才是对称的。墙的终点会告诉你，墙并非处处相同。但是，如果你愿意靠近它，只看到很小的范围，那么这对称似乎就能维持。或许你愿意简要地思考一下这个例子，它说明：虽然从一个距离尺度来看，对称产生了破缺，但在另一距离尺度，对称仍然保持——这一概念的意义很快将显现出来。

世界上，你能想出的所有对称几乎都不能维持。例如，一个空的空间会呈现出多种对称，如旋转对称或平移守恒，这意味着所有的方向和位置都是相同的。但实际上空间却不是空的：里面充斥着各种各样的结构，如恒星和太阳系，它们都占据一定的位置并向特定的方向运动，这就不再维持原有的潜在对称。它们会出现在任何地方，可又不能出现在所有地方。潜在对称肯定会被打破，尽管在描述世界的物理定律中它们仍旧很清晰。

与弱力相关的对称也会出现自发破缺。我将在本章的其余部分解释我们是怎样知道这一点的，并讨论它的一些作用。我们会看到，弱力的自发对称破缺是解释粒子质量的唯一方法，同时又避免了其他任何候选理论所不能避免的有关高能粒子的错误预言。希格斯机制既承认要满足与弱力相关的内部对称，又允许它在必要的时候产生破缺。

弱力谜题

弱力有一种奇特的属性。电磁力能够穿越很远的距离——每次打开收音机时，你便能体会到这一点——而弱力却不同，它只在极近的距离范围内对物质产生作用。两个粒子的距离只有在一亿亿分之一厘米的范围之内，才会通过弱力相互影响。对于早期研究量子场论和 QED 的物理学家来说，这一有限的范围是一个谜。QED 指出，力似乎都应和人们已熟知的电磁力一样，可以传到离荷源任意远的距离，但为什么弱力不能在任意距离的粒子间传递，而只传递给那些附近的粒子？

结合了量子力学原理与狭义相对论原理的量子场论规定，如果低能粒子只在短距离内传递力，那么它们必须具有质量；且粒子越重，粒子的作用范围则越小。正如第 6 章所讲述的，这是不确定性原理与狭义相对论的结果。不确定性原理告诉我们，需要高动量粒子来探索或影响小距离的物理过程；而狭义相对论则将动量与质量联系起来。尽管这一陈述只是讲了其性质，但量子场论却给出了这一关系的精确值。它告诉我们一个有质量的粒子会行驶多远：质量越小，行程越远。

因此，根据量子场论，弱力的微小作用范围只意味着一件事：**传递弱力的规范玻色子质量一定非零**。但是，前几章里我所描述的力的理论只适用于像光子等规范玻色子，它们能在远距离上传递力，并且质量为零。根据最初有关力的理论，非零质量的存在就很奇怪，而且出现了问题——当规范玻色子有质量时，理论作出的高能预言是无意义的。例如，理论预言：能量极大、有质量的规范玻色子的相互作用会过于强大——事实上，这些粒子的相互作用频率会超过 100%。这一天真的理论显然是错误的。

而且，弱规范玻色子、夸克和轻子（所有这些，我们都知道是非零质量）的质量不能够维持内部对称，而内部对称，正如我们在上一章看到的，是力的理论的一个关键因素。物理学家想要构筑一个包含质量粒子的理论，显然需要一个新的观点。

物理学家证实，要使一个理论避免作出有关高能的、有质量的规范玻色子的无意义预言，唯一的办法是通过希格斯机制的程序使弱力对称自发破缺，以下就是解释。

你可能还记得，在上一章里，我们想以包含内部对称来排除规范玻色子的虚假极化的一个原因就是：没有这一对称，理论会作出同样的不合情理的预言。最简单的没有对称的理论会预言：高能的规范玻色子，无论有无质量，与其他规范玻色子的作用要频繁得多。

通过禁止导致不正确预言且在自然界中不存在的极化，力的理论成功地排除了高能粒子的不良表现。虚假极化是关于高能散射问题预言的根源，因此，对称只允许保留那些实际存在并符合对称的物理极化。对称既排除了理论不存在的极化，又排除了它可能导致的不正确预言。

可能当时我并未明确说明，但所述观点只对无质量规范玻色子有效。与光子不同，规范玻色子是非零质量的，弱规范玻色子的速度没有光速快，这就给工作迎头一击。

无质量的规范玻色子在自然界中只有两种极化，而有质量的规范玻色子却有三种极化方向。有一种方法可以帮助理解这一差别：无质量规范玻色子总是以光速行驶，这就告诉我们，它们永远不会静止，因此它们总能明显表现出其运动方向，你也总能将垂直极化与其他的沿其运动方向的极化区分开来，结果就是，无质量规范玻色子只存在两个垂直方向上的极化。

而有质量的规范玻色子就不同了。就如我们熟悉的所有物体一样，它们可以静止下来。但当有质量规范玻色子不运动的时候，我们就无从辨别它的运动方向。对一个静止的、有质量的规范玻色子，所有三个方向都是相同的，而如果三个方向相同，那么所有三个可能的极化方向在自然界中都将存在，而它们也确实存在。

尽管你可能觉得上面的逻辑很神秘、难以理解，但请放心，实验者们已经观察到了第三种极化的效应，并证实了它的存在。第三种极化叫作纵向极化。当一个有质量的规范玻色子运动时，纵向极化就是沿其运动方向的波的振动，例如声波的振动方向就是如此。

这种极化不存在于像光子等无质量的规范玻色子中，但是，第三种极化却是像弱规范玻色子等有质量规范玻色子的一种真实的自然属性。因此，第三极化必须成为弱规范玻色子理论的一个组成部分。

因为第三种极化是弱规范玻色子在高能下作用频率明显超高的根源，因此，它的存在就带来了矛盾。我们已经知道，要消除不良高能表现需要一个对称，但这一对称在排除不正确预言的同时，也排除了第三种极化；而这一极化对有质量规范玻色子和对描述它的理论都是必不可少的。**尽管内部对称会排除高能表现的错误预言，但其代价却是高昂的：这一对称还摒弃了质量！就如给孩子洗完澡后，将洗澡水连同孩子一起倒掉了。**

乍看起来，障碍似乎不可逾越，因为有质量规范玻色子理论的要求似乎完全是自相矛盾的：一方面，上一章描述的内部对称不应保持，否则有三个极化方向的有质量规范玻色子就会被禁止；另一方面，如果没有内部对称来排除另一极化方向，当规范玻色子具有高能量时，力的理论会作出不正确的预言。如果我们希望排除不良的高能表现，还是需要一个对称来排除单个有质量规范玻色子的第三种极化。

解决这一明显矛盾并找到描述有质量规范玻色子的正确量子场论的关键是，要找到高能和低能的有质量规范玻色子的差别。在没有内部对称的理论里，似乎只有关于高能规范玻色子的预言才会出现问题，关于低能有质量规范玻色子的预言还是符合情理（且正确）的。

这两个事实结合在一起就暗含了一个深刻的意义：**要避免有问题的高能预言，内部对称是必须的**——上一章的内容仍然适用。但如果有质量规范玻色子的能量很低（相比爱因斯坦方程 $E=mc^2$ 与质量相关的能量），则不应再保持对称，对称应被排除。这样，规范玻色子就能具有质量，第三种极化也可以参与低能量的相互作用，而质量使得作用有所不同。

1964 年，彼得·希格斯等人发现了力的理论是如何通过我们刚才讲述的方式来兼容有质量的规范玻色子的：**高能时保留对称；低能时排除对称。**

希格斯机制依赖的基础是自发对称破缺，它打破了弱相互作用的内部对称，但这只是在低能的时候。这就保证了另一种极化在低能时会出现，这也是理论所需要的。但另一种极化不会参与高能过程，因此也就不会出现不合情理的高能相互作用。

现在，我们就来探讨体现希格斯机制弱力对称自发破缺的模型。有了希格斯机制的这一典型例子，我们会看到标准模型的基本粒子是怎样获得质量的。

希格斯场，上帝粒子的源泉

希格斯机制包含了一个物理学家称为希格斯场的场。正如我们看到的，量子场论的场能在空间任何位置产生粒子，每一种场都会产生它自己特定类型的粒子，如电子场是电子的源泉；同样，希格斯场就是希格斯粒子的源泉。

就如重夸克和轻子一样，希格斯粒子也很重，因而在通常物质里找不到它们。但不同于重夸克和轻子的是，即便在高能加速器的实验里，也没人见到希格斯场产生过希格斯粒子。这并不意味着希格斯粒子不存在，而只是因为希格斯粒子太重，迄今为止，我们实验能探索的能量还不足以将它们生产出来。物理学家预计，如果希格斯粒子存在，在几年的时间里，当 LHC 开始运行时，我们就能生成它们。

但我们仍然确信希格斯机制对我们的世界是有用的，因为，这是已知的使标准模型粒子具有质量的唯一方法，它也是前几节所提到问题的唯一解决办法。不幸的是，因为还没有人发现希格斯粒子，我们仍不能确切地知道希格斯场究竟是怎样的。

希格斯粒子的性质是粒子物理学中最热门的极具争议性的话题。在这一节里，我将给出几个最简单的模型——包含不同粒子和力的可能理论——它们展示了希格斯机制是如何发挥作用的。无论真正的希格斯场论最终会怎样，它都要遵循希格斯机制——自发地打破弱力对称，给基本粒子以质量。下面这一模型就给出了一种方式。

在这一模型里，有一对场同时经受弱力。这在以后会非常有用，我们要考虑两个希格斯场，因为携带弱荷，它们必须受弱力支配。希格斯机制的术语并不很严格，"希格斯"有时同时指两个场，有时指单个场（有时还指我们渴望找到的希格斯粒子）。这里，我会将这些可能区分开来，用希格斯$_1$和希格斯$_2$来代指单个的场。

希格斯$_1$和希格斯$_2$都有可能生成粒子，但即使没有粒子存在，它们也可能取非零值。到现在为止，我们还没有在量子场里遇到这样的非零值。迄今为止，除了电磁场以外，我们只探讨过会产生和销毁粒子的量子场，可没有粒子时，它们的值是零。但是，就如经典电磁场一样，量子场也可以是非零值。根据希格斯机制，其中的一个希格斯场会采取非零值，这一非零值就是粒子质量的根本来源。

当一个场取非零值时，理解它的最好办法是将它想象成一个空间——呈现了场所带的电荷，却不包含任何实际粒子。你应该想到场所携带的电荷是无处不在的，因为场本身就是一个抽象的物体，而这一概念就更为抽象。但当场取非零值时，其结果却是具体的：现实世界中就存在着非零值的场所携带的电荷。

尤其是，一个非零的希格斯场产生的弱荷贯穿于整个宇宙，这就好像是一个携带弱荷的非零希格斯场将弱荷涂满了整个空间。希格斯场的非零值意味着，即便不存在任何粒子，希格斯$_1$（或希格斯$_2$）所携带的弱荷仍将无处不在。当其中一个希格斯场取非零值时，真空（没有粒子存在的空间状态）本身也携带弱荷。

就如会与所有其他弱荷作用一样，弱规范玻色子也会与真空里的这些弱荷相互作用。而弥漫于真空的这些弱荷会妨碍规范玻色子在远距离上传递力，它们想穿越的距离越远，所遭遇的"喷涂"就越多（因为弱荷实际上是在三维空间弥漫，或许将它想象成是一场大雾更为恰当）。

希格斯场所发挥的作用就像是篇首故事里的交警，它将弱力的作用限制在很短距离之内。如果试图将弱力传递给远处的粒子，传递弱力的规范玻色子必然要遭遇希格斯场，它会挡住它们的去路，并将它们困住。就像艾克一样，他只能在方圆不到一公里的范围内自由行驶，弱规范玻色子也只能在很小的范围内无阻碍地行动，这一范围大约只有一亿亿分之一厘米。弱规范玻色子和艾克一样，都是在小范围内可以任意驰骋，到了远距离就会受到阻碍。

真空的弱荷分布非常稀薄，因此，在近距离内非零希格斯场及相关弱荷的踪迹也比较罕见。夸克、轻子和弱规范玻色子在近距离内就可以自由地行驶，就好像真空里不存在弱荷一样。因此，弱规范玻色子能在短距离内传递力，似乎两个希格斯场的值都是零。

但在远距离上，粒子行驶得较远，遭遇得弱荷越多。究竟遭遇多少，要看弱荷的密度，而弱荷密度又依赖于非零希格斯场的值。远距离行驶（及弱力的传递）可由不得低能弱规范玻色子自己选择，真空的弱荷会拦住它长途旅行的去路。

关于弱规范玻色子，这正是我们需要弄明白的。量子场论指出，能在近距离内自由行驶却极少会行驶到远距离的粒子，它的质量非零。弱规范玻色子受阻的行程告诉我们，它们的表现就像是具有质量，因为有质量的规范玻色子不会行驶得很远。弥漫于空间的弱荷妨碍了弱规范玻色子的行驶，使得它们的表现恰好与实验相符。

弱荷在真空里的密度大致符合间距为一亿亿分之一厘米。在这一密度里，弱规范玻色子（带电的 W 及中性的 Z）的质量测量值大约是 100 GeV。

希格斯机制的成就远不止于此，它还解释了夸克和轻子的质量。夸克和轻子是标准模型里构成物质的基本粒子，它们获得质量的方式与弱规范玻色子非常相似。夸克和轻子与密布于空间的希格斯场互相作用，因此也受到了宇宙中弱荷的阻挡。与弱规范玻色子一样，因为夸克和轻子被时空中到处弥漫的希格斯弱荷弹回，从而获得了质量。如果没有希格斯场，这些粒子的质量也会是零，但非零的希格斯场和真空的弱荷再一次干涉了运动，使粒子具有了质量。希格斯机制对夸克和轻子获得质量也是必要的。

可能你会觉得，以希格斯机制来解释质量的来源太过牵强，但根据量子场论，这是规范玻色子获得质量的唯一合理方式。希格斯机制的魅力在于，它既赋予了弱规范玻色子质量，又恰巧完成了本章一开始我所提出的任务：有了希格斯机制，弱力对称似乎就能既在短距离内（根据量子力学和狭义相对论，这就等于高能量）保持，又在远距离上（等于低能量）破缺。它自发地打破了弱力对称，而这一自发破缺正是解决规范玻色子质量问题的根源。下一节，我将解释这一更高深的话题（如果愿意，你尽可以跳到下一章）。

弱力对称的自发破缺

我们已经看到，与弱力相关的内部对称变换能够对调弱力作用下的所有东西，因为对称变换会作用于所有与弱规范玻色子相互作用的东西。因此，与弱力相关的内部对称必然也作用于希格斯$_1$和希格斯$_2$场或它们将产生的希格斯$_1$和希格斯$_2$粒子，把它们都同等看待，就如对待同样经受弱力的上夸克和下夸克一样，把它们看作可交换的粒子。

如果两个希格斯场的值都是零，它们就会是同等的、可以交换的，这就完全保持了与弱力相关的对称。但当其中的一个希格斯场取非零值时，希格斯场便自动打破了弱力对称。如果一个场为零而另一场非零，那么希格斯₁和希格斯₂赖以交换的弱电对称就会被打破。

就如第一个选择了左边或右边杯子的人打破了圆桌上的左右对称一样，一个希格斯场取非零值，就打破了将两个希格斯场对调的弱力对称。对称的打破是自发的，因为打破它的是真空——系统的实际状态，在这一例里是非零值的场。但物理定律没有改变，它仍保持对称。

我们来看一幅图，这有助于理解一个非零的场如何打破弱力对称。图 10-1 是有两个轴的图，分别标以 x 和 y。两个希格斯场等价，就像两个没有点的坐标轴的等价一样。如果将图旋转，使两轴变换位置，图看上去还是同样的。这是通常的旋转对称的结果。

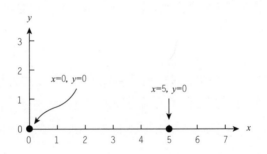

图 10-1

两个轴的坐标图。当选取一点 $x=0$，$y=0$ 时，旋转对称仍旧保持；但如果选取的点是 $x=5$，$y=0$ 时，旋转对称则被打破。

请注意，如果我在 $x=0$，$y=0$ 的位置标一个点，这一旋转对称仍能完全保持。但如果标一个非零坐标值的点，如 $x=5$，$y=0$，则不再保持旋转对称。两个坐标轴不再对等，因为这一点的 x 值，而非 y 值，不等于零。

希格斯机制自发打破弱力对称的方式与此类似。如果两个希格斯场都是零，则保持对称；如果一个是零，而另一个非零，弱力对称则自发破缺。

弱规范玻色子的质量说明了弱力对称发生自发破缺的精确能量。那个能量是 250 GeV，即弱力能标，非常接近弱规范玻色子

W^-、W^+ 和 Z 的质量。当粒子的能量大于 250 GeV 时，发生的相互作用就好像对称仍旧保持；但当能量小于 250 GeV 时，则对称被打破，弱规范玻色子的行为就像有了质量。有了非零希格斯场的正确值，弱力对称就在那个能量被打破，而弱规范玻色子则正好获得正确的质量。

作用于弱规范玻色子的对称变换同样也作用于夸克和轻子，而夸克和轻子没有质量，那么这些变换就会使事物保持原状。这意味着弱力对称只有在夸克和轻子没有质量时才会保持。因为弱力对称在高能量时是必不可少的；而对称的自发破缺，不仅弱规范玻色子获得质量需要，夸克和轻子要获得质量，对称破缺也是必需的。希格斯机制是标准模型的所有这些基本粒子获得质量的唯一途径。

希格斯机制的作用在于保证了所有将它包含在内的理论，既使弱规范玻色子（以及夸克和轻子）具有质量，也能对高能表现作出正确预言。具体来说就是，对高能弱规范玻色子（能量超过 250 GeV 的那些）似乎保持了对称，因此不会作出不正确的预言。在高能量时，与弱力相关的内部对称仍旧滤除了可能引起过高作用频率的弱规范玻色子的问题极化，但在低能量上，质量对产生弱力的小距离相互作用是必不可少的，因而弱力对称就被打破了。

这就是希格斯机制非常重要的原因，所有赋予这些质量的其他理论都没有这种性质。其他方法要么在低能出现错误，得到错误的质量；要么在高能出现错误，作出错误的相互作用预言。

意外收获：电磁力为何如此特别

标准模型还有一个更为成功的特点我没有解释，尽管随后的几章都离不开希格斯场，但与希格斯机制的这一独特方面却并无联系，可因为它是那么的神奇和出人意料，所以还是值得一提。

希格斯机制不仅仅给我们解释了弱力，令人吃惊的是，它还给出了一个新的见解，让我们知道电磁力为什么特别。20世纪60年代以前，没人会想到电磁场还有新的东西需要学习，因为一个世纪前，人们就把它彻底领会了。但到了60年代，由格拉肖、温伯格和萨拉姆提出的弱电统一理论显示，当宇宙在高温、高能之下开始它的演变时，有三种弱规范玻色子，还有一个有着不同作用强度的独立的中性玻色子，而如今无处不在的重要的光子那时却不在此之列。弱电统一理论的作者从数学和物理两方面的线索都推导了这四种弱规范玻色子的性质，在此，我不再细述。

令人瞩目的是，光子原来没什么特别的。事实上，**现在我们谈论的光子是原来四个规范玻色子中的两个混合的产物**。之所以将光子单列出来，是因为它是参与弱电统一作用的唯一规范玻色子，弱电统一作用对真空的弱荷无动于衷。光子最为独特的特征就是，它会不受羁绊地自由穿越充满弱荷的真空，因此也就没有质量。

与W子和Z子不同，光子的行驶不会受到希格斯场非零值的阻挡。这是因为，尽管真空带有弱荷，却不带电荷。光子传递的是电磁力，它只与带电物体相互作用，因此，光子能在很大的范围内传递力，而不会受到真空的干涉。由此，光子就成了唯一无质量的规范玻色子，即便在非零的希格斯场里也能保持无质量。

这一情形非常类似于艾克所必须遵守的速度限令（虽然无可否认比喻的这部分有点牵强）。限速令让那些普通的车自由驰骋，而不惩罚它们。光子就像普通的"中性车"一样，总能不受约束地自由穿行。

谁会想到这个？多年来，物理学家以为他们完全了解了光子，然而其来源却只有由一个更为复杂的、融合了弱力和电磁力的统一的新理论才能作出解释。这一理论通常被称作弱电统一理论，其相关的对称是弱电对称。

弱电统一理论和希格斯机制是粒子物理的主要成就，弱规范玻色子的质量及光子的意义都在这一框架内得到了完美的解释。更为重要的是，它让我们理解了夸克和轻子质量的来源。刚才我们遇到的这些概念虽然非常抽象，却能完美地解释宇宙的许多特征。

两难境地

希格斯机制非常有效，它赋予夸克、轻子和弱规范玻色子质量，却又不会作出荒谬的高能预言，而且还解释了光子的根源。然而，希格斯粒子还有一个根本属性，物理学家至今未能完全理解。

弱电对称必须在 250 GeV 的能量上被打破，才能使粒子获得质量。实验显示，能量超过 250 GeV 的粒子似乎没有质量；而能量低于 250 GeV 的粒子好像有质量。但只有当希格斯粒子（有时也称作希格斯玻色子）本身也是这一质量时（再次说明，使用 $E=mc^2$ 进行转换），弱电对称才会在 250 GeV 的能量上破缺。如果希格斯粒子质量过大，弱电统一理论就不会有效。如果希格斯粒子质量更大，对称破缺就会发生在更高的能量，而且弱规范玻色子也会更重——这便与实验结果产生了矛盾。

但是，希格斯粒子过轻也会带来重大的理论问题，我会在第 12 章解释原因。**由量子力学得出的计算表明，希格斯粒子会很重，但物理学家还弄不明白为什么希格斯粒子的质量反而会这么小。**这个矛盾非常关键，它会激发出新的粒子物理学观点和后面我们将探讨的额外维度模型。

即便不了解希格斯粒子的确切性质以及它为什么这么轻，但其对质量的要求告诉我们，在瑞士 CERN 投入运行的 LHC，一定会发现一个或多个关键的新粒子。无论是什么让弱电对称破缺，但它一定具备大约弱力级的质量。我们期待 LHC 会发现它究竟是什么，如果真能如愿，这一至关重要的发现会大大增进我们对于物质基本结构的了解。它还可以告诉我们，所有解释希格斯粒子的假说（如果有的话），究竟哪个才是正确的。

但是，在我们研究这些假说之前，我们先要看标准模型的一个可能，它的提出纯粹是出于对一个简洁的自然的兴趣。下一章，我们将探讨虚粒子、力对距离的依赖以及一个引人入胜的话题：大统一理论。

- 尽管对称对高能粒子的正确预言意义重大，但夸克、轻子和弱规范玻色子的质量却告诉我们，弱力对称必须被打破。

- 因为我们仍需要防备错误预言，因此弱力对称在高能时还必须保持。所以只有在低能时，弱力对称才被打破。

- 当所有物理定律保持对称，而实际的物理系统并不保持时，就产生了自发对称破缺。高能时保持、低能时打破的对称就是自发破缺的对称，弱力对称就是自发破缺的。

- 弱力对称自发破缺的过程叫作希格斯机制。要打破这一对称，必须要有一个能量大约是 250 GeV 的带质量粒子（记住，狭义相对论通过 $E=mc^2$ 将能量与质量联系起来）。

-imension
探索大揭秘

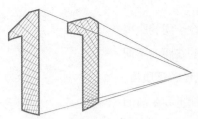

大统一理论：不同尺度和能量的相互融合

WARPED PASSAGES

> 某一日，希望你会成为我们的一员，世界将会更简单。
>
> 约翰·列侬（John Lennon）

力的影响力取决于你在哪儿

阿西娜常常觉得，她总是最后一个才知道发生了什么有趣的事。艾克开车的冒险经历，都快过去一个月了，阿西娜才听说，而且还不是艾克直接告诉她的——她是从朋友那儿听说的；朋友是听迪特尔的表哥的同学说的；同学是听迪特尔的表哥说的；迪特尔的表哥是听迪特尔说的。

就这么七绕八绕，阿西娜听到了艾克的话："力的影响取决于你在哪儿。"这句古怪的话可把阿西娜弄糊涂了，不过到最后她才意识到，原话一定被误传了。想了一会儿后，她断定，艾克原话一定是："保时捷的表现要看它是什么车型。"

我们会看到，阿西娜最初听到的言论是对的，粒子间的距离不同，发生的物理过程也不同。本章的内容是，**这些在距离不同的粒子间发生的物理过程是怎样联系起来的，为什么像粒子质量、作用强度等物理量都要依赖于粒子的能量？**这种对能量和距离的依赖关系，超出了经典力学中力对距离的依赖关系。例如，在经典物理学里，像引力强度一样，电磁场强度与作用物体间距离的平方成反比（平方反比定律）。但量子力学通过影响相互作用的强度，使得不同距离（以及能量）的粒子似乎在以不同的电荷相互作用，从而改变了距离依赖关系。

力随着距离的增大变弱或变强，从而产生虚粒子。所谓虚粒子是一种短暂存在的粒子，是量子力学和不确定性原理的结果。它会与规范玻色子相互作用并改变力，使得力的作用要依赖于距离。这就好像是阿西娜从朋友那里听到的艾克的话一样，随着传播路途的延长而被改变了。

量子场论告诉我们怎样计算虚粒子对力与距离和能量的依赖关系的影响。这些计算的一大成就是，解释了强力为何如此强大；还有另一有趣的发现：**一定潜藏着一个大统一理论。在这一理论中，除引力之外的其他三种力尽管在低能量上差别巨大，但在高能量上却可能融合在一起，成为一个统一的力。**我们即将探索这两个成果以及作为其基础的量子场论的思想和计算。

在看随后的几章时，请记住我们要讨论的不同的能标：大统一能标大约是 1 000 万亿 GeV；而普朗克能标，比它还要大 1 000 倍，在这一能量上，引力变得强大起来；弱力能标则相对要小得多，当今的实验就在此能量上进行，它只有 100~1 000 GeV。弱力能标相比大统一能标，就如一个玻璃球的直径与地球和太阳之间的距离相比。因此，有时我会称弱力能标为低能量❶，尽管从实验

----

❶ 这与美国的营销话术正好相反，他们总是把小的东西说成大的。

角度来讲，这已经很高了，但相比大统一能标和普朗克能标，它实在是太小了。

从大到小

有效场理论将我们第1章讨论的有效理论的思想应用到量子场论，它们只集中研究有望探测到的能量和距离尺度。在特定能量或距离尺度适用的有效场理论，"有效地"描述了我们需要考虑的能量和尺度。它只关心那些当粒子具有某一特定（或更低）的能量时可能出现的力和相互作用，而忽略了不可达到的高能量。如果物理过程或粒子只出现在高不可攀的能量中，那么它便不会追根究底。

有效场理论的一大优点在于，即便你不知道在小距离上发生了什么相互作用，你仍可以研究在你感兴趣的尺度上有意义的物理量。实际上，你只需要考虑（在理论上）能探测的物理量即可。调颜料时，你并不需要知道颜料的分子结构，但也许你想了解它那些比较容易得到的基本属性，如颜色和质地。有了这些信息，即便你不知道颜料的微观结构，仍可以根据它们的相关属性分类，并预知当你将这些颜料涂在画布上时，会呈现出什么颜色。

但是，如果你知道了颜料的化学构成，物理规律就会让你推测出它们的一些属性。作画（使用有效理论）的时候，你不需要这些信息；但是，如果是要制作颜料（从一些更为基本的理论得出有效理论的参量），你就会发现它们非常有用。

同样的道理，如果不知道小距离（高能量）的理论，你就不能得出可测量的量。可是，如果你了解了微观领域的详情，量子场理论就会告诉你如何联系适用于不同能量的不同的有效理论。它让你从一种有效理论的量导出另一有效理论的量，如质量或作用强度。

计算物理量是如何依赖于能量或距离的方法是由肯尼斯·威尔逊（Kenneth Wilson）在 1974 年首次提出的，它有一个非同寻常的名字：重整化群。物理学除了对称以外，还有两个最为强大的工具，那就是有效理论的概念和重整化群，它们都涉及不同长度和能量尺度的物理过程。"群"是一个突出的数学名词，不过其数学根源与此并不相干。

"重整化"指的是，每到一个你感兴趣的距离尺度，都暂停下来，总结自己的所得。你决定哪些粒子和哪些相互作用是与你感兴趣的特定能量相关的，然后对理论的所有参量使用一个新的标准——即重新标定计量单位。

重整化群的观点类似于第 2 章的观点，当时，我们讨论了以低维语言解释高维理论的可行性，并把含有一个卷曲维度的两维理论看作只有一维。维度卷曲时，我们忽略发生在额外维度内部的所有细节，并假设所有事物都可以用低维语言来描述。我们的新"重整化"就是可以在关注大尺度时使用的四维描述。

通过类似的过程，我们可以由任意适用于微小尺度的理论导出一个适用于较大尺度的理论：**确定你所关心长度的最小值，然后"洗掉"与更小尺度相关的物理量**。这样做的一种方法是，找到你准备忽略的量的平均值，这些量的细节只有在你决定忽略的更小尺度上才会产生影响。如果有一张方格纸布满了刻度模糊的小点，你可以很精确地知道一些小点的平均阴影密度，然后找到大一些的点来产生同样的阴影效果。在日常生活中粗略观察时，我们的眼睛会自动地完成这一步骤。

如果你的观察精确度有限，为了作出可观测量的有用计算，你也不需要知道在更小距离上发生了什么。最为有效的办法是在理论中选择与你的精度水准相一致的"像素大小"。这样，你就可以忽略那些不能生成的重粒子和不可能发生的小距离相互作用，而集中精力来计算在能达到的能量上会产生的粒子和相互作用。

但如果你确实知道适用于更小距离的更精确理论，那么你就可以用这些理论算出你感兴趣的有效理论的量——即精确度要求较低的有效理论。就如用刻度模糊的小点一样，当你从一个精确度很高的微观的有效理论转向另一个精确度稍低的理论时，从根本上来讲，你是变换了理论分析的"像素大小"。重整化群告诉我们如何计算这些小距离的相互作用可能对长距离理论的粒子所产生的影响。这样，你就将物理过程从一个长度或能量尺度外推到了另一个。

虚粒子，真实粒子鬼魅般的孪生兄弟

重整化群作出这种推想，靠的是把量子力学过程和虚粒子的作用考虑在内。作为量子力学的结果，虚粒子是真实粒子鬼魅般的孪生兄弟，它们神出鬼没，倏忽即逝。虚粒子与真实粒子有着相同的电荷、相同的相互作用，但能量看上去却不同。例如，高速运动的粒子会携带巨大的能量，但虚粒子的速度可以高得惊人却没有能量。**事实上，虚粒子可以具有任意能量，只是与相对应的真实的物理粒子所携带的能量不同。如果能量相同，它就成了真实粒子，而非虚粒子了。**虚粒子是量子场论的一个奇异特征，要作出正确预言，它是不可或缺的。

那么，这一显然不可能存在的粒子为何会出现？倘若不是不确定性原理，外借能量的虚粒子根本不可能存在。不确定性原理允许粒子的能量产生错误，只要它的存在时间短到根本无法测量。

不确定性原理告诉我们，如果要无限精确地测量能量（或质量），那么我们必须花费无限长的时间——粒子的寿命越长，对

虚粒子

作为量子力学的结果，虚粒子是真实粒子鬼魅般的孪生兄弟，它们神出鬼没，倏忽即逝。虚粒子与真实粒子有着相同的电荷、相同的相互作用，但能量看上去却不同。事实上，虚粒子可以具有任意能量，只是与相对应的真实的物理粒子所携带的能量不同。如果能量相同，它就成了真实粒子，而非虚粒子了。

其能量的测量就越准确。但是，倘若粒子寿命太短，而其能量不可能被无限精确地测定，那么它的能量与一个真实的、短暂存在的粒子就可以产生暂时的偏离。事实上，由于不确定性原理，粒子做什么都不会受到管辖，只要它们能做到。只要没人观察，虚粒子就会无所顾忌，为所欲为（阿姆斯特丹的一个物理学家甚至建议称它们为荷兰人）。

你可以把真空看成能量库——虚粒子就是暂时借来一些能量而在真空出现的。 它们倏忽一闪，很快又消失在真空里，带走借来的能量。这些能量可能会重回它们起源的地方，也可能会转移到其他位置的粒子。

量子力学的真空可是一个繁忙之地，即使从定义来讲真空是空的，但量子作用却使它产生了大量的、时隐时现的虚粒子和反粒子——虽然稳定、持久的粒子并不存在。所有粒子-反粒子对在原则上都可能生成，尽管其存在时间短暂，短到无法直接看见。无论多么短暂，我们仍很在意虚粒子的存在，因为它们毕竟在长寿粒子的相互作用中留下了印迹。虚粒子有其可测量的结果，因为它们影响了进入和离开作用区域的真实粒子的相互作用。在其短暂的生命里，虚粒子会穿行于真实粒子间，然后消失，将能量归还真空。因此，**虚粒子就像中间媒介，影响着稳定、持久粒子的相互作用。**

例如，前文图 7-1 中的光子实际上就是一个虚光子，它的交换产生了经典的电磁力。它不具备一个真实光子的能量，当然也不必具备，它只需存在足够的时间来传递电磁力，并使真实的带电粒子发生相互作用。图 11-1 给出了另一例虚粒子。在这里，光子进入作用区域，产生了一个虚拟电子-正电子对，然后，这一正负电子对在另一位置被吸收；就在它们被吸收的地方，真空出现另一光子，带走由中介的正负电子对暂时借来的能量。现在，我们来研究这种由相互作用产生的引人注目的结果。

相互作用强度为什么会依赖于距离

我们知道，力的强度依赖于粒子相互作用中涉及的能量和距离，虚粒子在这一依赖中发挥了作用。例如，两个电子相隔很远时，电磁力的强度就小（记住，量子力学中，力的下降要超出经典力学中电磁力对距离的依赖）。虚粒子的作用和力对距离的依赖都是真实的，理论预言与实验恰好相符。

有效理论的量，如力或作用强度，取决于参与粒子的能量和距离，这是由量子场论的一个特点引起的，物理学家乔纳森·弗林（Jonathan Flynn）将其戏称为"无政府主义原理"（anarchic principle）[1]。这一原理是量子力学的结果，它告诉我们所有可能发生的粒子相互作用都会发生。在量子场论里，不被禁止的所有事情都会出现。

每一个特定的粒子群相互作用的单独物理过程，称为一个路径。一个路径可能会涉及、也可能不涉及虚粒子。涉及时，我称这一路径为量子贡献。量子力学告诉我们，所有可能的路径都会对相互作用的最终强度作出贡献。例如，真实粒子可以转化成虚粒子，它们会相互作用，然后再转换成其他的真实粒子。在这一过程里，原来的真实粒子可能会重新出现，也可能变成另外的真实粒子。虽然虚粒子存在的时间非常短暂，我们无法直接观察，

---

[1] 这是盖尔曼"极权主义原理"（Murray Gell-Mann's term）的修订版本，而我觉得"无政府主义原理"更接近于它所适用的物理情境。

但它们仍会影响真实、可观察粒子间相互作用的方式。

　　想阻止虚粒子促进相互作用，就如同把秘密告诉朋友而又不想让另一个朋友知道一样。某个"共同的"朋友迟早会泄露你的秘密，把这消息告诉另一个朋友。即使你已经把这个秘密告诉了那个朋友，但当你们共同的朋友与他讨论这一秘密时，仍旧会影响他对这件事的看法。事实上，他的看法就是每个人与他谈论后形成的最终结果。

　　在传递力时，不仅真实粒子间的直接作用，有虚粒子参与的间接作用同样扮演了重要的角色。就如你朋友的看法会受到与他谈论的每个人的影响，粒子间的最终作用是所有可能贡献的总和，包括来自虚粒子的贡献。由于虚粒子的重要性要取决于涉及的距离，因此，力的强度也就要取决于距离。重整化群会告诉我们怎样计算虚粒子在相互作用中的影响，所有中间虚粒子的影响会叠加起来，要么增强、要么减弱规范玻色子的相互作用强度。

　　在相距较远的粒子间作用时，间接作用扮演了更重要的角色。距离的增大就好比你把秘密告诉了更多的"虚"朋友，尽管你并不确信哪个朋友会泄露你的秘密，但你告诉的朋友越多，秘密泄露的可能性就越大。虚粒子会影响相互作用的最终强度，量子力学告诉我们，只要存在一个包含虚粒子的路径，它们就一定会产生影响，且虚粒子对强度的影响取决于力被传递的距离远近。

　　但实际的重整化群计算更为聪明，因为它还加上了朋友之间互相谈论的贡献。与虚粒子贡献更为相似的比喻是，在一个庞大的官僚机构里传播一条信息。最高层领导下达一条信息，很快就会被传播开来。但低层的人想要传达一个信息，可能就要经过上司的审查：若是一个较低职位的人发出一条书面信息，那么它可能还会辗转多个部门，层层盖章，最终才能到达目的地。在这种情况下，官僚机构的每一层次都要把这一信息传阅一遍，然后才能送达更高的一层。只有最后传到高层主管那里，信息才会被发布。在这种情况下，最终出现的信息早已不再是原来的样子——它已经过了多个官僚的层层过滤。

如果你把虚粒子当作官僚连，那么更高级别的官僚对应的就是一个具有更高能量的虚粒子——高层的信息会被直接传播，而低层信息却要经过层层关卡的审查。量子力学的真空就是一个光子要遭遇的"官僚机构"，每一次相互作用都要经过虚粒子的层层审查，结果是能量变得越来越小。

就如在官僚机构中一样，在各个层次（或距离）上都有一些岔路，有些路径会绕过由虚粒子设置的"官僚"关卡，而有些会遭遇许多虚粒子，使传播距离越来越长。较短距离（较高能量）相比那些较长距离的传递会遭遇更少的虚粒子过程。但是，在虚粒子过程与官僚层次间存在着一个明显区别：无论路径有多复杂，官僚机构中，任何一条信息都只有一条特定的路径；而量子力学却认为会有多种路径，而且作用的最终强度应是所有可能发生的路径共同贡献的结果。

设想一个光子从一个带电粒子行驶到另一带电粒子，在途中它会转换成一个虚电子 - 正电子对（见图 11-2），量子力学告诉我们它往往会发生。而有虚电子 - 正电子对参与的路径，就影响了光子传递电磁力的效能。

这还不是量子力学会出现的唯一过程。每对虚电子 - 正电子本身就可以发出光子，光子也会转化成其他虚粒子，依此类推。交换光子的两个带电粒子间的距离决定了"信使"光子在真空里会与粒子发生多少次这样的相互作用，以及这些作用的影响会有多大。电磁力的强度就是将所有的"官僚障碍"（在或远或近的距离上，虚粒子可能参与的量子力学过程）考虑在内后，光子可能采取的多条路径的最终结果。由于光子可能遇到的虚粒子数量要取决于它所行驶的距离，因此，光子的作用强度就要取决于与它相互作用的带电物体间的距离。

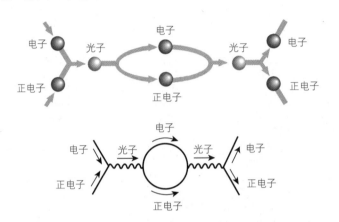

图 11-2

电子 - 正电子散射的虚拟修正。由左至右为：一个电子和一个正电子湮灭形成一个光子，光子接着分裂成一个虚电子 - 正电子对，然后再湮灭成一个光子，光子再转化成电子和正电子。中间的虚电子和正电子就影响了电磁力的强度。

计算表明，当所有可能路径的贡献都被加起来之后，真空会削弱光子由电子带来的信息。对电磁作用削弱的直观解释是：**异性相吸，同性相斥**。因此，一般来说，虚正电子比虚电子离电子更近，虚粒子的电荷由此削弱了初始电子电磁力的完整作用。量子力学作用屏蔽了电荷，这意味着光子和电子间的相互作用强度会随距离增加而降低。

在远距离上的真正电磁力，比经典的近距离电磁力要小，因为在近距离传递力的光子会更常采用不包含虚粒子的路径。远距离传递力的光子必须穿越虚粒子的浓雾，减弱其强度，而近距离行驶的光子则不必这样。

不仅仅是光子，所有传递力的规范玻色子，在抵达目的地的途中都要与虚粒子发生相互作用。粒子与其反粒子的虚粒子对，在真空中会自发生成并被吸收，从而影响相互作用的最终强度。

这些虚粒子会暂时拦截传递力的规范玻色子，改变其总的作用强度。计算表明，弱力的强度与电磁力一样，会随距离的增大而降低。

但虚粒子并不总是阻碍相互作用的，令人惊讶的是，它们有时还会反过来促进其作用。20世纪70年代初，哈佛大学的戴维·波利策（David Politzer）——当时还是西德尼·科尔曼（即提出这一问题的人）的研究生，普林斯顿大学的戴维·格罗斯（David Gross）和他的学生弗兰克·维尔切克（Frank Wilczek）以及荷兰的杰拉德·特·胡夫特（Gerard't Hooft）都计算出了同样的结果，证明强力的表现与电磁力恰好相反。在远距离上，虚粒子不仅没有屏蔽强力使其变弱，反而加强了胶子（传递强力的粒子）间的相互作用，正因如此，强力在远距离上才名副其实。格罗斯、波利策及维尔切克因对强力的重要见解而获得2004年诺贝尔物理学奖。

这一现象的关键在于胶子本身的性质。胶子与光子的一个重要差别在于，胶子之间也会相互作用。胶子可以进入作用区域，转化成一对虚胶子，从而影响力的强度。与所有虚粒子一样，这些虚胶子也只是存在片刻，但是随着距离的增大，它们的影响会累积起来，直到强力变得异常强大。计算结果表明，虚胶子在相距较远的粒子间会大大地增加强力的强度，粒子间的相隔距离越远，强力越强。

强力会随着距离的增大而加强，相比电荷的屏蔽，这确实有悖于我们的直觉。粒子怎么可能相距越远，反而相互作用越强？大多数的相互作用都要屈服于距离。我们需要通过实际的计算来让大家看到这些，但现实生活中也有这样的例子。

如果有人通过一个官僚机构传达某条信息，而某个中层管理人员对其重要程度并不确信，他就有可能大张旗鼓，把本来只需一张便条传达的事，变成了一项重要指令。信息经中层领导这样篡改，其影响远远地超出了由发起者直接传达的效果。

距离越远，力反而越强，特洛伊战争也是其中一例。根据《伊利亚特》(*Iliad*)记载，特洛伊战争的起因是特洛伊王子帕里斯决定带走斯巴达国王墨涅拉奥斯的王后海伦。如果帕里斯当初能直接与墨涅拉奥斯决战来争夺海伦，而不是和海伦私奔到特洛伊的话，那么，希腊与特洛伊的战争也就早早结束，不会载入史册了。一旦墨涅拉奥斯与帕里斯相距遥远，中间再经别人添油加醋，大肆渲染，敌对状态就变得异常强大起来，最终演变成了旷日持久的希腊 - 特洛伊战争。

　　尽管非常令人惊讶，但强相互作用会随距离的增大而加强，这足以解释强力许多独特的特征。**它解释了为什么强力这么强，能将夸克束缚在一起，形成质子和中子；为什么夸克会被困在喷射流中**。强力在远距离上变得如此强大，以至于经受强力的粒子永远不可能彼此远离，像夸克这种通过强力相互作用的基本粒子从来就没有孤立存在过。

　　一对相距甚远的夸克和反夸克会贮存大量的能量，这些能量足以强大到在它们之间生成更多的夸克和反夸克，而不会保持孤立。如果你试图把两者之间的距离拉得更远，真空中就会生成新的夸克和反夸克，就如波士顿的交通，如果你紧跟在一辆车后面，一旦没有跟上，落下了一点距离，刚够一车长，那么必然会有车从别的车道上并进来。在最初的夸克周围，总会有一些新的夸克和反夸克在逡巡，一旦有夸克和反夸克比刚出现时随从要少些，它们必然会替补上去——别的夸克和反夸克似乎总在左右等候。

　　远距离上的强力非常强大，它们根本不允许通过强力作用的粒子彼此分开。强力作用下的粒子总是由许多带强力色荷的其他粒子护卫，形成强力色荷中性组合。结果就是，从来不曾出现独立的夸克，我们看到的只有紧紧束缚在一起的强子和喷射流。

大统一理论

上节的内容给我们讲述了有关弱力、强力和电磁力对距离的依赖关系。1974 年，乔治和格拉肖提出了一个大胆的设想：这三种力随着距离和能量而变化，当能量达到极高时，它们会融合成一个统一的力。乔治和格拉肖称这一理论为大统一理论（GUT）。如第 7 章的讨论，强力对称可以对调三种色夸克，而大统一力的对称会作用于所有类型的标准模型粒子，使它们可以对调。

根据乔治和格拉肖的大统一理论，在宇宙演变早期，温度极高，能量极大——温度要超过 100 亿亿亿 K，能量超过 1 000 万亿 GeV——除引力之外的三种力各自的强度都同样大，因此，这三种力便融为一体，统称为"力"。

随着宇宙的演变，温度逐渐降低，统一的力会分裂成三种各不相同的力。每种力对能量的依赖也不同，通过它们不同的能量依赖，渐渐演变为我们现在所知的三种力。尽管起初是一个统一的力，但在低能量上，由于虚粒子对它们产生的不同影响，它们就有了不同的作用强度。

这三种力就像由同一个受精卵发育成的三胞胎，最终成长为三个性格各异的青年：其中一个可能留着染了色的朋克头；一个留着水手样的小平头；而另一个则像艺术家一样扎着小辫子。但不管现在外形差异有多大，他们仍有着相同的 DNA，小时候是很难让人分清的。

宇宙发展早期，这三种力也是难以区分的。但它们最终由于对称的自发破缺而分裂。正如希格斯机制使弱电对称破缺，只留下电磁力没有改变一样，它也打破了大统一力的对称，留下了我们现在看到的三种各不相同的力。

在高能量上统一的作用强度是大统一理论的一个先决条件，这就意味着，能量函数所代表的不同作用强度的三条线，肯定会在某一个能量值上相交。但我们已经知道，除引力外的三种力，其强度是怎样随着能量发生变化的，而且，量子力学告诉我们，远距离就等于低能量，而短距离则意味着高能量❶，那么前几节的结果就可以以能量来理解。在低能量上，电磁力和弱力不如强力强大，但在高能量上，它们会增强，而强力则会减弱。

换种方式来说，除引力外的三种力的强度，到了高能量上更加和谐统一，它们甚至可能合并为一个统一的力。这就意味着：**能量函数所代表的作用强度的三条线在高能量上会相交于一点。**两条线相交于一点，没什么可兴奋的——彼此靠近时，它们必然会发生；但三条线相交于一点，要么是极端巧合，要么这种相交必然蕴含着某种深意。如果三种力真的相交，这一作用强度就可能表明，在高能量上只有一种力——这样，我们就有了一个统一的力。

尽管统一至今仍只是一种设想，但如果能够实现，对于我们更为简洁地描述世界必然会迈出巨大的一步。由于统一原理饶有趣味，物理学家研究了三种力在高能量上的强度，看它们究竟是否能够融合。1974 年之前，没有人能够精确测得引力之外三种力的作用强度，霍华德·乔治、斯蒂芬·温伯格和海伦·奎因（Helen Quinn，当时还是哈佛大学的一位博士后，现在是斯坦福线形加速器中心的物理学家，并任美国物理学会主席）利用当时所能达到的并不完善的测量，使用重整化群计算推算了高能量上的力的强度，他们发现，代表引力之外的力的三条线似乎真的会在某一点相交。

1974 年，在乔治 - 格拉肖有关大统一理论的著名论文里，开篇是这样的："我们提出的一系列假设和推想，最终不可避免

---

❶ 不确定性原理表明，长度的不确定性与动量的不确定性成反比。

地会得出一个结论……所有作用于基本粒子的力（强力、弱力、电磁力）都是有着同一强度的、同一基本作用的不同表现。也许我们的假设未必正确，推想也不具备意义，但我们的理论设计独特、结构简洁，这足以引起人们的重视。"这些语言如此谦虚低调，是因为乔治和格拉肖并不真的认为独特和简洁能成为他们的理论对世界作出正确描述的充足证据，他们还希望得到实验证实。

尽管由标准模型推想超出 10 万亿倍的能量，需要有巨大的信心，这一能量从没有人直接探索过，但他们意识到，他们的推测会产生可验证的结果。在论文中，乔治和格拉肖解释了他们的大统一理论"预言质子会产生衰变"，而这一预言可以尝试由实验来验证。

乔治和格拉肖的统一理论预言：质子不会永远存在，经过很长一段时间后，它们会产生衰变。在标准模型里，这是不会发生的：夸克和轻子根据它们经受的力，总是能被区分开来；但在大统一理论里，力从根本上都是一样的，因此，就如上夸克通过弱力会变成下夸克一样，通过一个统一的力，夸克也能够变成一个轻子。这就意味着，如果大统一观点正确，宇宙中夸克的净数量不会保持不变，夸克可以转化成轻子，使得质子（由三个夸克合成）产生衰变。

因为在一个联结了夸克和轻子的大统一理论里，质子会产生衰变，所以，我们熟知的所有物质最终都是不稳定的。但是，**质子的衰变速度相当缓慢——其寿命会远远超过宇宙的年龄**。这意味着质子衰变的迹象无论有多明显，我们几乎还是没有机会能够探测到它：它的发生频率实在是太低了。

为了找到质子衰变的证据，物理学家不得不建立一些持续时间极长的大型实验来研究大量的质子，通过这种方式，即便一个质子不大可能产生衰变，但用大量的质子，便能大大地增加探测到其中某个质子产生衰变的机会。就如即使我们赢得彩票的可能性极小，但如果我们买大量彩票，中奖机会就会大大增加一样。

物理学家真的建立起了这样一些多质子的大型实验室，其中包括欧文 - 密歇根 - 布鲁克黑文（IMB）实验室，位于南达科他州的一个地下盐矿里；神冈实验室，位于日本神冈，水槽和探测仪都深藏于地下 1 000 米的废矿井里。虽然质子衰变过程极少发生，但是，如果乔治 - 格拉肖大统一理论正确，这些实验早就能发现证据了。不幸的是，这一宏大的抱负终未实现，还没有人发现这样的衰变。

这并不一定排除统一的可能。事实上，幸亏有更为精确的力的测量，我们现在知道，由乔治和格拉肖提出的最初模型几乎肯定是错误的，而只有标准模型的一个延伸版本才可能将力统一起来。结果，在这些模型里质子的寿命甚至更长，质子衰变不可能被探测到。

现在，我们并不确信力的统一是否是自然界的一个真实特征。如果是，它又有什么意义呢？计算表明，在后面将讨论的模型里，有好几个都会发生力的统一，其中包括超对称模型，霍扎瓦 - 威滕额外维度模型，以及我和拉曼·桑卓姆创建的弯曲的额外维度的模型。额外维度模型尤其引入入胜，因为它有可能将引力也兼并进来，真正实现四种已知力的统一。**这些模型之所以重要，还因为最初的统一模型认为，在弱力级别之上不会再发现新的粒子，而只有具有大统一质量的粒子，❶ 而另外这些模型则显示，即便在弱力能量级别之上产生许多新粒子，统一仍旧可能发生。**

但是，无论力的统一有多么神奇，物理学家还是因其理论贡献分为两大阵营：有的喜欢自上而下的研究方式，有的选择自下而上的研究。大统一理论的观点体现了自上而下的方法，乔治和格拉肖作出了一个大胆的假设：在 1 000~1 000 万亿 GeV 之间

----

❶ 这被称作是"荒原假说"。

不存在有质量的粒子，并在此假设之上推想出一个理论。在粒子物理学界，大统一是争议的第一步，而弦理论的争议至今一直甚嚣尘上，两种理论都是由测得能量的物理定律去推想至少超出1 000万亿倍的能量。乔治和格拉肖后来开始怀疑弦理论和大统一理论所体现的自上而下的方法，此后，他们转变观念，扭转方向，开始专注于低能物理的研究。

　　尽管大统一理论有一些吸引人的特征，但我并不确信它们的研究最终形成对自然的正确认识。在我们已知的能量和推想的能量之间存在着一条巨大的鸿沟，这中间究竟会发生什么，有太多可能供我们想象。无论哪种情形，除非我们发现质子衰变（或其他一些预言）——如果它存在，否则我们都不可能确定力在高能量上是否真的会统一起来。在此之前，这一理论只能是一个伟大的理论设想。

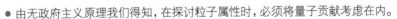

- 虚粒子与真实的物理粒子有着相同的电荷，但其能量不同。
- 虚粒子只能存在短暂的时间，它们从真空中暂时借得能量，真空是没有任何粒子的宇宙状态。
- 物理过程中的量子贡献，源自虚粒子和真实粒子的相互作用。这些虚粒子时而出现，时而消失，作为真实粒子间的媒介，其贡献会影响真实粒子的相互作用。
- 由无政府主义原理我们得知，在探讨粒子属性时，必须将量子贡献考虑在内。
- 在大统一理论中，一个单一的高能量的力转化成低能量上除引力外的三种已知力。三种力要统一，它们在高能量上必须有着相同的强度。

D
-imension
探索大揭秘

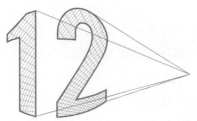

等级问题：唯一有效的涓滴理论
WARPED PASSAGES

> 高速公路是搏命者的天下，你可要当心。
>
> 如果碰巧捡到了点什么，那你一定要收好了。
>
> 鲍勃·迪伦（Bob Dylan）

与上帝赌博

艾克开着他华丽的新保时捷跑车撞到了电线杆上，不幸意外身亡。可是在天堂里，艾克是幸福的：他可以一直玩游戏了，其实艾克骨子里就是一个赌棍。

一天，上帝他老人家亲自邀请艾克玩一个非常奇特的游戏：上帝让他写下一个16位数字。上帝要掷骰子，那种天堂里特有的20面的骰子。与我们凡间通常所见的6面骰子不一样，这个骰子有20个面，从0~9的10个数字每个出现两遍。上帝解释道，他要掷16次骰子，把每次掷的结果依次写下来形成一个16位的数字。

如果上帝和艾克写的都是同一个数字——也就是说，所有数字顺序相同，那么，上帝就赢了；如果数字不完全相同——假设有任何一位数不对，那么艾克就赢了。

上帝开始摇。他掷出的第一个数是"4"，这与艾克所写数字的第一位恰好相符，艾克的数字是"4 715 031 495 526 312"。上帝能恰好摇出同样的数，让艾克感到很惊讶，因为这概率只有1/10，但他相信，第二个、第三个肯定就不会一样了，因为上帝连续掷出两个数字都相符的概率只有1/100。

上帝再次摇骰子，然后第三次，他分别掷出一个"7"和一个"1"，又对上了！他继续掷，这下艾克可是目瞪口呆了：上帝掷出的所有数字都对了。这一概率是一亿亿分之一，上帝怎么可能会赢呢？

艾克有点儿生气（在天堂里，人不可能火气太旺），他问，像这样根本不可能的事是怎么发生的？上帝圣明地答道："只有我才可能赢，因为我是无所不知、无所不能的，但是，你一定也曾听说过，我不喜欢掷骰子。"

说完，空中出现四个大字——"禁止赌博"。艾克愤怒了（当然，只是一点点儿），他不仅输了这场游戏，还失去了赌博的权利。

到现在为止，你已经学到了有关粒子物理学的大量知识，并了解了物理学家建立标准模型的许多理论元素。在解释许多不同的实验结果时，标准模型发挥了异常强大的作用，但是，它的基础是极不稳定的，这基础本身就是一个意味深长的谜题，而它的谜底几乎必然会引发对物质基本结构的新的认识。本章我们就将探索这一谜题，也就是物理学家所说的等级问题（hierarchy problem）。

这一问题并非指标准模型预言与实验结果不符，关于电磁力、弱力、强力的质量和电荷都已得到了精确验证；在 CERN、SLAC 和费米实验室进行的实验，也都证实了标准模型对于已知基本粒子相互作用和衰变速度的预言；标准模型中强力的强度也已无神秘之处；而且，它们之间的关系还启发人们想到了一个潜在的大统一理论的观点；再者，希格斯机制也完美地解释了真空怎样打破弱电对称，使 W、Z 规范玻色子以及夸克和轻子获得质量。

但无论表面多么其乐融融的家庭，如果深入观察，你总会发现紧张的暗流在涌动。尽管表面呈现的是一幅和谐、幸福的景象，但暗地里却隐藏着毁灭性的家族秘密。标准模型就有这样一个隐痛。如果你不加批判地认为，电磁力强度、弱力强度和规范玻色子都采用实验测得的值，那么所有东西都会符合预言。但我们很快会看到，质量参数（决定基本粒子质量的弱力级质量）虽然已被精确测量，但它比物理学家根据一般理论思考得出的质量要小 16 个数量级。任何物理学家要依据高能理论推算弱力级能量（从而推算所有的粒子质量），都会发现它彻底错了，质量似乎是无中生有的。**这一谜题——等级问题，是我们对粒子物理学认识的一个巨大漏洞。**

我在引言里把等级问题解释成引力为何如此微弱的问题。但现在我们看到，这一问题还可以阐释为：为什么希格斯粒子的质量，以及由此带来的弱力规范玻色子的质量如此微小？这些质量要与它们的测量值相符，标准模型必须加进一个附加参数，而这个参数就如有人要随机地掷出一个 16 位数字，结果必须与艾克的数字恰好相符一般不可能。尽管标准模型有许多成功之处，但它却要依靠这一荒谬、不合情理的参数，才能得出已知基本粒子的质量。

本章解释了这一问题，也解释了为什么我和多数粒子理论学家都认为它那么重要。等级问题告诉我们，无论是什么使得弱电对称产生破缺，它都会比第 10 章呈现的两个希格斯场的例子更

等级问题

为什么希格斯粒子的质量，以及由此带来的弱力规范玻色子的质量如此微小？等级问题告诉我们，在推想极端高能的物理过程之前，我们至少还有一个低能的问题迫切需要解决。

为有趣。所有可能的解决方法都会涉及新的物理原理，而答案将可能引导物理学家发现更基本的粒子和定律。找到是什么发挥了希格斯场的作用并打破弱电对称，会给我们展现一些新的、最为丰富的物理现象，或许在我有生之年，它们就会得到确定。几乎可以肯定的是，在大约 1 TeV 的能量上，一定会出现新的物理现象。检验各种假说的实验也已准备就绪，不出 10 年，不论有什么实验发现，我们对基本物理定律的认识，都将发生巨大的改变。

等级问题告诉我们，在推想极端高能的物理过程之前，我们至少还有一个低能的问题迫切需要解决。在过去大约 30 年里，粒子物理学家一直在探寻一种理论结构，能够预言和维护弱力级能量，这是弱电对称破缺相对较低的能量。我们许多人都认为，对于等级问题必会有一个解决方法，它将提供最好的线索，告诉我们超越标准模型会有什么。很快我将讲述一些理论，要理解这些理论的动机，我们首先要简单地了解一下这个虽然专业却很重要的问题。对解决方法的探求已引导科学家们开始研究一些新的物理概念，如后面几章探讨的那些概念，而问题的解决几乎必然会修正我们现在的观点。

在探讨等级问题的一般形式之前，我们首先来看大统一背景之下的等级问题，这比较好理解，而且，我们正是在大统一理论里首先认识到了这一问题。然后，我们要在更大（也更为普遍）的背景之下来看这个问题，看它为什么会最终归结为引力比其他已知力更微弱的问题。

等级问题，大统一理论里的依赖性问题

假设你去看望一位个子很高的朋友，他的身高大约是 1.95 米，而你发现他的同胞兄弟却只有 1.5 米，你是不是会感到非常惊讶

呢？你会以为，朋友和他的兄弟有着相似的遗传基因，个子也应该差不多高。现在再设想，事情可能更离奇：你到了朋友家里，发现他哥哥的身高比他要高 10 倍或是矮 10 倍。这才真的会让人感到无比奇怪呢！

除非有充分的理由，我们并不认为所有的粒子都会有着相同的属性，所以我们通常认为，经受同样力的粒子性质也应是相似的，例如，我们认为它们的质量也应该差不多。**就如你有足够的理由认为同胞兄弟身高应该不会差很多一样，粒子物理学家也有充分的科学依据，期待粒子质量在同一理论里也应是相似的，如在大统一理论里**。但是，大统一理论里的质量却绝非相同：即便是经受相似力的粒子，其质量也有着巨大的差异，这可不是 10 倍的差别：它们之间质量的差超过了 10 万亿倍。

大统一理论的问题在于：尽管打破弱力对称的希格斯粒子必须很"轻"，大致应是弱力级质量，但大统一理论却提出一个对应的通过强力与其他粒子发生相互作用的希格斯粒子。大统一理论的这个新粒子却必须极重，大约是大统一级质量。换句话说，这两个本应由一种对称（大统一力的对称）相联的粒子，其质量却有着天壤之别。

> 在大统一理论里，这两个不同却互相关联的粒子必须同时出现，因为在高能量上弱力和强力应是可以互换的，这是大统一理论背后的整个观点——所有的力都是一样的。因此，当强力和弱力统一起来时，经受弱力的所有粒子，包括希格斯粒子，都必须伴有另一个经受强力的粒子，并且与原来的希格斯粒子有着类似的相互作用。但是，这一与希格斯粒子相关联的、经受强力的新粒子，却存在着一个大问题。

这个与希格斯粒子为伴的强荷粒子能同时与夸克和轻子产生相互作用，因此能使质子衰变——甚至比大统一理论预言的速度还要快。要使质子发生衰变，强相互作用的粒子必须在两个夸克和两个轻子之间进行交换；为避免过快衰变，它们则必须极重。而目前质子的寿命限制告诉我们，强荷的希格斯粒子伙伴，如果自然界中存在的话，其质量必须接近于大统一标度的质量，大约为 1 000 万亿 GeV。**假使这一粒子存在却没有这么重，那么不等你看完这句话，你和这本书就都将灰飞烟灭。**

但是，我们已经知道，弱荷的希格斯粒子必须很轻（大约 250 GeV）才能使弱规范玻色子质量与实验测得的质量相符。这么一来，实验设定的限制告诉我们，希格斯粒子质量一定与其经受强力的伙伴粒子质量有着天壤之别。在一个统一的理论里，假定与弱荷希格斯粒子有着相似相互作用的强荷希格斯粒子必须具有不同的质量，否则这世界就不会是我们看到的样子。这两个质量间的巨大差异——一个是另一个的 10 万亿倍，真的难以解释，尤其是在一个统一的理论里，不论强荷粒子还是弱荷粒子，都假定有着相似的相互作用。

在大多数统一理论里，要让一个粒子重而另一个粒子轻，唯一的办法就是引进一个巨大的附加参数，任何物理原理都不会预言这么大的质量差异。精心选择一个参数是使它有效的唯一办法，而这一数字的精确值必须达到 13 位，否则，要么质子会快速衰变，要么弱力规范玻色子的质量就会变得很大。

粒子物理学将这一必要的附加参数称作微调，微调就是为了得到期望的精确值而对参数进行的调整。选择"调"这一词，就像是为了让钢琴敲出正确的音符而对琴弦进行的调试。如果你想让一个只有几百赫兹的音频达到 13 位数的精确度，那么你监听的时间则必须达到 100 亿秒，即 1 000 年。13 位数的精确度实在是千年难遇的。

WARPED PASSAGES
弯曲的世界

有关微调的比喻，我还可以举出其他一些例子，但我肯定它们听起来都缺乏真实性。例如，在一家大公司里，一人负责开支，一人负责收入，假设他们从来不曾交流和沟通，而到年底时，公司的支出应当恰恰等于收入——不可超过 1 美元，要不然这公司就会倒闭。是的，这个例子实在是太不切实际了。而它不可能切合实际，任何一个符合常理的情形都不会依赖于微调，没人会把自己的命运（或是企业的命运）悬在那几乎不可能发生的偶然巧合上。但是，几乎所有包含一个轻希格斯粒子的大统一理论，都存在这样的依赖性问题。如果一个理论的物理预言这么敏感地依赖于一个参数，那它根本不可能成为一个完善的理论。

但是，最简单的大统一理论要得到一个小质量的希格斯粒子，唯一的办法就是在理论里加进一个附加参数，大统一理论模型没有提供更好的方法。对于在四维中统一的大多数模型来讲，这是一个严重的问题，正因如此，许多物理学家，包括我自己在内，对力的统一都持怀疑态度。

而等级问题愈发严重：即便你不需要根本的解释，而乐于简单地假定一个粒子极轻而另一粒子极重，你还是会遇到所谓量子力学贡献（或简称量子贡献）带来的问题。这些量子贡献必须加在经典的质量之上，才能确定希格斯粒子在真实世界中的真正的物理质量，而这些贡献通常会远远大于希格斯粒子所要求的几百 GeV 的质量。

我先提醒一下，下一节里有关量子贡献的讨论，虽说是以虚粒子和量子力学为基础，却可能并不符合人的直观理解，所以不要尝试以经典的类比去想象，我们要思考的就是一个纯粹的量子力学效应。

对希格斯粒子质量的量子贡献

上一章我们讲到，通常一个粒子不会毫无妨碍地穿越空间，虚粒子时而出现，时而消失，因此影响了原本粒子的路径。量子力学告诉我们，对任何一个物理量，我们必须把所有这些可能路径的贡献都加进来。

我们已经看到，这些虚粒子的存在使得实验测得的力的强度对于距离的依赖完全符合预言。使得力对能量产生依赖的这一同类型的量子贡献，还会影响到质量的大小。但就希格斯粒子的质量来说，与力的强度不同，所以虚粒子的作用与实验对理论的要求似乎并不相符，它们似乎太大了。

因为希格斯粒子会与一些重粒子发生相互作用，它们的质量高达大统一级别，所以希格斯粒子所采取的路径包含了由真空中分裂的虚重粒子及其反粒子，希格斯粒子在其行驶途中会暂时地转化成这样一些粒子（见图 12-1）。在真空中忽生忽灭的重粒子会影响希格斯粒子的运动，是它们导致了大量的量子贡献。

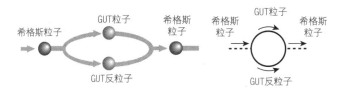

图 12-1

在大统一理论中，重粒子对希格斯粒子质量的虚贡献。希格斯粒子会转变成虚重粒子（大统一质量），然后它们再转回成希格斯粒子。左边简图和右边费曼图都说明了这一过程。

量子力学告诉我们，如果要确定希格斯粒子实际拥有的质量，我们必须在那条没有虚粒子的路径上加进这些有着虚重粒子的路径。问题在于，包含了虚重粒子的路径导致的贡献，会使希格斯粒子达到大统一理论里重粒子的质量——比我们所需质量高 13 个数量级。所有这些来自虚重粒子的巨大贡献，都必须加到希格斯粒子质量的经典值上，产生的物理值还必须符合测量。如果要使弱规范玻色子的质量正确，这一值大约应是 250 GeV。这就意味着，即便任一 GUT 质量贡献都要大至 13 个数量级，但当我们把所有这些巨大贡献加进质量时，最终的答案应该接近于 250 GeV，如果有些贡献为正，则有些必然为负。哪怕只有一个虚重粒子与希格斯粒子发生作用，都会不可避免地出现问题。

如果像上一章那样，我们把虚粒子看作官僚机构的成员，那么，它们的职责就像美国移民局（INS）的员工一样，是为了拦截来自可疑人员的信件，而现在，他们却仔细地审查所有信件。本来是一个两层的系统，可以让一些信件快速通过，只拦截另外的一些，现在呢，所有信件都被同样对待。同样的道理，希格斯机制要求虚粒子"官僚"能够让有些粒子重，而让包括希格斯粒子的另外一些粒子轻，但是，就像工作热情过高的官员一样，包含虚粒子的量子路径对所有粒子的质量都有同等的贡献。因此我们期待所有粒子，包括希格斯粒子在内，都具有大统一标度的质量。

如果没有新的物理理论，那么解决希格斯粒子质量过大问题的唯一（且并不令人满意的）方法是：**假设它的经典质量值会恰好抵消巨大的量子贡献**（这样，经典值就有可能为负）。尽管单个的贡献都很大，但理论中决定质量的参数必须使所有的贡献相加起来的数值很小，这就是上节里我提到的微调。

这虽然可以想象，但要在现实中发生几乎是不可能的。这一问题不单单是加进一个参数稍作调整就能得到正确质量的问题，而是因为这一参数太大了，结果又要求无比精确：精确值少于 13 位则会导致结果完全错误。要明确的是，这一离奇的参数不同于精确测量的某个量，如光速。通常情况下，定性预言并不依赖于任何一个参数取什么特定的值。只有一个值能契合已测得的精确量，但即便一个参数稍有不同，世界也不会产生很大变化。也就是说，牛顿引力常数（它确定了引力强度）的值即使 1% 的误差，结果根本不会有什么太大的变化。

而在大统一理论里，参数的稍微一点变化足以彻底毁掉理论

预言，不论定量的预言还是定性的预言。打破弱电对称的希格斯粒子的质量异常敏感地依赖于一个参数。对这个参数的几乎所有数值，大统一质量和弱力质量之间的等级分化都不会存在，因而也就没有依赖这个等级的结构和生命。即使这一参数仅出现了 1% 的偏差，希格斯粒子的质量也会变得很大，弱规范玻色子以及其他粒子的质量也都会大得多，而标准模型的结果也就根本不是现在这个样子了。

粒子物理的等级问题

上一节里，我们看到了一个很大的谜团：大统一理论的等级问题。而真正的等级问题更糟：尽管是大统一理论首先惊醒物理学家意识到了等级问题，但即使在没有 GUT 质量的粒子理论中，虚粒子仍会对希格斯粒子质量引发过大的贡献，甚至连标准模型都值得怀疑。

问题在于，将标准模型与引力结合起来的理论会包含两个差别极大的能量尺度。

> 一个是弱力能标，即 250 GeV，在此能量上，弱电对称破缺。当粒子能量在此标度之下时，弱电对称破缺的效果是很明显的，弱规范玻色子和基本粒子都有质量。
>
> 另一能量是普朗克能量，高达 10^{19} GeV，比弱力能标大 10^{16} 倍，即 1 亿亿倍。普朗克能量决定了引力作用的强度：牛顿定律说，强度与其能量的平方成反比。因为引力强度很小，普朗克质量（由 $E =.mc^2$ 与普朗克能量相联）就会很大，巨大的普朗克质量就等同于极其微弱的引力。

到现在为止，普朗克质量还没有进入我们粒子物理学的讨论范畴。因为引力太过微弱，对大多数的粒子物理计算，它都可以忽略不计。但这正是粒子物理学一直想要解答的问题：**为什么引力如此微弱，以至于在粒子物理计算里都可以忽略？**等级问题换一种方法来问就是：**为什么普朗克质量如此巨大？与粒子物理尺度相关的质量都不超过几百 GeV，为什么普朗克质量却要大出 1 亿亿倍？**

为方便比较，你可以想象两个低质量的粒子，如两个电子间的引力作用。这种引力吸引相比两个电子之间的斥力要弱 1 万亿亿亿亿亿亿倍，只有当电子的质量比实际再重 100 万亿亿倍时，这两种力才有可比性。而这是一个巨大的数字——就好比要把整个可见宇宙都填满曼哈顿岛，你所需要的岛的数量。

普朗克质量要远远大于电子以及我们所知的其他粒子的质量，这表明引力比其他已知力要微弱许多。但为什么在力的强度之间会有这么巨大的差异——或者，换句话说，为什么普朗克质量相比其他已知粒子的质量会如此巨大？

对粒子物理学家来说，普朗克质量与弱力质量之间的巨大差异达到 1 亿亿倍，这真的让人难以接受。这一数字，比从宇宙大爆炸起到现在经过的分钟数都要大；若在地球和太阳之间摆满玻璃球，它是所需玻璃球数量的 1 000 倍；如果用硬币来核算美国财政赤字，那么它就是这些硬币数量的 100 倍！**为什么描述同一物理系统的两个质量会有如此巨大的差异？**

如果你不是物理学家，无论这些数字大得有多离奇，你可能也感觉不到这一问题本身有多重要，毕竟，并不是所有事情都是我们能够解释的，也许这两个质量的差异我们也找不出什么原因。但是，实际情况更糟：不能解释的不仅仅是巨大的质量比例问题，我们在下一节会看到，在量子场论里，所有与希格斯粒子发生相互作用的粒子都会参与一个虚过程，使希格斯粒子质量的值增大到普朗克质量，高达 10^{19} GeV。

事实上，任何一个诚实的物理学家，假设他知道引力的强度，而对弱力规范玻色子已测得的质量一无所知，如果你请他用量子场论来估算希格斯粒子的质量，他预言的希格斯粒子质量（由此也得出弱规范玻色子质量）也不会大出 1 亿亿倍。这就是说，他会由计算得出结论，普朗克质量与希格斯质量（或者说由希格斯粒子质量来确定的弱力级质量）之比更接近于 1，而不是 1 亿亿！他所计算的弱力质量会接近于普朗克质量，这样，所有粒子都将变成黑洞，而我们了解的粒子物理知识也将不复存在。尽管无论对弱力质量还是普朗克质量的数值，他都没有先验的预期，但他可以用量子场论估算二者的比值——而他必会大错特错。显然，这里存在着一个巨大的差别，下一章我们就解释其原因。

高能量的虚粒子

普朗克质量进入量子场论计算的原因非常微妙。正如我们所见，普朗克质量决定了引力强度，根据牛顿定律，引力与普朗克质量的值成反比。而引力如此微弱则告诉我们，普朗克质量非常巨大。

通常来讲，在做粒子物理学方面的预言时，我们可以忽略引力，因为对于一个质量大约为 250 GeV 的粒子，引力作用完全是可以忽略不计的。如果你真的需要解释引力效应，你可以系统地兼容它们，但通常不值得去费事。在后面的几章里，我会给出一个全新的截然不同的图景，其中高维引力非常强大，不能被忽略，但在传统的四维标准模型里，忽略引力是惯常而合理的做法。

但是，普朗克质量还有另外一个作用：在一个可靠的量子场论的计算里，它是虚粒子所具备的最大质量值，如果粒子携带的质量大于普朗克质量，计算将不再可信，广义相对论也不再可信，只能由一个更为综合的理论（如弦理论）来代替。

可如果粒子（包括虚粒子）质量小于普朗克质量，惯常的量子场论仍然适用，依据量子场论的计算应当也是可信的。这就意味着，即使计算涉及了质量几乎高达普朗克量级的虚顶夸克（或任何其他虚粒子），结果也是可靠的。

这里的等级问题是，来自极高质量的虚粒子对希格斯粒子质量的贡献会大至普朗克量级，比我们需要的希格斯粒子质量，即能给出正确的弱力质量和其他基本粒子质量的质量，要大出 1 亿亿倍。

设想一个路径，如图 12-2 所示，在这一路径中，希格斯粒子将转化成一对虚顶夸克 - 反顶夸克，我们会看到，对于希格斯粒子的质量，这一贡献太大了。事实上，与希格斯粒子发生作用的任何类型的粒子都可能会是一个虚粒子，而其质量❶ 达到普朗克量级，所有这些可能路径的结果就形成了对希格斯粒子质量的巨大贡献。而希格斯粒子必须要远小于这一质量。

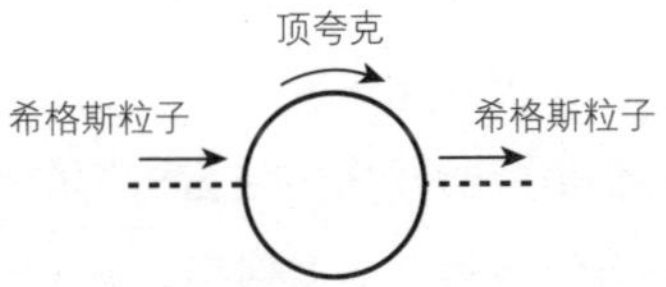

图 12-2

虚顶夸克和虚反顶夸克对于希格斯粒子质量的贡献。希格斯粒子可以转化成一个虚顶夸克和一个虚反顶夸克，它们会对希格斯粒子的质量产生巨大的贡献。

在目前这种状态下，粒子物理学就像是一个太过高效的"涓滴式"理论。在经济学里，财富的等级分化并不难达到。利益均沾的涓滴经济学从来就没能增加穷人的财富，更不消说提高上流社会的经济水平了。但在物理学里，财富的转化却太有效了。如果一个粒子质量很大，量子贡献则会告诉我们所有基本粒子的质量都应该很大，结果所有的粒子都具有质量。但我们由测量得知，在我们的世界里，高质量（普朗克质量）和低质量（粒子质量）是同时存在的。

如果不对标准模型进行修正或推广，粒子物理只有通过神奇的经典质量值才能使得希格斯粒子获得小质量，而这一神奇值必

----

❶ 记住，虚粒子质量与真实粒子的质量是不同的。

须极大（且有可能是负值）才能完全抵消巨大的量子贡献。所有的质量贡献相加必须等于 250 GeV。

正如我们前面探讨的大统一理论一样，要做到这些，质量必须是一个经过微调的参数，而这一微调参数必须极大且精确得惊人，才能使希格斯粒子恰好得出一个很小的最终质量。来自虚粒子的量子贡献和经典贡献两者之间必有一个是负值，而且两者量级几乎相同。正、负两个数值都要达到 16 个数量级，相加起来必须得到一个很小的数。这一微调要求的精确度必须达到 16 位，比你要让一支铅笔的尖朝下立起来所需做的微调要求还要高，这就像让一个人随机选择，在那场游戏里打赢艾克一样。

要保证希格斯粒子质量很轻，那么标准模型就需要微调。粒子物理更希望一个模型不需要涉及这种高要求的微调，尽管作为无奈之举，我们可能会做一些微调，但我们讨厌这样。微调几乎是一种耻辱，反映了我们的无知。虽然不太可能的事常会发生，但你越想它发生，它却越少发生。

等级问题是标准模型所面临的最为迫切的问题，但让我们乐观一点来看：**等级问题提供了一个线索，让我们去发现究竟是什么扮演着希格斯粒子的角色并打破了弱电对称。**取代两个希格斯场理论的任何一个理论，都应该自然地包括或预言一个很低的弱电质量——否则这一理论根本不值得考虑。许多潜在理论都能与我们看到的物理现象和谐相容，但很少有理论触及等级问题，并以令人信服地避免了微调的方式把轻质量的希格斯粒子包括在内。

将力统一起来的任务虽然艰巨，但这一来自高能物理的理论引人入胜、充满了诱惑；而解决等级问题，是我们必须完成的一项实实在在的任务，它将激励着低能量研究领域的进步。使得这一挑战愈发振奋人心的是，任何解决等级问题的理论都会产生可由 LHC 测量的实验结果。实验者们期待，能在 LHC 的实验里找到质量在 250~1 000 GeV 之间的粒子。如果没有其他粒子，也就没有办法解决这一问题。我们很快会发现，解决等级问题的实验结果有可能是超对称伙伴，也有可能是我们将在以后讨论的在额外维度航行的粒子。

- 尽管我们都知道希格斯机制赋予粒子质量，但体现希格斯机制的最简单的已知例子只有通过一个巨大的附加参数才会奏效。在这一简单的理论里，规范玻色子和夸克的质量要比其实际质量大出 1 亿亿倍。等级问题问的就是，为何事情并非如此？
- 等级问题起因于弱力质量与巨大的普朗克质量之间的差异（见图 12-3），后一质量对引力非常重要——其巨大的质量值告诉我们引力非常微弱。因此，换一种方式来问等级问题就是："引力为什么这么微弱，要远远地小于其他三种已知力。"

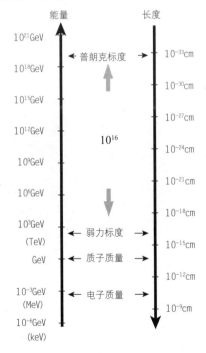

图 12-3

弱力质量与普朗克质量的差异。等级问题即为什么普朗克级能量要远远地大于弱力级能量。

- 任何解决等级问题的理论都可以用实验来验证，因为它们对以高于弱力能标的能量运行的对撞机都有实验意义。大型强子对撞机很快就将探索这样的能量。

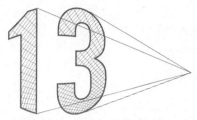

超对称：超越标准模型的大飞跃
WARPED PASSAGES

> 你为我而生，我生来为你。
>
> 吉恩·凯利（Gene Kelly）《雨中曲》

天堂里同样危机四伏

艾克第一次到天堂时，先被领进了一个培训课堂。在那里，他了解了天堂的规则。令他惊讶的是，右翼宗教团体的理念居然是正确的，实际上，家庭准则是他所处的这一新环境的基础。权力机构很久以前就确立了一个传统的家庭结构，来保证世代的划分及婚姻的稳定：上层的男子必然要娶下层的女子；一个风姿俊秀的人必然匹配一个形貌古怪的人；城里的姑娘必然要嫁乡下的小伙子。所有人，包括艾克在内，对此安排都很满意。

但是，艾克后来才得知，天堂里的社会结构也并不总是坚如磐石。起初，曾有过一些危险的、能量强大的潜入者威胁到社会的等级基础，但是，在天堂里，大多数问题都能得到解决。上帝为每人派了一个天使，天使与他们护卫的人一同英勇协作，消除了等级隐患，维护了社会的正常秩序。正是这样，艾克现在才能够乐在其中。

即便这样，天堂也并非安然无恙。结果呢，天使反倒成了自由派，没有条文规定他们必须属于哪一代。一些反复无常的天使，曾经英勇地捍卫了等级制度，现在却威胁要摧毁天堂的家庭准则。艾克感到惊恐，尽管传说中天堂是那么的美好，但他却发现，这里也是一个危机四伏的地方。

"超"在物理学术语里比比皆是：我们有超导体、超冷却、超饱和、超流体，还有超导体对撞机（SSC）——如果不是在1993年被国会否决，它就会成当今能量最高的对撞机了。当然，带"超"的物理学术语还有很多。因此，当物理学家发现时空对称本身也有一个更大的"超"形式时，你可以想象他们有多兴奋。

"超对称"的发现真是令人惊讶。最初创建超对称理论的时候，物理学家还以为他们早就知道了空间和时间的所有对称。时空对称是我们比较熟悉的，在第9章中我们已见证过这种对称，它告诉我们，单从物理定律无法辨别自己处在什么位置、面对什么方向或现在是什么时刻。例如，假设你在加州或纽约打篮球，篮球的轨迹不会因为你在球场的哪一边而改变。

1905年，随着相对论的诞生，空间对称变换又囊括了运动速度和方向的变换。物理学家以为，这就是最后的对称了，没人相信还会有未发现的涉及时间和空间的对称。1967年，杰弗里·曼杜拉（Jeffrey Mandula）和西德尼·科尔曼这两位物理学家证实，不再存在其他对称，人们的这一直觉由此形成了定式。但是，他们（以及所有人）都忽略了基于非常规假设的一种可能。

本章我们将介绍超对称——一种能够将玻色子和费米子交

超对称

一种能够将玻色子和费米子交换的新型的奇异对称变换。超对称不一定能够解释弱力质量与普朗克质量巨大差异的根源，但确实消除了对希格斯粒子质量的巨大量子贡献。

换的新型的奇异对称变换。现在，物理学家能够构建包含超对称的理论，虽然超对称作为自然的对称，还只是一种假设，因为至今没有人在我们周围的世界里发现它。不过，物理学家还是有两个主要的理由认为它可能存在于我们的世界里。

第一个理由是超弦理论。 超弦理论包含了超对称，是唯一已知可能重现标准模型粒子的弦理论形式。如果没有超对称，弦理论就不大可能描述我们的宇宙。下一章我们将对此进行全面的探讨。

第二个理由是超对称理论有可能解决等级问题。 超对称不一定能够解释弱力质量与普朗克质量巨大差异的根源，但确实消除了对希格斯粒子质量的巨大量子贡献。等级问题是一个十分令人伤脑筋的问题，面对这一问题，很少有提议能够经得起实验验证和理论推敲。直到额外维度理论被提出成为可能的解决方法之前，超对称是唯一有希望的答案。

至今还没人知道，现实世界中究竟是否存在超对称，而我们现在所能做的就是估量这些候选理论及其结果。只有这样，当实验达到高能量时，我们就会有充分的准备来辨认，支撑标准模型的究竟是什么物理理论。所以，我们现在就来看看可供选择的理论都有哪些。

费米子和玻色子：一种不太可能的对称

在一个超对称的世界里，每一个已知粒子都会与另一个粒子配成一对——即它的超对称伙伴，通过超对称变换，两者可以对调。超对称变换将费米子换成它的玻色子伙伴，或把玻色子换成它的费米子伙伴。我们在第 6 章中看到，玻色子和费米子是两种截然不同的粒子类型，量子力学理论根据自旋将它们区分开来。

费米子是半整数自旋，而玻色子是整数自旋。整数自旋是常见物体在空间旋转都可采取的数值，而半整数自旋是量子力学才有的奇异特征。

在超对称理论里，所有的费米子都可以转换成它的玻色子伙伴，而所有玻色子也都可以转换成它们的费米子伙伴。超对称是描述这些粒子理论的一个特征。如果你弄混了描述粒子行为的方程，通过超对称变换对调了玻色子和费米子，结果方程仍会保持不变。在对称变换前后作出的预言不会存在差别。

乍看上去，这种对称根本不符合逻辑。对称变换应该是使系统保持不变，但超对称变换对调的是明显不同的两种粒子：费米子和玻色子。

尽管我们不会想到对称能够混淆差异这么大的东西，但有几队物理学家还是证明这是有可能的。20世纪70年代，欧洲和俄罗斯的一些物理学家证明：**对称可以对调差异很大的粒子，而且在玻色子和费米子对调的前后，物理定律可以保持不变。**

这一对称与我们前面所讨论过的对称有点不同，因为它所对调的物质明显有着不同的属性。但是，如果玻色子和费米子以相同数目出现，对称就有可能存在。打个比方，假设有相同数量、不同大小的红色玻璃球和绿色玻璃球，同一种颜色的玻璃球大小都不同。假如你和朋友玩一个游戏，你拿红色玻璃球，朋友拿绿色。如果红、绿玻璃球恰好配对，无论选择哪种颜色，你都不会占优势。但是，如果任一给定大小的红、绿球数量不等，这就不是一场公平游戏了。选择红色还是绿色，对你很重要，而如果你和朋友交换颜色，游戏进展就会大大不同。要想对称成立，每一个大小的玻璃球必须既有红色，也有绿色，而同一大小的两种颜色的玻璃球数量必须是相等的。

同样的道理，只有当费米子和玻色子能够恰好配对时，超对称才有可能。正如要进行对调的玻璃球必须大小相同一样，配对的玻色子和费米子也必须有相同的质量和电荷，而且它们的相互作用也必须由同样的参数控制。换句话说，每一个粒子与它的超对称伙伴必须有相似的属性。如果一个玻色子经受强力，那么它的超对称伙伴也必须经受强力；如果有相互作用涵盖了一定数量的粒子，那么相关作用也应涵盖它们的超对称伙伴。

物理学家之所以认为超对称这么令人兴奋，其中一个原因就是：如果它果真能在我们的世界被发现，那么它将是近一个世纪以来首个新型的时空对称发现。因此，它才被称作"超级的"。在此我将不做数学解释，知道超对称能够交换不同自旋的粒子，就足以推想出一种联系。因为自旋不同，玻色子和费米子在空间旋转时会有不同变换，为了弥补这一差别，超对称变换必须包括空间和时间。

不要以为这就意味着你能够描绘单个超对称变换在物理空间中的样子，即使物理学家也只能从数学描述及其实验结果来理解超对称。我们很快将看到，这着实异常精彩。

超对称的发展历史

如果你想，完全可以跳过这段，因为本节将追溯历史，不会介绍重要的新概念。但是，超对称的发展是一个很有趣的故事，部分是由于：它充分展现了新观点的可变通性以及弦理论和模型构建有时所表现出的相辅相成的关系。弦理论激励着超对称的研究，而超弦理论——最有希望描述现实世界的理论，得到了许多人的认可，只是因为它来自对超引力（包括了引力的超弦理论）的洞察。

1971 年，法国物理学家皮埃尔·拉蒙（Pierre Ramond）首次提出超对称理论。他将自己的理论置于一个两维背景之下：一维空间，一维时间，而不是我们（曾经）认为我们所生活的四维世界。拉蒙的目标是找一种使弦理论里包含费米子的方法。由于技术原因，弦理论的最初形式只含有玻色子，但费米子对希望于描述世界的所有候选理论都是必不可少的。

拉蒙的理论包含了两维的超对称，并最终发展为费米子弦理论。这是他与安德烈·内沃（Andre Neveu）和约翰·施瓦茨（John Schwarz）共同创建的。拉蒙的理论是在西方世界出现的第一个超对称理论，当时苏联科学家也发现了超对称，但由于冷战原因，他们的论文并不为西方世界所知晓。

因为四维量子场论远比弦理论的基础坚实，因此，一个明显的问题就是：超对称在四维世界中是否可能实现？但是，由于超对称被精密地织入时空结构中，要由两维推广到四维，并不是一项轻而易举能完成的任务。1973 年，德国物理学家朱利叶斯·韦斯（Julius Wess）和意大利物理学家布鲁诺·朱米诺（Bruno Zumino）创建了一个四维超对称理论；在当时的苏联，两位物理学家沃尔科夫（Volkov）和阿库洛夫（Akulov）也独立得出了另一四维超对称理论。但是，冷战再一次阻断了观念的交流。

这些先驱们创建了四维超对称理论后，立即引起了更多物理学家的关注。但是，1973 年的韦斯 - 朱米诺模型并不能完全兼容标准模型的所有粒子，还没有人知道怎样将承载力的规范玻色子加进四维超对称理论。1974 年，意大利物理学家瑟吉奥·费拉拉（Sergio Ferrara）和布鲁诺·朱米诺解决了这一问题。

2002 年，在我们参加完弦理论会议，乘火车由剑桥去往伦敦时，瑟吉奥告诉我如果不是超空间（时空的抽象扩展，另外包含了一个费米维）的形式，要发现正确的理论几乎是不可能的。超空间是一个极其复杂的概念，我不打算描述它。重要的是，这一全然不同类型的维度（并非空间维度）在超对称的发展中发挥了极为重要的作用。这一纯理论的工具今天仍在继续简化超对称的计算。

费拉拉 - 朱米诺理论告诉物理学家怎样在一个超对称理论里包含电磁力、弱力和强力，但超对称理论仍没有包含引力。所以，超对称理论仍存在一个问题：它是否能够兼容剩下的这一作用力。1976 年，瑟吉奥·费拉拉、丹·弗里德曼（Dan Freedman）和皮特·范·纽文豪生（Peter Van Nieuwenhuizen）三位物理学家创建了超引力理论，解决了这一问题。这是一个包含了引力和相对论的复杂的超对称理论。

有趣的是，在形成超引力论的同时，弦理论也在独立地发展着。在弦理论的一项重要理论成果里，斐迪南多·格里奥兹（Ferdinando Gliozzi）、乔尔·谢尔克（Joel Scherk）和戴维·奥利弗（David Olive）等人发现了一个稳定的弦理论，这是雷蒙与内弗、施瓦茨等人创建的费米子弦理论的自然发展。结果发现，费米子弦理论包含了一类人们以前只在超引力中才会遇到的粒子。新粒子与引力子的超对称伙伴——引力微子有着相同的属性，最终证明它果然就是引力微子。

由于超引力的同步发展，物理学家抓住了这两个理论的共同元素，并很快认识到，超对称就存在于费米子弦理论中。这样，超弦理论诞生了。

在下一章里，我们将回到弦理论和超弦理论。现在，我们将重点来看超对称的其他重要应用：它对粒子物理和等级问题的作用。

标准模型的超对称延伸

如果能将已知粒子配对，超对称将是最经济、最吸引人的。但是，想要变成现实，标准模型必须包含相同数量的费米子和玻色子——而它却不符合这一标准。这就告诉我们，如果宇宙是超对称的，那么它一定还包含着更多的新粒子。事实上，它所包含的粒子数量，至少是我们迄今实验测知的两倍。标准模型里的所有费米子——三代夸克和轻子，一定都配有它们新的还未被发现的玻色子超对称伙伴；而规范玻色子——传递力的粒子，也一定有它们的超对称伙伴。

在一个超对称宇宙里，夸克和轻子的伙伴应是一些新的玻色子，因为物理学家喜欢一些古怪（却系统）的命名方式，便称它们为超夸克和超轻子。总的来说，费米子的玻色子超对称伙伴都与它有着相同的名字，只是在其前面加了一个"超"（S）。例如，电子与"超电子"配对；顶夸克的伙伴是"超顶夸克"。每一费米子都有一个玻色子超对称伙伴，即与它配对的超"费米子"。

这些粒子的属性与它们的超对称伙伴严格一致：玻色子超对称伙伴与它们对应的费米子有着相同的质量和电荷，也有相关联的相互作用。例如，如果电子的电荷是 -1，那么超电子的电荷也是 -1；如果中微子通过弱力相互作用，那么超中微子也是如此。

如果宇宙是超对称的，那么玻色子一定也有它的超对称伙伴。标准模型里的已知玻色子都是力的承载者：光子、弱玻色子 W 和 Z、胶子，它们的自旋都是 1。**超对称的命名方式规定，新的费米子超对称伙伴，应与它们对应的玻色子有相同的名称，只是加一后缀"微子"。因此，规范玻色子的费米子伙伴就是"规范微子"：胶子的费米子伙伴是胶微子，希格斯子对应的是希格斯微子。**就如玻色子超对称伙伴一样，费米子超对称伙伴也与它对应的玻色子有着相同的电荷和相互作用。而且，如果是绝对超对称，还会有相同的质量（见图 13-1）。

你可能会觉得奇怪，既然从没人发现过超对称伙伴，物理学家为什么对超对称的存在深信不疑？某些同事的信心也常令我感到惊讶。但是，除了超对称从未在自然界中被发现过外，还有许多原因让人对其存在持怀疑态度。瑟吉奥·费拉拉是第一批从事超对称研究的物理学家之一，在去往伦敦的火车上，他对我说："像这么一个令人称奇又引人入胜的理论构建，在研究宇宙的物理学理论中没有发挥任何作用，实在是令人难以置信的。"这代表了许多物理学家的观点。

其他物理学家并不完全相信对称的完美，但他们相信超对称主要是因为标准模型的超对称延伸所带来的益处：与非超对称的理论不同，它们维护了轻希格斯粒子和质量的等级。

	粒子	超对称伙伴
	轻子	超轻子
例子	电子	超电子
	夸克	超夸克
例子	顶夸克	超顶夸克
	规范玻色子	规范微子
例子	光子	光微子
	W 玻色子	W 微子
	Z 玻色子	Z 微子
	胶子	胶微子
	引力子	引力微子

图 13-1

粒子和其超对称伙伴。

超对称与等级问题

标准模型里的等级问题也可以这样问：希格斯粒子为什么这么轻？虚粒子对其质量的量子贡献如此巨大，怎么可能会有这么轻的希格斯粒子？这庞大的量子贡献告诉我们，只有加进一个庞大的、不合情理的参数，标准模型才会发挥作用。

标准模型的超对称延伸的一大优点是，当既有来自粒子也有来自超对称伙伴的虚粒子贡献时，超对称保证不会出现那种使轻希格斯粒子几乎不可能的巨大量子贡献。超对称理论的相互作用只有那些关联的费米子和玻色子的相互作用。正是由于这些限制，超对称理论不含有对粒子质量的大量子贡献问题。

在超对称理论里，对希格斯粒子质量贡献的虚粒子不仅是标准模型的虚粒子，而且其虚的超对称伙伴也有贡献。由于超对称的这一显著特征，两种贡献相加总是零。给希格斯粒子质量量子贡献的虚费米子和玻色子恰好相等，这样，它们各自的大贡献便保证能互相抵消。费米子的贡献值为负，恰好能抵消玻色子的贡献值。

图 13-2 阐释了这样的抵消。其中有两种虚粒子，一个是虚顶夸克，另一个是虚超顶夸克，它们都会给希格斯粒子质量带来很大贡献。但在超对称理论里，由于粒子和相互作用之间的特殊关系，来自顶夸克和超顶夸克的对质量的大量子贡献相加为零，这样它们就被抵消了。

图 13-2

在超对称理论中，希格斯粒子质量得到的量子贡献既来自粒子，也来自超对称粒子。在这一图示里，左图是一个虚顶夸克和一个虚反顶夸克；右图是一个虚超顶夸克和一个虚反超顶夸克。两个图例看上去不同，是因为费米子和玻色子的相互作用是不同的。但是，当两个图例里给希格斯粒子质量作出的贡献相加时，它们便相互抵消了。

在非超对称理论里，巨大的量子贡献会摧毁低能量上的弱电对称破缺，除非引入一个巨大的不太可能的参数使大量子贡献相加得到一个很小的数值。但标准模型的超对称延伸则保证，图 13-2 所示的任何潜在不稳定影响的总和都为零。希格斯粒子的小经典质量值保证了其中包含量子贡献的真实质量仍然会很小。

超对称就像是标准模型的一个灵活而又稳定的基础。如果把标准模型的微调看作将铅笔尖朝下立起来所需做的平衡，那么超对称就像是一根将铅笔固定的细线。或者，如果你把等级问题看作移民局官员的越职审查，由此延误了许多信件，那么超对称伙伴就像是保护公民自由的检察官，他们给移民局官员以一定的限制，让大多数信件得以迅速通过。

由于常见的虚粒子贡献与超对称粒子贡献相加为零，超对称就保证了虚粒子的量子贡献不会将低质量粒子从理论中排除出去。在超对称理论里，即使将虚贡献考虑在内，被假定应该轻的粒子（如希格斯粒子）仍会保持很轻。

破缺的超对称

超对称破缺

超对称仍存在一个严重问题：很显然，世界不是超对称的。这并不意味着我们必须放弃超对称的观点，但它意味着，假设自然中存在，超对称不可能是一种绝对对称，就如伴随弱电统一作用力的局域对称一样，超对称也必须破缺。

尽管超对称有可能解决希格斯粒子质量的巨大虚贡献问题，但就目前我所提出的形式，超对称仍存在一个严重问题：很显然，世界不是超对称的。怎么可能是呢？如果存在与已知粒子相同质量、相同电荷的超对称伙伴，它们早就被发现了，但没人见过超电子或是光微子。

这并不意味着我们必须放弃超对称的观点，但它意味着，假设自然中存在，超对称不可能是一种绝对对称，就如伴随弱电统一作用力的局域对称一样，超对称也必须破缺。

理论推理显示，超对称可以被没有完全相同质量的粒子和它们的超对称伙伴所打破；微小的超对称破缺效应就能将它们区分开来。粒子与其对应的超对称伙伴之间的质量差异，由超对称的破缺程度来控制。如果超对称只是微弱破缺，那么质量差异会很小；如果破缺严重，则差异很大。事实上，粒子与超对称伙伴的质量差异大小，是描述超对称破缺程度的一种方式。

几乎在所有超对称破缺模型里，超对称伙伴的质量都要比已知粒子大。这很幸运，只有这样，超对称才能与观察结果相符，才能解释我们为什么还未发现它们。重粒子只有在高能量下才能产生，那么可以想见，如果超对称存在，对撞机还没有达到足够的能量生成它们。因为实验探索的能量已达到几百 GeV，至今仍未能发现超对称伙伴的事实告诉我们，它们如果存在，质量至少有那么大。

超对称伙伴超过什么质量才能不被探测到，这要取决于那一特定粒子的电荷和相互作用。相互作用越强，粒子越容易生成，因此，为了避免被探测到，相互作用较强的粒子一定会比那些较弱的粒子更重。如今的实验对大多数超对称破缺模型的限制告诉我们，如果超对称存在的话，所有超对称伙伴的质量一定要超过几百 GeV 才不会被发现。那些要经受强力的超对称伙伴，如超夸克，甚至会更重——其质量至少有 1 000 GeV。

希格斯粒子质量之谜

正如我们看到的，给希格斯粒子质量的量子贡献，在超对称理论里并不是一个问题，因为超对称保证了它们相加为零。但是，我们也看到，若要在现实世界存在，超对称必然会产生破缺。因为，在超对称破缺模型里，超对称伙伴与其对应的标准模型粒子质量不同，所以，给希格斯粒子质量的贡献就不像精确超对称时那般严格平衡。因此，当超对称破缺时，虚粒子贡献不再恰好抵消。

但是，只要给希格斯粒子质量的量子贡献不那么大，标准模型就不必依赖微调或附加参数。即使超对称破缺——只要作用不大，标准模型仍能包含一个轻希格斯粒子。即便超对称有轻微破缺，也足以消除由高能量虚粒子带来的普朗克质量的巨大贡献，有少量的超对称破缺，还无须超乎寻常的抵消作用。

我们希望超对称破缺足够小，这样就可以保证超对称伙伴与标准模型粒子之间的质量差异很小，以避开附加参数。结果是，虽然来自虚粒子与其超对称伙伴的量子贡献并不等于零，但也不会远远超出超对称破缺质量差。这告诉我们，粒子与其超对称伙伴之间的质量差异大约应是弱力级质量。在这种情况下，给希格斯粒子质量的量子贡献也大约应是弱力级质量，这正是希格斯粒子所应具备的恰当质量。

因为标准模型的已知粒子都很轻，超对称伙伴与标准模型粒子之间的质量差异应与超对称伙伴的质量差不多，因此如果超对称解决了等级问题，那么超对称伙伴的质量也不会超出 250 GeV 很多。

如果超对称伙伴质量与弱力级质量大约相同，给希格斯粒子质量的量子贡献也不会太大。在非超对称情况下，量子贡献超过了 16 个数量级，所以需要一个庞大的、令人难以接受的附加参数来维持希格斯粒子的小质量；而超对称世界则不同，几百 GeV 的超对称破缺质量，不会给希格斯粒子质量产生过大的量子贡献。

希格斯粒子以及其所有超对称伙伴的质量都不能超过几百 GeV（为不致引起大量的量子贡献）。这一要求，再加上实验已在开始寻找质量大约为几百 GeV 的超对称伙伴，都告诉我们，如果超对称在自然界中存在并解决了等级问题，那么超对称伙伴的质量一定是只有几百 GeV。这非常令人振奋，因为超对称的实验证据似乎触手可及，很快就会在粒子对撞机里出现。现在的对撞机能量只要再增大一点，就足以达到能够生成超对称伙伴的能量。

LHC 所要探索的就是这一能量范围，它要找的是质量达到几百 GeV 的粒子。如果 LHC 没有发现超对称，那么就意味着超对称伙伴还是太重了，无法解决等级问题。由此，超对称方案就将会被排除。

但是，如果超对称能够解决等级问题，这将是一项意外的实验收获。探索能量达到 1 TeV（1 000 GeV）的粒子加速器会发现，除了希格斯粒子外，还有许多标准模型的超对称伙伴，我们会看到胶微子、超夸克、超轻子、W 微子、Z 微子和光微子，所有这些新粒子都会与标准模型粒子有相同的电荷，只是要更重一些。有了足够的能量和对撞，这些粒子都应该出现。如果超对称正确，我们会看到它"梦想成真"。

超对称：称量证据

这就留给我们一个突出的问题：自然界中存在超对称吗？陪审团还未入场，没有更多的证据，一切都只能是猜想。但此刻，辩方和控方都持有对各自有利的论据。

我们已提到了相信超对称的两个强有力原因：等级问题和超弦理论。支持超对称的第三个有力证据是，力有可能在标准模型的超对称延伸里统一起来。正如第 11 章讨论过的，电磁力、弱力和强力的相互作用强度要依赖于能量。尽管乔治和格拉肖原来发现标准模型的力统一了，但更为准确的测量显示，标准模型的统一并不是很有效。图 13-3 上图显示的是作为能量函数的三种作用强度的图。

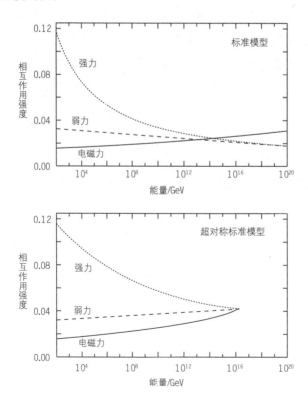

图 13-3

标准模型与超对称标准模型。上图表现的是，在标准模型里，作为能量函数的电磁力、弱力和强力的作用强度：三条曲线逐渐靠近，却并未相交于一点。下图表现的是，在标准模型的超对称延伸里，同样的三种力作为能量函数的作用强度：在高能量上，三种力的强度是一样的，这表明三种力有可能统一为一种力。

但是，超对称引出了通过这三种力相互作用的许多新粒子，这改变了力对距离（或能量）的依赖关系，因为超对称伙伴还会作为虚粒子出现。这些额外的量子贡献进入重整化群计算，并影响了电磁力、弱力、强力等相互作用强度对能量的依赖。

图 13-3 下图显示的是，当将虚的超对称伙伴作用包括在内时，相互作用强度随能量会产生的变化。值得注意的是，有了超对称，三种力似乎比以前更为精确地统一了起来。这比早先的统一尝试更为重要，因为我们现在对相互作用强度的测量更为准确。三条线的相交可能属于巧合，但它也可以被看作支持超对称的证据。

超对称理论的另一个优点是，它们包含了暗物质的一个有力的候选者。暗物质是遍布于宇宙的不发光物质，是通过其引力作用发现的。**即便宇宙中有大约 1/4 的能量储存于暗物质中，但我们仍不了解它究竟是什么。**❶ 一个不会衰变且有恰当质量和作用强度的超对称粒子，可能会是合适的暗物质候选者。事实上，最轻的超对称粒子不会衰变，它们可以具有恰当的质量和相互作用，从而成为构成暗物质的粒子。它可能是光微子，即光子的伙伴；或者，在我们后面将探讨的额外维度图景里，它也可能是规范玻色子 W 的伙伴——W 微子。

但是，超对称并非无懈可击。对超对称最强有力的反驳是，无论希格斯粒子还是其超对称伙伴，都尚未被发现。虽然超对称伙伴也许很快就会被发现，但如果说超对称解决了等级问题，而我们竟尚未观察到它，那么就完全难以理解了。实验已达到了几百 GeV 的能量，尽管超对称伙伴肯定更重一点，但并没有理由如此。事实上，从解决等级问题的角度来讲，更轻的粒子更为适宜。**如果说超对称解决了等级问题，那么为什么我们至今仍未能找到超对称伙伴？**

----

❶ 宇宙包含着暗能量（这些能量不由任何物质携带），它们构成了宇宙总能量的 70%。尽管超对称有可能解释暗物质，但它（或是任何其他理论）却不能解释暗能量。

从理论方面探究，超对称也不十分令人信服。因为它的破缺方式，仍是一个未解之谜。我们知道它肯定是自发破缺，但就如标准模型和弱力对称的破缺一样，我们尚不清楚究竟是哪些粒子引起了破缺。很多人提出了一些新奇的观点，但我们仍在期待一个更加令人满意的四维理论。

第一次接触超对称时，从模型构建角度来看，我发觉它似乎是太过简单了。因为没有量子贡献，超对称理论似乎可以包含完全不相干的质量，即使我们不明白质量差异为什么会出现，它们也不会带来任何问题。从模型构建角度来看，这很令人失望，因为对于还未确定的基本理论来说，它没有提供任何线索，而且，我们在模型构建过程中没有遇到任何挑战，这也显得很无趣。

但是，在这之后我遇到了超对称的"味"问题，这说明它肯定不对。事实上，你很难让一个对称破缺理论的具体细节产生效力。这一问题虽然微小，但非常重要。对于超对称破缺的简单理论，味对称问题是一个重要障碍。所有超对称破缺的新理论都集中在这一点上，我们会在第 17 章看到，为什么说额外维度里的超对称破缺是一种可能的解决方法。

现在我们回顾一下，标准模型里费米子的味是有着相同电荷却质量不同的三代不同的费米子。例如，上夸克、奇夸克和顶夸克；再如，电子、μ 子和 t 子。在标准模型里，这些粒子的身份是不会改变的。例如，μ 子永远不会与电子直接相互作用，它们只能通过弱规范玻色子的交换间接地作用。尽管 μ 子可以衰变成电子，这只是因为衰变产生了一个 μ 子中微子和一个电子中微子（如图 7-7 所示），μ 子永远也不会不经释放相关的中微子而直接转化成电子。

特定类型的轻子的身份不会发生变化，对此，物理学家的表达方式是，电子或 μ 子数将保持不变。我们指定电子和电子中微子的电子数为正，而正电子和电子反中微子的电子数为负；指定

μ子和μ子中微子的μ子数为正，而反μ子和μ子反中微子的μ子数为负。如果μ子和电子数保持守恒，那么μ子便永远也不可能衰变成电子和光子。如果真是那样，我们会以正μ子数和零电子数开始，而以正电子数和零μ子数结束。事实上，从没有人见过这种衰变。就我们所知，所有的粒子相互作用，电子和μ子数都将保持不变。

在超对称理论里，电子和μ子数守恒告诉我们，尽管如μ子和超μ子一样，电子和超电子也可以通过弱力相互作用，但电子永远也不会直接与一个超μ子相互作用。不论出于什么原因，如果电子和超μ子配对，或是μ子与超电子配对，就会引发在自然界根本不可能出现的相互作用，比如，μ子会衰变成一个电子和一个光子。

这里的问题是，尽管在真正的超对称理论里不会发生味改变的相互作用，但一旦超对称破缺，μ子和电子数守恒即得不到保证。在一个超对称破缺的理论里，超对称相互作用会改变电子和μ子的数量——这有悖于实验结果。这是因为，超对称伙伴的大质量玻色子并不像它们对应的费米子一样，身份感很强。在超对称理论里，它们所拥有的质量允许超对称玻色子可以相互混淆身份。例如，对应μ子的，不仅可以是超μ子，还可以是超电子。但超电子与μ子的配对，就可能会产生我们从未见过的各种衰变。任何有关自然的正确理论里，改变μ子或电子数的相互作用一定很微弱（或者根本不存在），因为我们从未发现过这种相互作用。

夸克也会遇到类似的问题：当超对称破缺时，夸克的味不会守恒，而且会导致危险的世代混杂，也就是篇首故事里艾克担心的那样。自然界里确实会发生某些夸克的混杂，但其程度却远远要小于超对称破缺理论的预言。

这种味改变的相互作用在自然界里极少出现，解释这一问题，是超对称破缺理论面临的一个严峻考验。不幸的是，大多数超对称理论都不能解释为什么这种味改变的效应并没有出现。这是不允许的：理论要与自然一致，必须禁止这种身份混淆。

如果你仍不太明白，也许听到以下这一事实，你就宽心多了，许多物理学家最初也有同样的感觉，而且也没有把超对称的味问题看得有多重要。简单地说，看法的不同可以根据地域来划分：欧洲人不像美国人看得那么严重。

多年来，我们一直在从其他背景下思考味问题，了解这一问题多么难以解决；而许多人从一开始就忽略了"无政府主义原理"的含义，因而不理解我们为什么小题大做。现在在西雅图核理论研究所工作的一位杰出的物理学家戴维·卡普兰（David B. Kaplan，我读研究生时的第一个合作者），从 1994 年密歇根国际超对称会议回来后，就向我讲述了他的沮丧：会上，他对听众解释了自己提出的味问题的解决方案，过后才发现，根本没几个人认为那有什么问题！

这很快就发生了变化，大多数人现在都意识到了这一问题的严重性。我们很难找到一个超对称破缺理论，能够既不改变粒子身份，又能给所有的超对称伙伴必要的质量。要成功解决等级问题，超对称理论面临着一个巨大的困难：**怎样使对称破缺，而又能防止产生味改变**。μ 子、电子（和夸克）数量的不守恒听上去有点过于专业，但它的确是超对称破缺的一大障碍，真的很难防止超对称伙伴的互相转变，对称通常是无力阻止它的。

因此，我们再次返回主题：有对称的理论是完美的，但描述我们可见世界的对称破缺应该同样完美。超对称为什么破缺？又是如何破缺的？只有一个完美的超对称破缺模型被构建起来后，我们才能够迎接理论挑战，理解超对称。

这并不是说超对称一定是错的，或者说它根本不能解决等级问题。但这确实意味着，超对称理论要成功地描述世界，还需要其他元素。很快我们将看到，这其他元素可能就是额外维度。

- 超对称从根本上使粒子增加了一倍：在此理论里，对应每一个玻色子，超对称都会配给它一个费米子伙伴；而每个费米子，都会对应一个玻色子伙伴。

- 如果没有超对称，量子力学很难维持一个小质量的希格斯粒子，从而使标准模型发挥作用。在额外维度理论出现之前，超对称是解决这一问题的唯一已知办法。

- 超对称不一定告诉我们希格斯粒子为什么轻，但它确实使轻希格斯粒子的假设听起来有一定道理，从而解决了等级问题。

- 标准模型粒子与它们的超对称伙伴对希格斯粒子的巨大虚贡献相加为零，因此，在超对称理论里，轻希格斯粒子就不再成问题。

- 即便超对称有可能解决等级问题，但它也不可能是精确对称的。倘若是这样，超对称伙伴就会与标准模型粒子有相同的质量，我们早就该在实验中发现超对称的证据了。

- 如果存在超对称伙伴，它们的质量一定会比其对应的标准模型粒子质量大。高能对撞机只能生成一定质量的粒子，这些对撞机可能还没达到足够的能量生成它们，这就解释了为什么我们还没能找到它们。

- 一旦超对称破缺，就会产生味改变的相互作用。这些过程将夸克或轻子变成了有着相同电荷的另一代的夸克或轻子（只是质量发生了改变）。这是一个很奇怪的过程——它会改变已知粒子的身份，而这在自然界里极少发生。但大多数超对称破缺理论都预言这会经常发生——远远超过了我们的实验所见。

WARPED

第四部分

弦理论，神秘膜宇宙的创世者

PASSAGES

UNRAVELING THE MYSTERIES OF THE UNIVERSE'S HIDDEN DIMENSIONS

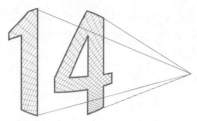

弦的律动：轰动世人的超弦革命
WARPED PASSAGES

> 我的世界在琴弦上。
>
> 弗兰克·西纳特拉（Frank Sinatra）

艾克四十二世的维度历险

快速前进 1 000 年。

艾克四十二世正在摆弄他的新设备：Alicxur 6.3 型，这可是他刚从太空网买回来的（伊卡洛斯·拉什莫尔三世对速度和机械的挚爱显然经过多代传到了他的身上）。Alicxur 可以让用户观察任何大小的东西，可以看到极小，也可以看到极大。艾克四十二世肯定，他所有买了 Alicxur 的朋友，必然会不约而同地首先去尝试大的尺度，调至百万秒差距的恢宏浩大的场景，这样就能超越已知宇宙，看进外太空了。艾克四十二世却想："我还不知道极度微小的尺度上都发生了些什么呢。"因此，他决定先到微观世界游历一番。

但艾克四十二世是个急性子，他可没耐心去看那厚厚的一本说明书。管他呢，先闯进去看看再说。他把号码盘调到了 10^{-33} 厘米的设置上，直接就按下了"出发"键，根本没注意到最小尺度范围上覆盖的红色标识。

可令他惊恐的是，他忽然觉得头晕目眩，因为他闯进了一个急剧颤动着的陡峻的世界，那里到处都是弦，而熟悉的世界完全不见了。相反，眼前出现的是一条条盘旋的蛟龙，它们在尽情地翻腾，从一个表面上探出来，再一头扎回去；或者绕着自己翻过来，再转回去，打成一个个环。艾克四十二世跌跌撞撞、拼尽全力地摸索着"停止"键。还好，赶在自己失去知觉之前他及时地按下了"停止"键，一切才恢复了正常。

安下神之后，艾克四十二世才意识到，也许他应该先看一下说明书的。他翻到了"警示"部分，上面写着："你的 Alicxur 6.3 型新设备只适用于大于 10^{-33} 厘米的尺度范围。我们还没有纳入弦理论研究的最新成果，因为直到去年，物理学家和数学家才将其预言与现实世界联系起来。"

艾克四十二世感到很失望，原来只有新出的 7.0 型才纳入了最新成果。但艾克很快就赶上了弦理论的最新进展，他把自己的 Alicxur 进行了改造，加大马力，然后再也没有晕过机。

爱因斯坦的广义相对论是里程碑式的，有了它，物理学家对引力场便有了更深入的理解，并且对引力的计算精确到了令人难以置信的地步。相对论成了物理学家预言所有引力系统演变的工具——甚至包括整个宇宙的演化。但是，尽管它所有的预言都很成功，相对论不可能是引力的最终结论，到了极端微小的距离，广义相对论不再适用。在极端微小的尺度上，只有新的引力范式才可能成功。许多物理学家相信，这一范式必然是弦理论。

如果弦理论是正确的，那么它将包容广义相对论、量子力学和粒子物理学的成功预言，但也会将物理学拓展到其他理论所无能为力的距离和能量范围。弦理论现在还不够完善，我们还无法衡量它的高能预言，也无法证实它在这些难以捉摸的尺度和能量范围内的效力。但弦理论的确有几个明显的特征，让人对这一幅充满希望的景象信心倍增。

现在，让我们来看看弦理论和它戏剧性的发展历程。它的高潮是 1984 年的"超弦革命"，那时物理学家证明，弦理论的碎片能天衣无缝地拼接起来。超弦革命只是开始，现在众多的物理学家积极地投入到了这一轰轰烈烈的研究项目中。本章和随后的几章，我们将回顾弦理论的历史及其新近的令人振奋的发展成果。但我们也会看到弦理论仍面临着众多艰巨的挑战，物理学家只有解决了这些难题，才可能用它对我们的世界作出预言。

早期的躁动

量子力学和广义相对论在很大的距离范围内和谐相容，包括实验所能观察到的任何尺度。尽管两个理论都应该适用于所有的尺度范围，但对于哪一测量范围由哪一理论主导，物理学家已形成了一种共识。两者都尊重对方在各自指定领域的权威，所以和谐地分享着这些领域：广义相对论适用于大质量的延伸物体，如恒星和星系；但引力对原子的影响是可以忽略的，所以，在研究原子时，你可以放心大胆地忽略广义相对论；而在原子大小的距离上，量子力学是非常关键的，因为它对原子的预言至关重要，而且与经典力学的预言大不相同。

但是，量子力学和相对论也关系也并非完全和谐。在普朗克长度（10^{-33} 厘米）这一极小尺度上，这两种截然不同的理论从未有过充分的"交流"。

由牛顿的万有引力定律,我们知道了引力强度与质量成正比,与距离的平方成反比。即使在原子尺度上引力非常微弱,但引力定律告诉我们,在更小的尺度上,引力作用是非常强大的。引力不仅对大质量延伸的物体非常重要;对极端靠近、间距只有普朗克长度的物体,也同样重要。如果我们想要对这些不可测量的微小尺度作出预言,量子力学和广义相对论都会有它们重要的贡献,但两种理论的贡献却是互不相容的。在这一角逐激烈的领域里,量子力学和广义相对论的计算不能相互协调,无论量子力学还是引力都不能被忽略,其预言必然要失败。

只有逐渐地让时空产生弯曲的平滑引力场存在时,广义相对论才会发挥作用。但量子力学告诉我们,能探测或影响普朗克长度的任何东西都具有巨大的动量不确定性。探索普朗克长度的能量会引致混乱的力学过程,例如,虚粒子的高能爆发,这将摧毁广义相对论描述的一切希望。根据量子力学,在普朗克长度上,空间几何不再是逐渐弯曲,而是未来艾克遇到的那种地形——时空狂乱地起伏跌宕,一会儿绕成一个个圆环,一会儿又伸出一条条枝蔓。在这样一个桀骜不驯的世界里,广义相对论毫无用武之地。

当然,广义相对论也不能退场让量子力学自由发挥,因为引力在普朗克长度上会产生极强的作用力。尽管在我们熟悉的粒子物理能量上,引力是微弱的,但在探索普朗克长度的高能量上,它是强大的。❶普朗克能量——探索普朗克长度的能量,正好是这样的能量尺度,所以不能再将引力当作弱力而忽略了。在普朗克长度的水平上,引力不能忽略。

事实上,在普朗克级的能量上,引力是一大障碍,因为我们

----

❶ 记住,量子力学关系告诉我们,尽管普朗克长度非常微小,但普朗克级能量却很强大。

根本不可能使用传统的量子力学进行计算。任何足以探索 10^{-33} 厘米的能量都会被禁闭一切的黑洞所吞噬，只有量子引力理论能告诉我们里面究竟发生了什么。

在极微小的尺度上，量子力学和引力迫切需要一个更为基本的理论。由于两者之间的冲突，除了引进另外一个"仲裁者"来取代它们，我们别无他法。而新的统治体系必须给量子力学和广义相对论以足够的自由，主宰它们各自互不干涉的领域，但同时又要有足够的权威,掌管这片两个旧理论都不能控制的争议区域。弦理论可能就是答案。

量子力学和引力的互不相容，还反映在传统引力对引力子高能相互作用的不合情理的预言上。引力子是量子引力理论中传递引力作用的粒子。

根据经典引力理论，引力通过引力场在两个庞大物体之间传递，就如电磁力的传递一样：根据麦克斯韦经典电磁场理论，电磁力由一个带电粒子通过经典电磁场传递给另一带电粒子。但电磁力的量子场理论——量子电动力学，以光子的交换重新阐释了经典电磁力。❶ QED 这一关于光子的理论，是经典电磁理论兼容量子力学效应的延伸。

与此类似，量子力学规定，引力的传递也必须有一个粒子，这一粒子就是引力子。在量子引力理论里，两物体之间引力子的交换会重现牛顿定律的引力作用。尽管引力子还没有被直接观察到，但因为量子力学承认它们的存在，所以许多物理学家对此深信不疑。

引力子独特的自旋特征将对我们非常重要。因为引力子传递与空间和时间内在相联的引力，因此它与所有其他已知的力的承载者（如光子）有着不同的自旋。这里，我们不去细究它的原因，

----

❶ 实际上，交换的是一个虚光子，而不是一个真实的物理光子。

但引力子是已知唯一自旋为 2 的无质量粒子，不像其他规范玻色子那样自旋为 1，也不像夸克和轻子那样为 1/2。**寻找额外维度理论的可信证据时，自旋为 2 这一事实非常重要**。正如我们很快将看到的，引力子的自旋也是我们认识弦理论潜在意义的关键。

但是，量子场论对引力的描述是不完整的。没有一个引力子的量子场论能预言它在所有能量上的相互作用。当引力子的能量高至普朗克级能量时，量子场论就彻底崩溃了。

理论推理显示，在低能量上无关紧要的额外引力子的相互作用在高能量上却很重要；可量子场论的逻辑不足以揭示它们是什么，或如何解释它们。如果我们忽略在低能量上无关紧要的相互作用，不恰当地使用一个引力的量子场论对极高能的引力子作出预言，那么我们得到的结论是：引力子相互作用的发生概率会大于 1——这显然是不可能的。在普朗克能量，或（根据量子力学和狭义相对论）在 10^{-33} 厘米的普朗克长度上，引力子的量子力学描述显然失败了。

普朗克长度比质子小 19 个数量级，小到如此地步，物理学家本可以置之不理，但它关乎一个根本问题，只有一个更为全面、普适的理论才有可能作出解答。例如，**当今的宇宙学理论猜想，宇宙的起源是一个普朗克长度大小的小球，但我们尚不明了大爆炸的"爆炸"**。对宇宙的后期演变，我们了解了很多，但它是怎么开始的，我们还不知道。推导出在小于普朗克长度范围适用的物理定律，会帮助我们了解宇宙的最初演变。

再者，还有许多关于黑洞的未解之谜。这些重要的未解问题包括：**在黑洞的视界发生了什么？在奇点又发生了什么？**视界是一个不归之地，没有任何东西能够脱逃它；而奇点在黑洞的中心，广义相对论不再适用。另一未解之谜是，**掉进黑洞的物体信息是如何储存的？**与我们感受到的引力作用不同，黑洞里面的引力效应很强，在寻常的平坦空间看来，那就像是能量高达普朗克能标的物体产生的效应。如果不能找到一个可以和谐包容量子力学和广义相对论的理论—— 一个在 10^{-33} 厘米普朗克长度上的量子引力理论，我们将永远无法解答黑洞问题。黑洞展示了某些只有量子引力理论才能解决的强引力效应。弦理论是已知最有希望的候选者。

弦是一切之源

有关物质的本质，弦理论的观点与传统粒子物理学大不相同。根据弦理论，物质的已知最根本不可分结构是弦——振动的一维能量环或线段。通常的物质，如小提琴的弦，都由原子构成，而原子由电子和原子核构成，原子核又由夸克构成。这些弦则不一样，事实上恰恰相反：它们是最根本的弦。这意味着所有东西，包括电子和夸克，都是由它们的振动构成的。**根据弦理论，小猫玩的纱线球是由原子构成的，而其本质上是由弦的振动构成的。**

弦理论大胆地假设粒子是由弦的和谐共振产生的，对应每一个粒子都会有一个基本弦的振动，而振动的特征就决定了粒子的属性。因为弦可以有多种振动方式，由此就产生了多种类型的粒子。理论学家最初以为，基本弦只有一种类型，它构成了所有的已知粒子。但就在几年前，这一图景发生了变化。现在我们相信，弦理论里包含了多种不同的、独立的弦，每种弦都可能有多种不同的振动方式。

弦只会沿着一个方向延伸，在任一特定时刻，你只需一个数字就能确定弦上的一点，因此，根据我们对维数的定义，弦就是一维（空间维度）物体。但是，就如我们现实世界里的琴弦一样，它们也可以卷起或绕成一个圈。事实上，弦有两种类型：一种开弦，有两个端点；一种闭弦，即没有端点的闭合圈（见图 14-1）。

图 14-1

开弦和闭弦。

弦将形成的粒子类型取决于弦的能量以及由此激起的具体的振动模式。弦的模式就如小提琴琴弦的共振模式，你可以把这些振动当作能结合成所有已知粒子的基本单位。以这种逻辑来描述，粒子就是合唱，而相互作用就是和声。如果不用琴弓，小提琴不可能发出各种各样的声音，同样地，弦理论的弦并不总能形成所有的粒子。就如琴弓会使小提琴弦产生各种不同的振动方式一样，能量会激起弦的模式，当弦具备足够的能量时，就会产生不同的粒子类型。

对于开弦和闭弦，共振方式就是沿着弦的长度所进行的整数倍的振动次数。图 14-2 显示了这样几种方式。在这些模式里，波会以整数倍上下振动，而所有的振动都是在弦上发生的。在开弦里，波的振动到达弦的终点后，接着返回，如此循环往复；而闭弦上的波，则缠绕着闭合弦圈上下振动。任何其他形式的波——那些不能完成整数倍振动的波，都不能存在。

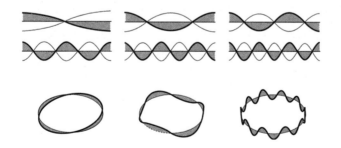

图 14-2

开弦（上）和闭弦（下）的一些振动方式。

最终，弦的振动方式决定了粒子的所有属性，如质量、自旋和电荷。一般说来，具有相同自旋和电荷的粒子有很多不同的复本和质量。因为有无限种模式，所以一个弦就有可能生成无数的重粒子。已知的粒子相对较轻，都是由振动最少的弦形成的。我们熟悉的轻粒子，如通常的夸克或轻子，可能就属于没有振动的模式。但高能量的弦会以多种方式振动，因此，**弦理论的突出特征在于它的重粒子，它们是由更高的振动模式形成的。**

可是，更多的振动就需要更高的能量。弦理论里由更多的振动产生的额外粒子很有可能极重，生成它们需要大量的能量。因此，即使弦理论正确，它的新奇结果也很可能难以探测。我们不期望能以可得到的能量生成新的重粒子，但我们期望弦理论和粒子物理能在可探测的能量上产生同样的可观察结果。如果有关额外维度的某些最新成果是正确的，那么这一景象将发生变化。但现在，让我们先来回顾一些传统的弦理论，然后再探讨额外维度模型。

起源：强力而非引力

超弦理论

弦理论最初出现是在1968年，它本意是要描述强子的强相互作用。超弦理论超越最初弦理论的一个关键优势在于，它包含了半整数自旋的粒子，这使它有可能描述标准模型的费米子，如电子和各种类型的夸克。

到未来艾克的时代，弦理论足可以炫耀其悠久的历史了，但出于科学的目的，我们将把故事局限在20世纪和21世纪早期。现在我们把弦理论当作有可能协调量子力学和引力的理论，但最初它却有着完全不同的应用。**这一理论最初出现是在1968年，它本意是要描述强子的强相互作用。**那一理论并不成功；就如在第7章里看到的，现在我们知道强子是由夸克通过强力紧紧束缚在一起形成的。但弦理论却得以存续——不是作为强子的理论，而是作为引力理论。

尽管它对强子的描述是失败的，但通过检验强子弦理论所面临的几个问题，我们可以看到关于引力的弦理论的几个良好特征。尤为引人注意的是，强子弦理论的失败之处恰恰是量子引力弦理论的补偿特征（至少不是障碍）。

　　最初的弦理论遇到的第一个问题是，它含有一个"快子"（tachyon）。人们最初把快子当作行驶速度超过光速的粒子（这一词汇来源于希腊语的"tachos"，意为"速度"）。但现在我们知道，快子表明了包含它的理论的不稳定性。令科幻迷遗憾的是，快子不是出现在自然界的真实物理粒子：如果你的理论包含一个快子，那么你对它的分析肯定会出错。一个包含了快子的系统最终会转变成一个不存在快子的相关低能系统，这一含有快子的系统不能维持足够长的时间来产生任何物理效应，它只是错误的理论描述的一个特征。在确定真正的物理粒子和作用力之前，首先需要对相关的没有快子的稳定结构作出一个理论描述。如果没有这样的稳定结构，理论将是不完整的。

　　有快子的弦理论似乎是不合情理的，但没人知道以什么方式消除快子从而构造一个弦理论。这就意味着来自弦理论的预言，包括那些有关粒子而非快子的预言，都是不可靠的。这样，可能你就会以为我们有足够的理由放弃强子弦理论，但物理学家把希望寄托在快子不是真实的这一预言上，有人认为这只是在构造理论时所产生的数学近似问题，但事实可能并非如此。

　　但拉蒙、内弗和施瓦茨发现了弦理论的另一种超对称形式：超弦理论 (superstring theory)。

　　超弦理论超越最初弦理论的一个关键优势在于，它包含了半整数自旋的粒子，这使它有可能描述标准模型的费米子，如电子和各种类型的夸克。但超弦理论还有另外一个收获，即它不含有困扰原版弦理论的快子。超弦理论似乎在各种情形下都更有希望，它没有妨碍其进步的快子不稳定性。

　　最初的强子弦理论存在的第二个问题是：它包含了一个自旋为2的无质量粒子。计算显示，没有办法能将它消除，而又从未有实验者发现过这种烦人的粒子。如果无质量的粒子相互作用如强子一般强烈，那么实验者早就该发现它们了。这样，强子弦理论似乎陷入了困境。

谢尔克和施瓦茨转变了弦理论的方向，他们证明：

> 令强子弦理论束手无策的自旋为 2 的粒子，事实上可能成为引力弦理论的无上荣耀，自旋为 2 的粒子可能就是引力子。他们继续研究发现，自旋为 2 的粒子正如引力子应有的表现一样。弦理论包括引力子的一个候选者，这一关键性的发现，使得弦理论成为量子引力理论的潜在理论。没有人能以粒子描述说明怎样构造一个在所有能量都适用的内在一致的引力理论，而弦理论的描述似乎能实现我们的愿望。

另有证据显示，尽管强子弦理论不会奏效，但谢尔克和施瓦茨对引力的弦理论探索可能走对路了。在第 7 章里我们看到，斯坦福线形粒子加速中心的弗里德曼、肯德尔和泰勒演示了电子由原子核的剧烈散射，表明其中存在的是坚硬、点状的物质，即夸克。这一实验与第 6 章里描述的卢瑟福的散射实验本质是相同的：在卢瑟福实验里，剧烈的散射让我们发现了一个坚硬的原子核。而这一案例让我们想到，原子核里是点状的夸克，而不是蓬松的、伸展的弦。

可是，弦理论的预言与 SLAC 的实验结果并不相符：弦永远也不会引起急剧的散射，只有坚硬、紧致的物体才可能做到。因为在既定时间内，只有某些弦发生相互作用，弦的碰撞会更加轻柔，这一相对不那么剧烈、较为温和的散射便终结了强子弦理论。但是，换一个角度，从量子引力理论的视角来看，这一属性似乎颇有前途。

在以粒子描述引力子的理论里，引力子的相互作用在高能量上过于强烈，而一个更完善的理论，不该预言这么强烈的高能引力子的相互作用。弦的引力理论正好做到了这一点。在弦理论里，延伸的弦取代了点状的粒子，这就保证了引力子在高能量上的相互作用不会那么剧烈。与夸克不同，弦不会产生有坚硬内核的散射过程，弦的相互作用发生在一个延伸的区域，有点儿"拖泥带水"，更为松散。这一属性意味着弦理论可能会解决引力子荒谬、不合情理的高频率相互作用问题，正确预言高能引力子的相互作用。弦的高能软碰撞是引力弦理论可能正确的另一重要标志。

综上所述，超弦理论包含了费米子、承载力的规范玻色子和引力子——我们了解的所有类型的粒子，它不包含快子。而且，超弦理论包含了一个引力子，它的量子描述在高能量上可能是有意义的，看来弦理论有可能描述所有的已知粒子。这是一个颇有希望的关于世界的候选理论。

高潮：超弦革命

即使对于解决如量子引力这么深奥的问题来说，超弦理论仍算得上是极为大胆的一步。引力弦理论预言了无数我们不知道的粒子，而且弦理论极难用计算来分析。解决量子引力问题，我们需要付出多么高昂的代价啊：一个有着无数新粒子的理论，一个几乎无章可循的数学描述。20 世纪 70 年代投入弦理论研究的人，要么极其坚定，要么就是头脑发热。在为数不多的几个人当中，谢尔克和施瓦茨在这条前程未卜的路途上，不畏风险，英勇地探索着。

1980 年，谢尔克不幸辞世，施瓦茨继续坚持他的研究。他与当时的另一位（可能是唯一的一位）"皈依者"、英国物理学家迈克尔·格林（Michael Green）协作，共同算出了超弦理论的结果。施瓦茨和格林发现了超弦的一个奇异特征：

> 只有在十维（其中九维空间，一维时间）中，它才有意义。其他任何数量的维度，不可接受的弦的振动方式都会产生明显不合情理的预言，比如一些过程的负概率，这会涉及一些不该存在的弦的模式。而在十维中，所有这些不该存在的模式都被消除了，任何其他维数的弦理论都没有意义。

要明确的是，弦本身是沿着一个空间维度延伸的，但会穿越时间，这就是拉蒙在最初发现超对称时所研究的两个维度。但正如我们所知，一个点状的物体（它在空间维度上没有延伸，因此空间维度为零）能够在三维空间自由移动；一根弦（它有一个空间维度）也能在一个比自身有着更多维度的空间里四处移动。可以想见，弦可以在三维、四维或更多维度的空间里移动。计算表明，正确的数量是十维（包括时间）。

维度太多并非超弦才有的新奇特征。早期形式的弦理论（不含有费米子或超对称）曾有过二十六维：一维时间，二十五维空间。但早期的弦理论存在其他问题，如快子问题，而超弦理论却充满了希望，值得人们去探索。

即便如此，弦理论还是被人们严重地忽视了。直到 1984 年，格林和施瓦茨展示了超弦理论的一个令人惊讶的特征，其他许多物理学家才相信他们的研究是很有前途的。这一发现，与我们很快将看到的另外两个重要进展，使得弦理论终于成为物理学的主流。

格林和施瓦茨的研究所探讨的现象被称作"反常问题"。由名称就可想到，第一次发现时，"反常"给人们带来了多大的震惊。最早研究量子场的物理学家想当然地以为，经典理论里的所有对称在量子力学的延伸里也应当保持，这一延伸是一个同时包括了虚粒子作用的更为全面的理论。但事情却并不总能如此。1969年，史蒂文·阿德勒（Steven Adler）、约翰·贝尔（John Bell）和罗曼·贾基夫（Roman Jackiw）证明：

> 即便经典理论保持对称，包含虚粒子的量子力学过程有时也会打破对称，这种对称的打破被称作反常，包含了反常的理论就是"反常的"。

反常对力的理论极为重要。在第9章里我们看到，一个成功的力的理论要求存在内部对称，这必须是精确对称，不然就没有办法消除规范玻色子的多余极化，力的理论也就没有意义了。因此，与力相关的对称必须没有反常存在——即所有对称破缺的效应总和为零。

这对力的任何量子理论都是一个强大的约束。我们现在知道，对于标准模型里夸克和轻子的存在，这也是一个最有说服力的解释。单个的虚夸克和轻子会导致打破标准模型对称的反常量子贡献，但夸克和轻子的量子贡献的总和为零。正是这一神奇的抵消作用，使标准模型能连贯一致。如果想要标准模型里的力有意义，轻子和夸克都是必不可少的。

反常对弦理论是一个潜在的问题，毕竟它也包含了力。1983年，理论学家路易斯·阿尔瓦雷兹-高梅（Luis Alvarez-Gaume）和爱德华·威滕（Edward Witten）证明：**这种反常不仅仅出现在量子场论中，也出现在弦理论中**。这一发现似乎将终结弦理论的历史，使其成为虽然有趣却遥不可及的观点。弦理论不像是能够保持必要对称的理论，它有潜在的反常可能，在一片怀疑的氛围中，格林和施瓦茨甩出一记清脆的响鞭，证明弦理论可以满足避开反常所需要的限制条件。他们计算了对所有可能反常的量子贡献，证明对特定的力，反常奇迹般地相加为零。

格林和施瓦茨的结果令人这么吃惊，其中一个原因是，**弦理论允许存在许多很复杂的量子力学过程，而每一个看起来都有可能产生对称破缺反常。**但格林和施瓦茨证明，对这些十维超弦理论中的所有可能，对称破缺反常的量子力学贡献的总和为零。这就意味着，弦理论计算所要求的许多抵消实际真的发生了，而且，这些抵消发生在十维里，我们已经知道这一维数对超弦理论是非常特殊的。这一发现太神奇了，许多物理学家确定这种协同绝非巧合。反常消除是支持十维超弦理论的强有力的论据。

再者，格林和施瓦茨完成他们的研究恰逢时机。多年来，物理学家一直在徒劳地寻求一个能推广标准模型以兼容超对称和引力的理论，他们已经在考虑寻找新的东西了。他们不会忽略格林和施瓦茨关于超对称理论的发现，它有可能重现标准模型的所有粒子和力。即使弦理论的冗余结构令人厌烦，但超弦却在其他可能更为经济的理论失败的地方获得了成功。

另外两个重要的进展，使得弦理论很快被纳入了真正的物理学当中。其中一个是由普林斯顿团队，包括戴维·格罗斯、杰夫·哈维（Jeff Harvey）、埃米尔·马丁尼克（Emil Martinec）和瑞安·罗姆（Ryan Rohm）等在 1985 年提出的理论，他们称之为"杂化弦理论"（heterotic string）。"杂化"一词来源于植物学，意为"异配优势"（hybrid vigor），指的是那些杂交品种比其祖先具有更优越的属性。在弦理论里，振动模式可以顺时针或逆时针地沿着弦运动。使用"杂化"一词是因为，向左运动的波与向右运动的波被区别对待，因此，这一理论比其他已知的弦理论形式包括了更为有趣的力。

杂化弦理论进一步证实了：格林和施瓦茨发现的不存在反常且在十维可以接受的理论是很特别的。

他们发现了几组作用力，其中包括在弦理论里已证明可能的所有力；还有一组力，以前从未有人（在理论上）证明它也是弦理论的组成部分，这组力正是格林和施瓦茨证实的没有反常的新型的力。有了杂化弦理论，另外的这一组力——涵盖标准模型里的力——被证明不仅在弦理论里是可能的，而且可以实现。杂化弦是联系弦理论与标准模型的一个真正突破。

还有另一成果最终巩固了弦理论的显要地位，这一发现解释了额外维度对弦理论的必要性。它很好地显示了超弦理论是内在一致的，并体现了标准模型里的力。但如果你被困在错误的空间维数上，这就不那么有趣了。超弦假设了十维，我们周围的世界看起来只有四维（包括一维时间），那么，其他多余的六维就需要解释。

物理学家现在认为答案可能就是维度的卷曲——即第 2 章里讲的卷曲的、无法被观察到的极小维度。但是，起先额外维度的这种卷曲似乎并非处理弦理论里额外维度的恰当方式，问题在于：有了卷曲维度的理论不能重现第 7 章讨论的弱力的重要（而惊人的）特征：弱力以不同方式对待左旋和右旋粒子。这不仅仅是一个技术细节，标准模型的整个结构都要依赖于这样的事实：左旋粒子是唯一经受弱力的粒子，否则标准模型的几乎所有预言都将失效。

尽管十维弦理论能将左旋和右旋粒子区别对待，但一旦那 6 个额外的维度卷曲起来，就不对了。结果是，四维有效理论总是包含恰好配对的左旋和右旋粒子，作用于左旋费米子的所有力也会作用于右旋粒子，反之亦然。如果弦理论不能找到摆脱困境的好办法，那么它就只能被排除。

1985 年，菲利普·坎德拉斯（Philip Candelas）、加里·霍洛维茨（Gary Horowitz）、安迪·斯特罗明格（Andy Strominger）和爱德华·威滕发现了一种更为微妙、复杂的额外维度卷曲方式，这一卷曲的维度被称作卡拉比 - 丘流形（Calabi-You mani folds）。

其中细节非常复杂，但基本来说，**卡拉比－丘流形留下了一个四维理论，能够区分左右，且能重建标准模型的粒子和力，包括宇称不守恒的弱作用力，而且，把额外维度卷曲成卡拉比－丘流形还保持了超对称❶**。有了这一突破，超弦理论就开始施展才能了。

在许多大学物理系里，超弦理论超越了粒子物理学，超弦革命更像是一场政变。因为超弦理论纳入了量子引力并包括了所有的已知粒子和力，许多物理学家甚至把它当成万物基础的终极理论。事实上，20 世纪 80 年代，弦理论被冠以"终极理论"（TOE）或"万能理论"的头衔。弦理论甚至比大统一理论的抱负还要远大：在比大统一能量还要高的能量上，物理学家希望以弦理论将所有的力（包括引力）统一起来。即便没有任何观察结果支持弦理论，许多物理学家仍然相信，弦理论将兼容量子力学和引力的潜在可能就足以支持它的卓越。

挫折：旧制度的忍耐

如果弦理论正确，世界最终由基本的振动弦构成，那么粒子物理学所有理论都要被抛弃了？答案是一声响亮的"不"。弦理论的目标是在小于普朗克长度的尺度协调量子力学和引力，我们相信那是新理论接管的尺度。因此，在传统的弦理论（不同于额外维度模型的变体）里，弦的大小大约应是普朗克长度。这就告诉我们，在传统的弦理论里，粒子物理学和弦理论的差异只能出现在微小的普朗克长度，或等价地说，在超高的普朗克能量上，引力应是极其强大的。长度这么小而能量这么高，弦不可能在实

----

❶ 事实上，卡拉比－丘流形的卷曲恰好保持了适量的超对称，使得弦理论能够重现标准模型的特征。如果有太多的超对称，就不能够有相互作用有别于右旋粒子的左旋粒子。

验能达到的能量上排除粒子描述。

在低于普朗克能标的能量上，粒子物理学实际上就已足够了。如果弦如此微小，无法探测其长度，那么弦也就等同于一个粒子，实验看不出其差别。对我们来说，弦的一维长度就如前面讨论的卷曲额外维度一样是不可见的，除非我们有仪器探知 10^{-33} 厘米的尺度，这样的弦小得根本看不到。

可以理解，弦理论和粒子物理学在可达到的能量上应该是一样的。**不确定性原理告诉我们，研究小距离的唯一方法是使用高动量粒子，它们的能量非常高。**因此，如果没有足够的能量，就无法辨别其是细长的弦还是点状的粒子。

从原则上讲，通过寻找弦理论预言的许多新粒子——对应于弦的多种可能振动而形成的粒子，我们能够找到支持弦理论的证据。这一策略的问题在于，由弦产生的大多数粒子极重，其质量达到了普朗克标度 10^{19} GeV。相比实验已探测到的粒子，这一质量是极为庞大的，而实验测得的粒子最重也就是大约 200 GeV。

由弦的振动产生的额外粒子之所以这么重，是因为弦的张力非常大。张力即弦对抗拉伸的能力，它决定了弦是否易于振动并产生重粒子。普朗克级能量决定了弦的张力，这个张力是弦理论为重现正确的引力子相互作用强度（由此也就重现了引力本身）所要求的。弦的张力越大，产生振动所需的能量就越大（这就好比一根较紧的琴弦比一根较松的琴弦更加难以弹拨或更换），这一高能量也等于是由弦产生的额外粒子的大质量。这些普朗克级质量的粒子实在太重，现在（或者，最有可能是未来）运行的粒子实验还不能生成它们。

因此，即便弦理论正确，我们也不大可能找到它预言的许多额外的重粒子。当今实验的能量要低 16 个数量级，因为额外的粒子这么重，从实验中找到弦存在的证据的希望非常渺茫。也许我后面讨论的额外维度模型就是一个例外。

但在大多数的弦理论图景里，因为弦的长度这么小，而张力又这么大，所以即便弦的描述正确，在加速器能达到的能量上，我们还是不能找到支持弦理论的证据。只注重对实验结果作出预言的粒子物理学家，可以安全地使用传统的四维量子场论，而忽略弦理论，仍能得到正确的结果。只要你所关注的尺度大于 10^{-33} 厘米（或者，能量低于 10^{19} GeV），我们以前探讨过的关于粒子物理学的低能量结果都不会改变。既然质子的大小是 10^{-13} 厘米，而现今加速器能达到的最大能量大约是 1 000 GeV，那么我们完全可以放心大胆地认为粒子理论的预言就已经足够了。

即使这样，专注于研究低能现象的粒子物理学家也还是有足够的理由关注弦理论。弦理论引入了许多新的数学和物理观点，那是没人会从其他方面想到的，比如膜理论和其他额外维度的观念。即使在四维里，弦理论也开辟了一条道路，让我们对超对称、量子场论以及量子场论模型可能包括的力都产生了更为深入的了解。当然，如果弦理论确实能够给出一个十分一致的关于引力的量子力学描述，这项成就将令人肃然起敬。即使对那些只关注实验可测现象的人来说，弦理论的这些益处也使它非常值得探索。尽管我们难以探测到弦（甚至是不可能的），但由弦引发的理论观点也许关系着我们的世界。

很快我们将看到，它们会是些什么。

尾声：挑战与机会并存

1984 年，正值"超弦革命"的高峰期，当时我正在哈佛大学读研究生。我很快发现，初出茅庐的物理学家面临着两大选择：要么跟随威滕和格罗斯从事弦理论，他们那时都在普林斯顿大学；

要么在乔治和格拉肖所在的学院做粒子物理学家，与实验结果保持密切联系，不过他们都在哈佛大学。对相同问题感兴趣的物理学家如此格格不入，真让人难以置信，但两个阵营对怎样进行研究的确有很大的分歧。

哈佛大学的焦点仍旧是粒子物理学研究，那里的许多物理学家十分排斥弦理论。粒子物理学和宇宙学的许多问题仍旧未找到答案，在陷入弦理论可能的数学雷区之前，我们为什么不先解决这些问题呢？物理学家能接受把物理学延伸到不可探测的领域吗？有这么多杰出的物理学家，还有许多振奋人心的观点，都告诉我该怎样使用更为传统的方法来超越粒子物理学的标准模型，我没有理由跳转阵营。

但是，在别的地方，物理学家却深信有关超弦理论的所有问题很快都将被解决，而未来（以及当今）物理学界必然是弦理论的天下。超弦理论初登舞台，许多人认为只要投入足够的人力和时间，弦理论最终会得出与已知物理学一致的结果。在 1985 年有关杂化弦理论的论文里，格罗斯和他的同事写道："虽然还有许多工作要做，但要从杂化弦理论得出所有已知物理的结果似乎并无不可逾越的障碍。"弦理论志在成为终极理论，普林斯顿大学冲在最前沿。那里的物理学家深信弦理论就是通往未来的道路，整个系的粒子物理学家无一不投入到了弦理论研究中——如今这仍是普林斯顿大学有待改正的一个错误。

而今，我们不好说弦理论面临的障碍是否是"不可逾越的"，但它肯定是极富挑战的。许多主要的未解问题仍未找到答案，物理学家和数学家迄今所创立的方法还不足以应对弦理论的这些未解问题，我们似乎需要一个新的数学机制或一个新的基本途径来解决它们。

乔·波尔钦斯基在他被广泛使用的弦理论教科书里写道："就其宏大结构来讲，弦理论就如真实世界一样。"在某些方面它确实如此:弦理论包括了标准模型的粒子和力,当其他维度卷曲时,还可以缩减至四维。但是,尽管有诱人的证据表明弦理论能兼容标准模型,但寻找标准模型的理想候选者的计划在历经20年的探索之后仍然遥遥无期。

物理学家原本希望弦理论能对我们世界的本质作出一个独特的预言——一个为我们的可见世界量身打造的预言,但现在弦理论可以产生许多可能的模型,每一模型都含有不同的作用力、不同的维度及不同的粒子组合,我们想找到与可见世界恰好相符的那一个以及为什么是那一个,而现在没人知道该选择哪种。总之,没有一个看上去完全正确。

例如,卡拉比 - 丘流形能够决定基本粒子有几代,其中一种可能就是标准模型的三代,但没有一个唯一的、无可争议的卡拉比 - 丘候选者。尽管弦理论学者最初希望卡拉比 - 丘能够选出一个共同认可的形状和一个唯一的物理定律,但他们很快就失望了。斯特罗明格对我讲过他如何在一个星期内找到一种卡拉比 - 丘流形,并认为它是唯一的。但他的同事加里·霍洛维茨又发现了其他几个候选者,后来斯特罗明格从丘成桐处得知,卡拉比 - 丘流形有成千上万个类型。现在我们知道建立在卡拉比 - 丘空间基础之上的弦理论可以含有几百代。那么,究竟哪一个卡拉比 - 丘流形才是正确的呢?如果正确,又为什么正确?虽然我们知道弦理论的一些维度一定是卷曲的或看不见的,但弦理论学家还是有必要确定一个原则,告诉我们卷曲维度的大小和形状。

弦理论不仅仅包含波沿着弦的多次振动而产生的新重弦粒子,还包含一些低质量的粒子。如果它们存在且正如弦理论预言的一样那么轻,那么我们应该可以认为实验是能够探测到它们的。许多以弦理论为基础建立起来的模型都包含了比我们在低能量实验观察到的更多的轻粒子和作用力,但我们尚不明了哪些才是正确的。

要使弦理论与我们的现实世界对应起来，的确是一个非常复杂的问题，我们必须弄清楚：由弦理论得出的引力、粒子和作用力为什么应该与我们世界里已知正确的东西相一致？但这些关于粒子、作用力和维度的问题，与对宇宙能量密度的过高估计问题相比，就是小巫见大巫了。

宇宙即使没有粒子也可以拥有能量，这种能量叫作真空能量。根据广义相对论，这种能量有一个物理结果：它会使空间产生伸缩。正的真空能量会加速宇宙的膨胀，而负能量则使它坍缩。爱因斯坦在 1917 年首先提出这一能量，目的是给广义相对论方程找到一个恰当的解。在这一方程里，真空能量的引力作用会与物质的引力作用相抵消。尽管由于多种原因，其中包括爱德温·哈勃在 1929 年观测到的宇宙膨胀，爱因斯坦不得不放弃了这一观点，但却无法从理论上证明这种真空能量在我们宇宙中不该存在。

事实上，天文学家最近在我们的宇宙中测量了真空能量，并发现了一个很小的正值（它也称作暗能量或宇宙学常数）。他们发现，遥远的超新星比我们预期的更为黯淡，除非它们在加速离开。超新星测量以及对大爆炸期间产生的遗留光子的深入观察告诉我们：宇宙在加速膨胀，这是真空能量有一个很小正值的证据。

这一测量是令人振奋的，但它也引出了一个更为重要的谜题：加速非常缓慢，这告诉我们虽然真空能量的值不等于零，却极其微小。测得真空能量的理论问题是，它远远小于人们的估计。根据弦理论估测，能量应该要大得多，如果真是那样，这一能量导致的就不仅仅是难以估量的超新星加速。如果真空能量很大，宇宙可能早就坍缩了（若是负值），或者会很快膨胀至虚无（倘若是正值）。

宇宙的真空能量为什么会这么小？而我们知道它必须这么小。弦理论必须给出解释，而粒子物理学也没有答案。但是，与弦理论不同的是，粒子物理学没有意图要成为一个量子引力理论——它远没有那么雄心勃勃。不能解释能量的粒子物理学模型最多是不尽如人意，而弦理论如果将能量搞错却会被排除。

能量密度何以如此微小，这是一个全然无解的问题。有的物理学家认为，对此不会有一个真正的解释。尽管弦理论是一个独立的理论，只有一个参量——振动弦的张力，但弦理论学家还是不能用它预言宇宙的大多数特征。大多数物理理论会包含一些原理，它们允许你确定在众多可能的物理结构中，这一理论会实际预测哪一种。例如，大多数系统最终都安顿下来，归于有着最低能量的结构。但这一标准似乎并不适用于弦理论，它看上去会产生无限多个具有不同真空能量的不同构形——而我们不知道自然偏爱哪一个（如果有的话）。

有些弦理论学家不再试图找到一个唯一理论。他们考察了卷曲维度的可能大小和形状以及宇宙可能含有的不同能量值，然后得出了这样一个结论：**弦理论只能够画出一个大致景象，它描述了我们生活的众多可能的宇宙。**这些弦理论学家认为弦不会预言一个唯一的真空能量，他们认为宇宙里有着许多互不相联的区域，有着不同的真空能量值，而我们就生活在含有恰当值的这一部分。在众多可能的宇宙里，只有能产生结构的那个才能够（且实际）容纳我们。那些物理学家认为，我们生存的这个世界其真空能量值令人这么不可思议，是因为任何更大的值都会妨碍星系和宇宙结构的形成——也就不可能有我们。这一推理有一名称：人择原理（anthropic principle）。

人择原理大大地偏离了最初弦理论要预言宇宙所有特征的目标，它告诉我们不必对小能量值作出解释——宇宙里存在着许多互不相联的区域，有着多种真空能量值，但我们只生存在那为数不多的能形成结构的其中一个里。这一宇宙的能量值异乎寻常地小，只有极个别形式的弦理论才能预言这么小的值，但我们只能存在于这样有着极小能量的宇宙中。这一原理很可能被未来的成果推翻，或可能被更深入的研究所证实，但不幸的是，它很难（甚至不可能）被验证。如果人择原理是一个世界的答案，这一图景显然是令人失望的，我们不会满足于此。

无论是何种情形，弦理论就其现在的发展状态来说，肯定不能预言我们世界的特征，即便从其根本形式来讲这是一个独立的理论。我们需再次面对这一问题：如何把一个完美对称的理论与我们世界的客观现实联系起来？最简单的理论阐述太过对称：许多维度、许多粒子及许多作用力，我们明知它们一定是不同的，但看起来却有着同等的地位。为了与标准模型、与我们的可见世界相联系，这一秩序必须被打乱。对称破缺之后，根据哪一对称产生了破缺、哪些粒子变重、哪些维度使它们彼此区分，这一单独的理论又呈现出多种不同的形式。

弦理论似乎是一套设计精良却并不合身的衣服，就其目前的状态而言，你只能把它挂在衣架上，赞叹它精致的做工和细致的纹理——它实在是太美了，但是却无法穿上它，除非做必要的剪裁。**我们希望弦理论能够囊括我们对世界的所有了解，但是"老少皆宜，胖瘦兼顾"的尺寸往往对谁都不适合。**现在，我们甚至不知道是否有恰当的工具来对弦理论进行适当的"剪裁"。

因为我们并不真正知道弦理论的含义，而将来能否知道的问题我们也没把握。一些物理学家干脆把弦理论定义为能在小距离解决量子力学和广义相对论矛盾的任何理论。当然，大多数弦理论家相信弦理论和正确的理论就是一回事，或者至少是密切相关的。

但显然还有很多东西需要了解。现在就断言弦理论是描述这一世界的终极理论未免为时过早，或许更为精密的数学工具能使科学家真正理解弦理论，也或许将弦理论的思想用于周围世界积累的物理认识会提供重要的线索。物理学家和数学家迄今所创立的方法还不足以应对弦理论的未解之谜，我们似乎需要一个新的、更为根本的工具。

不管怎么说，弦理论是一个引人瞩目的理论。关于引力、维度和量子场论，它引出了许多重要的见解，是我们已知的最有希望成为一个自洽的量子引力理论的候选者。而且，弦理论还带来了许多令人难以置信的数学成果，但是 20 世纪 80 年代提出的要将它与世界联系起来的想法还有待实现。我们并不了解弦理论蕴含的大部分深意。

公平地说，粒子物理学的问题也并未得到解答。许多在 20 世纪 80 年代的未解问题至今仍没有答案，这些问题包括：对基本粒子质量巨大差异的根源作出解释；找到解决等级问题的正确方法。而且，模型构建者仍在等待实验线索来告诉我们在超越标准模型的众多可能中，哪一个才正确地描述了真实世界，只有等我们探索了 TeV 以上的能量，才可能确定地回答我们最关心的那些问题。

如今，相比 20 世纪 80 年代，弦理论学家和粒子物理学家对于自己的理解水平都有了更为清醒的认识。我们试图解决的是一些困难的问题，它们必然需要耗费时日，而这是些充满了兴奋的时日，尽管有许多未解问题（或许正是由于这许多未解问题），但我们有足够的理由保持乐观。现在物理学家对粒子物理学和弦理论的结果有了更深的领悟，而那些思想开明的物理学家会从两派所取得的成就中汲取对自己有益的东西，这正是我和我的一些同事所选择的中间立场——而且，它已带来了许多振奋人心的成果，我们很快就将看到。

- 就如光子传递电磁力一样，引力子是传递引力作用的粒子。

- 根据弦理论，世界的根本物质是弦，而不是点状的粒子。

- 后面的额外维度模型不会明确地用到弦理论；在超过极小普朗克长度的距离（10^{-33} 厘米），粒子物理学就已足够了。

- 然而，由于弦理论引进了许多新的观念和分析工具，因此，即使是在低能量上，弦理论对粒子物理学也是非常重要的。

-imension
探索大揭秘

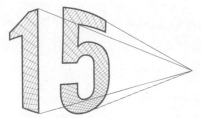

辅助通道：膜的狂飙突进
WARPED PASSAGES

> 薄膜里的狂乱，大脑里的狂乱。
>
> 柏树山乐队（Cypress Hill）

十一维宇宙

未来艾克决定再次进入微小的普朗克领域。幸运的是，经他改良的 Alicxur 运转正常，他顺利到达了布满了弦的十维宇宙。因为急于探索新环境，艾克抬动曲轴，启动了他刚从 Gbay 买来的超空间驱动器。那些弦着了魔似地纠缠、碰撞，艾克看得入了迷。

尽管艾克担心自己的 Alicxur 会出故障，但由于对这个新奇的世界仍充满好奇，因此，他加大了手上的力量，继续拉动驱动杆。弦碰撞得更为频繁、更为剧烈了，但随着他手上力量的不断加大，驱动轴不断抬高，他进入了一个从未见过的全新的世界。艾克甚至不能判断时空是否完好无损，但他继续拉动曲轴。可奇怪的是，他竟安然无恙。

可是，现在他周围的环境完全变了。艾克所待的地方不再是他开始进入时的十维宇宙，而是一个充满了粒子和膜的十一维宇宙。而且，虽然这听起来很奇怪，但在这个新的宇宙里，所有东西彼此间作用并不那么强烈。艾克回过头来看看他的控制盘，发现超空间驱动杆被神秘地重置，又回到了低处。艾克感到迷惑不解，而且有点儿绝望，他再次抬起操作杆，竟发现自己又回到了开始的十维宇宙。艾克检查他的控制系统，发现驱动杆再次回到了低处。

艾克还以为他的 Alicxur 失灵了，所以急忙查看最新版的说明书，才知道他的设备运行良好——十维弦理论里的高位超空间驱动与十一维宇宙里的低位超空间驱动是同样的。

说明书上没有讲明如果超空间驱动既不高也不低时会发生什么，艾克只好登录空间站，把自己加进等待名单，期望得到一个改进版来解决这一问题。但是，Alicxur 设计者只给出了这样的许诺：发行日期将在 1 000 年内的某个时候。

在当今物理界，你可以说"弦理论"的名字是个错误。事实上，理论学家迈克尔·达夫（Michael Duff）诙谐地说，"弦理论"指的是"以前曾被当成弦的理论"。如今，弦理论已不仅仅是关于只在一个空间方向上延伸的弦的理论，还包含了在二维、三维或更多维度上延伸的膜。现在我们知道，膜可以延伸至超弦理论所包含的任何数量的维度。它与弦一样，也是超弦理论的一个重要组成部分。理论家早先忽略它是因为，他们研究弦时，弦的相互作用强度"操作杆"还很低，而且膜的相互作用也不那么重要，最终却发现膜竟是失踪的几片拼图，找到它们才能神奇地完成整个拼图。

在本章里，**我将讲述膜是如何从一件只是好玩、不被人看重的稀奇事，最终发展成弦理论故事的主角的**。我们会看到，自20世纪90年代中期以来，膜以多种方法帮助解决了弦理论里一些令人迷惑的问题，膜帮助物理学家理解了弦理论里不可能起源于弦的神秘粒子的来源。当物理学家将膜考虑在内时，他们发现了"对偶理论"（dual theories）——一些看似非常不同，实际却产生了同样物理结果的理论。篇首故事里讲到的就是本章将探索的对偶性的一个值得关注的例子：十维超弦理论与十一维超引力理论之间的等效性。十一维超引力理论是一个只包含膜却没有弦的理论。

　　本章还将介绍 M 理论，一个既包括超弦理论又包括超引力论的十一维理论，其存在是通过对膜的认识推测出来的。没人真正知道"M"代表什么——这一术语的创建者，爱德华·威滕，有意不对它作出解释，但有人说它是"膜"，有人说是"魔幻的"，也有人说是"神秘的"，而此时我要说，M 理论还是一个"迷失的理论"，它还只是推测，还未被充分理解。然而，即使 M 理论仍留有许多未解问题，由膜所取得的进展仍解释了一些理论联系，它们要求 M 理论具有更为复杂、涵盖更广、更加神奇的结构。这就是当今弦理论学家都在研究它的原因。

　　本章更新了始于20世纪80年代的弦理论图像，呈现了20世纪90年代以来物理学家提出的一些更为先进的观点。这些资料大多并不是膜在粒子物理学应用中的核心，而以后的膜宇宙猜想也不会明确地依赖于下面我将描述到的现象，因此你尽可以跳过去。但是，如果你喜欢，可以借此机会了解弦理论的某些令人瞩目的进展，它们在很大程度上将膜恰到好处地铺展在了弦理论的版图上。

膜的兴起

在第 3 章里，我们看到膜会在某些空间维度里延伸，可未必是所有的维度。例如，即便体空间会包含多个维度，但一个膜可能只会在三个空间维度里延伸。额外维度到膜这里可能就会终止，换句话说，膜是额外维度空间的边界。我们还知道膜可以"收容"只沿着它的维度运动的粒子。即使存在许多额外维度，局限在膜上的粒子也只能在那个膜所占据的有限区域内运动，而不能自由地探索整个额外维度空间。

现在我们看到，膜不仅是一个位置，它本身就是一个物体。膜，就像薄膜一样，是真实的东西。

膜可以是松弛的，这时它们会弯曲和运动；膜也可以是紧绷的，这时它们可能处于静止状态；膜可以携带电荷并通过力相互作用；而且，膜也会影响到弦和其他物体的行为。所有这些属性告诉我们，膜在弦理论里是必不可少的，弦理论的阐述要前后一致就必须包含膜。

1989 年，当时在得克萨斯大学的吉恩·戴（Jin Dai）、罗布·利（Rob Leigh）和乔·波尔钦斯基，以及捷克物理学家彼特·霍拉瓦（Petr Horava），分别独立地从数学上在弦理论的方程里发现了一种特殊类型的膜，叫 D- 膜。闭弦会绕成一个圈，而开弦则有两个自由的端点，这些端点必定有终止的位置。在弦理论里，开弦端点所能允许的位置就是 D- 膜（"D"指的是彼得·狄利克雷 [Peter Dirichlet]，19 世纪德国数学家）。体可以包含不止一个膜，罗布·利和霍扎瓦发现所有的开弦都必须在膜上终止，弦理论则会告诉我们这些膜应拥有什么样的维度和属性。

有些膜会向 3 个维度延伸，但其他膜会伸向 4 个或 5 个甚至更多的维度，事实上，弦理论包含的膜可以延伸的维度直至 9 个。弦理论的惯例是使用它们的空间维度而非时空维度的数量来标识膜。

例如，一个 3- 膜是在三维空间（四维时空）里延伸的膜。当我们要看膜在可见世界里的结果时，3- 膜是非常重要的。但是，对于本章讨论的膜的应用，其他维数的膜同样有着非常重要的作用。

弦理论里产生了不同类型的膜，它们的区别不仅仅表现在它们延伸的维数，还表现在它们的电荷、形状以及一个重要的特点：张力（我们将很快讨论到）。**我们不知道这些膜是否存在于真实世界，但我们知道弦理论所说的这些膜确实是可能的。**

刚发现它们的时候，膜只不过是一种让人感觉新奇的东西，那时没有人会考虑相互作用或运动的膜。如果弦只是像弦理论学家最初猜想的那样微弱地相互作用，那么 D- 膜将是绷紧的，处于静止状态，对弦的运动或相互作用没有任何影响。

而如果膜对体里的弦不作回应，那么它们的存在则纯属多余。它们将只是一个位置，相对于弦的运动和相互作用，它们不过就像长城于你的日常生活，丝毫不会有任何影响。而且，物理学家不想在一个实际的弦理论里考虑膜，因为膜违背了他们的直觉经验：所有维度天生都是一样的。而膜使得某些维度异于其他——那些沿着膜延伸的维度与远离膜延伸的维度是不同的，而已知的物理定律将所有方向都同等对待。弦理论为什么会有不同呢？

我们还期望在空间任一点的物理定律与其他所有点都是同样的，而膜也不遵循这种对称。尽管沿着某些维度膜会无限延伸，但在其他方向上，它们又会静止于一个固定的位置，因此它们不会向整个空间延伸。在那些膜的位置固定的方向上，离膜 3 厘米与离膜将近 1 米或 800 多米就出现了不同：想象一张浸满了香水的膜，离它是远是近，你立刻就能辨别出来。

出于这些原因，弦理论学家最初忽略了膜，但在膜被发现 5 年之后，它们在理论界的地位开始迅速提升。1995 年，乔·波尔钦斯基不可逆转地改变了弦理论的进程，他证明膜是一种动态的物体，是构成弦理论所必不可少的，且很可能在其最终构建中发挥着关键作用。波尔钦斯基解释了在超弦理论里存在着哪些类型的 D- 膜，并证明这些膜会携带电荷，因此能相互作用。

　　弦理论里的膜有一定的张力。膜的张力就像鼓面：在被敲击之后，它会弹回其本来静止的位置。如果膜的张力为零，那么膜便不会有任何抵抗，轻轻地碰触就会让它产生强大的作用；而相反，如果膜的张力无限大，那么它就是一个静止而非动态的物体，敲击不会产生任何作用。因为张力是有限的，就如其他所有带荷物体一样，膜便可以产生起伏和运动，并对力作出反应。

　　膜的一定张力和非零荷说明它们不仅仅是一些位置，还是物体：带荷意味着它们会相互作用；而张力说明它们会运动。就像蹦床一样，当其表面受压和产生反弹时，会与周围环境发生相互作用，膜也会运动和相互作用。例如，无论是蹦床还是膜都会产生弯曲，都会影响它们的环境：蹦床的影响是通过推动人和空气；而膜的影响则是通过推动带荷物体和引力场。

　　如果膜在宇宙里存在，那么它们对时空对称的破坏便无异于太阳和地球对空间对称的破坏。太阳和地球占据着特定的位置，当相对于太阳和地球进行测量时，三维空间的所有位置并非都是一样的。但是，即便宇宙状态并不对称，物理定律却仍保持了三维空间的时空对称。就这一方面来看，膜引起的扰乱并不比太阳和地球更严重。如在空间中有着固定位置的其他所有物体一样，膜会打破时空的某些对称。

　　简单一想就会发现这并不是坏事，毕竟，如果弦理论正确地描述了自然，那么并非所有维度都是天生一样的。我们熟悉的三个空间维度看上去一样，但额外维度必然不同，如果它们相同，那也就不是"额外"的了。从物理世界的角度出发，时空对称的打破能够帮助解释为什么额外维度是不同的：膜可能正确区分了我们体验和了解的三个空间维度与弦理论的额外维度。

在后面的章节里，我将探讨有三个空间维度的膜，并描述它们对现实世界一些潜在的激进意义。但本章的后半部分，我要集中讲述为什么膜对弦理论这么重要——事实上，它们激发了1995 年的"第二次超弦革命"。下节讲述了膜为什么在过去 10年里一直处于弦理论的前沿，以及为什么我们认为它仍将继续处于理论前沿。

收紧的膜与失踪的粒子

正当乔·波尔钦斯基致力于 D- 膜的研究时，他在圣塔芭芭拉的同事安迪·斯特罗明格也在同时思索着 *p*- 膜——爱因斯坦方程的一个神奇的解是：**它们在某些空间方向无限延伸，而在另外的维度又表现得像黑洞，困住所有靠近的物体。**而 D- 膜则是开弦终止的曲面。

斯特罗明格告诉我，每天午餐时间他和乔·波尔钦斯基都会讨论各自研究的进展：斯特罗明格会谈论 *p*- 膜，而乔·波尔钦斯基则谈论 D- 膜。虽然他们两人都在研究膜，但像其他所有物理学家一样，他们最初以为这两种膜是两种不同的东西。最终，乔·波尔钦斯基意识到，原来它们是同一回事。

斯特罗明格的工作显示了他正在研究的 *p*- 膜对于弦理论是非常重要的，因为在某些时空几何里，它产生了新粒子。**弦理论有一个令人瞩目却有悖于直觉的假设：粒子是由弦的振动模式产生的。**即便这一假设正确，弦的振动模式却未必能够解释所有的粒子。斯特罗明格证明，可能会有其他一些粒子并不依赖于弦。

　　膜有不同的形状、形式和大小。尽管我们只集中注意到膜是弦终止的地方，但膜本身也是独立的物体，能够与它们周遭的环境互相作用。斯特罗明格研究的 p- 膜包裹着一个极微小的卷曲空间区域，他发现这些紧紧包裹的膜可以表现得像粒子一样。这样的膜可以比作一个系紧的套索：**当你把一个绳圈套在柱子或牛角上拉紧时，绳索就会变紧。膜也一样，它可以包裹一个卷曲的空间区域，如果那一空间区域很小，那么包裹它的膜也会很小。**

　　这些微小的膜与我们熟悉的现实物体一样，也是有质量的，而且质量会随着体积的增大而增大：东西越多越重（如铅管、灰尘或樱桃一样），越少越轻。一个卷曲的膜包裹着一个极微小的空间区域，那它也会非常轻。斯特罗明格的计算显示，在极端情况下，当膜微小到你可以想象的极限时，这一微小的膜看上去就如一个新的无质量粒子。斯特罗明格的结果非常重要，因为它表明即便是弦理论最基本的假设——所有东西都是由弦产生的，也并不总是成立。在粒子谱中，膜同样作出了贡献。

　　而乔·波尔钦斯基在 1995 年令人瞩目的发现是，这些由微小的 p- 膜产生的新粒子，用 D- 膜也可以解释。事实上，在他确立 D- 膜重要意义的论文里，乔·波尔钦斯基证明 D- 膜和 p- 膜实际是同一回事。在弦理论与广义相对论作出同样预言的能量上，D- 膜融入了 p- 膜。尽管乔·波尔钦斯基和斯特罗明格起初并未意识到，但最终发现他们实际在研究同一件东西。这一结果意味着 D- 膜的重要性将不再有疑问：它们与先前的 p- 膜同样重要，而那些 p- 膜对弦理论的粒子谱是必不可少的。而且，有一种绝佳的方式来理解 p- 膜和 D- 膜为什么是等效的，其基础是一个微妙且重要的观念——对偶性。

十维超弦理论与十一维超引力论的对偶性

在过去的 10 年里，对偶性是粒子物理学和弦理论里一个最为激动人心的概念。在量子场论和弦理论所取得的最新成果里，它都发挥了重要作用。而且，正如我们很快将看到的，它对膜理论也有着特别重要的含义。

当两个理论是有着不同描述的同一理论时，就是对偶的。1992 年印度物理学家阿修克·森（Ashoke Sen）首先认识到了弦理论里的对偶性。在研究中，他得出：如果一个理论的粒子和弦被交换，理论仍保持不变。他的依据是物理学家克劳斯·曼通宁（Claus Montonen）和戴维·奥利弗（David Olive）在 1977 年提出的对偶性观点。20 世纪 90 年代，当时在罗格斯大学的以色列物理学家内森·塞伯格（Nati Seiberg）也证实，在两种不同的超对称场理论之间，虽然有着看似大不相同的作用力，却存在着显著的对偶性。

为了理解对偶性的重要意义，我们最好先了解一下弦理论学家通常是怎样计算的。

> 弦理论的预言要依赖于弦的张力，但它们也会依赖于一个被称作弦耦合的数值，它决定了弦相互作用的强度：它们或者轻轻接触，对应于弱耦合；或者密切联系，对应于强耦合。如果我们知道了弦耦合的值，我们就可以只为这个特定的值研究弦理论，但是，到目前我们还不知道弦耦合的值，就只能寄希望于当我们对弦相互作用强度作出预言时能够理解这一理论，然后就能发现哪一个才是有效的。

问题在于，自弦理论出现伊始，强耦合的理论似乎就是不可捉摸的。20世纪80年代，人们只了解了关于弦的微弱相互作用的弦理论（我们用"微弱"来描述弦相互作用的强度，但不要被这一词语误导——它与弱力无关）。弦的相互作用强烈时，所有计算都将变得异常困难。一个系得很松的结总会比一个系紧的结更容易解开，同样地，只有弱相互作用的理论要比有着强相互作用的理论更容易驾驭。当弦之间的作用非常强烈时，它们将成为一堆乱麻，让人很难理出头绪。物理学家尝试了各种各样巧妙的方法来计算强相互作用的弦，但始终未找到能应用于现实世界的非常有效的方法。

事实上，不仅仅是弦理论，所有的物理理论都是在相互作用较弱时更容易理解。这是因为，如果对于一个可解理论——通常没有相互作用来说微小的扰动或改变，那么你就可以使用叫作微扰理论（perturbation theory）的技法去解释。

微扰理论允许你从没有相互作用的理论开始，逐步改进计算，从而回答在微弱相互作用理论下的问题。微扰理论是一个系统的程序，它告诉你怎样一步一步地细化计算，直至达到所需的精确水准（或者直到你感到疲惫）。

在一个难解的理论中，使用微扰理论来逼近一个量，就好比调色的过程：假设你渴望得到一种难以形容的、蓝色中略带绿意的颜色——类似于地中海在其最美时的色彩，那么你可能就会以蓝色开始，然后渐渐地、一点一点地加入少量的绿色，偶尔再稍稍调进一点蓝色，直至最终（几乎）达到你想要的颜色。这种调色过程就是为获得尽可能近似的理想色彩所进行的一种渐进的过程。同理，微扰理论是由已知该怎样解决的问题入手，通过一种渐进程序，逐步接近你要研究的正确答案的一种方法。

然而，试图找到一个有关强耦合理论问题的答案，更像是要重现杰克逊·波拉克（Jackson Pollack）的油画效果而随意地倾倒颜料一般：每次你倒出一点颜料，整幅画就会彻底改变一次！

在经过 12 次重复之后，你的画一点也不会比在 8 次重复之后更接近理想的效果。事实上，在你每次倒出颜料时，你并不希望它会给画造成太大的改变，完全盖过你上一次的努力，以致你每次都好像要完全从头开始一般。

当一个可解理论被强相互作用微扰时，微扰理论同样是无效的。就如你想重现一幅现代派代表作会徒劳无功一样，当试图接近一个强相互作用理论的数值时，即使是全方位的努力也不会成功。只有当相互作用很微弱时，微扰理论才是有效的，计算也会在掌控之内。

有时，在某些例外的情形中，即使微扰理论无效，你仍能理解一个强相互作用理论的定性特征。例如，系统的物理描述在大致轮廓上可能像一个弱相互作用理论，即便细节大不相同，但在更多情况下，对有强相互作用的理论也根本无能为力。即使在定性特征上，强相互作用系统也常常截然不同于表面上看似微弱的相互作用系统。

因此，对于强相互作用的十维弦理论的解决可以有两种可能：没人能解决它，对它无能为力；或者，至少在大致轮廓上，强相互作用的十维弦理论能够与弱耦合的弦理论看起来一样。可矛盾的是，在某些情况下，这两种可能都不对。在一种被称作 IIA 的特种类型的十维弦理论里，强相互作用的弦理论与弱相互作用的弦理论看上去毫无相似之处。但是，因为它可以计算，是一个可驾驭的系统，所以我们仍可以研究它的结果。

1995 年 3 月在南加州大学召开的弦理论年会上，爱德华·威滕让所有与会观众大吃一惊，因为他证明了如下观点。

> 在低能量上有着强耦合的十维超弦理论完全等同于人们原以为完全不同的十一维超引力论，即包含引力的十一维超对称理论。而在这一个等效的超引力理论里，物质

的相互作用是微弱的，因此微扰理论完全可以适用。 ”

这似乎自相矛盾，它意味着可以用微扰理论来研究原来的强相互作用的十维超弦理论。在此，不是把微扰理论用于强相互作用弦理论本身，而是用于一个表面上全然不同的理论：弱相互作用的十一维超引力论。剑桥大学的保罗·汤森德（Paul Townsend）以前也注意到了这一令人瞩目的结果，它意味着：**尽管从外面看两者截然不同，但在低能量上，十维超弦理论与十一维超引力论实际上是同一理论。或者，如物理学家所说，它们是对偶的。**

我们仍可以用调色的比方来说明对偶性。假设我们以蓝色开始，然后慢慢加进绿色对其"微扰"，那么对这种混合颜料的正确描述是：蓝色微带一点儿绿意。但反过来，假设我们加进的绿色颜料并非小量的"微扰"，而是大量的绿色颜料——如果这个量远远超过了原来的蓝色颜料，那么对这种混合颜料更好的"对偶"描述就是：绿色微带一点儿蓝。可见，选择哪种描述完全要取决于被加进的每种颜色的量。

同样的道理，当相互作用的耦合很小时，一个理论可能会有一种描述，但当耦合足够大时，微扰理论在原本的描述里便不再有效。但是，**在某些非同一般的场合里，原来的理论可以换上完全不同的"外形"，以使微扰理论能够适用，这就是对偶性。**

这就好像有人把一餐五道菜的所有原料一股脑地塞给了你：即便所有原料都很齐全，但你可能并不知道该从哪里开始。为了准备这一餐，你必须弄清楚：每种原料是为哪道菜准备的；一种调料配这种食物是什么效果，配另一种食物又是什么效果；该用什么烹调方法；什么时候上什么菜。但是，如果承办宴席的人把同样的原料事先安排妥当，然后把它们按沙拉、汤、开胃菜、主菜、甜食等配置好给你，我想任何人都能用它们准备一桌盛宴。

同样的原料如果事先做好安排，那么准备宴席就从一项复杂的任务变成了小菜一碟。

弦理论里的对偶性就是以这种方式运作的：**尽管强相互作用的十维超弦理论看起来完全不可驾驭，但对偶性描述会自动地把所有东西组织成一个可以应用微扰理论的理论。**在一种理论里难以驾驭的计算，在另一理论里则会变得容易起来。即便在一个理论里耦合太大不能使用微扰理论，但在另一理论里的耦合就可以足够小，使你可以进行微扰计算。但是，我们还不能完全理解对偶性，例如当弦耦合既不很大也不很小时，没人知道该怎样进行计算。但是，当其中的一个耦合要么很小要么很大时（相对应的另一个就是要么很大要么很小），那我们就能进行计算了。

强耦合的超弦理论与弱耦合的十一维超引力论的对偶性告诉我们，通过使用一个貌似完全不同的理论进行计算，即便在强相互作用的十维超弦理论里，你也可以算出你想知道的所有事情。由强相互作用的十维超弦理论预言的所有东西都可以由弱相互作用的十一维超引力论萃取出来，反过来也是一样。

使得对偶性如此不可思议的一个特征是：两种描述都只包含局域相互作用——即与邻近物体的相互作用。即使对应的物体在两种描述里都存在，两种描述都有局域相互作用，对偶性也只是一个真正意外和有趣的现象。然而，维度不仅仅是点的集合，还是根据事物远近对事物进行组织的方式。一堆电脑文件可能包含了我想知道的一切，而且也算得上是一套组织得当的文件，但是，只有当信息被前后连贯地组织起来且包含了相关的周边信息后，它才能成为一个凝练的描述。正是在十维超弦理论和十一维超引力论里都存在的局域相互作用，才使得两种理论里的维度以及理论本身变得有意义起来。

十维超弦理论与十一维超引力论的等效被剑桥大学的保罗·汤森德和当时在得克萨斯 A ＆ M 大学的迈克尔·达夫

（Michael Duff）所证实。长期以来，很多弦理论学家一直拒绝并诋毁他们对十一维超引力论的研究——他们不明白，当弦理论明显是未来最有希望的物理理论时，达夫和汤森德为什么要浪费时间去研究这一理论？在威滕的发言之后，弦理论学家只能承认，**十一维超引力论不仅有趣，且与弦理论具有同等的价值！**

在由伦敦乘飞机回国的途中，我知道了对偶性令人惊讶的结果引起了多少人的关注。一个同行的旅客看到我在读一些物理学的论文，便走过来问我，宇宙究竟是十维的还是十一维的？我感到有点儿惊讶，因为他是一个摇滚音乐家。不过，我还是回答了他并给他解释，在某种意义上，十维和十一维都对。因为两种理论等效，都可以被认为是正确的。惯例是给出一个理论的维数，只要它有弱相互作用的弦，也因此有较低的弦耦合物理值。

与标准模型里的力相关的耦合，其强度是我们能够测量的，可与此不同的是，我们还不知道弦耦合的大小。它可能很微弱，在这种情况下，我们可以直接使用微扰理论；但它也可能很强烈，这样的话，我们使用对偶理论里的微扰也足以应付。如果不知道弦耦合的值，我们就无法知道在应用于现实世界时，两种描述中的哪一种更简单地描述了弦理论。

在 1995 年的弦理论会议上，关于对偶性还有更多的惊喜。在此之前，大多数弦理论学家以为超弦理论有五种形式，每种形式都含有不同的力和相互作用。但在会上，威滕（在他之前，还有汤森德及另外一位英国物理学家克里斯·赫尔［Chris Hull］）证明了超弦理论各对形式之间的对偶性。**在 1995—1996 年间，弦理论学家证实，所有这些十维弦理论彼此之间都是对偶的，而且与十一维超引力论也对偶。威滕的发言激发了一场真正的对偶性革命。**有了这一来自膜特征的其他条件，5 种明显不同的超弦理论被证明为同一种理论的不同表现形式。

因为弦理论的各种形式实际上都是一样的，威滕肯定必然有一个单一的理论能够兼容十一维超引力论和形式不同的弦理论，无论它们是否只包含弱相互作用。他将这种新的十一维超引力论命名为 M 理论——即我在本章中开始提到的理论。

由 M 理论你可以得到超弦理论的所有已知形式，但 M 理论还将已知形式延伸至我们尚不明了的领域。它有可能给出了一个更为统一与连贯的超弦图像，并最终实现了弦理论的宿愿，使其成为一个量子引力理论。

但是，要实现这一目标，我们还需要更多的信息和模型来充分领会 M 理论。如果超弦理论的各种已知形式是考古遗址中挖掘出的陶瓷碎片，那么 M 理论就是我们一直探寻的、将碎片拼接起来的神秘工艺品。还没有人知道构建 M 理论的最佳途径，但现在弦理论学家已经把它当作了首要的目标。

对偶性到底是什么

本节我将详述上面提到的在十维超弦理论与十一维超引力论之间的对偶性。以后我不会再用到这一解释，因此你尽可以跳到下一章。但是，因为本书是关于维度的，谈一点儿有着不同维度的两个理论之间的对偶性并未完全脱离主题。

一个特点使得对偶性的存在更为合理：两个理论里总有一个包含强相互作用的物体。如果相互作用强烈，你很难直接推导出理论的物理含义。尽管一个看上去是十维的理论要由一个完全不同的十一维理论给出最佳描述非常奇怪，但是，想想你的十维理论里包含的物体有那么强烈的相互作用，以至于你根本无法预言会发生些什么，这似乎就没那么奇怪了。毕竟，我们已然输掉了所有的赌注。

但是，关于不同维数理论之间的对偶性仍有很多令人费解的特征。在十维超弦理论和十一维超引力论之间对偶性的这一特殊情形，乍看起来似乎存在着一个极为根本的问题：十维超弦理论包括了弦，而十一维超引力论里则没有。

物理学家用膜来解决这一问题，即使十一维超引力论不包括弦，但它包括二维的膜。不同的是，弦只有一个空间维度，而2-膜有两个维度（正如你猜想的一样）。现在，假设十一维中的一个维度卷曲成了一个极小的圆，这样，包含一个卷曲的圆形维度的二维膜看上去就像一根弦，如图15-1所示，卷曲的膜看起来只剩下了一个空间维度。这意味着，有了卷曲的维度，即使原来的十一维超引力论并不包含弦，但它看上去确实包括了弦。

图 15-1

2-膜图示。有着两个空间维度的膜，其中一维卷曲成了一个很小的圆，它看上去就如一根弦。

这听上去有点自欺欺人，因为我们已经说过，在远距离和低能量上，一个有着卷曲维度的理论看起来总是会包括更少的维度，因此，当你发现一个有着卷曲维度的十一维理论表现得就如十维理论一样时，就不会感到惊讶。如果你想证明这些十维与十一维的理论都是等价的，为什么仅仅研究十一维理论中一个卷曲的维度就够了呢？

答案的关键在于，我们在第2章里只说明了卷曲维度在远距离和低能量上是看不见的，而威滕在1995年的会议上做了更深入的阐释。他证明：即便在近距离上，一个有着一个卷曲维度的十一维超引力论与十维超弦理论也是完全等价的。当一个维度卷曲时，如果你靠近了看，仍然可以区分出沿着这个维度的不同位置的点。威滕证明，对偶性理论里的所有事物都是等效的，甚至包括那些有足够能量去探索小于卷曲维度距离的粒子。

在有着一个卷曲维度的十一维超引力论里的所有东西——甚至是微小尺度和高能量的过程与物体，在十维超弦理论里都能找到其对应物。而且，不管维度卷曲成任意大小的圆圈对偶性对都成立。以前我们看卷曲维度时，只是说小卷曲维度不会被注意。

但是，不同维数的理论怎么可能会是同样的呢？毕竟，空间的维数是我们确定一个点所需要的坐标的数量。只有当超弦理论总是用额外数字来描述点状物体时，对偶性才可能成立。

对偶性的关键就在于，在超弦理论中有一种特别的新粒子，只有明确了它在九维空间里的动量及电荷值，你才能确定它。而在十一维超引力论里，你需要知道在 10 个空间维度里的动量。注意，即便在一种情形下你有 9 个维度，而在另一种情形里是10 个，在这两种情形里，你都需要明确 10 个数字：一种情况下是 9 个动量值和 1 个电荷值；另一种情况下是 10 个动量值。

常见的不带电荷的弦与十一维超引力论里的物体不匹配。因为在十一维超引力论的时空里，定位一个物体需要 11 个数字，因此只有带电粒子才有其十一维的"配偶"。而十一维超引力论里粒子的伙伴变成了膜——即带电的点状膜，叫作 Do- 膜。弦理论和十一维超引力论是对偶的，因为对应在十维超弦理论里的每一个既定电荷的 Do- 膜 ❶，都有一个相应的、特定的十一维动量的粒子，反之亦然。十维和十一维理论里的物质（以及它们的相互作用）恰好对等。

尽管在某一特定方向上，电荷与动量似乎大不相同，但如果在十一维超引力论里，每个特定动量的物体，都能够与十维超弦理论里的某个特定电荷的物体相匹配（反之亦然），那么这一数

---

❶ 实际它是 Do- 膜的一个收紧状态。

字究竟是被称作动量还是电荷，就由你来做主了。维数是独立的动量方向的数量——即一个物体可以在其中穿行的不同方向的数量。但是，如果沿着一个维度的动量可以由一个电荷所取代，那么维度的数量就没有被明确界定。最佳的选择要由弦耦合的值来确定。

这一令人震惊的对偶性是证明膜有建设性意义的最早分析。不同的弦理论要互相匹配，膜是必须的附加成分。但弦理论里的膜之所以在物理学理论的应用中非常重要，是因为一个关键特征：它们能束缚粒子和力。下一章我们就将解释其中的原因。

-imension
探索大揭秘

- 弦理论是一个错误的名字：弦理论里还包含了高维的膜。在弦理论里，开弦（不能将自己绕成圈的弦）必须在膜上终止，这种膜便是 D- 膜。
- 最近十几年，在弦理论的许多发展成果中，膜发挥了重要作用。
- 对偶性表明，表面不同的弦理论形式实际上都是等效的。在对偶性的证明中，膜发挥了关键作用。
- 在低能量上，十维超弦理论与十一维超引力论——包含超对称和引力的十一维理论——是对偶的，一种理论里的粒子与另一种理论里的膜相对应。
- 本章有关膜的结果与后面的讨论无关，但这些结果确实说明了在弦理论学界由膜所引发的一些兴奋。

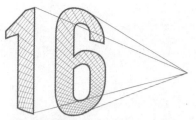

熙熙攘攘的通道：膜宇宙
WARPED PASSAGES

> 欢迎你来到这个世界，在这里，时间是静止的，没有人离开，
> 也没人想离开。
>
> 金属乐队（Metallica）

天堂膜与监狱膜

艾克对天堂越来越失望了，他原指望这里的环境是自由、宽松的，可事实并非如此：这里禁止赌博，禁止使用金属和银制器皿，甚至连吸烟都不允许！而限制令中最为苛刻的是，天堂本身就被限制在天堂膜上，但天堂里的居民却不可以自由穿行到第五维度。

天堂膜上的所有人都知道有个第五维度，而且还存在着其他膜。事实上，居住在天堂膜的人私下里常议论一些声名狼藉的人物，他们就被囚禁在不远处的监狱膜里。但是，监狱膜里的囚犯听不到天堂膜里散播的有关他们的流言，因此在膜上和整个体里一切都还算相安无事。

从"对偶性革命"的角度来看，你可能会以为，对于想把弦理论与可见世界联系起来的人来说，膜可谓一个福音。如果所有不同形式的弦理论实际上是同一个东西，那么物理学家也就不必再面对令人却步的难题，去寻求自然据以选择的理论。既然外表不同的所有弦理论本质都一样，那么也就无所谓孰优孰劣了。

尽管看上去我们很快就要找到弦理论与标准模型的联系了，但事情并没那么容易。虽然膜在对偶性里发挥了至关重要的作用，减少了弦理论的形式，但实际上却增加了标准模型的可能表现方式。这是因为，膜能包容理论学家最初创建弦理论时没有考虑到的粒子和力。

因为膜存在的类型及其在弦理论高维空间里的位置有许多可能，可想而知，在弦理论里实现标准模型就会有很多新的方式，这都是物理学家以前没有想过的。标准模型的力并不一定是由一种基本弦形成的，它们可能会是弦在不同的膜上延伸而产生的新力。**尽管对偶性告诉我们弦理论最初的五种形式是相同的，而弦理论中可以想见的膜宇宙的数目却极为庞大。**

要找到唯一一个标准模型的候选者似乎一点儿也不比从前更容易。意识到这一点以后，弦理论学家关于对偶性的狂热渐渐冷却了下来，可是像我们这些试图从可见物理现象中寻找新见解的人却似进了天堂。现在，力和粒子都被困在膜上，有了这一新的可能，该是我们重新审视粒子物理学出发点的时候了。

膜能够束缚粒子和力，这一特点是其可能被应用于可观测物理的关键，本章的目的就是让你简单了解它是如何作用的。我将首先解释弦理论的膜为什么会束缚粒子和力，然后我们会了解膜宇宙的观点，以及由对偶性和弦理论发展而来的、最早为人们所知的膜宇宙。在下一章里，我们将继续探索我认为最为令人振奋的膜宇宙的一些特点，以及它们在物理理论里的可能应用。

被困在膜上的粒子

正如来自杜伦大学的广义相对论学者露丝·格雷戈里（Ruth Gregory）所说：弦理论里的膜"满载着"粒子和力。这就是说，总是有一些粒子和力被困在膜上。**就如一只圈养在家里的猫从来不会冒险走出家门一样，那些被困在膜上的粒子也从不会离开膜。**它们不能离开，它们的存在必须依附于膜。即使它们移动，也只是在膜上移动；即使彼此作用，也只是在膜延伸开的空间维度里作用。从被困于膜的粒子角度来看，如果不是引力或可能与它们相互作用的空间里的粒子，世界也就只有膜的维度。

现在我们来看弦理论是如何将粒子和力困在膜上的。设想只有一个 D- 膜漂浮在高维宇宙的某个地方，根据定义，开弦的两个端点一定在一个 D- 膜上，这个 D- 膜就是开弦开始和终止的地方。开弦的两个端点未必固定在一个地方，但必定是在膜上，就如铁轨一样，虽然它们限制了轮子，却可以让轮子在上面行进。同理，膜就是一些固定的表面，弦的端点虽然被困于其上，却仍可能有限度地移动。

因为开弦的振动形成了粒子，两个端点被困于一个膜上的开弦的模式就形成了被困于这个膜上的粒子，这些粒子只能在膜延伸的维度里穿行和相互作用。结果发现，膜束缚的弦所产生的粒子就是可以传递力的规范玻色子。之所以这样说，是因为它有着规范玻色子的自旋（是 1），而且因为它的作用方式就如规范玻色子一样。这样一个被困于膜上的规范玻色子会传递力，这种力则作用于被困在膜上的其他粒子，计算显示：在接受端的粒子总是受到这种力的影响。事实上，终止于膜上的任何弦的端点都会表现得像一个带荷粒子。正是这些被困于膜上的力和带荷粒子的存在告诉我们，弦理论里的 D- 膜会"满载着"带荷粒子和作用于它们的力出现。

如果结构里不止存在一个膜，那就会有更多的力和更多的带荷粒子。例如，假设有两个膜：在这种情况下，除了被困在每个膜上的粒子外，还会有一种新粒子，它是由两个端点各位于一个膜的弦产生的（见图 16-1）。

 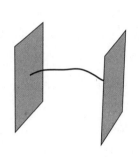

图 16-1

膜上的弦生成的粒子。开始和终止于一个膜上的弦生成的是一个规范玻色子，而两个端点各位于一个膜上的弦会生成一种新型的规范玻色子。如果两个膜分隔开来，规范玻色子就有了非零质量。

如果两个膜在空间中隔开，那么在它们之间延伸的弦所生成的粒子就会很重。**由这种弦的振动模式所产生的粒子，其质量会随着两膜之间距离的增大而增大，这个质量就像是弹簧被拉伸所积聚的能量——拉伸越厉害，积聚的能量就越大。**同样的道理，在两个膜之间延伸的弦所能生成的粒子质量与两膜之间的距离成正比。但是，当弹簧处于静止状态时，它是松弛的，没有积聚任何能量。同样地，如果两个膜没有被隔开——即它们在同一位置上，那么在每个膜上都有一个端点的弦所产生的最轻的弦粒子就是无质量的。

现在，我们假设两个膜出现了重叠，由此就生成了一些无质量粒子。其中一个无质量粒子是规范玻色子，它不同于两个端点在同一个膜上的弦所形成的规范玻色子，而是一种全新的玻色子。这种新的无质量粒子，只有当两个膜碰巧重叠时才会产生，它所传递的力既可能作用于一个膜上的粒子，也可能作用于同时在两个膜上的粒子。与其他所有力一样，膜上的力也有一种相关的对称。在这种情况下，对称变换就是两个膜的交换。

当然，**如果两个膜真的在同一位置上，你可能就会感到奇怪，为什么要把它们看作两个物体呢**？你的想法很对：如果两个膜重叠，那么你完全可以把它们想象成一个膜，这个新型的膜在弦理论里是存在的。它是两个秘密交会的膜，有着所有这两个膜的属性。它束缚了以上讨论的所有不同类型的粒子：既有两个端点各在两个膜上的开弦形成的粒子，也有端点在同一个膜上的闭弦形成的粒子。

现在，假设许多膜重叠在一起，由于弦的两端可能被困于任何一个膜上，那么这样就可能生成多种新型的开弦（见图16-2）：在不同的膜之间延伸的开弦，或是两个端点在同一张膜上的闭弦，这些弦的振动模式意味着新的粒子。这些新粒子包括了新型的规范玻色子和新型的带荷粒子；与这些新的力相关的对称交换是重叠在一起的各个膜。

图 16-2

新型粒子的形成。在同一个膜上开始和终止的弦或是在两个膜之间延伸的弦会形成规范玻色子。当膜重合在一起时，对应于一个弦在重合膜上开始和终止的各种方式，就会有新的无质量规范玻色子生成。

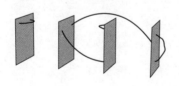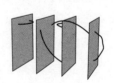

因此，膜真的是"满载着"力和粒子出现的，膜越多意味着可能性越多。如果涉及的是几组不同的膜，甚至可能产生更为复杂的情形：**位于不同地点的膜承载的会是完全不同的粒子和力，被束缚于这组膜上的粒子和力可能会完全不同于被束缚于另一组膜上的粒子和力**。例如，形成我们的粒子连同电磁力，都被限制在了一个膜上。因此，我们会经受电磁力，而被局限于远处另一个膜上的粒子就经受不到——那些遥远的粒子对电磁力无动于衷。反过来讲，被限制于遥远膜上的粒子所经受的新奇的力，也是我们所完全感受不到的。

这种情形的一个重要性质（后面我们还会用到）是：**在不同膜上的粒子之间不会直接发生作用。相互作用是局域性的，即它们只发生在同一位置的粒子之间，分隔在不同膜上的粒子相距遥远，不能直接相互作用。**

你可以把体，即整个高维空间，比作一个庞大的网球场，里面正同时进行着几场独立的比赛。每一个场地上的球都会越过球网来来回回，而且可能会跑到场地里的任何地方，但是，每场比赛都相对独立地进行着，因此球只能待在各自的场地里。就如一个只能在规定场地里存在的球一样，只有参与比赛的两位网球选手能够接触到它，被膜束缚的规范玻色子和其他困在膜上的粒子也只能与它们自己膜上的物质相互作用。

但是，如果有粒子和力能够自由地穿梭于体空间中，那么分置于不同膜上的粒子就能够通过它们相互交流了。这样的体粒子可以自由地进出一个膜，偶尔可能会与一个膜上的粒子相互作用，也可能在整个高维空间中自由穿行。

存在着不同的膜和在它们之间穿梭的体粒子，这一情形就如在一个庞大的体育场里同时进行着几场比赛，不同的选手都是同一个教练。因为要同时注意几场比赛的进程，这个教练会不停地从一个场地转到另一个场地。如果一个选手想与其他场地的选手交流，他可以告诉教练，让教练代为传达。比赛时，选手之间不能直接交流，但他们可以通过能在不同场地间自由行动的一个人帮助传话。同样地，体粒子能与一个膜上的粒子相互作用，随后又与另一个遥远膜上的粒子相互作用，由此，它就使得被束缚于不同膜上的粒子能间接地"交流"起来。

下一节我们会看到，引力子——传递引力作用的粒子，就是这样一种体粒子。在一个高维构成中，它能在空间里自由穿行，并与所有地方的粒子相互作用，无论它们是在膜上还是在膜外。

逃出重围的引力子

与其他所有力不同，引力不会被束缚于一个膜上。被膜束缚的规范玻色子和费米子都是开弦的产物，但在弦理论里，传递引力作用的粒子——引力子，是一种闭弦。闭弦没有端点，因而也就没有端点能把它钉在一个膜上。闭弦的振动模式所形成的粒子能在整个高维空间里不受约束地行动。我们知道引力是由闭弦粒子传递的，因而再次与其他的力区分开来。与规范玻色子或费米子不同，引力子一定是能在整个高维空间里自由穿行的，没有办法能将引力局限于低维空间里。在后面的章节里我们会看到，令人称奇的是，引力会局限于一个膜的附近，但我们不可能真的将它束缚在一个膜上。

这就意味着，尽管膜宇宙可以将大多数粒子和力束缚于膜上，但它们却不能困住引力。这是一个很好的属性，它告诉我们，即使整个标准模型被困在一个四维的膜上，膜宇宙总会包括高维物理。如果有一个膜宇宙，那么里面的所有东西都会与引力相互作用，在整个高维空间里，引力处处都能被感受到。我们很快就将看到，引力这一与众不同的特征为什么可以解释"相比其他力，它为何如此微弱"的问题。

膜宇宙真的存在吗

一旦物理学家认识到膜在弦理论里的重要意义，膜很快便成为集中研究的焦点。尤其是，物理学家急于要了解它们对粒子物理学以及宇宙学概念的潜在意义。而现在，弦理论还不能告诉我们膜在宇宙里是否存在，倘若存在，又会有多少。我们只知道膜是弦理论里一个基本的理论片段，没有它，弦理论就不能成为一个完整体。**既然我们知道了膜是弦理论的组成部分，我们肯定还想知道，在真实世界里它们究竟是否存在，倘若存在，它们的结果又是什么？**

膜可能存在这一事实，又为宇宙的构成增添了更多的可能性，其中有些甚至会与我们看到的物质属性密切相关。在听到露丝·格雷戈里所说"满载着粒子"的膜时，弦理论学家阿曼达·皮特（Amanda Peet）调侃道："膜开辟了以弦为基础构建模型的新天地。"1995年之后，膜成了模型构建的一种新工具。

到了20世纪90年代末，许多物理学家，包括我在内，都拓展了自己的视野——把膜包括在内。我们自问："**如果有一个高维宇宙，我们已知的粒子和力不能在其中所有的维度自由运动，而是局限于一个低维度膜上的少数几个维度里，结果会是怎样？**"

膜宇宙图景为我们时空的总体性质提供了更多的可能性。如果标准模型粒子被束缚在膜上，那么我们也是一样，因为我们及周围的宇宙都是由这些粒子构成的。而且，并非所有的粒子都处在同一个膜上，因此还可能会有不为我们所知的、全然不同的新粒子经受着与我们已知的不同的力和相互作用。我们观察到的粒子和力可能只是一个更为浩瀚宇宙的一小部分。

康奈尔大学的两位物理学家亨利·泰伊（Henry Tye）和祖拉·卡布沙兹（Zurab Kakushadze）创造了"膜宇宙"一词来标识这样的图景。亨利告诉我，用这个词他就能一下子描述出宇宙包含膜的所有可能方式，而不必坚持其他可能。

弦理论学家试图得到一个有关世界的唯一理论，膜宇宙数量的激增就有点令人心烦，但同时也令人兴奋。它们是我们生活的世界的所有真实可能，而且其中某个很可能真的描述了我们的世界。因为粒子物理学的法则在更高维宇宙里可能不同于物理学家原来的想象，对标准模型的那些令人费解的特征，额外维度提出了许多新的解答方法。虽然这些观点只是推想，但能解决粒子物理学问题的膜宇宙很快将在对撞机实验里得到检验。这就意味着，是实验而不是我们的偏见将最终决定这些观点是否适用于人类世界。

我们将探讨这些新的膜宇宙，它们会是什么样子？它们的结果又是什么？我们不会把自己局限在明显由弦理论得出的膜宇宙里，而是要探讨已把新观点引进了粒子物理学的膜宇宙模型。物理学家还远远不能理解弦理论的意义，虽然还没有人找到一个有着特定的粒子和力或一定能量分布的弦理论例证，但仅仅为此就排除一些模型未免为时尚早。这些膜宇宙将被当作弦理论探索的目标。在第20章讨论弯曲等级模型时，我和拉曼·桑卓姆把它当作一种可能的膜宇宙引进，并由弦理论推导出来。

后面的几章，我将介绍几个不同的膜宇宙，每个都呈现了一个全新的物理情境。**第一个说明膜宇宙怎样避开"无政府主义原理"；第二个说明维度比我们以前设想的要大得多；第三个说明时空弯曲可以满足物质有不同的大小和质量；最后两个说明，即使无限大的额外维度在时空弯曲时也可能看不见，甚至时空在不同的地方也可能看上去会具有不同的维度。**

我将提出几个模型，因为它们都是真实的可能，其中每个都包含了一些新特征，这是物理学家不久之前还认为不可能的。在每章的末尾，我将总结每个模型的意义及其突破传统观念的地方。当然为了首先得到一个整体了解，你可以先读这些"探索大揭秘"，它们概括了该章介绍的特定模型的意义。

在进入这些膜宇宙之前，我将首先简要介绍第一个为人们所知的膜宇宙，它是由弦理论直接推导出来的。皮特·霍扎瓦和爱德华·威滕在他们探索弦理论对偶性的过程中，偶然发现了这一膜宇宙——我们就以他们的名字首字母为它命名为"HW"模型。我之所以要提到这一模型，一是因为它本身就很有趣，二是因为它有几个性质预示了我们即将看到的其他膜宇宙的特征。

霍扎瓦－威滕模型

图 16-3 是 HW 膜宇宙的图示。这是一个由两个平行膜作边界的十一维世界，其中每个膜都有 9 个维度，它们包围着一个有10 个空间维度（十一维时空）的体空间。HW 宇宙是最早的膜宇宙理论，在 HW 中，两个膜各含一组不同的粒子和力。

两个膜上的力与第 14 章介绍的杂化弦理论的力是相同的。那个理论是由格罗斯、哈维、马丁尼克和罗姆发现的，其中沿着弦向左或向右移动的振动会有不同的相互作用。这些力一半被束缚在其中的一个边界膜上，另一半被束缚在另一个边界膜上，两个膜上都束缚了足够的力和粒子。可以想象，每个膜都包含了标准模型的所有粒子（因此也包含了我们）。霍扎瓦和威滕假定，标准模型的粒子和力都停留在其中一个膜上，而引力和同为理论组成部分的其他粒子，虽然在我们的世界里还没见过，但在整个十一维体空间里，它们能自由地穿行于两个膜之间。

事实上，HW 膜宇宙不仅与杂化弦有相同的力——它就是杂化弦，只不过是强耦合的。这是对偶性的另一个范例，在这种情形里，以两个膜作为第十一维（空间第十维）边界的十一维理论与十维杂化弦对偶。也就是说，当杂化弦的相互作用非常强烈时，最好把它描述成有 2 个边界膜和 9 个空间维度的十一维理论。这

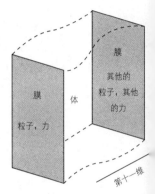

图 16-3

霍扎瓦－威滕宇宙简图。两个有着 9 个空间维度的膜（我们用二维来表现）在第十一时空维度（第十空间维度）上被分隔开来，体里包含了所有的空间维度：沿着两个膜的空间方向延伸的九维，及在两膜之间延伸的另一维。

与前一章我们探讨的十维超弦理论和十一维超引力论之间的对偶性如出一辙，但是，在这个例子里，第十一维没有卷曲，而是被束缚在两膜之间。十一维理论再次与十维理论对等起来，只不过一个理论是强相互作用，而另一理论是弱相互作用。

当然，即使标准模型粒子限制在膜里，理论的维度还是比我们在周围世界看到的更多。HW膜宇宙如果要与现实世界相对应，其中的6个维度一定是看不见的，霍扎瓦和威滕认为那6个维度卷曲成了极微小的卡拉比 - 丘流形。

一旦那6个维度卷曲起来，你就可以把HW宇宙当作一个有着四维边界膜的五维有效理论。这幅有两个边界膜的五维宇宙图像非常有趣，许多物理学家都曾进行了深入的研究。我和拉曼就将伯特·奥弗鲁特（Burt Ovrut）和丹·沃尔德莱姆（Dan Waldram）两位物理学家在研究HW有效理论时所使用的一些技巧，应用于我将在第20章和第22章讨论的不同的五维理论。

HW膜宇宙里一个引人入胜的因素是，它容纳的不仅是标准模型的粒子和力，而且还有一个完整的大统一理论。因为引力源自更高的维度，因此在这一模型里，引力就有可能与其他力在高能量上有相同的强度。

HW模型给出了三个原因，说明膜宇宙于真实世界物理是非常重要的。第一，它包含的不仅仅是一个膜，这意味着，它可以包含因为束缚膜之间的间隔而只能发生弱相互作用的粒子和力。被限制在不同膜上的粒子相互交流的唯一方式，就是通过它们与空间粒子的共同作用。这个特点对我们下章将探讨的隔离模型是非常重要的。

膜宇宙的第二个重要特点是，所有的膜宇宙都给物理学引进了新的距离尺度。这些新的尺度，如额外维度的大小，对力的统一问题或等级问题的解决可能有重要意义。在这两个理论里，问题的核心都是：在同一个理论里，为什么会有差异这么大的能量和质量级别，量子效应为什么不能将两者统一起来？

最后一点是，膜和空间能够承载能量。这个能量可以由膜和高维的空间所贮存；它不依赖于在场的粒子，与所有形式的能量一样，它会使体空间产生弯曲。我们很快将看到，这种由遍布于空间的能量引起的时空弯曲结构对膜宇宙是非常重要的。

HW 膜宇宙当然还有许多诱人的特点。但弦理论在重现已知现象时所存在的许多问题，它也同样存在：因为维度非常微小，霍扎瓦 - 威滕理论很难由实验检验；为了逃避观测，许多看不见的粒子必须很重；其中的 6 个维度必须卷曲起来，但卷曲维度的大小和形状都没有确定。

沿着这些线索继续下去，也许我们会不期然地发现能够正确描述自然的弦理论形式，我们并不完全排除这种可能，不过我们真的需要非常幸运才可能看到它发生。但粒子物理学的问题也在向我们招手，我们需要考察在有着额外维度和沿着其中某些维度延伸的膜的世界里，如何回答这些可能被解决的问题。这就是本书其余部分将探讨的内容。

-imension
探索大揭秘

- 在弦理论的框架里，膜宇宙是可能的。弦理论的粒子和力可能被束缚在膜上。
- 引力与其他力不同：它永远不会被限制在膜上，而会穿越所有的维度散播。
- 弦理论若要描述世界，它会包含许多膜。在这个意义上，膜宇宙是自然而然的。

WARPED

第五部分

额外维度宇宙假说

PASSAGES

UNRAVELING THE MYSTERIES OF THE UNIVERSE'S HIDDEN DIMENSIONS

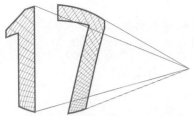

人迹罕至的通道：多重宇宙与隔离
WARPED PASSAGES

> 现在请你走开，（因为）你已不再受欢迎。
>
> 格洛丽亚·盖罗（Gloria Gaynor）

天堂里的危机

尽管天堂膜里明令禁止赌博，但艾克还是积习难改。由于三番五次地违反禁令，他被判监禁，到监狱膜里服刑。监狱膜沿着第五维度与天堂膜遥遥相望。即使被关在监狱膜里，艾克还常常试图偷偷地与他的伙计们取得联系。但两膜相距遥远，通讯非常困难，他只能退而求其次，寄希望于可以在空间里走动的过路信使，但他们大多根本无视他的请求。偶尔有那么几个终于肯停下来为他传话到天堂膜里的，也总是迈着悠闲的步子，速度慢得让人心焦。

而与此同时，天堂膜里正酝酿着一场危机。那些护卫天使，曾英勇地捍卫了等级，而现在却无视其他居民的家庭观念，即将破坏稳定，引发世代混乱。堕落的天使认为，所有匹配都可以接受，他们还煽动大家都从另一代里抢一个战利品作伴侣。

艾克得知这一危机时惊恐无比，下定决心要挽救局势。不过艾克忽然意识到，他与天堂膜的联络被迫使用的缓慢、刻意的方式，正可以用来满足居住在天堂膜里那些不守规矩天使的极度膨胀的自负心理。这还真是一个明智的点子。幸好有艾克的干预，天使们不再威胁扰乱天堂秩序了。尽管艾克依然要服刑，但天堂膜里获救的居民将他誉为了永远的神话。

本章探讨的主题是隔离。额外维度对粒子物理学来说非常重要，而隔离就是其中的一个理由。粒子在物理上被分隔在不同的膜上，通过把不同的粒子限制在不同的环境中，隔离有可能解释区分粒子的不同特征。隔离也可能是"无政府主义原理"（认为所有东西都会相互作用）并不总是正确的原因。如果粒子隔离在额外维度，那么它们就不太可能相互作用。

原则上讲，粒子可以被隔离在三个空间维度里的。但就我们现在所知，三维空间里的所有方向和所有地点都是相同的：已知物理学定律告诉我们，粒子可能位于我们所见的三个维度的任何一个地方，因此不存在三维的隔离。但是，在多维空间里，光子和带电物体并不一定存在于任何地方，额外维度引进了一个分隔粒子的方法：不同的粒子类型可能被分隔在由不同的膜所占据的不同空间里。由于在额外维度里并非所有地点都一样，通过把不同的粒子类型限制于不同的膜上，额外维度便提供了一种隔离粒子的方法。

隔离粒子的理论可能会解决许多问题，艾克的故事指的就是隔离在超对称破缺中的应用——这是我对额外维度的首次尝试。

由于超对称破缺模型通常会引起一些我们不希望的相互作用，因此四维理论正面临着严重的问题，而被隔离的超对称破缺看上去显然更有希望；隔离还可能解释粒子的质量为什么各不相同，在额外维度模型里为什么没有质子衰变发生。本章我们就将探索隔离及其在粒子物理学中的应用，我们会发现即便我们原以为适用于四维时空的观点，如超对称，在额外维度的背景下，也有可能成功。

我的额外维度历程

作为物理学家，我们是幸运的：我们有许多交流机会，能够与同行见面并分享一些激发灵感的科研思想。但是，粒子物理学每年召开的会议和研讨会数量如此之多，以至于究竟该参加哪一个实在是太令人难以选择了：有一些是重要的聚会，你可能有机会听到别人的新近研究，也可以宣讲自己的最新成果；有一些会议则相对较短，只持续两三天，与会的物理学家汇报的是高度专业领域里的重要新成果；还有一些会议是时间更长的研讨，物理学家在这些研讨会上开始或者完成与同事的合作。这些会议召开的地点常常那么吸引人，让你根本不想错过。

虽然牛津是一个好地方，但 1998 年 7 月我在那里参加的超对称会议，恰当地说还应属于第一类。多年来，超对称一直被认为是解决等级问题唯一可能的方法，因此它慢慢地发展成了一个重要的研究领域，物理学家每年都要聚集在一起探讨本领域里的最新进展。

而牛津会议却令人们颇感意外：会上最有趣的话题不是超对称，而是新出现的观点——额外维度。其中最令人振奋的一个发言是关于大额外维度的，即第 19 章的主题。其他的发言都谈到了弦理论里额外维度的前景，还有一些探讨的是额外维度的实验意义。在芝加哥理论学家杰夫·哈维的发言题目里，你就能清晰地看出这些观点充满了新奇和假设性：他和后来的几个发言人将他们的发言戏称为《梦幻岛》（*Fantasy Island*）；费米实验室的理论学家乔·莱肯（Joe Lykken）做的幻灯片里，甚至在其中一张上有个小人直指"Da 膜，Da 膜"（不用说，那些没有看过 20 世纪 70 年代美剧的人，是感觉不到其中的幽默的。它是一个关于纹身的笑话，因欢迎"Da 飞机"到梦幻岛而闻名）。

且不管这些笑话，从牛津超对称会议返回时，我就开始思索有关额外维度的问题：**为什么粒子物理学的问题会在一个额外维度的世界里得到解决呢？**尽管我对正是热点的大额外维度持怀疑态度，也不打算去研究它，但我非常相信膜和额外维度会成为构建模型的重要工具，甚至有可能解释某些令简单的四维理论无可奈何的神秘的粒子物理学现象。

那一年，我计划在波士顿度过后半个夏季。我当时的惯例可不是这样：波士顿的大多数理论物理学家，包括我在内，每年夏天大部分的时间都在旅行，参加各种会议和研讨。但这次我决定留在家里休息，想想新的观点。

> 拉曼·桑卓姆，当时在波士顿大学做博士后，那年夏天也决定待在波士顿。以前开会的时候或我们到彼此的学院访问时，我经常遇到他，我们甚至同时在哈佛大学做过博士后。得知拉曼也在思考额外维度时，我想，与他谈论一下我的观点和问题也许会有不一样的火花。
>
> 拉曼是一个有趣的人，大多数物理学家在其事业早期都会研究一些相对安全的问题——大家都共同关注的问题，这样其实更容易取得进步，而拉曼却坚持要研究他认为最重要的问题，即便它极度困难或完全不被他人

所关注，他也在所不惜。虽然他的天赋是有目共睹的，可由于他的偏执，始终不能获得一份终身教职，而只能第三次继续他的博士后职位。这时，拉曼开始思考额外维度和膜，他的兴趣与物理学界的其他人终于不谋而合了。

我们的合作开始于麻省理工学院的托斯卡尼尼分店，这是在麻省理工学院学生服务中心的一个冰激凌店，有上好的咖啡和冰激凌供应（很遗憾它现在已关闭了）。托斯卡尼尼是一个交流思想、激荡观点的理想场所，没有限制，不受打扰，同时还能让人尝到沁人心脾、激发科研灵感的美味。

那些日子，我们品味着咖啡闲聊，随着秋天的脚步一天天走近，研究也逐渐成形。到 8 月份的时候，为了记录讨论的细节，我们需要的黑板越来越大。那时我在麻省理工学院做教授，办公室里的黑板太小，我们就会逛到"无边的走廊"（贯穿麻省理工学院主建筑的长长过道）去寻找空教室。

我们研究的具体问题就是隔离在超对称破缺中的应用。这一观点是把引起超对称破缺的粒子从标准模型里隔离出来，由此阻止它们之间不该有的相互作用（见图 17-1）。我们选择"隔离"，是为了区分粒子被不同的膜所分隔的模型与当时十分流行的所谓"隐藏区域"的超对称破缺模型。在隐藏区域模型里，超对称破缺粒子与标准模型粒子的相互作用很微弱，但并未实际隐藏（这有点儿名不副实），因此它们才会以现实世界不能接受的某些方式相互作用。

超对称
破缺膜

我们的膜

破隔离的
超对称破缺的
粒子

标准模型
粒子

第五维度

图 17-1

超对称破缺模型。在这一超对称破缺模型里有两个膜：标准模型粒子在一个膜上，打破超对称的粒子被隔离在另一个膜上。两个膜都有三个空间维度上，它们被第五时空维度，也即第四空间维度分隔开来。

　　开始时，我对我们的观点热情很高，而拉曼却持怀疑态度；可随着时间的推移，我们的角色不断转换，但总是一个热情，一个冷静，就这样，我们很快穿越了许多研究的迷雾，最终到达了我们思考的物理学问题的核心。有时我们甚至会太过仓促地放弃一些观点，但通常总会有一个人能坚持足够长的时间，使一个观点取得进展。

　　弗朗西斯·培根与伽利略一起被认为是现代科学方法的奠基人，前者讲道："为了保证结果的准确，你必须保留一定的怀疑，而同时又要取得进展，这是多么困难。"一边怀疑它的正确性，一边又怎么可能认真地去看待一个观点并深入研究它的结果？如果有足够长的时间，一个人可能在这两种态度之间辗转徘徊，最终得出正确答案。但是，当我们两个人都持相反态度时——这常常是几个小时，甚至是几分钟的事，那么我们很快就会放弃一个虽然有趣却是错误的观点。

可是，我们开始的观点，即通过隔离来防止超对称理论里不该有的相互作用，在我看来似乎就应该是正确的。四维里没有办法给出一个让人信服的解释，而额外维度似乎能为构建一个成功的模型提供必要的工具。可是，直到夏季即将结束的时候，我和拉曼才充分领悟了隔离及其对超对称破缺的作用，并最终对其意义达成了共识。

自然与隔离，信息封锁王国

隔离之所以重要，是因为它能够阻止由无政府主义原理引起的问题，那个未经证实的原理指出，在四维量子场论里，所有能发生的作用都会发生。但这一原理的问题在于，理论预言的相互作用和质量间的关系在自然界里是不存在的。一旦虚粒子被包括进来，即使是经典理论（没有考虑量子力学的理论）不会出现的作用也会出现，可见虚粒子引发了所有可能的相互作用。

有一个类比可以解释其中的原因：假设你告诉阿西娜明天有雪，阿西娜又告诉了艾克，那么即使你没有与艾克直接交流，你的信息仍会影响艾克明天的穿着——由于你的"虚"建议，他可能会穿带帽子的外套。

同样地，如果一个粒子与一个虚粒子相互作用，而这个虚粒子又与第三个粒子相互作用，那么最终的结果就是：第一个粒子和第三个粒子也产生了作用。无政府主义原理告诉我们，即使在经典理论中不存在，涉及虚粒子的过程是必然要发生的，而这些过程常常会引发不该有的相互作用。

粒子物理学理论里的许多问题都源于无政府主义原理。例如，由虚粒子引起的对希格斯粒子质量的量子贡献就是等级问题的根源，希格斯粒子采取任何路径都会受到重粒子的暂时干扰，这些干扰增大了希格斯粒子的质量。

我们在第 11 章中还看到了关于无政府主义原理的另一个例子：在大多数有超对称破缺发生的理论里，虚粒子都会引发不该有的相互作用——我们由实验得知不会发生的相互作用，这些作用会改变已知夸克和粒子的身份。这种味改变的相互作用在自然界中要么不存在，要么很少发生，若想让一个理论有效，我们必须消除这些作用——即无政府主义原理告诉我们会发生的作用。

虚粒子并不一定会导致这些不该有的预言。有一种情形，即当对一个物理量巨大的经典力学和量子力学贡献相互抵消时，理论就不会预言不该有的相互作用，但这一情形不太可能发生。即使经典贡献和量子贡献各自都非常大，我们仍然可以想象两者相加能得到一个可以接受的预言。但这种应对问题的方法几乎肯定只是替代真正解决方法的权宜之计。没有人会真的相信这种精确而偶然的抵消是不存在某些相互作用的根本解释，我们只是勉强用这种"幸运"的抵消来辅助我们忽略这些问题，继续其他方面的理论研究。

物理学家相信，只有当相互作用的抵消方式符合物理学家认为自然的观念时，相互作用才算真正从理论中消除了。在日常生活中，"自然"指的是那些不经人为干涉、自然而然发生的事；而对粒子物理学家来讲，"自然"指的不仅仅是发生的事情——它还意味着，如果某件事会发生，它不应给人留下任何迷惑。对物理学家来说，只有意料之中的事才是"自然"的。

无政府主义原理和量子力学引发的不该有的相互作用告诉我们，一个支持标准模型的基本理论若要正确，其理论模型里必须纳入新的概念。**对称之所以重要的一个原因就是，它们是在四维世界里保证不出现不该有的相互作用的唯一自然的方法。**关于哪些相互作用会发生，对称从根本上提出了一个另外的法则。借助下面的类比，你就能很容易地领会这一现象。

假设你要布置6套餐具，而这6套餐具摆设必须都是一样的，也就是说，你的摆设要允许存在一种对称变换，可以将其中的任何两套餐具对调。如果没有这种对称，你可以给这个人两把叉子，另一个人3把，而另一个人又是一副筷子；而有了对称的限制，你只能给所有6个人都摆设同样数量的刀叉、勺子和筷子——你不可能给这个人两把刀子，而给另一个人3把。

同样的道理，对称告诉我们并非所有的相互作用都会发生。即使有许多粒子能够相互作用，如果经典的相互作用保持对称，量子贡献通常也不会产生打破对称的相互作用。即使你包括了涉及虚粒子的所有可能的相互作用，但只要你开始没有打破对称，那就不会引起任何对称的破缺（只有第14章里提到过的极少见的反常现象例外）。在你的餐具摆放中如果必须保持对称，那么无论你怎么变换，加进水果勺也好，再加进切牛排的刀也好，那么你最后的摆放总归都是一样的。同样地，即使把量子力学效应算在内，也不会引发与对称不符的相互作用。如果在经典理论里对称没有打破，则没有任何路径让粒子产生破坏对称的相互作用。

不久以前，物理学家还一直以为对称是避开无政府主义原理的唯一方法。

在享用了足够的冰激凌之后，我和拉曼发现，隔开的膜又是一种方法。我当初之所以认为额外维度这么有希望，一个关键的原因就是，除了对称之外，它们又给出了另一个理由，这说明受限或异常的作用也可能是自然的。将不想要的粒子隔离起来可以阻止不该有的相互作用发生，因为被隔离在不同膜上的粒子通常是不会发生相互作用的。

因为相互作用总是发生在当地——只有在同一地点的粒子才会直接相互影响，所以在不同膜上的粒子之间的相互影响不会很激烈。被隔离的粒子可以与其他膜上的粒子产生联系，但只能通过一个可以在两膜之间穿行的、在其间作用的粒子。**就像在监狱膜里的艾克一样，不同膜上的粒子只能通过激发一个中间媒介，以有限的途径彼此之间取得联系。**即使这种间接的相互作用能够发生，其影响也是极其微小的，因为体空间里的中介粒子，尤其是那些有质量的介子，根本不能穿越很远的距离。

被隔离在不同地方的粒子之间的相互作用受到了制约，这就如同在一个外来信息受到封闭的国家里，政府小心地掌控着边境和媒体，我权且称之为"信息封锁国"。在国内，人们要获得外面的信息，只有通过想方设法进入该国的外国游客，或者是通过走私进来的报纸和书籍。

被隔离的膜以同样的方式给我们提供了一个避开无政府主义原理的平台，这样便增加了一套自然淘汰的工具，以保证不该有的相互作用不会发生。隔离方法的另一个优点是，它能保护粒子不受对称破缺的影响。只要对称破缺的发生距那些粒子足够远，它就几乎不会对它们产生影响。

当对称破缺被隔离起来时，就好似传染病人都被限制在一个规定的区域内一样，传染病源就被切断了；或者用另一个比方来说，如果没有一个从中干预的信息传播者，无论外部世界发生的事件有多么严重，对信息封锁国都不会产生任何影响。如果没有

隔离

隔离之所以重要是因为它能够阻止无政府主义原理引起的问题。将不想要的粒子隔离起来可以阻止不该有的相互作用发生，因为被隔离在不同膜上的粒子通常是不会发生相互作用的。

边境渗透者，信息封锁国就能够独立于外部世界自施其政。

隔离，超对称的破坏者

我和拉曼在 1998 年夏天研究的一个特别问题是，**隔离怎样在自然界运作才能产生恰好具备我们观察到的性质的超对称破缺宇宙**。我们发现，超对称能完美地保护等级问题，并保证对希格斯粒子质量的巨大量子力学贡献相加为零。但正如我们在第 13 章里看到的，即使自然界中存在超对称，可为了解释我们为什么只见到粒子而没有见到超对称伙伴，超对称必须被打破。

不幸的是，对称破缺的大多数模型都预言了不会在自然界发生的相互作用，这样的模型不可能正确。我和拉曼想找到一个物理学原理，大自然也许就是用它来杜绝不该有的相互作用，这样我们就能将其纳入一个更成功的理论中。

我们将精力集中于膜宇宙背景下的超对称破缺，膜宇宙能够保持超对称，但就如在四维世界里一样，当理论的一部分包含了不能维持超对称的粒子时，超对称就会产生自发破缺。我和拉曼意识到，如果引发超对称破缺的所有粒子都与标准模型粒子分隔开来，超对称破缺的模型就不会出现很严重的问题。

我们假设，标准模型的粒子被限制在一个膜上，而能引发超对称破缺的粒子被隔离在了另一个膜上。我们发现，在这样一种构成中，量子力学可能引发的危险相互作用就未必会出现。除了由在空间穿行的中介粒子所传递的超对称破缺效应外，标准模型粒子的相互作用与在未破缺的超对称理论里是一样的。由此，就如在严格对称的理论中一样，与实验不符的不该有的味改变相互作用就不会发生。空间粒子既与超对称破缺膜上的粒子相互作用，又与标准模型膜上的粒子相互作用，它们精确决定了究竟哪些作用才可能发生——它们不一定包含那些不被允许的作用。

当然，必然有某个超对称破缺会被传递给标准模型粒子。如果超对称破缺没有被传递给它们，就没有东西能够使超对称伙伴的质量增大。虽然我们并不确切地知道超对称伙伴的质量值，但实验限制以及超对称在保持等级分化中所发挥的作用已告诉我们，它们的质量大概应是多少。

实验限制告诉我们超对称伙伴质量之间的定性联系，大致来说，所有的超对称伙伴的质量都应是相同的，这个质量大约应是弱力级质量——250 GeV。我们需要保证超对称伙伴的质量在这个范围之内，同时还要防止不应有的相互作用发生。所有片段都必须恰巧符合隔离的超对称破缺理论，这样，理论才有可能正确。

我们的模型成功的关键在于，寻找能将超对称破缺信息传递给标准模型粒子并给超对称伙伴以恰当质量的中介粒子。但我们还要确保这些中介粒子不会引致不可能的相互作用。

引力子，无论高能量粒子在哪都能与之发生相互作用的空间粒子，似乎就是理想的候选者。引力子既能与超对称破缺膜上的粒子发生相互作用，又能与标准模型膜上的粒子发生相互作用，而且引力子的作用是我们所熟知的——它们遵循引力理论。我们能够证明引力子作用在产生超对称伙伴必要的质量时，不会引发可能导致夸克和轻子混淆其身份的相互作用——我们已知这种相互作用在自然界中不会发生。由此，引力子看起来是一个颇有希望的选择。

我和拉曼算出了超对称伙伴的质量，这要遵从信使引力子，我们发现，尽管组成要素很简单，但计算却复杂得令人吃惊。经典力学对超对称破缺质量的贡献竟然是零，只有量子力学效应才会传递超对称破缺。意识到这一点，我们将引力子引发的超对称破缺交流称作反常调解，选择这一名称是因为，正像我们在第

引力子

引力子既能与超对称破缺膜上的粒子发生相互作用，又能与标准模型膜上的粒子发生相互作用，而且引力子的作用是我们所熟知的——它们遵循引力理论。

14章里讨论的反常一样，特定的量子力学效应打破了本应保持的对称。重要的是，因为超对称伙伴的质量依赖的是已知的标准模型的量子力学效应，而不是未知的高维相互作用，所以我们能够预测超对称伙伴质量的相对大小。

我们花了好几天的时间才把它厘清，这意味着在同一天里，我可能一会儿失望一会儿欣喜。记得有天晚上吃饭时，我意识到了一个错误，因此，困扰了我一整天的问题终于迎刃而解了，我完全沉浸在了自己的思考中，把一起吃饭的同伴都吓坏了。最终，我和拉曼发现，如果引力能够传递超对称破缺，隔离的超对称破缺效果好得出奇。

> 所有的超对称伙伴都有了恰当的质量，规范微子和超夸克之间的质量关系也在我们希望的范围之内。尽管并非所有事情都如我们最初希望的那般简单，但超对称伙伴质量之间的重要联系都在恰当的范围，不会引发不可能的相互作用，这在其他的超对称破缺理论里可是一个大问题。只要再稍做修正，事情就将发挥作用。

而最值得欣慰的是，由于我们预言的超对称伙伴质量与众不同，我们的观点可以得到验证。隔离超对称破缺的一个重要特点是：

> 即使额外维度异常微小，大约 10^{-31} 厘米，只是普朗克长度的 100 倍，但它仍会产生可见的效果。这有点超乎我们的常规认识。从常识来看，只有大得多的维度才可能通过修正的引力定律或新的重粒子产生可见的结果。

尽管当额外维度非常小时，我们确实无法看到以上任何一种实验结果，但引力子以一种特殊的方式将超对称破缺传递给规范微子，我们可以由已知的引力作用和发生在超对称理论里的已知相互作用来计算。隔离超对称破缺模型预言了不同规范玻色子的超对称伙伴即规范微子的质量比，而这些质量是可以测量的。

这非常令人振奋，如果物理学家发现了超对称伙伴，他们就能确定它们之间的质量关系是否符合我们的预言。寻找这些规范微子超对称伙伴的实验正在加紧准备，要在位于伊利诺伊州费米实验室的质子 - 反质子对撞机——Tevatron 中进行。如果幸运，我们将在几年的时间里看到结果。

最后，我和拉曼都有理由相信我们发现了有趣的东西。但我们仍存一丝疑虑：我有点儿担心，像这么有趣的观点，如果正确的话，早该有别人发现了。我们还需保证在我们的模型里没有留下任何隐藏的缺陷。拉曼也认为，这么一个好主意怎么可能被忽略呢？但他相信它是对的，只是担心我们可能忽略了物理学文献里任何相似的观点。

拉曼的担心不无道理，超对称破缺的反常调解在大约同一时间也由其他物理学家独立发现了，其中有 CERN 的吉安·朱迪切（Gian Giudice）、马里兰大学的马库斯·卢蒂（Markus Luty）、伯克利的村山齐（Hitoshi Murayama）、比萨的里卡多·拉塔兹（Riccardo Rattazzi）。那年夏天，他们也在一起工作。我们的论文发表一天后，他们的也发表了。他们的研究在我看来真的很奇妙，我不明白两组物理学家怎么会在同一个夏季经历同样艰辛的思路历程。

但拉曼的猜测是正确的:其他人可能会有同样的兴趣。事实上，我们都是正确的。尽管观点类似，但他们的发展却与额外维度的动机无关，而如果没有额外维度，反常调解的质量只能是空中楼阁。里卡多曾大度地对我们共同的朋友、物理学家马西莫·波拉提（Massimo Porrati）说，我和拉曼做得更好，并非因为我们的反常调解形式更为正确，而是因为我们本就有一个所有人都会关注的理由，这个理由就是额外维度。如果没有额外维度，超对称破缺不会被隔离，而反常调解的质量就会被更大的效应所淹没。

自此，物理学家继续研究超对称破缺的隔离模型。他们发现了把这个与其他更早的观点结合起来的方法，构建了可能代表现实世界的、更为成功的模型。有人甚至找到了将隔离观点延伸回四维时空的方法。

模型多得数不胜数，我只提两个我认为特别有趣的观点：第一个观点是由拉曼和马库斯·卢蒂合作提出的，他们用弯曲几何的观点（第20章的描述）重新阐述了在四维时空隔离的效果。用这些观点，他们创建了一类新的四维超对称破缺模型。

第二个有趣的观点是规范微子调解。在这一观点里，对称破缺的传递不是通过引力子，而是通过规范玻色子的超对称伙伴——规范微子。要使这一观点发挥作用，规范玻色子和它的伙伴不可能被困在膜上，它们必须能自由地穿越体空间。拉曼提醒我，规范微子调解实际就是我们以前忽略的众多观点之一。

而优秀的模型构建者戴维·卡普兰（David E.Kaplan）、格兰姆·克里卜斯（Graham Kribs）、马丁·施马尔茨（Martin Schmaltz），以及扎卡赖亚·查科（Zacharia Chacko）、马库斯·卢蒂、安·纳尔逊（Ann Nelson）和爱德瓦多·庞顿（Eduardo Ponton）都证明我们很可能是操之过急，规范微子调解在传递超对称破缺质量时效果会更好，同时还保持了隔离超对称破缺的所有优势。❶

---

❶ 约翰·艾利斯（John Ellis）、科斯塔斯·库纳斯（Costas Kounnas）以及德米特里·纳诺波利斯（Dmitri Nanopoulos）早期也曾在弦理论里想到过相关的观点。

闪光质量

　　隔离对称破缺是模型构建的一个有力工具，现实世界可能包含分隔的膜，而通过此假设来构建模型，物理学家可以探索大量的可能。

　　上一节解释了味改变相互作用问题是如何在超对称理论里获得解决的。而模型构建者面临的另一个极具挑战的问题是：**为什么会有不同质量、不同味的夸克和轻子？**希格斯机制赋予了粒子质量，但每一味的质量值却是不同的。只有每味粒子与发挥希格斯粒子作用的东西发生不同的相互作用，这才有可能。由于每种粒子类型的三味，如上夸克、奇夸克、顶夸克都有着完全一致的规范相互作用，它们具有不同的质量就很神秘，一定有某种东西使得它们彼此质量不同，但粒子物理学的标准模型却没有告诉我们它是什么。

　　我们可以构建模型来解释不同的质量，但所有模型几乎总会含有改变味粒子身份不该有的相互作用。我们需要的是能够安全地将味粒子区别开来的东西，而不要产生这些有问题的相互作用。

　　尼玛·阿卡尼-哈麦德（Nima Arkani-Hamed）与德裔物理学家马丁·施马尔茨假定不同的标准模型粒子被局限在隔开的膜上，并认为它们能解释一些质量。尼玛与萨瓦斯·迪莫普洛斯（Savas Dimopoulos）发现了一个更简单的模型：他们假定存在一个标准模型粒子都被限于其上的膜，膜上粒子之间的相互作用将所有的味粒子同等对待。但是，如果只有这种将所有味一视同仁的味对称相互作用，粒子的质量就应该是完全相同的。很显然，只有能将粒子区别对待的东西才可能解释质量的不同。

　　尼玛和萨瓦斯认为，引起味对称破缺的其他粒子被隔离在另外的膜上，与隔离超对称破缺的情形一样，只有通过空间的粒子，味对称破缺才能被传递给标准模型粒子。如果有许多体粒子与标准模型粒子相互作用，其中每个都会从不同距离由一个不同的膜传递味对称破缺，这样他们的模型就能解释标准模型里味粒子的不同质量。由远处的膜传递的对称破缺，比由附近的膜传递的对称破缺引起的质量要小，尼玛和萨瓦斯将他们的观点取名为"闪光"以强调这一事实。就如当光源离得较远时光会显得暗淡一样，由遥远的膜引起的对称破缺效应会更小。在他们的图景里，夸克和轻子之所以不同味，是因为它们每个都在与不同距离的不同膜相互作用。

额外维度和隔离都是解答粒子物理学问题令人振奋的新奇方法，但它未必会止步于此。最近我们发现，甚至在研究宇宙演变的宇宙学中，隔离也发挥了重要作用。很显然，我们仍必须去发现包含隔离粒子的宇宙（或多重宇宙）的所有特征，而新的观点仍将继续涌现。

- 粒子可能被隔离在不同膜上。
- 即使微小的额外维度也可能对可观察粒子的属性产生影响。
- 被隔离的粒子并不一定会服从无政府主义原理，因为遥远的粒子不能直接相互作用，所以并非所有的相互作用都会发生。
- 在一个引起超对称破缺的粒子与标准模型粒子被隔离开的模型里，超对称破缺可以不引起使粒子变味的相互作用。
- 被隔离的超对称破缺是可以验证的。如果高能对撞机里能够生成规范微子，我们就可以对比规范微子的质量来确定它们是否与预言相符。
- 被隔离的味对称破缺可能有助于解释粒子质量的差异。

-imension
探索大揭秘

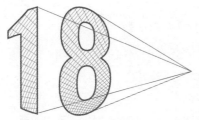

泄露秘密的通道：四维世界的高维来客
WARPED PASSAGES

> 我窥视着，但它一直未曾出现。
>
> 我等你给我，最好的纪念。
>
> 我如此想念你，而你我却从未谋面。
>
> 比约克（Bjork）

交换生平方 K

阿西娜不得不承认，她非常想念艾克。虽然她常常觉得他很烦人，但没了他，阿西娜感到很孤独。这时，有一个交换生平方 K 要来住些日子，阿西娜已经在翘首以待了。可邻居们闭塞的观念令她吃惊，他们竟然害怕平方 K 的到来。尽管他与大家讲的是同一种语言，行为也不会有什么两样，可就现在这种气氛，单他来自国外这一事实就足以让人们警惕了。

阿西娜问她的邻居为什么这么担心，他们答道："如果他把那些更加不安分的外国亲戚请来怎么办？他们会不会行为不端，只遵守自己国家的法律？如果他们都来了，谁知道会发生些什么呢？"

阿西娜赶忙告诉他们，平方 K 和他的亲戚不会待很长时间的，因为他们都不太喜欢安静，只有热闹聚会上那种热烈喧嚣的气氛才有可能把他的家人吸引来。可不幸的是，阿西娜的这番解释让邻居们的疑虑更重了。意识到自己措辞不当后，阿西娜赶忙改口说，外国客人在其短暂的来访期间，一定会遵守当地法律的。邻居们信了，并和阿西娜一起去欢迎平方 K 的到来。

本书开始时，我解释了额外维度是如何隐藏起来的：它们可能卷曲成很小的形状或可能被膜束缚起来，让人难以察觉。但额外维度真的有可能将其性质完全隐藏，以至于没有任何物质特征能将它与四维世界区分开来吗？这让人很难相信。即便卷曲的维度非常小，令我们相信世界是四维的，但高维世界一定包含着一些新的元素，能让我们将它与真正的四维世界区别开来。

如果额外维度存在，它的痕迹也一定存在。这些痕迹就是卡鲁扎 - 克莱因（KK）粒子❶，1KK 粒子是额外维度宇宙的附加成分，它们是高维世界的四维印记。

如果 KK 粒子存在且足够轻，那么高能对撞机就能生成它们，而它们会在实验数据里留下印记，高维侦探——实验者们，就能将这些线索拼凑起来，把数据转换成高维世界的确凿证据。本章将讲述卡鲁扎 - 克莱因粒子，以及我们相信它们存在于高维世界中的原因。

----

❶ 即故事里的平方 K。KK 粒子也被称作卡鲁扎 - 克莱因模式，这里的"模式"指的是它们的量子化动能。

神秘的卡鲁扎－克莱因粒子，额外维度的印记

即使体粒子在高维空间穿行，我们仍可以用四维语言来描述它们的属性和相互作用。毕竟，**我们不曾直接见过额外维度，因此所有东西在我们看来都好像是四维的**。就如平面国的居民一样，他们只看的到两维，当一个三维球体穿过他们的世界时，他们看到的就只是两维的圆形碟片；而在我们看来，虽然那些粒子来自高维世界，看上去却好像只在三个维度里穿行。这些来自额外维度的新粒子，在我们看来是四维时空 ❶ 的额外粒子，就是卡鲁扎-克莱因粒子。如果我们能测量和研究它们的所有性质，那么它们就能揭示有关高维空间所有未知的秘密。

卡鲁扎－克莱因粒子

来自额外维度的新粒子，在我们看来是四维时空的额外粒子。卡鲁扎-克莱因粒子是高维粒子在四维的表现形式，正如通过将许多共振模式重叠重现一根琴弦发出的所有声音一样，选择恰当的 KK 粒子来代替，也可能重现一个高维粒子的行为。

卡鲁扎-克莱因粒子是高维粒子在四维的表现形式，正如通过将许多共振模式重叠重现一根琴弦发出的所有声音一样，选择恰当的 KK 粒子来代替，也可能重现一个高维粒子的行为。KK 粒子完全能代表高维粒子及其穿行的高维几何的特征。

为了模拟高维粒子的行为，KK 粒子将必须携带高维动量。每个在高维空间穿行的体粒子都将被 KK 粒子的四维有效描述所代替，这些 KK 粒子有着模拟这个高维粒子的正确动量和相互作用。一个高维宇宙既包含我们熟悉的粒子，也包含它们相对应的携带由卷曲空间的具体性质所决定的额外维动量的 KK 粒子。

但四维描述不包括有关高维位置或动量的信息，因此当我们由四维视角来看时，KK 粒子的高维动量必须有一个另外的名称。狭义相对论所规定的质量和动量的关系告诉我们，额外维度的动量在四维世界里就可以被看作质量。因此，KK 粒子与我们熟知的粒子一样，只是其质量反映了它们的高维动量。

----

❶ 这是我们通常使用的时空维度的计数方式。在第 1 章中我们讨论平面国时，由于还没有讲到相对论，所以只把空间维度算在内。

KK 粒子的质量由高维几何所决定，但它们的电荷与已知的四维粒子是相同的。这是因为，如果已知粒子源于高维时空，那么高维粒子就必须与已知粒子携带同样的电荷，这对模拟高维粒子行为的 KK 粒子也一样。因此，对应我们熟悉的每个粒子，应该会有许多电荷相同的 KK 粒子，但质量却各不相同。

例如，如果一个电子在高维空间穿行，那么它就会有一个携带同样负电荷的 KK 伙伴；如果一个夸克在高维空间穿行，那么它也会有一个对应的 KK 粒子，与夸克一样经受强力。KK 伙伴与我们熟知的粒子有相同的电荷，但质量要取决于额外维度。

确定卡鲁扎－克莱因粒子质量

为理解 KK 粒子的起源和质量，我们不应局限于早先考察过的不可见卷曲维度的直观感觉。为简便起见，我们先来看一个没有膜的宇宙，其中每个粒子从根本上讲都是高维的，而且能自由地在所有方向运动——包括那些额外的方向。具体来说，让我们设想一个只有一个卷曲成圆圈的额外维度的空间以及在这个空间里穿行的基本粒子。

倘使我们生活在牛顿经典力学主宰的世界，那么卡鲁扎－克莱因粒子就可能具有任何值的额外维度动量，由此，质量也会是任意的。可是，我们生活在一个量子力学的宇宙里，这样情况就不同了。**量子力学告诉我们：正如只有小提琴的共振模式才能形成琴弦发出的声音一样，KK 粒子在重现高维粒子的运动和相互作用时，只有量子化的额外维度动量才有贡献；也正如琴弦的音符依赖于琴弦的长度，KK 粒子的量子化额外维度动量也取决于**

额外维度的大小和形状。

KK 粒子携带的额外维度动量，在我们的四维世界看来，就是 KK 粒子与众不同的质量模式。如果物理学家发现 KK 粒子，这些质量就会为我们揭示额外维度的几何形状，例如，如果只有一个卷曲成圆圈的额外维度，这些质量就能告诉我们额外维度的大小。

寻找 KK 粒子在一个卷曲维度的宇宙里的容许动量（从而质量）的做法，就像你从数学上来确定小提琴的共振模式的方法，也像玻尔确定原子的量子化电子轨道所使用的方法。量子力学将所有粒子都与波相联系，只有那些能以整数倍在一个额外维度圆圈上振动的波才是被允许的。我们确定了允许的波，然后用量子力学把波长和动量联系起来，额外维度的动量就告诉我们 KK 粒子被允许的质量，这正是我们要知道的。

恒定的波（这个波根本不会振动）总是被允许的，这个"波"就像是一个完全静止的、不起涟漪的池塘表面，或者像一根未经拨动的琴弦。 这个概率波在额外维度的任何地方都是同样的值，因为一个平坦概率波的值是恒定的，所以与这个波相关的 KK 粒子不会偏好额外维度的任何位置。根据量子力学，这个粒子不携带额外维度动量；因而由狭义相对论可知，它也没有额外的质量。

因此，最轻的 KK 粒子就是这类在额外维度里有恒定概率值的粒子。在低能量上，这是唯一能生成的 KK 粒子。因为它既没有额外维度的动量也没有额外维度的结构，因此很难与一个有着相同质量、相同电荷的常见四维粒子区分开来。在只有低能量的情况下，一个高维粒子根本不可能在收紧的卷曲维度里运动，换句话说，低能量不能生成可以区分我们的宇宙与高维宇宙的额外 KK 粒子。因此，低能过程和最轻的 KK 粒子不能揭示有关额外维度存在的任何迹象，更不用说它的大小和形状了。

但是，如果宇宙包含额外维度，而粒子加速器又达到了足够高的能量，那么它就能生成更重的 KK 粒子，这些携带了非零额外维度动量的重 KK 粒子，将是额外维度存在的第一个铁证。在我们的例子里，那些与重 KK 粒子关联的波有着沿额外维度的圆形结构，这些波缠绕着卷曲的维度，沿着圆周整数次地上下振动。

最轻的 KK 粒子就是那些概率函数波长最大的粒子。一个波围绕卷曲维度上下振动一次恰好围成一个圆，这就是最大的波长，这个波长是由额外维度的周长决定的（它们大约是同等大小），波长再大则会不适合：当它沿着圆圈回到那个点时，波与圆则不再重合。有着这种概率波的粒子就是能"记住"其额外维度起点的最轻的 KK 粒子。

这个有着非零额外维度动量的最轻粒子，其相关波的波长与额外维度大约同样大小，毕竟，只有小到足以探索极小尺度和相互作用的东西才会灵敏地探测到卷曲维度的存在。用一个较长的波长来探索额外维度，就好比要用一把尺子去测量一个原子的位置。例如，如果你用光或是其他有特定波长的探测工具来探测一个额外维度，那么光的波长必须短于额外维度的尺寸。因为量子力学将概率波与粒子联系起来，上述有关探测波长的陈述也是粒子性质的陈述。只有波长足够短（根据不确定性原理）而额外维度动量和质量足够高的粒子，才有可能灵敏地探测到额外维度的存在。

有着非零额外维度动量的最轻 KK 粒子，还有另一个吸引人的特征：当额外维度较大时，它的动量（从而质量）会更小。因为较轻的粒子更容易生成和发现，因此，较大的额外维度应该更容易探测，并且有更多较容易探测的结果。

如果确实存在额外维度，那么它们的证据将不仅仅是最轻的 KK 粒子，其他一些高动量的粒子，会在粒子对撞机里留下更鲜明的额外维度印记。当穿越卷曲的额外维度时，这些粒子的概率波不止振动一次，因为第 n 个这样的粒子对应的是绕卷曲维度上

下振动 *n* 次的波，这些 KK 粒子的质量都将是最轻粒子质量的整数倍。动量越高，KK 粒子在对撞机里留下的印记则越鲜明。图 18-1 简单说明了 KK 粒子的质量值，以及对应这些有质量粒子的两个波。粒子质量与额外维度的大小成反比。

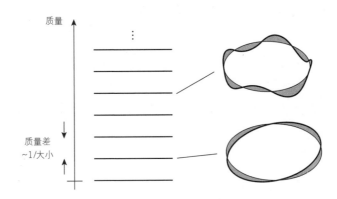

图 18-1

KK 粒子质量及其对应的波。卡鲁扎 - 克莱因粒子对应的波围绕卷曲的维度整数次地上下振动，波的振动次数越多对应的粒子则越重。

WARPED PASSAGES
弯曲的世界

依次加重的许多粒子就好像一个移民家族的好多代：在美国出生的最年轻一代完全被美国文化所同化，他们讲着完美的英文，一点儿听不出外国口音，也就分辨不出他们的从哪儿来；而上一代人，他们的父母情况就不是这样了：也许他们会带一点儿口音，偶尔还会讲几句他们祖国的谚语；再上一代人的口音则更重，甚至他们的穿戴以及所讲的故事都是从祖国带来的。我们可以说，正是这些早几代的移民拓宽了我们的文化维度，使我们的社会不那么单一，变得更加丰富多彩。

同样地，**最轻的 KK 粒子与一个本质是四维世界里的粒子是没有区别的，只有那些质量更大的"老亲戚"才能揭示额外维度的证据**。尽管最轻的 KK 粒子看上去是四维的，但是一旦达到足够的能量，生成质量更大的"老一代"，它们的证据便会是显而易见的。

如果实验者发现新的与我们熟悉的粒子有相同电荷的重粒子，其质量也彼此相似，那么这些粒子将成为额外维度强有力的证据。如果这些粒子有相同的电荷，而且间隔一个固定的质量差，这很可能意味着我们发现了一个简单的弯曲维度。

但更为复杂的额外维度几何会生成更为复杂的质量类型。如果我们找到足够多的粒子，则 KK 粒子不仅能揭示额外维度的存在，还将告诉我们额外维度的大小和形状。无论隐藏的维度是什么形状，KK 粒子的质量都会依赖于它。无论何种情形，KK 粒子和它们的质量都将揭示出关于额外维度性质的许多东西。

实验限制

一直以来，大多数弦理论学家认为：额外维度不会比微小的普朗克长度大太多。这是因为，在普朗克级能量上引力会变得强大，这就需要量子引力理论来接管这一领域，而它可能是弦理论。但普朗克长度远小于我们实验所能探索的尺度，这个微小的普朗克长度对应的（据量子力学和狭义相对论）就是巨大的普朗克质量（或能量）——它是目前粒子加速器所能达到能量的 1 亿亿倍。普朗克质量的 KK 粒子如此之重，将远远超出我们能够想象的实验探测范围。

但是，额外维度也许会更大，而 KK 粒子会更轻。为什么我们不反过来问，有关额外维度的大小，实验都告诉了我们些什么？排除理论偏见，我们又实际了解到些什么？

如果世界是高维的，而且没有膜，那么我们熟悉的所有粒子，如电子，都会有它们的 KK 伙伴。这些粒子将与我们熟悉的粒子有恰好相同的电荷，携带着额外维度的动量。电子的 KK 伙伴将与电子一样带负电荷，只是更重。如果一个额外维度卷曲成一个圆，那么这种最轻粒子的质量和电子质量的差额与额外维度的大小便成反比。这就意味着，额外维度越大，粒子质量越小。因为一个更大的维度会形成一个更轻的 KK 粒子，而实验中还没有发现这样的粒子，所以 KK 粒子质量的限度就规定了卷曲额外维度被允许的大小。

迄今为止，在运行能量达到约 1 000 GeV 的对撞机里，还没有出现这种带电粒子的任何迹象。**因为 KK 粒子就是额外维度的印记，我们没有找到它们，这就说明额外维度不可能太大。**目前的实验限制告诉我们，额外维度不可能超过 10^{-17} 厘米 ❶，这个尺度是极其微小的——远小于我们能直接看到的任何东西。

额外维度大小的这一限定比弱标度长度大约小 10 倍，虽然 10^{-17} 厘米很小，但比普朗克长度 10^{-33} 厘米大 16 个数量级。这意味着额外维度可以比普朗克长度大得多，但仍未被发现。希腊物理学家伊格内修斯·安东尼亚迪斯（Ignatius Antoniadis）最先想到了额外维度可能不是普朗克长度，而是与弱标度长度差不多大小。他一直在思索，把对撞机的能量再提高一点儿会有什么新的发现。毕竟，等级问题告诉我们，在这些能量上肯定会发现某些东西，这是具有弱力级能量和质量的粒子生成的地方。

但即使是以上对额外维度大小的限定，也并不一定总是适用。虽然 KK 粒子是额外维度的印记，但它们难以捉摸，很难被发现。最近，我们对 KK 粒子及其表现的了解又增加了许多，后面的几章就将解释最新的成果：**虽然我们认为更大的维度会形成更轻的 KK 粒子，可为什么一旦将膜考虑在内，额外维度就可能大于 10^{-17} 厘米而仍不被发现？**有些模型包括很大的维度（你可能以为这些维度会形成可见的结果），虽然仍是看不见的，但能帮助解释标准模型粒子的神秘属性。在第 22 章里，我们将看到

----

❶ 记住，我们的假设是没有膜。在后面的章节里，这一限制会发生变化。

一个更加出人意料的结果：一个无穷大的维度可以形成无穷多的
轻 KK 粒子，却仍没有留下任何可观察的痕迹。

- 卡鲁扎 - 克莱因（KK）模式是携带额外维度动量的粒子，它们是四维世界的高维来客。
- KK 粒子看上去就与重粒子一样，与已知粒子有着相同的电荷。
- KK 粒子的质量与相互作用要由高维理论来确定，因此它们反映了高维时空的属性。
- 如果我们能发现和测量所有 KK 粒子的属性，我们就能知道高维度的大小和形状。
- 目前的实验限制告诉我们，如果所有粒子都能穿行于高维空间，那么额外维度不可能大于 10^{-17} 厘米。

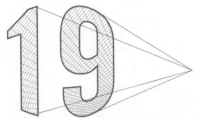

宽阔的通道：庞大的额外维度
WARPED PASSAGES

> 当它落下的时候，我连一毫米都看不到。
>
> 埃米纳姆（Eminem）

神秘的线索

短暂的来访束后，平方 K 离开了，阿西娜只好将大部分时间消磨在附近的网吧里。最近，她发现了一些神秘的网站，这令她非常兴奋。最吸引她的一个是：xxx.socloseandyetsofar.al（天涯若比邻），由名字来看，阿西娜怀疑这个网站是最近的 AOB（膜上的美国）与时空预警多媒体合并的结果，但她必须先回家才有时间进行详细研究。

阿西娜一回家就直奔电脑，再次寻找那个奇异的超级链接，在网吧里这很容易找到，可是在家里，她的网络安全卫士却阻止她访问这个层层设防的被禁网站❶，于是她换了一个别名"经验丰富的顾问"（Mentor），以掩盖了身份，顺利躲过网管，成功找到了那个神秘的超级链接。

阿西娜总希望平方 K 发送给她的短讯息就隐藏在网页里，可这些站点很不好理解。她好不容易才找到几个可能有意义的信号，所以决定再深入地研究它们的内容，但愿这合并（与其他有着类似名称的合并不同）能够维持足够长的时间让她弄清楚。

1998 年在牛津召开的超对称年会上，斯坦福大学的物理学家萨瓦斯·迪莫普洛斯发表了一个最为有趣的演讲。他讲述了与其他两位物理学家尼玛·阿卡尼 - 哈麦德和吉亚·德瓦利（Gia Dvali）共同协作所取得的成果。这个三人组合多样的个性及其观点与他们丰富多彩的姓名可谓相映成趣：萨瓦斯对自己的项目充满激情，他的同事告诉我，他的热情会感染周围所有的人。额外维度令他格外投入，他曾对一个同事说，那些尚未被发现的新的物理学观点让他感觉就像是一个孩子走进了糖果店——不等别人把糖果买走，他就想把它们统统吃掉。吉亚，一个来自格鲁吉亚的物理学家，无论在其物理方法还是大胆的登山运动的壮举中，都敢于冒险。

有一次，他在暴风雪中，被困在高加索的一个山顶上，两天两夜没有吃任何东西；尼玛，一个来自伊朗家庭的物理学家，他充满活力，说起话来绘声绘色，极富煽动性，现在我们是哈佛大学的同事，他常常在走廊里热情地宣讲他所取得的最新进展，鼓动其他人加入他的研究。

萨瓦斯在超对称会议上的发言是关于额外维度的，与超对称毫无关系，却抢了超对称的风头，这颇具讽刺意味。他解释道：

---

❶ 物理学家将论文贴在一个以"xxx"打头的网站里，查阅 xxx.lanl.gov 时，网络过滤器有时也会禁止人们访问这个网站。

标准模型的基础理论可能是额外维度，而非超对称。如果他的假说成立，不久的将来，实验者们在探索弱力标度时，将有望发现额外维度而不是超对称的证据。

本章呈现的是尼玛、萨瓦斯和吉亚 ❶ 的观点，这一观点讲述了大的维度将如何解释引力的微弱。从根本上来讲，大的额外维度能分散引力作用，以致引力强度会比我们在没有额外维度时估计的弱很多。**他们的模型并不能实际解决等级问题，因为仍必须解释额外维度为什么会这么大**。但是 ADD 认为借助他们的模型，这一新问题会更容易解决。

我们还将探讨 ADD 所提出的一个相关问题：如果标准模型粒子被限制在一个膜上而不能自由在空间穿行，那么卷曲的额外维度得多大才不会与实验结果相冲突。他们找到的答案是超乎寻常的，在他们那时的论文中，这些额外维度可能是 1 毫米。

大至 1 毫米的维度

在 ADD 的模型里，正如我在第 17 章里描述的隔离模型一样，标准模型粒子被限制在一张膜上。但是两个模型的目的不同，因此它们的其他特征也就完全不同。隔离模型有一个界于两个膜之间的额外维度，而 ADD 的所有模型都不止一个维度，且这些维度都是卷曲的。根据不同的细节体现，他们模型里的空间包含有二维、三维或更多的卷曲维度，而且 ADD 模型只包含了一个膜，标准模型粒子被限制在这个膜上，但膜并不是空间的边界（见图 19-1），它只是静止在额外维度里。

----

❶ 简便起见，我将把他们合称为"ADD"。

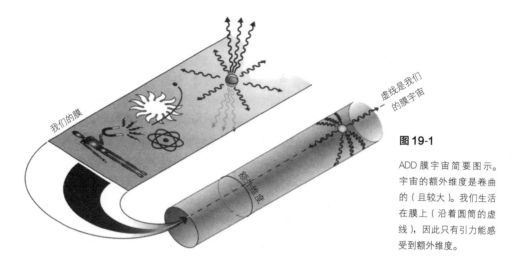

图 19-1

ADD 膜宇宙简要图示。宇宙的额外维度是卷曲的（且较大）。我们生活在膜上（沿着圆筒的虚线），因此只有引力能感受到额外维度。

如果标准模型的所有粒子都被困在一个膜上，而引力是高维体空间唯一的力，那么额外维度究竟有多大才能隐藏起来？这是 ADD 想以他们的模型解决的一个问题，而他们发现的答案令许多物理学家都非常吃惊。

上一章我们猜想的额外维度大小是十亿亿分之一厘米，与此形成鲜明对比的是，他们的卷曲的额外维度可能要大至 1 毫米（现在来说这一确切数字实际有点误导，因为，正如本章后面我们将进一步讨论的，华盛顿大学的物理学家在那以后曾通过实验寻找毫米大小的额外维度，但没有发现。基于他们的结果，现在我们知道，额外维度的大小一定得小于 1/10 毫米，不然它们就会被排除。可即便 1/10 毫米大小的额外维度仍是很令人吃惊的）。

你可能会认为，如果有大至 1 毫米的额外维度（即便再小 10 倍），我们肯定早就发现了。**虽说一个人看不到 1 毫米大小的物体就该换新眼镜了，可在粒子物理学的尺度上，1 毫米可是极为庞大的。**

为了弄清 1 毫米（或者即便是 1/10 毫米）大小的额外维度有多么超乎寻常，让我们来重温一下我们迄今讨论过的各个长度级别：普朗克长度，10^{-33} 厘米，远超出所有实验能探测的限度；TeV 长度，大约是 10^{-17} 厘米，是我们当前实验所探索的范围，物理学家已在小至 10^{-17} 厘米的距离内探测到电磁力。相比而言，ADD 所谈到的尺度几乎是巨大的。如果没有膜的出现，毫米大小的额外维度早就被当作毫无意义的谬论排除掉了。

但是，即便额外维度再大许多，膜使得它们仍旧可以理解。膜能够困住夸克、轻子和规范玻色子，这样，只有引力能够在整个高维空间穿行。ADD 的图景假定，除引力之外的所有东西都被限制在膜上；而不涉及引力的东西，即使额外维度极大，看上去也像没有额外维度一样。

例如，你看到的所有东西都像是四维的。你的眼睛能够探察到光子，而在 ADD 模型里，光子被束缚在膜上，因此你能看到的所有物体看上去都像是只有三个空间维度。如果光子被束缚在膜上，那么无论你的眼镜有多么清楚，你都不能直接看到额外维度的任何证据。

事实上，**只有通过极为灵敏的引力探测手段，你才有希望看到 ADD 图景里毫米级维度的证据**。所有常见的粒子物理过程中，如由电磁力传递的相互作用、电子 - 正电子对的生成、原子核通过强力的束缚，都出现在四维的膜上，因此也就与一个纯粹的四维宇宙没有任何差别。

带荷的 KK 粒子也不是什么问题。上一章我们解释过，当所有的粒子都在体空间里时，额外维度不会很大，假如它们很大，我们早就该发现标准模型粒子的 KK 伙伴了。但在 ADD 图景里，情况却不是这样。因为所有的标准模型粒子，如电子，都被束缚在一个膜上，因此标准模型粒子不会在高维空间穿行，也就不会携带高维动量，从而被局限在膜上的标准模型粒子也就不会有 KK 伙伴。而如果没有 KK 伙伴，那么上一章我们讨论过的基于 KK 粒子的约束也就将不再适用。

在 ADD 模型里，只有引力子才是唯一必须有 KK 伙伴的粒子，而引力子是能在高维体空间中穿行的，但引力子 KK 伙伴的相互作用比起标准模型粒子 KK 伙伴的要微弱许多。标准模型里的 KK 伙伴通过电磁力、弱力、强力相互作用，而引力子的 KK 伙伴则只以引力的强度相互作用——与引力子本身一样微弱。因此，引力子的 KK 伙伴比标准模型粒子的 KK 伙伴更难以生成和探测。毕竟，还没有人直接发现过引力子，而如引力子作用一样微弱的 KK 伙伴，就更难找到了。

ADD 意识到，如果额外维度的约束只来自引力，那么在他们的标准模型粒子被困在一个膜上的图景里，额外维度的大小将比上一章建议的大得多。原因在于，引力非常微弱，因此很难用实验探测。对距离极近的小质量物体而言，如果引力过于微弱，其效应很容易被其他的力所淹没。

例如，两个电子间的引力是电磁力的 $1/10^{43}$。地球引力之所以占主导地位，只是由于它的净电荷为零。在小尺度上，重要的不仅仅是净电荷，电荷的分布方式同样重要。为了验证在两个微小物体之间的万有引力定律，引力作用必须从其他力哪怕最微小的力的影响中隔离出来。尽管围绕太阳运转的行星、围绕地球运转的月亮以及宇宙本身的演变显示了引力在大尺度上的形式，但小距离上的引力却难以探测。因此，如果引力是体空间里唯一的力，那么令人惊讶的大额外维度就不会与实验结果有任何冲突。如果在一些维度上粒子被膜束缚，这些维度将很难被发现。

1996 年，ADD 在撰写他们的论文时，牛顿的平方反比定律已在大约 1 毫米的距离上得到了验证。这意味着，额外维度可能大至 1 毫米，而仍没人发现它们存在的证据。正如 ADD 的论文所说："我们将 MPL（普朗克能量）理解为基本能标（在此，引力作用变得强大起来），当时是基于这样的假设，引力在从它测量的距离……直到普朗克长度 10^{-33} 厘米之间的这 33 个数量级内，是不需要修正的。"换句话说，1998 年，由实验我们无从得知引力在小于 1 毫米距离上的任何信息。如果相隔距离小于 1 毫米，引力定律有可能发生变化。比如，随着两个物体渐渐靠近，引力吸引会更加迅速地加强——只是，这至今尚未被人所知。

高维引力，或将成等级问题的解

可能存在大额外维度是一个重要发现。但是，ADD 研究大额外维度不仅仅是为了探索抽象的可能性，他们真正的兴趣在于粒子物理学，尤其是等级问题。

正如我在第 12 章解释过的，等级问题是弱力级质量和普朗克级质量之间的庞大比值，这是与粒子物理和引力相联的两个质量。一直以来，让物理学家感到迷惑的主要问题是，弱力级质量为什么会如此微小？对希格斯粒子质量的庞大虚贡献（达到了普朗克级质量）本应该让它变得很大的。在额外维度进入物理学家的思考之前，所有试图解决等级问题的尝试都围绕着改善标准模型展开，希望找到一个更为全面的粒子物理学的基本理论，以解释为什么弱力级质量相比普朗克级质量要小这么多。

可等级问题涉及的是两个数字之间的庞大差异，问题的症结是普朗克标度与弱力标度为什么相差这么大。因此，等级问题还可以换成另外一种说法：为什么普朗克级质量标度这么大，而弱力级质量标度这么小——这也等于说，基本粒子之间的引力强度为什么这么小？由此，等级问题引出一个思考：是不是引力而非粒子物理学，与物理学家原本设想的有所不同？

顺着这一思路推理下来，ADD 提出：试图通过延伸标准模型来解决等级问题实际是误入歧途。依据他们的发现，如果额外维度足够大，同样能够很好地解决问题。他们指出，决定引力强度的基本质量尺度不是普朗克级质量，而是一个小许多的质量标度，接近于 1 TeV。

然而，ADD 仍留下引力为什么会这么微弱的问题。毕竟，普朗克级质量如此之大的原因是引力非常微弱——引力强度与这一标度成反比。更小的引力基本质量尺度会使引力作用的强度更大。这一问题并非不可逾越，ADD 指出，只有高维引力才必须是强烈的。

> ADD 认为，大额外维度会以某种方式削弱引力强度，使得引力即使在高维很强，但在低维有效理论里会变得很微弱。在他们的研究结果里，引力在我们看来之所以这么微弱，是因为它在一个很大的额外维度空间里分散了。而电磁力、强力、弱力仍旧很强，是因为这些力被局限在膜上，根本不会被分散。因此，大维度和一个膜就能解释为什么引力要比其他力微弱许多。

尼玛告诉我，当他和合作伙伴弄明白了高维引力和低维引力强度之间的确切关系时，他们的研究出现了转折。这一关系并非新的发现，例如，弦理论学家一直用它把四维引力标度与十维引力标度联系起来。正如我在第 16 章里简要介绍的，霍扎瓦和威滕在发现引力可与其他力统一时，就用过十维和十一维引力强度之间的关系：一个大的第十一维允许高维引力标度（从而弦的标度）与大统一标度一样低。但在此之前，从没有人意识到只要额外维度大到足以恰当地削弱引力，高维引力就可能足够强大以解决等级问题。尼玛、萨瓦斯和吉亚在研究额外维度一段时间后，知道了该怎样将高维和低维引力联系起来，也明白了其中的非凡意义。

联系高维引力和低维引力

我们在第 2 章里看到，当我们只探索大于卷曲额外维度大小的距离时，额外维度是不易被察觉的。但是，这并不一定意味着额外维度不会留下任何印记，即使我们看不到它们，它们也仍能影响我们能看到的物理量的值。第 17 章就给出了这一现象的一个例子，在超对称破缺的隔离模型里，超对称破缺发生在远处的一个膜上，而引力子将破缺传递给标准模型粒子的超对称伙伴，超对称伙伴的质量值反映了超对称破缺的额外维度来源及其通过引力的传递。

现在我们来看另外一个额外维度影响可测量值的例子。卷曲维度的大小决定了四维引力强度（也就是我们观察到的引力）与它所由来的高维引力强度之间的关系。当卷曲的额外维度包围更大的体积时，其间的引力就会被削弱。

要探明其中的究竟，让我们回到第 2 章中的例子，把三维花园橡胶管宇宙比作由膜包裹的三维体空间。如果水通过一个小孔进入水管（见图 2-9），它首先会从小孔里喷出来，向三个维度喷涌。但是，一旦水充满整个管子，它就只会沿着水管流动——此时，橡胶管就像只有一维。当我们在大于额外维度的范围内测量引力定律时，也是同样的情形。

但是，即使水只会沿着橡胶管的一个维度流动，其压力还是要取决于水管横截面的大小。要理解这一点，让我们设想如果水管再增粗一些会出现什么情况：通过小孔进入水管的水会向更大的空间喷涌，那么水冲击橡胶管壁的压力就会变弱。

如果用水的压力代表引力线，而通过小孔进入水管的水代表由一个有质量物体发出的引力场线，那么，这些引力线就像前面例子里的水一样：它们首先会向三个方向发散，然后，当引力线碰到宇宙的壁（膜）时，它们就会弯曲，然后只沿一个大的维度流动。在橡胶管的例子里，我们发现水管越粗，水的压力就越小。同样的道理，在我们以花园橡胶管模拟的宇宙里，额外维度的面积决定了引力线在一个低维世界里是如何分散的。额外维度的面积越大，低维宇宙有效理论的引力场强度就越弱。

这一原理也适用于有着任意数量卷曲维度的宇宙中的卷曲维度。额外维度的体积越大，引力线越稀疏，引力强度也越弱。这一点可以用刚才假设的水管高维类比来说明。高维橡胶管里的引力线会首先向所有维度发散，包括卷曲的额外维度，引力线在到达卷曲维度边界之后，就只会沿着低维空间的无限大维度延伸。最初在额外维度里的发散会降低低维空间引力线的密度，因而，在那里感受到的引力强度就会变弱。

回到等级问题

由于引力线在额外维度里变得稀少了，卷曲的额外维度空间体积越大，低维引力则越弱。ADD 发现，引力在额外维度的分散可以很广，这就能解释我们所处世界的四维引力为何如此微弱。他们的理由如下：

> 假设高维理论的引力不依赖于庞大的 10^{-19} GeV 的普朗克级质量，而是取决于一个更小的、小 16 个数量级的 1 TeV 的能量。他们选择 1 TeV 来消除等级问题：如

　　根据他们的假设，在大约 1 TeV 的能量上，高维引力与其他已知力相比，将成为一个很强的力。因而，为得到符合我们观察的合理理论，ADD 还需要解释四维引力为什么那么弱。他们模型的另一个元素就是假设额外维度极大，我们最终想解释的就是这个大的尺度。但根据他们的提议，卷曲维度包围的是一个庞大的体积，按照上节的逻辑来看，四维引力就会变得极其微弱。**也就是说，我们所处世界的引力这么微弱，是因为额外维度很大，而不是因为有一个大质量引起了微小的引力。**我们在四维里测得的普朗克级质量是庞大的（使得引力看起来很弱），只不过是因为引力被庞大的额外维度削弱了。

　　这些维度必须得有多大？答案要取决于额外维度的数量。因为实验还没能确定存在几个额外维度，ADD 模型里额外维度的数量也有多种可能。注意，此刻我们关心的只是大的维度，因此，如果你和你周围的弦理论学家都知道空间维度的数量有 9 个或 10 个，你仍可以考虑大维度的数量还有其他可能，并假设所有其他维度都小得可以忽略不计。

　　在 ADD 假说里，维度有多大要看它们有多少，因为其体积要取决于它们的数量。如果所有维度都同样大小，那么一个高维区域就会比一个低维区域包围的体积更大，因此对引力的削弱会更多。为了看清这一点，让我们再回到第 2 章中洒水装置的比喻里，我们有两个洒水装置：其中一个，水只会沿着一条特定长度的线段（一维）喷洒；另一个则以相同的长度为半径洒向一个圆（二维）。你可以看到，一棵植物由一维洒水装置得到的水量肯定比从二维洒水装置中得到的多。水喷洒的维度越多，被分散得便越厉害。

如果只有一个大的额外维度，要满足 ADD 的假设，它就必须很大。为了能足够地削弱引力，它的尺度必须大至如从地球到太阳的距离，但这是不被允许的：如果额外维度那么大，宇宙在可测量距离的行为将是五维的。我们已经知道，牛顿万有引力定律是适用于这些距离的，如果一个大的额外维度在这样的距离修正引力，显然是可以排除的。

但是，如果只有两个额外维度，那么它们的尺度可以很小，即使小至 1 毫米，也仍能充分地削弱引力，因此，ADD 才会对 1 毫米的尺度倾注如此大的热情。当然，这不仅因为它就在实验探测的范围之内，还因为这个尺度的两个额外维度对等级问题很重要：引力会在毫米大小的两个额外维度里发散，并形成我们熟知的微弱引力作用。当然，1 毫米仍旧很大，但正如我们早先说过的，引力检验远没有你想象的那么严格。受到 ADD 图景的启发，人们更加努力地去思考和寻找这个尺度的额外维度。

如果额外维度超过两个，那么引力只会在极小的距离上修正。如果有更多的额外维度，即使它们相对较小，引力也足以被削弱。例如，如果有 6 个额外维度，它们的大小只需要 10^{-13} 厘米，即十万亿分之一厘米。

如果幸运，即使是这么小的额外维度，我们在不久的将来也能找到某个粒子的证据——不是在我们下节讨论的引力检验里，而是在后面将讨论的高能粒子对撞机实验中。

寻找大的维度

我们该怎样探索引力在小距离的变化？我们该寻找什么？我

们知道，如果存在卷曲维度，那么引力强度在小于额外维度大小的距离上会随着距离增大而降低，其降低速度大于牛顿定律的预言，因为引力不止在 3 个维度里发散。当物体的间距小于额外维度时，适用的则是高维引力。如果一只小虫足够小，能够沿着一个卷曲维度绕圈，那么它就能够体验到额外维度，不仅因为它能在其中游历，还因为引力会在其中向所有维度发散。因此，如果有人能像这只有着异常感知力的小虫一样，探测到如此小距离的引力作用，额外维度就能产生可见影响了。

这告诉我们，如果实验能探测在相当于（或小于）假设的卷曲维度大小距离上的引力，及引力强度在这个距离上与两物体间距的依赖关系，那么它就能研究引力的行为并找到额外维度的证据。但一个对小距离引力敏感的实验很难实现。引力实在是太微弱了，很容易被其他力，如电磁力所淹没。就如我们早先提到过的，在 ADD 提出他们观点的时候，实验已在寻找牛顿引力定律的偏差，并证实牛顿定律至少在小至 1 毫米的距离仍然适用。如果有人能进一步研究更小的距离，就有机会发现 ADD 提出的大额外维度，它们刚好在实验范围的边缘。

实验者们接受了挑战。受到 ADD 观点的启发，华盛顿大学的两位教授埃里克·阿德尔伯格（Eric Adelberger）与布莱恩·赫克尔（Blayne Heckel）设计了一个绝妙的实验，其目的是寻找引力在小距离对牛顿定律的偏离。其他人也在研究小距离引力，但这个是检验 ADD 设想的最严密实验。

他们的仪器被安置在华盛顿大学物理系的地下室里，叫作厄缶 - 沃什（Eöt-Wash）实验，这个名字是为了纪念匈牙利一位研究引力的著名物理学家拜伦·罗兰·凡·厄缶（Baron Roland von Eötvös）。厄缶 - 沃什小组的实验（见图 19-2）由上下放置、互相吸引的两个碟片构成，其上悬挂着一个圆环，圆环及上、下碟片上都穿有小孔，它们之间的摆放位置按牛顿定律设计。如果牛顿定律正确，那么圆环就不会被扭曲，但是，如果有额外维度存在，两个碟片引力吸引的差异就会背离牛顿定律，从而导致圆环扭曲。

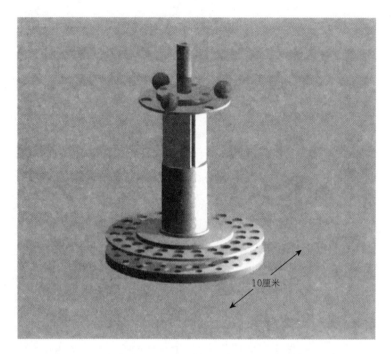

图 19-2

厄缶 - 沃什实验仪器。两个碟片之上悬挂着一个圆环，圆环和碟片上的小孔是为了保证如果引力遵守平方反比定律，圆环不会被扭曲。仪器顶部的 3 个小球目的是用于校准。

　　阿德尔伯格和赫克尔没有发现圆环的扭曲，由此他们得出结论，在他们研究的距离上没有额外维度（或其他）效应修正引力作用。他们的实验在前所未有的小尺度上测量了引力，确立了在直到 1/10 毫米的距离内牛顿引力定律仍然适用。这意味着，额外维度，即便是标准模型粒子被限制在膜上的那些，也达不到 ADD 提出的 1 毫米，它们至少要再小 10 倍。

　　值得注意的是，毫米大小的维度也被外太空的观察结果所禁止。根据量子力学不确定性原理，与 1 毫米的尺度相联的是只有 10^{-3} eV 的能量，而与 1/10 毫米相联的是 10^{-2} eV 的能量——这两者都是极微小的能量，比生成一个电子所需的能量还要小若干数量级。

如此小质量的粒子可以在我们周围的宇宙和天体（如超新星或太阳）里找到。这些粒子这么轻，如果存在的话，高温的超新星就能生成它们。我们已经知道超新星的冷却速度，也了解它的冷却机制（通过放射中微子），因此，不可能有太多其他低质量的物质被放射。如果能量以其他方式泄露，冷却速度将会太快，尤其是引力子不会带走太多能量。根据这一论证，物理学家证明（不依赖于地球实验），额外维度应该小于大约 1/100 毫米。

但应该记住，尽管在毫米距离上排除了引力偏差是很难得的，但却并不能验证最近提出的多数额外维度模型。记住，只有具有两个大额外维度的模型才会在 1 毫米的尺度上产生可观察的效应，如果一个理论有不止两个大的额外维度，且能解决等级问题（或者，如果我们下一章探讨的模型适用于真实世界），牛顿定律的偏离则只有在更小的距离才会出现。

在相距不到 1/10 毫米的两个物体之间，引力作用会是什么样子？ 对此，我们并不确信，这从没有人检验过。因此，我们无从知道额外维度在 1/10 毫米是否会有可能，而这一尺度（如果你曾想过）根本没那么小。相对较大的额外维度，尽管并不一定大至 1 毫米，但仍是一种可行的选择。要测试这些模型，我们必须等待对撞机实验，这也是下节的主题。

高能粒子对撞机的维度探寻之旅

即便大额外维度超过两个，高能粒子对撞机也非常适合于发现来自大额外维度的 KK 粒子。在 ADD 模型里，引力子的 KK 伙伴总是轻得令人难以置信。如果大维度假说适用于真实世界，那么无论有多少额外维度，引力子的 KK 伙伴都足以在加速器里生成。这告诉我们，即使维度小于 1 毫米，当今和将来的加速器探索实验都应该能发现它们。现在的对撞机所产生的能量已足以生成这些低质量粒子。事实上，如果能量是唯一相关的量，KK 粒子早就被大量生成了。

但是，有一个潜在的困难是：引力子 KK 伙伴之间的相互作用超乎想象地微弱——事实上，它如引力子本身一样微弱。**因为引力子相互作用很容易被忽略，以至于对撞机从未在可测速率的水平上生成或发现引力子，因此单个的引力子 KK 伙伴也没有被发现。**

虽然这种推想让人很受挫，甚至我们还以为没有希望了，可实际上，探测到高维 KK 粒子的前景远比我们想象的更为光明。这是因为，如果 ADD 假说正确，就会有许多很轻的引力子的 KK 伙伴，这样就有可能留下它们存在的可探测证据。

如果大额外维度图景正确，那么，即使生成单个 KK 粒子的概率很小，但生成大量轻 KK 粒子中的一个，可能性还是很大的。例如，假设有两个额外维度，大约有 1 000 万亿亿个 KK 模式轻得足以在运行能量大约为 1 TeV 的对撞机里生成，那么即使生成其中某个特定粒子的机会极少，但至少生成其中一个粒子的机会总是有的。

这就好像是，有人以非常含蓄的方式向你暗示什么，第一次你听到后没往心里去，可后来有 50 个人向你重复了同一件事，即便第一次听到这信息时没有在意，可到第 50 次的时候，这个信息在你脑海里便根深蒂固了。同样，尽管轻 KK 粒子轻得足以在现今的加速器里生成，但它们的相互作用非常微弱，我们无法探测到单个粒子。可是，当加速器达到足够的能量，能大量生成它们时，KK 粒子就会留下可观察的信号。

大型强子对撞机研究的将是 TeV 能标，如果 ADD 观点正确，它将极有可能生成 KK 粒子。这听起来像是一个太过幸运的巧合——无论是 KK 质量，还是决定 KK 粒子相互作用强度的质量（MPL）都不是 1 TeV，那么大约 1 TeV 的能量为什么会与生成 KK 粒子的机会相关？答案是，大约 1 TeV 的能量决定了高维引力的强度，而高维引力最终决定了对撞机会生成什么。因为许多引力子 KK 伙伴的相互作用就等于一个高维引力子的相互作用，而高维引力子在大约 1 TeV 能量上的相互作用非常强烈，因此，所有 KK 粒子作用的总和在这一标度上也一定是非常显著的。

实验者已准备用费米实验室的 Tevatron 寻找 KK 粒子了。尽管 Tevatron 达不到 LHC 那么高的能量，但也达到了实验所需要的能量。而 LHC 会做得更好，假设 ADD 的 KK 粒子存在，LHC 找到它们的机会要大得多。

这些 KK 粒子会是什么样子呢？生成引力子 KK 伙伴的对撞很像寻常的对撞过程，只不过它看上去会有能量流失。**在 LHC 里，当两个质子对撞时，会生成一个标准模型粒子和一个引力子的 KK 伙伴。**举例来说，标准模型粒子可以是胶子——质子对撞产生一个虚胶子，这个虚胶子可以转化成一个真实的物理胶子和一个引力子 KK 伙伴。

但是，单个的 KK 粒子作用非常微弱，不能被探测到。但如果 KK 粒子有很多，就可能被发现。探测仪会捕捉胶子，或者更准确地说是围绕胶子的喷射流（见第 7 章），所以即便记录不到引力子的 KK 伙伴，产生引力子 KK 伙伴的过程仍将被记录下来。判别事件额外维度来源的关键就在于这些看不见的 KK 伙伴，它们带走能量进入额外维度，因而能量看起来就像流失了。实验者们将研究喷射流事件，如果其中被放射胶子的能量少于进入碰撞的能量，他们就能推知一个引力子的 KK 伙伴生成了（见图 19-3）。这与泡利推测中微子的存在有点类似（如我们在第 7 章里所见）。

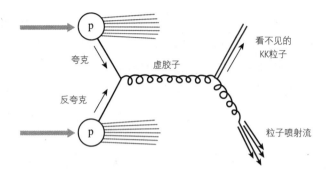

图 19-3

ADD 模型 KK 粒子的生成。质子产生对撞，一个夸克和一个反夸克互相消融生成一个虚胶子，虚胶子转化成一个看不见的 KK 粒子和一个可见的喷射流。灰线是质子对撞时总会大量喷射的一些额外粒子。

图中标注：p、夸克、虚胶子、反夸克、看不见的KK粒子、粒子喷射流

因为我们对新粒子唯一所知的就是它带走了能量，所以实际上我们并不能确定加速器生成的就是一个 KK 粒子，而不是相互作用微弱得探测不到的其他什么粒子。但是，通过对能量流失事件的仔细研究——例如，生成速率与能量的依赖关系，实验者们就有望确定 KK 粒子的阐释是否正确。

KK 粒子将是在我们四维世界里最容易得到的来自额外维度的访客，因为它们可能是代表额外维度的最轻物体。如果我们幸运，ADD 模型的其他印记将与它们一同出现，甚至包括更为奇特的物体。如果 ADD 正确，高维引力将在大约 1 TeV 上变得强大，这就是说，这一能量远低于我们原以为在惯常四维世界里的能量。如果这样，在大约 1 TeV 的能量附近就有可能生成黑洞，这种高维黑洞将是我们深入理解经典引力、量子引力以及宇宙形状的敲门砖。如果与 ADD 观点相关的能量足够低，黑洞的生成将近在咫尺，它们在 LHC 里就可能形成。

对撞机生成的高维黑洞要远小于宇宙的黑洞，它们的大小与非常微小的额外维度差不多。你大可放心，这种微小的、转瞬即逝的黑洞对我们或我们的星球根本构不成任何危险：在造成任何可能的危害之前，它们就已经销声匿迹。黑洞不会永远存在，它们会通过释放霍金辐射，瞬间蒸发。但是，正如一滴咖啡远比一整杯咖啡蒸得快一样，小黑洞也要比大黑洞蒸发得快。因此，

对撞机能生成的微小黑洞，在瞬间就会蒸发。但是，如果这些高维黑洞生成了，它们就能持续足够长的时间，在探测仪里留下可见的存在迹象：它们会有与众不同的表现，因为它们会产生许多粒子，这是你在通常的粒子衰变里看不到的，而且这些粒子会向所有方向喷射。

再者，**如果 ADD 模型正确，奇异的新发现将不止会有黑洞和引力子的 KK 伙伴**。如果 ADD 和弦理论都正确，对撞机就能在几乎低至 1 TeV 的能量上生成弦。这仍然是因为基本引力标度在 ADD 模型里非常低：高维引力将在大约 1 TeV 的能量上变强，而量子引力会产生可测量的效应。

ADD 理论的弦质量不会大到令人根本无法探测的普朗克级质量。如果你把弦当作音符，那么 ADD 观点里的弦远没有那么高的音调。ADD 模型的低音弦所拥有的质量不会比 1 TeV 大很多，如果我们幸运，它们足以轻得在 LHC 里生成。那么，能量足够高的对撞就能大量生成这种模型里的轻弦以及一些新的物质：由许多长弦构成的弦球。

虽然这些潜在发现非常吸引人，但不要忘记，LHC 的能量很可能接近于（但不会达到）产生弦和黑洞所需的能量。ADD 的弦和黑洞是否可见将取决于高维引力的正确能量（当然，也取决于他们的设想是否正确）。

后续影响

ADD 的建议是迷人的。谁会想到额外维度会有这么大？谁又会想到它们关系着诸如等级问题那样有着直接意义（至少对粒子物理学家是这样）的问题？但是，这个方案并不能实际解决等级问题，它只是把等级问题换成了另一个问题：额外维度会有这么大吗？对 ADD 图景来讲，这仍是一个突出的问题。如果没有新的、有待确认的物理原理，维度不应该大得这么超乎寻常。最起码，根据已知理论，要维持 ADD 假说所需要的大的平坦空间，我们仍需要超对称。在根本上，超对称能够稳定和加固大维度，不然它们将坍缩。而 ADD 的一个良好特征似乎就是它不再需要超对称，这就有点令人失望。

该理论的另一缺陷在于它的宇宙学意义，若要理论与宇宙演变的已知事实相符，其中的某些数字必须经过谨慎选择。体空间必须含有很少的能量，否则，宇宙学演变就会与观察现象不一致。要解决等级问题，其关键就是要消除对庞大参数的依赖。

然而，许多物理学家乐于严肃地对待额外维度理论，并努力设计方法来寻找它们。实验者们尤其激动，乔·莱肯，费米实验室的一位粒子物理学家，在描述实验者们对于大额外维度的反应时说："对他们来说，所有'超越标准模型'的研究都是癫狂古怪的，是超对称？还是大额外维度？谁在乎呢，额外维度不见得会更古怪。"实验者们迫切想找到一些新的东西，而除了超对称之外，额外维度又提供了另一个有趣的可能。

理论家的反应也各不相同：**一方面，大额外维度似乎是古怪的，以前从未有人想到过，因为人们想不出额外维度为什么要这么大的理由；另一方面，又没人能找到理由排除它们。**事实上，在写第一篇有关大额外维度的论文之前，作者之一的吉亚·德瓦利曾在斯坦福大学谈到过它们。作者们知道他们的提议有多么激进，因此等着他们的发言遭到抨击。

反对并没有那么激烈，这让他们松了一口气，可同时，也让他们感到沮丧——人们怎么可能如此平静地接受一个如此激进的观点？尼玛告诉我，当他们第一次在网上贴出论文时，他们经历了相似的感受：他们原以为会有大量的回复，不料只收到了两个。显然，只有我和里卡多·拉塔兹，一位意大利物理学家，对一些潜在的问题作出了评论。而即便是这两条信息也不是独立发出的：因为同在 CERN 参观，我们两人刚刚讨论过这篇论文。

后来，当物理学家领会了 ADD 模型的含义时，他们更加深入地研究了它于真实世界的作用，考虑了引力检验、加速器探索、天体物理结果及宇宙学含义。研究兴趣和风格不同的人，对此反应也不同。

探索标准模型细节的那些物理学家乐于接受一个可能的新观点，无论怎么说，它都是有趣的。**令人惊讶的是，更多的抵触来自模型构建者，他们不愿意放弃超对称的观点。多年来，它已深入人心。**我们必须承认，这么剧烈地改变标准模型将面临艰巨的挑战。

所有的新模型都必须重现标准模型已经验证的那些特点，而对标准模型作出巨大改变的理论都需经历一段艰难的时日来面对这些挑战。而且，超对称的闪光点——耦合的统一，即在高能量上所有的力都将有同样的强度，将不得不被放弃。但是，并未完全投入超对称的年轻物理学家更兴奋：额外维度还是一个新兴的、未被冷落的题目，而且提出了新的挑战和开放的问题。

来自弦理论学家的反应同样是复杂的。萨瓦斯·迪莫普洛斯开始他的项目时，他料到额外维度的研究会将弦理论和粒子物理学的距离拉近。**弦理论学家确实给予了关注，但大多数人只是把大额外维度当作一个有趣的观点，认为它永远都不会对弦理论产生影响。**对弦理论家学来说，问题主要是理论性的：很难理解维度怎么会像 ADD 设想的那么大。

就我个人的观点，即便额外维度存在，我也不相信它们有这么大。❶这既有理论原因（我们很难得出这么大的额外维度），也有现实依据（这很难让宇宙学有所结果），这一观点似乎有点瞎猜。即使是作为主角之一的尼玛，在这一点上也持怀疑态度，

----

❶ 如果它们是平坦的（见第 22 章）。

但这是一个非常重要的理论观点。这个新的、以前从未被探索过的提议让我们进一步意识到我们对引力和宇宙的形状是多么无知。ADD 的论文激发了大量的新思想，无论这一观点最终能否被证明是正确的，它都对物理学家的思想产生了重要的影响。大维度图景引出了有关额外维度的许多新见解，以及有关实验测试的许多新观点。

-imension
探索大揭秘

- 如果标准模型粒子被限制在一个膜上，那么额外维度将比物理学家原来以为的大得多：它们可能大至 1/10 毫米。
- 额外维度这么大，它们甚至能够解释为什么引力远弱于电磁力、弱力和强力。
- 如果大额外维度能够解决等级问题，那么高维引力将在大约 1 TeV 的能量上变得强大起来。
- 如果高维引力在大约 1 TeV 的能量上变得强大起来，那么 LHC 将有机会生成 KK 粒子。KK 粒子将从对撞中带走能量，因此，它们的印记将是有能量流失的事件。

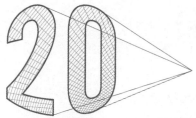

弯曲的通道：一个五维世界
WARPED PASSAGES

对我很大的东西，对你很小。

如果这是我做的最后一件事，我就要让你知道。

苏珊·薇格（Suzanne Vega）

一个有关五维世界的梦

阿西娜突然惊醒了。最近她总是重复做着同一个梦，这次的梦又是从她进入兔子洞开始的。在她的梦境里，当兔子宣布"下一站，二维世界"时，阿西娜根本不想理会，就等她念到自己中意的站点。

在3个空间维度的那一站，兔子宣布："如果你住在这里，现在就到家了。"可无论阿西娜怎么恳求，说自己真的住在这里，而且非常想回家，他就是不肯打开门。

在下一站，穿统一制服的六维居民想要进来，可一看到他们一个个庞大的腰身，兔子立即关上了电梯门，说电梯里装不下他们，要上来只能给他们强行瘦身。❶ 听到兔子的恫吓，他们赶忙转身离开了。

电梯继续着它的奇异旅程。当它再次停下的时候，兔子宣布："弯曲几何——一个五维世界。"❷ 他温和地将阿西娜推向门边，告诉她："进入哈哈镜里，它会把你带回家的。"因为兔子曾提到过第五维度，阿西娜觉得这极有可能。而她也别无选择，只能硬着头皮进入，但愿兔子没有捉弄她，说的都是真话。

当你学习一种语言时，会记住哪些词汇要看你最感兴趣和最需要的是什么。例如，我在意大利骑自行车旅行时，学到了各种各样水的表述方法——自来水、瓶装水、汽水、纯净水，等等。同样地，当一位物理学家看到一些新的物理景象时，每个人都有他自己的视点和想法，他可能注意到一个系统的某些特定方面，或发现某些已知现象的不同含义，即便面对的是同样的语言或情景，每个人听到的都是不同的东西。仔细倾听，异常重要。

我和拉曼都对等级问题思考了很多年，但开始合作时，我们并没有想到寻找解决等级问题的更新、更好的办法。如我在第17章里所说，我们在致力于一个隔离的超对称破缺模型的研究。在这一研究过程中，我们不期然地发现：**在两个膜之间束缚着一个神奇的弯曲时空几何。**

因为我和拉曼的焦点都聚集在粒子物理和引力的微弱上，所以我们很快认识到弯曲几何的潜在意义：如果把粒子物理学的标准模型置于这样的时空中，等级问题便迎刃而解。我不知道我们是否是第一个研究爱因斯坦的这组特殊方程的人，但我们肯定是最先认识

---

❶ 正如我们在第18章中看到的，额外维度是统一、庞大且平坦的，对这一观点，兔子持怀疑态度。

❷ 这种算法包括了时间维度。

到这一惊人含义的。

后面的几章我就将解释弯曲时空以及其他几种引人注目的可能，并说明其结果为什么有时会违背我们的预期。本章集中探讨一个弯曲的五维世界，它将帮助解释粒子物理学里极其重要的质量差异。尽管在四维量子场论里，人们预期粒子的质量大致相同，但在弯曲的高维几何里，情况并不如此。弯曲几何给出了一个框架，其中悬殊巨大的质量会自然而然地出现，量子效应也在掌控之内。在本章描述的这一特定几何里，我们会看到以下现象。

> 两个平坦的边界膜之间时空严重弯曲，粒子物理学的等级问题被自然而然地消除——根本不需要大的维度，也不需要任何一个庞大的参数。在这一图景里，一个膜经受强大的引力，而另一个膜不经受。时空在第五维度的方向上急剧变化，从而成功地将与两膜间隔相关联的小数转化为与引力的相对强度相关联的大数（约1亿亿）。

首先，我们将以引力子的概率函数来解释在第二个膜上引力的微弱，这一函数决定了引力子在第五维度上任一位置的相互作用。但我们也会以另一种不同的方式来解释引力的微弱，其基础是弯曲几何本身，而不是引力子相互作用的强度。我们会看到，弯曲几何的一个神奇结果就是，在第五维度上大小、质量甚至是时间都要取决于位置。在这个有两个膜的结构里，时间和空间的弯曲就像是在黑洞视界附近的时间弯曲，但在这一情境里，空间是膨胀的，时间被拉长，在其中一个膜上粒子有很小的质量——这样等级问题就自动消除了。

在讨论过弯曲几何及其对等级问题的意义后，本章最后，我们将探讨这一理论对未来实验的特殊意义，它最令人兴奋的一个方面是：与上一章的大额外维度一样，如果该理论正确，不久它就将在粒子加速器里留下可观察的结果。事实上，我们会看到，它们的印记甚至比我们曾探讨过的能量流失的印记还要显著。引力子的 KK 伙伴虽然来自高维空间，却是很容易辨认的可见粒子，它将衰变成我们四维空间膜的熟悉粒子。

令人惊讶的弯曲几何

在本章中，我们将探讨的空间几何包含两个膜（见图 20-1），它们是第五维度的边界，这一构成与我们在第 17 章中探讨过的构成类似：都有两个膜，而两个膜之间延伸着第五维度。然而，这是一个全新的理论，粒子和能量的分布都不相同，而且理论中也没有超对称。可是，与那个理论一样，我们都认为标准模型的所有粒子以及引起弱电对称破缺的希格斯粒子，都被限制于其中一个膜上。

图 20-1

有两个膜的五维弯曲几何。宇宙有 5 个时空维度，而标准模型只居住于四维的膜上（弱力膜）。在这一构成中，时空维度的总数也是 5 个，而空间维度是 4 个，其中三维在膜上延伸，而另一维延伸于两膜之间。

如前所述，在这一情景里，我们假设引力是存在于第五维度中唯一的力，这就意味着，如果不是引力，每个膜都将与传统的四维宇宙一样。

> 被限制于膜上的规范玻色子和粒子会传递力并互相作用，就像第五维度根本不存在一样；标准模型粒子只在有三个平坦维度的膜上穿行，力也只沿着膜的三维平坦表面发散。

然而，引力却不同，因为它没有被限制在膜上，而是存在于整个体空间里。所以在第五维度上，我们处处都能感受到引力，但这并不意味着我们感受到的引力处处都相同。在膜上和在整个五维体空间里的能量会使时空产生弯曲，这就使得引力场产生了巨大的差异。

上一章的大额外维度利用了膜能束缚粒子和力的事实，却忽略了膜本身所承载的能量。我和拉曼并不确信这个假设一定就好，因为爱因斯坦广义相对论的一个核心要素是：**能量导致了引力场**。这就意味着当膜承载能量时，它们能弯曲空间和时间。我们意图探讨的是只有一个额外维度的宇宙，在这样一个宇宙里，没有任何证据显示膜和体能量可以忽略不计：膜的引力效应不会那么快就消散，因此即使在远离膜的地方，我们仍可以想象时空会有弯曲。

我们想知道，当两个高能量的膜束缚着额外维度空间时，时空将产生怎样的弯曲。我和拉曼解开了这一两膜结构的爱因斯坦引力方程，并假设在空间和膜上都存在能量，我们发现这种能量真的非常重要——它们导致时空产生了极大的弯曲。

在有些情况下，弯曲空间很容易描画，例如一个球体的表面是两维的——你只需知道经度和维度就可以确定你的位置，但它显然是弯曲的。但是，许多弯曲空间因为在三维空间不容易表现，所以很难勾画。现在我们要探讨的这一弯曲时空就是这样，它是叫作反德西特空间（anti de Sitter space 的一个时空组成部分，反德西特空间有负曲率，不像球而更像品客薯片。其名称源于荷兰数学家、宇宙学家威廉·德·西特尔（Willem de Sitter），他研究的是一种正曲率空间，叫作德西特空间（de Sitter space）。尽管现在我们不需要这一名称，但后面当我们将这一理论与弦理论学家一直研究的反德西特空间理论联系起来时，将会涉及它。

在探讨五维时空弯曲的有趣方式之前，我们先看看第五维度两端的两个膜，这两个边界膜是完全平坦的。如果你在其中一个膜上，那么你会困在一个三维加一维的世界里（三维空间，一维时间），❶ 这一世界在三个空间维度里无限延伸，俨然是平坦的时空，没有任何特别的引力效应。

而且，弯曲时空有一个奇异的特点：**如果你把自己限制在沿着第五维度的任一薄片上，而不仅仅是两端的膜上，你都会发现这个薄片是完全平坦的**。也就是说，尽管在第五维度上，除了两个边界外并非处处都有膜，但如果把自己限于五维空间的任一点上，你由此得到的三维加一维的几何表面看上去都是平的，它与边界的两个大的平坦膜有着相同的形状。**如果你把边界膜看作一个长面包两头的外壳，那么在时空第五维度任一点上平坦、平行的四维区域就像从面包里取出的任一平坦的切片。**

但不管怎么说，我们探讨的五维时空是弯曲的，四维平坦时空的切片沿着第五维度粘连在一起的方式就可以反映出这一弯曲。我第一次谈起这种几何是在圣塔芭芭拉的卡夫里理论物理研究所。在那里，弦理论学家汤姆·班克斯（Tom Banks）告诉我，从专业角度来看，我和拉曼发现的五维几何是弯曲的。尽管有许多弯曲时空在日常口语中都被说成是弯曲的，但专业术语所指的

----

❶ 当我想强调空间和时间的不同时，有时我使用"3＋1"而不是"4"。

几何是其中的每一切片都是平坦的，❶ 它们会被一个整体弯曲系数连在一起。弯曲系数是改变整体标度的函数，它随着在第五维度上不同点的位置、时间、质量和能量而不同。弯曲几何的这一神奇特征非常微妙，下一节里我将进一步解释。弯曲系数还反映在引力子的概率函数和相互作用上，我们也将很快进行探讨。

图 20-2 画的是一个有着平坦切片的弯曲空间。这是一个实心漏斗，我们可以用刀将漏斗切成平整的薄片，但漏斗表面明显是弯曲的。在某些方面，这就像是我们正探讨的五维时空，但这种比喻并不十分恰当，因为在漏斗里，唯一弯曲的地方是漏斗的边界，即它的表面，而在弯曲时空里，处处都存在着弯曲。这种弯曲可以通过在整体上重新标度空间标尺和时钟速度来刻画，它们在第五维度的每一点都是不同的。

图 20-2

一个实心漏斗是由许多平坦切片粘连在一起形成的。

说明弯曲时空曲率的一个更为简单的方法是通过引力子概率函数的形状。引力子是传递引力的粒子，它的概率函数说明在空间某个特定位置找到引力子的概率。**引力强度也反映在函数中：它的值越大，引力子在那一点的相互作用越强，引力强度就越大。**

对平坦时空而言，引力子出现在各处的概率都一样，因此，平坦时空的引力子概率函数是恒定的；但对弯曲时空，正如在我

---

❶ 确实如此，所有切片都有相同的几何形状，在这种情况下，切片就是平坦的。

们所考虑的弯曲几何中一样，情况不再如此，弯曲给我们揭示了引力的形状，当时空产生弯曲时，在时空的不同位置上，引力子概率函数的值是不一样的。

因为在我们的弯曲几何中，时空的每个切片都是完全平坦的，在沿着三个常见的空间维度上，引力子的概率函数没有变化——它只在第五维度上发生改变。❶换句话说，即使引力子在第五维度上每个点的概率函数值不同，但只要两点到第五维度的距离相同，它们的值就是相同的。这告诉我们，引力子的概率函数只取决于在第五维度上的位置，但它能完全代表时空弯曲的特征。因为这个函数只随一个坐标的改变而改变，即第五维度坐标，因此很容易描绘。

沿着第五维度，引力子的概率函数如图 20-3 所示，我们称第一个膜为引力膜，第二个膜为弱力膜。离开第一个膜向第二个膜靠近时，概率函数陡然下降。引力膜与弱力膜不同，前者携带正能量，而后者携带负能量，这种能量分布使得引力子在引力膜附近的概率函数要大许多。

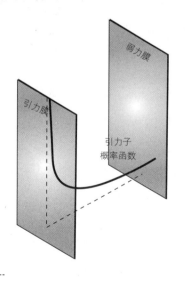

图 20-3

引力子概率函数。在远离引力膜靠近弱力膜的过程中，引力子的概率函数呈指数级陡然下降。

---

❶ 记住，第五维度是指第五时空维度，也是推想的第四空间维度。

概率函数陡降的结果是，在弱力膜附近很难发现引力子，而引力作用正是通过这种粒子的交换才产生的。因此，引力子的相互作用在弱力膜上受到了高度抑制。

引力的强度如此强烈地依赖于第五维度上的位置，以至于在界定弯曲的五维世界两个端点的膜上所经受的引力强度有着异常大的差距。引力在它定域的第一个膜上强，而在标准模型所在的第二个膜上弱。因为引力子的概率函数在第二个膜上小得可以忽略，因此引力子与被困于这个膜上的标准模型粒子的相互作用也极其微弱。

这告诉我们，有希望在这一弯曲时空中发现可观测质量与普朗克级质量之间的等级差异。虽然引力子无处不在，但它与引力膜上粒子的相互作用远强于与弱力膜上粒子的相互作用。引力子并不总是在那里逗留。引力子在弱力膜上的概率函数极其微小，如果这一图景与真实世界相符，那么这个微小的值就决定了我们所处世界中引力的微弱。

在这个模型里，弱力膜上微弱的引力并不要求两膜之间有巨大的距离。一旦离开引力子概率函数高度集中的引力膜，引力就会呈指数级衰减，从而使弱力膜上的引力变得微弱。因为引力子概率函数陡然下降，引力在弱力膜上（我们居住的地方）被高度抑制。即便两个膜相隔非常近，它也会比没有弯曲时的强度弱1亿亿倍。

理论的这一方面，即两个膜并不需要相隔很远，使得这一模型远比大额外维度要更为现实。**尽管大额外维度是对等级问题的诱人诠释，但直到最后，它还留有一个没有解释的庞大数字——额外维度的大小。**在我们现在讲述的理论里，即便弱力膜与第一个膜（引力膜）只相隔很短的距离，弱力膜上的引力仍比其他的力要弱多个数量级。

在这一弯曲几何里，两膜之间的距离只需比普朗克长度稍大一点。大维度图景需要引进一个庞大的数字，即维度的大小，而在弯曲几何中，无须一个特别设计的庞大数字来解释等级。这是因为指数会自动地把一个适中的数转化成一个极为庞大的数（指数）或一个极小的数（指数倒数）。

在弱力膜上，引力强度非常微小，它的强度随两膜之间的距离而呈指数级衰减。❶ 不同质量间的比值约为 10^{16}（1 亿亿），如果弱力膜在引力膜外 16 个单位距离处，❷ 就可以预见普朗克级质量（这一庞大的质量告诉我们引力很微弱）与希格斯粒子（弱力规范玻色子）质量的庞大比值。这意味着两个膜之间的距离只要比最直观的猜想再大 16 倍，就足以解释等级问题。16 个数量级听起来很大，但比起我们试图解释的 1 亿亿，已经小多了。

多年来，粒子物理学家一直希望为等级问题找到一个指数级的解释，也就是说，我们希望把以前不能解释的庞大数字解释为一个自然发生的指数级函数的结果。现在，通过引入额外维度，我和拉曼发现了一种使粒子物理学能自动兼容一个指数级质量等级的方法。在我们的膜上，即弱力膜上，引力的相互作用比其在引力子概率函数的高峰值上要低许多。因为在我们的膜上引力被弯曲几何所削弱，如果标准模型被局限在弱力膜上，等级问题便解决了。这就是等级问题的解决方案，这一结果正符合我们的期望。

还有一种方法可以用来理解弯曲几何这一令人瞩目的新特征，我们来看看引力是怎样被削弱的。在第 19 章中，我们以引力线的方式解释了 ADD 图景里引力的微弱问题：从一个有质量物体放射出的引力线，由于在整个大的维度里发散而被削弱。根据我和拉曼的观点，这种削弱还可以解释为引力子概率函数的结果。

----

❶ 测量距离的单位由膜上的能量决定，而能量则由普朗克级质量标度所决定。

❷ 这一数字以弯曲单位来计量，而弯曲由有膜上和体里的能量所决定。

这一概率函数告诉我们引力在空间中是如何发散的。在大额外维度的图景中，引力在额外维度里的每个地方都同样强大，在这种情况下，引力子概率函数就是平坦的。这一平坦的概率函数告诉我们，引力子——传递引力的粒子，遍布于由额外维度包围的庞大区域中，而这个在整个额外维度空间均衡分布的平坦概率函数表明，引力的作用在四维里被大大削弱了。

在我们现在考虑的弯曲的五维时空里，有一种有趣的弯曲：引力子在引力膜和弱力膜两个边界之间的五维空间出现的概率不再处处相同。作为膜所承载的能量和空间能量的自然结果，引力子的分布事实上根本不均等。引力子的概率函数会有所变化：它在一个区域很大，而在其他所有区域都很小。正是这种变化提供了一个分散系数，使得引力在我们的世界里这么微弱。引力在弱力膜上非常微弱是因为引力子在那里的概率函数极小。

现在，我们再回到早先用来解释引力强度随距离减弱的洒水装置的例子。洒水装置喷洒的区域越大（见图 20-4 中上图所示），水分散得越广。当额外维度很大时，引力在一个大区域里也会被削弱。因此，在一个低质量的四维有效理论里，引力看起来就很微弱。

而弯曲几何与第三个洒水装置类似，它并不是将水均演示地洒向所有方向，而是偏向某个特定区域，即靠近引力膜的区域（见图 20-4）。有了这样一个不公正的洒水装置，很显然，除了受偏袒的区域外，其他各处得到的水会更少。如果由受偏袒地方到其他地方所得到的水量呈指数级地下降，那么其他地方的水的比例就很小了，即使它们离水源并不远。显然，由"弯曲的"洒水装置提供的水量，比起向所有区域均衡分布的水量要减少得更快。

结果就是，如果所有标准模型粒子都局限在弱力膜上，那么引力就比其他 3 种力微弱很多，这也就解决了粒子物理学中的等级问题——即引力为什么比其他力微弱。微弱的引力是引力子概率函数在弱力膜上振幅很小的自然结果，即使弱力膜离引力膜只有相对较小的距离（大约比弦理论偏爱的普朗克长度大 10 倍）。

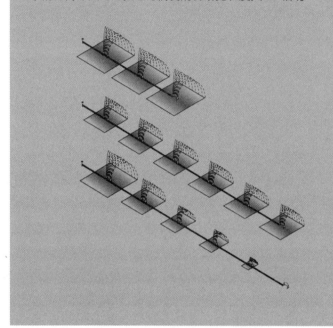

图 20-4

三个不同的洒水装置。第一个与第二个相比，我们看到的水管越长，浇在一个特定区域内的水就越少。第三根水管显示，水的分布可以是不均衡的，这样，第一个花园总能得到一半的水量，而第二个花园得到 1/4 的水量，依此类推。在这种情况下，浇给第一个花园的水量与水管的长度无关，它总能得到一半的水量。

卷曲宇宙的伸缩

用概率函数的指数级陡降来解释等级问题，已足以让我们理解弯曲的时空。对微弱引力的直观解释是：在弱力膜上不太可能找到引力子。是否接受这个解释要由你自己决定，你也可以跳过这一节，但或许你愿意读下面这一更严格的解释，它进一步探讨了弯曲时空的神奇属性。

我们会在这一节看到：**弱力膜上引力的微弱还可以解释为物体随我们从引力膜靠近弱力膜时逐渐变大、变轻的结果。**如果阿西娜从引力膜向弱力膜移动（下一章的故事里，她会这么做），她会看到自己在引力膜上的影子越变越大。这个影子会长到非常大——它将增大 16 个数量级！

我们还会看到，在这个几何空间里，轻、重粒子可以和谐共存：如果在其中一个膜上有普朗克级质量的粒子，那么另一个膜上就只能有弱力级质量的粒子。因此，等级问题不复存在。

我们可以这样来理解它的运作机制：假设你与大多数人一样（至少是那些没读过此书的人），对第五维度一无所知——毕竟，它是看不见的，你泰然地相信自己居住于一个四维世界里，只知道四维引力，并且认为它是由一个寻常的四维引力子传递的。在描述我们所见现象的四维有效理论里只有一个引力，因此也就只有一种类型的四维引力子。所有粒子都会与这同一种引力子相互作用，但那个引力子并不包含粒子在原来的高维理论中位置的任何信息。

这种推理使它看起来就好像是，所有引力子的相互作用都应该是一样的，而不管一个物体来自第五维度的什么地方。毕竟，你并不知道这个物体来自第五维度，甚至根本不知道还有个第五维度。决定引力子作用强度的牛顿引力常数，也将是决定所有四维引力作用强度的唯一的量。**但我们在上一节里看到，当你从引力膜向弱力膜移动时，引力作用会越来越弱，这就引出了一个问题：引力强度是怎么容纳物体在第五维度的位置信息的？**

这一矛盾的解决方案取决于一个事实：引力与质量成正比。而在沿着第五维度的不同点上，质量可以且一定是不同的。要重现引力子作用在第五维度的切片上渐次减弱，唯一的办法是以不同的方式测量每个四维切片上的质量。

弯曲时空有许多引人瞩目的属性，其中一个是：当你从引力膜向弱力膜移动时，能量和动量会减小。减小的能量和动量（与量子力学和狭义相对论一致）告诉我们，距离和时间一定会膨胀

（见图 20-5）。在我所描述的这一几何里，大小、时间、质量和能量都依赖于位置。四维世界的大小和质量所承继的值要依赖于它们在五维世界的起始位置。物理现实看起来是四维的，但测量长度的标尺或测量质量的标度，都取决于五维的起始位置。引力膜或弱力膜上的居民看到的都是四维世界，但他们会测得不同的大小，并预期不同的质量。

在原来的五维理论里，远离引力膜的粒子的引力作用在四维有效理论里较小，因为其质量本身很小——在第五维度的每一位置上，质量和能量都会被重新标度，这取决于与引力子概率函数在那一点的振幅成比例的量。而用以重新标度能量的量，即弯曲系数，随距引力膜变远而减小。事实上，它的图形与引力子概率函数的形状完全一样。因此，在沿着第五维度的每个点上，质量和能量会以不同的系数缩减——弯曲系数决定其将缩减多少。

这种重新标度看似随意，实际并非如此，让我们来看一个类似的情景。假设我们要以火车行驶 160 公里需耗时多久来计量时间，我将这种时间单位称作 TT（火车时间）。这是一种很好的时间计量方式，只是时间的确定要看你是在哪里乘火车旅行：火车行驶速度是快还是慢？例如，假设一部电影要放映两个小时，如果在美国一列火车行驶 160 公里要花费 1 个小时，那么一个美国观众看完整部电影，火车就要行驶 320 公里，我们就可说这部电影持续的时间长度是 2TT；而在法国乘 TGV 旅行的观众则认为这部电影长度是 6TT，因为法国的高速列车比美国火车要快 3 倍，法国观众要看完整部电影需列车行驶 600 公里的路程。

法国的列车 20 分钟能行驶 100 公里，而美国的列车要行驶同样的路程则需 1 个小时，因此，如果你想使美国和法国观众的时间单位相同，对电影的 TT 长度取得一致，那么你就需要按比例重新标度火车时间。要将法国时间换算成美国时间，你就需要将法国火车时间乘以系数 3。

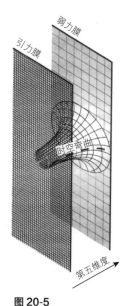

图 20-5

随着从引力膜向弱力膜的移动，尺度会增大（而质量和能量则会减小）。

同样地，在弱力膜上（其引力子相互作用远小于引力膜），为了考虑引力的微弱，用以测度能量的标准单位必须重新标度。这种重新标度是通过一个巨大的量：10^{16}，即 1 亿亿。它的含义是，虽然在引力膜上所有的基本质量都应是 MPI（普朗克级质量），但在弱力膜上，它们大约只能是 1 000 GeV，是其 $1/10^{16}$。处于弱力膜上的新粒子的质量可能会大一些，兴许是 3 000 或 5 000 GeV，但它们不可能大太多，因为所有的质量都被极大程度上重新标度了。

当所有的质量都被提高至最大质量左右时，就出现了等级问题。如果那个质量是普朗克级质量，那么所有质量都应和这一质量一样大。由于这种重新标度，如果引力膜上所有东西的期望质量是普朗克级质量，那么在弱力膜上的预期质量则是小 16 个数量级的 1 TeV。❶ 这就意味着，希格斯粒子的质量根本不是问题：即便引力非常微弱，我们仍可以期待它的质量约为 1 TeV——比普朗克级质量小 1 亿亿倍。这一解释的根本是重新标度解决了等级问题。

依此类推，在弱力膜上所有的新物质，包括弦在内，其质量大约都应该是 1 TeV 左右。这告诉我们，这一模型会产生戏剧化的实验结果。在弱力膜上，与弦相关的额外维度粒子要比它在引力膜上轻许多。从发现额外维度的角度来看，弱力膜呈现出了一个绝妙的图景，如果这一观点正确，那么来自额外维度的低质量粒子将触手可及——在弱力膜上会有大量的 TeV 质量的粒子。

弱力膜上的所有东西都应该比普朗克级质量轻 10^{16} 倍。根据量子力学，质量越小意味着尺寸越大，在从引力膜走向弱力膜时，阿西娜的影子也会变大。这告诉我们，在弱力膜上，弦的大小也不会是 10^{-33} 厘米，而是要大 10^{16} 倍，即 10^{-17} 厘米。

----

❶ 在物理文献中，普朗克膜和 TeV 膜或弱力膜的名称是大家共同认可的术语。在下章的故事里，引力膜将变成膜城，而被限制在弱力膜上的粒子质量大约都应该是弱力级质量。

尽管我集中探讨的是一个有着特定弯曲系数的两个膜的情景，但我们考虑的特点很可能比这一特例更具一般性。通过额外维度，我们有很好的理由预期差异很大的质量。粒子物理学中关于质量都应相差无几的直觉意识被打破了，可以预想范围很大的质量。不同位置的粒子自然会有不同的质量，它们的影子会随你的四处游移而变化。在我们的四维世界里，其结果就是跨度很大的尺度和质量，这正是我们观察到的。

进一步发展

当我们以弯曲几何解释等级问题的论文在 1999 年发表时，大多数同行并没有意识到：这是一个与大维度观点完全不同的全新理论。乔·莱肯对我说："反应是慢慢建立起来的。起初没有反应，但渐渐地，所有人都明白了这篇论文（还有另外一篇，我在第 22 章中会讲到）意义重大，包含全新的、原创的观点，且开辟了一个全新的观念领域。"

在我的论文发表后的几个月里，人们总是要我谈谈自己关于"大额外维度"的研究，我不得不一遍遍地纠正，说我们理论的精要恰恰在于维度不是大的！事实上，粒子物理学家马克·怀斯（Mark B.Wise）就曾嘲笑过我在 2001 年轻子光子会议闭幕式上的发言题目。那是一次重要的粒子物理学会议，会上，实验者们报告了他们重要的实验结果，大会组织者指派给我的题目涵盖了有关额外维度的所有研究，可就是不包括我自己的！

马克和他当时的学生沃尔特·戈德伯格（Walter Goldberger）是最早领会弯曲图景意义的两个人，但他们也发现，我和拉曼的研究结果中还留下了一个潜在的漏洞，需要得到补充。我们原以为膜动力学会自然地隔绝两个膜，但我们并没明确说明两个膜之间的距离是怎样被确定的。这不仅仅是一个细节问题，我们的理论要解决等级问题，就必须能够很容易地将两膜固定在一个小而有限的间隔上。结果，距离的反指数函数（我们希望它极度微小）而非距离自身很可能会成为一个适中的数。如果这样，弱力级质量与普朗克级质量之间预言的等级差别将会是一个适中的数，而不是（小得多的）这个数的指数倒数——这样我们的解决方案就失效了。

马克和戈德伯格做了重要的研究，弥补了我和拉曼理论的危险漏洞。他们证明：两膜之间的距离是一个适中的数，而这个距离的指数倒数极其微小。这正是我们的解决方案发挥作用所必需的。

他们的观点非常完美，而且最终证明比人们当时所认识到的更有效。结果是，之后所有的稳定模型都与他们的极为相似。

马克和戈德伯格提出，除了引力子之外，在五维体宇宙里还居住着一个大质量的粒子，他们假设这个粒子的属性就像弹簧一样。通常来说，弹簧有一个自然长度，变长或变短都会让其携带能量，使它运动。对他们引进的这个粒子（以及相应的场）而言，场和膜的平衡结构将包括一个适中的膜间距——这又是我们解决等级问题所要求的。

他们的方法依赖于两个相互竞争的效应，其中一种效应偏爱一个较大的膜间距，而另一种则偏爱较小的膜间距，不过结果是一个稳定的折中位置。两种相互抵制的效果结合起来自然地导致了一个两膜模型，在这个模型里，两个膜之间就有适当的距离。

马克和戈德伯格的论文让人们明确了有着弯曲空间的两膜图像确实是等级问题的解决方案。把两膜之间的距离固定下来之所以重要，还有另外一个原因：如果两膜之间的距离没有确定，随着宇宙演变过程中温度和能量的变化，两个膜可能靠近，也可能远离。如果膜间距会改变，或者说，如果五维宇宙的不同边界会以不同的速度膨胀，那么，宇宙的发展就不会是我们看到的四维世界应有的样子。因为天体物理学家已检验了宇宙发展后期的膨胀，我们最近已知道，宇宙膨胀就表现为它好像是四维的。

使用戈德伯格 - 怀斯的稳定机制，弯曲的五维宇宙就与宇宙学观察相吻合了。一旦两膜的相对距离固定下来，那么即便宇宙实际是五维的，其发展也会如四维一样。即使有第五维度，但稳定性对于沿着第五维的不同地方有着严格的限制，使它们必须以相同的方式发展演变，这样，宇宙的表现就像它在四维里一样。因为戈德伯格 - 怀斯的稳定机制可能出现得相对更早些，因此在大部分演变过程中，弯曲宇宙看起来就像是四维一样。

一旦人们领会了稳定性和宇宙学的意义，等级问题的弯曲几何解决方案便开始发挥功效。随后，相继涌现出了其他多种关于弯曲几何的有趣发展，其中一个就是力的统一。在我们探讨的弯曲几何里，所有的力，包括引力，在高能量上都可能统一起来。

弯曲几何与力的统一

在第 13 章里，我解释了超对称获得青睐的一个重要原因是，它能成功地容纳力的统一，解决等级问题的额外维度理论似乎要摒弃这一有重大潜力的成果了。既然我们没有找到任何结论性的实验证据，例如质子衰变，那这未必就是一个重大损失，因为我们还不肯定统一是正确的。但不管怎么说，三条线交于一点总是神奇的，而且可能预示了某种有意义的东西。即便统一还未被完全确立，我们也不应急于放弃它。

巴塞罗那大学的西班牙物理学家亚历克斯·波马罗尔（Alex Pomarol）发现，在弯曲几何里也会出现力的统一。但他所探讨的情形稍有不同：电磁力、弱力和强力不是被限制在膜上，而是出现在整个五维体空间里，标准模型的规范玻色子——胶子、W子、Z子和光子没有固定在 3+1 维的膜上。

根据弦理论，规范玻色子可能被困在一个高维的膜上，或者与引力一样，也可能在空间里。引力子肯定是由一个闭合弦形成的，而规范玻色子和带荷的费米子则不同，它们对应的既可能是开弦，也可能是闭弦——这取决于模型。根据它们的形成来源，规范玻色子和费米子要么被困在膜上，要么可以自由地穿行于体空间中。

在大额外维度的图景里，倘若非引力的力出现在体空间里，它们会过于微弱，不符合我们的观察。在体空间中，力会在一个庞大的空间里散播，因此，就与引力一样，它们会被大大地削弱，而这是不可接受的，因为我们已测知力的强度要远远大于这一理论所作出的预言。

但是，如果像在弯曲几何里一样，额外维度并不大，那么非引力的力很可能会出现在五维体空间中，能够削弱它们的只有额外维度的大小，而不是弯曲——在弯曲图景里，额外维度的尺寸很小。这就意味着，描述世界的真正理论很可能会让整个体空间经受所有 4 种力。这么一来，不仅仅是膜上的粒子，在体空间里的粒子也能够感受到电磁力、弱力和强力，同时还有引力。

如果弯曲图景里的规范玻色子出现在体里，那么它们的能量要远远大于 1 TeV，经常来往于体空间的规范玻色子会经受由低到高的各种能量强度。它们不再被锁在弱力膜上，可以在体里四处穿行，它们所拥有的能量可以高达普朗克级能标。只有在弱力膜上，能量才必须小于 1 TeV，因为力将会在空间里，因此可以在高能量上运行，力的统一则成为可能。

这是令人振奋的，因为它意味着在高能量上力能够统一起来，即使是在一个有额外维度的理论里。波马罗尔发现了这一有趣的结果，统一真的出现了，就好像理论是真的四维的一样。

但是，事情发展还在向更好的方向前进：**统一和弯曲等级机**

制可以结合起来。波马罗尔证明了力的统一，但他认为超对称解决了等级问题。但等级问题的解决只需要希格斯粒子被束缚在弱力膜上，以使它的质量约等同于弱力级质量——在 100 GeV 和 1 TeV 之间，而规范玻色子则不必被困在上面。

在弯曲几何里，等级问题的解决需要保证希格斯粒子保持在较轻的质量水平上，这是因为希格斯场导致了自发对称破缺，而这是所有基本粒子质量的来源，只有弱力对称被打破，规范玻色子和费米子才会拥有质量。只要希格斯粒子具有弱力级质量，弱力规范玻色子的质量最终总会正确。等级问题的弯曲引力解决方案实际上只要求希格斯粒子处在弱力膜上。

所有这些意味着，如果希格斯粒子在弱力膜上，而夸克、轻子和规范玻色子都在体空间里（见图 20-6），那么你就既能拥有蛋糕，又可以享用它。这样，弱力标度就会得到保护，大约是 1 TeV，但统一仍可以出现在高能量上——在大统一级别上。我以前的一个学生马修·施瓦茨（Matthew Schwartz）和我一起证实了超对称不是唯一能兼容统一的理论——弯曲的额外维度理论也能做到！

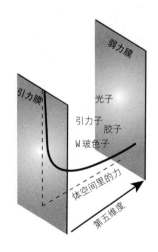

图 20-6

体空间里的力。非引力的力也可以出现在体里，在这种情况下，力就可以在高能量上统一起来。

实验意义

弱力膜上的自然标度大约是 1 TeV，倘若这一弯曲几何图景被证明是我们世界的真实描述，那么瑞士 CERN 大型强子对撞机的实验结果将是极不平凡的。弯曲的五维时空的印记可能会包括卡鲁扎-克莱因粒子、反德西特空间的五维黑洞以及 TeV 质量级的弦。

弯曲时空的 KK 粒子可能是这一空间几何最容易得到的实验先驱，如前所述，KK 粒子是有着额外维度动量的粒子，但这一模型的新特点是，因为空间是弯曲而非平坦的，KK 粒子的质量将反映弯曲几何的独特秉性。

因为我们唯一确信能够在体里穿行的粒子是四维引力子，现在我们就集中考虑它的 KK 伙伴。正如在平坦空间里的情况一样，最轻的引力子 KK 伙伴将是那些在四维世界里根本没有动量的粒子，这个粒子与一个真正源于四维的粒子不可区分：它是能够在看似四维的世界里传递引力的引力子，也是我们在本章仔细研究过其概率函数的引力子。

如果没有额外的 KK 粒子，引力的表现将与它在真正的四维宇宙里完全一样。在这一图景中，宇宙暗地里是五维的，但表现如四维引力子的粒子不会显露出这一事实。如果没有更重的 KK 粒子，阿西娜的世界在她看来实际就与四维世界一样。

只有质量更大的 KK 粒子才能泄露五维理论的秘密，但它们又必须轻得足以生成。在这一理论里，要计算 KK 粒子的质量却有点棘手。由于几何与众不同，KK 粒子将不会像在平坦空间的卷曲额外维度里那样，拥有与维度大小成反比的质量。这一质量将会极为令人惊讶，因为对于我们探讨的小额外维度来说，它将是普朗克级质量。在弱力膜上，任何重于 1 TeV 的东西都不能存在。因此，我们当然不可能在那里发现有普朗克级质量的东西。

既然 1 TeV 是与弱力膜相关的质量，那么当你将弯曲时空考虑在内，并正确计算出 KK 粒子拥有大约 1 TeV 的质量时，就不是什么意外了。像我们假设的那样，当第五维度在弱力膜上终结时，无论是最轻的 KK 粒子，还是依次加重的 KK 粒子之间的质量差，最终都会是 1 TeV 左右。大量 KK 粒子累积在弱力膜上（因为它们的概率函数在这里达到高峰），它们就拥有了弱力膜粒子的所有属性。

这意味着引力子会有一些重 KK 伙伴，它们的质量大约为 1 TeV、2 TeV、3 TeV 等，依据 LHC 最终能达到的能量，我们极有可能找到其中的一个或多个。与大额外维度图景里的 KK 伙伴不同，这些 KK 伙伴相互作用的强度远比引力大得多。

这些 KK 粒子并不像四维引力子那样只是微弱地相互作用——它们的作用强度要高出 16 个数量级。在我们的理论里，引力子 KK 伙伴的作用如此强烈，以至于对撞机产生的任何 KK 伙伴不仅会立即逃出我们的视线、挟走能量，而且不会留下任何可见信号。相反，它们会在探测仪里衰变成我们能够探测到的粒子，可能是 μ 子或电子，我们可以用它们来重建派生它们的 KK 粒子（见图 20-7）。

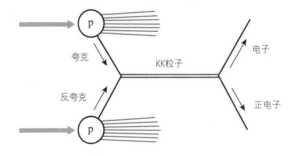

图 20-7

KK 粒子的生成示意图。两个质子对撞，一个夸克和一个反夸克互相湮灭生成一个引力子的 KK 伙伴。KK 粒子接着衰变成可见粒子，比如一个电子和一个正电子，灰线是质子对撞喷射出的大量粒子。

这是发现新粒子的惯常方法：研究所有的衰变产物，并由此推导出这些产物的来源。如果你发现的东西是你以前不曾知道的，那么它一定是新事物。如果 KK 粒子在探测仪里发生衰变，那么额外维度存在的迹象将非常明显。在我们的模型里，出现的将不仅是能量流失的征象——它没有任何确定能量流失根源的标志性意义，也不会让我们把这一模型与其他可能区分开来；真正有用的线索是被重建的KK粒子质量和自旋，它们会告诉我们许多关于新粒子身份的信息。

KK粒子的自旋值为2，这将是一个真正的身份证明，它将告诉我们新粒子与引力有关系。**一个自旋为2、质量大约为1 TeV的粒子将是额外卷曲维度的有力证据**。很少有模型会预言这么重的自旋为2的粒子，即便作出这样的预言，也会有其他明显不同的特点。

如果我们足够幸运，那么除了引力子的KK伙伴之外，实验还可能会生成众多其他的KK粒子，在一个标准模型的大多数粒子处于体空间的理论里，我们还可能看到夸克、轻子和规范玻色子的带荷KK伙伴。这些粒子将带荷且很重，而且它们最终会告诉我们有关高维世界的更多信息。事实上，模型构建者乔鲍·萨基（Csaba Csaki）、克里斯托夫·格罗琴（Christophe Grojean）、路易吉·皮罗（Luigi Pilo）及约翰·唐宁（John Terning）都发现，在一个有着标准模型粒子的额外维度弯曲时空里，即使没有希格斯粒子，弱电对称仍可能被打破，届时实验将发现的带荷粒子就会告诉我们，这一替代模型是否与我们生活的真实世界相符。

一个更加离奇的可能性

我已描述了额外维度的许多离奇属性，但还有更加不同寻常的可能。很快，我们就将看到一个卷曲的额外维度实际上可以无限延伸，但与平坦维度不同，它仍旧是不可见的，而平坦维度若要与我们的观察相符，其大小则必定是有限的。

这一结果真令人无比惊讶，在第 22 章中，当我们讨论无限大的额外维度时，我们将集中探讨空间的几何形状，而非等级问题。但在这里，我要简要介绍一下，在额外维度无限的图景里同样能解决等级问题。

到目前为止，我们已探讨了一个两膜的模型：引力膜和弱力膜，两者各居第五维度的一个边界。但是，弱力膜却并不一定是世界的尽头（即第五维度的边界）。如果希格斯粒子被限制在位于一个无限大额外维度中央的另一个膜上，这样的模型也能够解决等级问题。

引力子的概率函数在弱力膜上将会很小，引力也很微弱，等级问题将与弱力膜是额外维度边界时一样得以解决。在一个有无限大的卷曲维度模型里，引力子的概率函数会在弱力膜之外继续延伸，但这不会影响等级问题的解决，因为它只依赖于弱力膜上引力子概率函数的极小值。

但是，由于维度是无限的，KK 粒子会有不同的质量和相互作用，因此这一模型的实验意义就与我刚刚描述的模型不同。在阿斯本物理中心（一个激发灵感的集会地点，也正是这一原因，许多物理学家都愿意去那里徒步旅行），当我和乔·莱肯第一次谈论它的可能性时，我们并不确信这一观点能否发挥实际的作用。

如果第五维度没有在弱力膜上终止，那么并非所有的 KK 粒子都会很重（拥有大约 1 TeV 的质量），有些 KK 粒子的质量会很小。假设这些粒子可以探测，而实验却没有发现它们，那么这个模型将会被排除。

但我们的模型最终将是安全的，坐在公园的长椅上，望着周围美丽的湖光山色，我算出了 KK 粒子的相互作用（乔也做了同样的计算，不过，我想他一定是在研究中心的办公室算出来的）。这一结果告诉我们，尽管 KK 粒子的相互作用会很大，在未来的实验里足以让人产生兴趣，但它们还没大到让人们早该发现的地步。

　　假设这一模型的 KK 粒子存在，LHC 将来极有可能生成它们，这些粒子看起来不会像大小有限的卷曲额外维度模型里的粒子。无限额外维度模型的 KK 粒子与那些能在探测仪里衰变的 KK 粒子不同，它们会逃进额外维度（与大维度里 KK 粒子的表现类似）。因此，如果存在能够解决等级问题的无限大卷曲额外维度和一个弱力膜，实验只能希望发现能量流失的迹象。即便如此，在足够高的能量上，流失的能量也足以向我们暗示有新事物出现。

五维黑洞与五维弦

　　当 LHC 投入运行之后，除了 KK 粒子以外，还有可能发现额外维度的其他一些非凡征象。**尽管五维引力作用在常见能量上是微不足道的，但当对撞机生成高维粒子时，五维引力将成为主角**。事实上，当能量达到 1 TeV 时，五维引力的作用将是强大的——它们会淹没四维引力子的微弱相互作用，在我们生活的弱力膜上（也即进行实验的地方），四维引力子存在的概率将很小。

　　高强度五维引力意味着，除了五维的弦以外，五维黑洞也有生成的可能。一旦能量达到 1 TeV 左右，位于弱力膜上或靠近弱力膜的所有东西彼此之间将发生强相互作用。这是因为，在 TeV 级能量上，引力和额外 KK 粒子的效果将是巨大的，它们将一起来促使所有事物彼此间相互作用。这种发生在所有已知粒子和引力间的强相互作用不会出现在四维图景里，它们绝对是新事物出现的信号，就如大额外维度情形一样，我们还不知道是否能达到足够高的能量，让我们看到这些新物质。如果相互作用在比 1 TeV 更大一些（不要高出太多）的能量上强烈发生，肯定能得到实验的验证。

尾 声

　　等级问题的解决与 TeV 级能量上的实验结果有着很强的联系，但我们将看到的细节还要取决于模型。不同模型会产生不同的实验结果，这一点确凿无疑。

-imension
探索大揭秘

- 即便膜本身是完全平坦的，但如果有体空间和膜能量出现，时空将急剧弯曲。
- 本章我们探讨的模型有两个膜：引力膜和弱力膜，分别处于有限大小的第五维度的两端。空间和膜上的能量使时空弯曲。
- 单一的额外维度引进了等级问题的一个全新的解决方法，在这一模型里的额外维度并不大，却是极度弯曲的。引力的强度强烈依赖于你在第五维度上的位置，引力在引力膜上强而在弱力膜上弱，我们就位于弱力膜上。
- 由一个认为自己在四维世界的观察者的角度来看，如果物体来自第五维度的不同地方，它们也应有不同的大小和质量，被局限于引力膜上的物体会很重（大约为普朗克级质量），而被局限于弱力膜上的物体要轻得多，质量大约是 1 TeV 左右。
- 如果希格斯粒子（而不是规范玻色子）被局限在弱力膜上，那么所有的力都可以统一，而等级问题也能得到解决。
- 引力子的卡鲁扎 - 克莱因伙伴会引起非常奇特的粒子碰撞事件，它们会在探测仪里衰变成标准模型粒子。
- 在标准模型粒子处于体空间的模型里，还会生成和发现其他 KK 粒子。

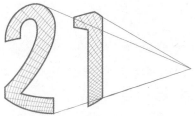

漫游弯曲空间王国的"爱丽丝"❶

WARPED PASSAGES

> 去问爱丽丝吧，那时她有 3 米高。
>
> 杰斐逊飞机乐队

第五维度的旅行

当阿西娜走出梦幻世界电梯进入弯曲的五维世界时，她吃惊地发现这里居然只有 3 个空间维度。难道兔子是在捉弄她，假装把她带进了一个有 4 个空间维度的世界，而实际上却只有三维？到一个看上去与平常没什么两样的世界里旅行，还要靠这种方式，

---

❶ 这个题目借用了马丁·加德纳（Martin Gardner）妙趣横生的《注释版爱丽丝》（*Annotated Alice*），在这本书中，他解释了刘易斯·卡罗尔（Lewis Carroll）的小说《爱丽丝梦游仙境》与《爱丽丝梦游仙境 2：镜中奇遇记》（*Through the Looking Glass*）里的文字游戏、数学谜题及其他暗示。

这可真有意思！ ❶

一位当地居民极为殷勤地接待了这位满脸疑惑的新访客："欢迎来到膜城 ❷，这是让我们觉得无比荣耀的首都，请允许我带领您参观。"阿西娜非常疲惫，又迷惑不解，她脱口说道："膜城看上去也没什么特别呀，就连市长也与平常的市长没什么两样嘛。"不过，她不得不承认，她实际上并不十分确定，因为她以前从未见过市长。

阿西娜说的市长早就在首席顾问柴郡肥猫的陪同下来了。肥猫的职责是监管这个城市的一些事务，这对他来说易如反掌，因为他的出现总让人出其不意——鉴于肥猫体型庞大，这尤其令人吃惊。肥猫喜欢这样对人们解释：他具备这一技能是因为他可以消失在空间里，可没有一个人明白他的意思。 ❸

肥猫出现在阿西娜身边，问她是否愿意陪他四处转转，并警告阿西娜说，她最好能适应庞大的空间。阿西娜赶忙回答说，她最喜欢的舅舅实际也是非常非常胖的。肥猫看上去有点儿不相信，但仍同意带上她，他给了阿西娜一块抹了黄油的冰激凌蛋糕，阿西娜很高兴地吃掉了。然后，他们出发了。

阿西娜感到奇怪：她刚才吃掉的究竟是什么呢？现在，她感觉自己似乎是在一个五维世界的四维切片上，她一点儿也不比这个薄薄的四维切片厚多少，她惊呼："我怎么像我的纸片娃娃一样了！只不过多莉是在三维世界里的两维纸片，而我呢，在一个四维空间里，却只有三个空间维度。"

肥猫意味深长地笑了笑，解释道："现在你已感觉到了我总喜欢称之为'体'的东西，你仍旧在膜城，但很快就将离开（并长大）。膜城实际是五维宇宙的一部分，但是，第五维度的弯曲

---

❶ 膜本身是庞大且平坦的，只有 3 个空间维度，只有引力才与额外维度发生联系。记住，五维空间里有 4 个空间维度（还有一个时间维度），而膜有 3 个空间维度，我仍把时间称作第四维度，而称额外维度为第五维度。

❷ 膜城即引力膜。

❸ 肥猫与膜城的其他居民不一样，他没有被限制在膜上。

如此隐秘，以至于膜城的居民完全没有意识到它的存在。膜城就在五维国的边境上，对此他们一无所知。当你刚刚到达这个城市时，你也得出了一个错误的结论，认为只有三个空间维度。全新的阿西娜，你已脱离了膜的束缚，能自由在第五维度旅行了，现在我可否提议，让我们前往目的地——一个叫作弱力膜的村庄？它就在五维宇宙的另一个边界。"

去往弱力膜村

这是多么奇异的五维之旅啊！离开膜城之后，阿西娜发现自己来到了另一个维度，而且，随着她的移动，她竟在迅速长大（见图 21-1）。❶一旁观察的肥猫注意到阿西娜脸上疑惑的表情，他宽慰道："弱力膜就在附近，我们转眼就到。❷ 那是一个可爱的地方，可是如果弱力膜上的居民因为你说有 4 个空间维度而嘲笑你，不要像你遇到的膜城居民那样大惊小怪。你呢，因为能看穿整个体空间，所以能看到在膜城有一个庞大的影子，比你开始的时候要大 1 亿亿倍。而其他几乎所有事情在你和他们看来都完全正常。"

图 21-1

弯曲的五维世界。

---

❶ 靠近弱力膜，所有东西都变大变轻了。在阿西娜靠近弱力膜而远离引力膜的过程中，她在膜城的影子也在变大。
❷ 要解决等级问题，第五维度不需要很大。

在穿过体空间由引力膜移向弱力膜的过程中，阿西娜变得越来越大。

但阿西娜一到弱力膜，她就注意到了另一件事：四维引力子悄悄地陪伴了他们一路，现在正轻轻地拍打她的肩膀。他的动作这么轻柔，以至于她差点没有注意到。❶

但当引力子唠唠叨叨地发出一连串的抱怨时，阿西娜是不能充耳不闻的："如果没有顽固的等级强权的影响，弱力膜本该是令人振奋的。全副武装的强力、弱力和电磁力在弱力膜上只允许我拥有最微弱的力量。"引力子不住地抱怨，诉说他在其他所有地方是如何被对待的，尤其是在膜城，那是一个有着几个不相上下的强力的寡头社会。❷ 而在弱力膜上，引力最受压制，所以这是引力子最不喜欢的地方。❸ 引力子转而问阿西娜，希望她加入他的计划，从统治权威手里把权力夺过来。

阿西娜想，她最好还是赶紧离开，于是她四下寻找兔子洞，却没能找到。终于，她看到了一只小白兔，原指望他能成为一个好向导呢，可弱力膜兔子迈着那令人惊讶的慵懒步伐，不断地重复着生活多美好，后面的日子又有多长。阿西娜意识到这只兔子是哪儿也不会去的，因此，她只好又找到一只心急的兔子，跟随他终于找到了回家的路。一旦她领会了其中的物理学含义，阿西娜就非常喜欢她的梦境了——但应该注意的是，她再也没有吃到冰激凌蛋糕。

---

❶ 引力在弱力膜上是微弱的，在那里，引力子概率函数非常小。

❷ 在引力膜上，引力的强度一点也不亚于其他力的作用。

❸ 满腹苦水的引力子在抱怨：在弱力膜上，引力远要比电磁力、弱力和强力微弱；而在靠近引力膜的时候，引力远要强大得多（其强度几乎与其他力接近）。

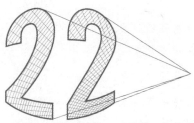

深远的通道：不为人知的无穷大额外维度
WARPED PASSAGES

> 从另一个维度，怀着偷窥的意图，让我们再做弯曲时间的游戏。
>
> 瓦妮莎（Vanessa）《洛基恐怖秀》(*The Rocky Horror Picture Show*)

重返膜城

阿西娜惊醒过来，她那重复出现的梦境再次把她带进兔子洞。但这次，她请求兔子直接把她送回弯曲的五维世界。

阿西娜重返膜城（或者说，她认为是这样），肥猫很快出现，她急切地求助于他，期望能得到他的梦幻蛋糕，再到弱力膜上进行一次愉快的旅行。可肥猫告诉她，在这一宇宙里，没有弱力膜这样一个地方，这令她感到无比失望。❶

阿西娜不相信肥猫的话，她认为在远处肯定有另一个膜。她

---

❶ 同上一章一样，本章的几何是弯曲的，但这里只有一个膜——引力膜。尽管这意味着第五维度是无限的，但在本章中你将看到，在弯曲时空里，这绝对是可行的。

自恃很了解在弯曲几何里远处的膜上引力较弱，因此自作聪明地想，或许它该叫作"微弱膜"吧。她问肥猫她是否可以去那里。

但她再一次失望了。肥猫告诉她："没有这么一个地方，你就在膜上，再没有别的膜了。""越来越奇怪了。"阿西娜想，显然这和以前不是同一个地方了，因为这里只有一个膜。但阿西娜不想这么快就放弃。"我可不可以自己去看看，是否还有别的膜？"她请求道，用上了自己最甜美的声音。

肥猫警告她不要这么做，他说："在膜上的四维引力可并不保证在体里也是同样的四维引力，有一次，我几乎把小命丢在那里，差点就回不来了。"

虽然阿西娜是一个好奇心很强的女孩，有过多次历险，可她还是听从了肥猫的劝告，将它牢记于心。但她常常想，他是什么意思呢？在膜之外，究竟有些什么？她怎么才能知道呢？

弯曲时空有着非凡的属性，我们在第 20 章已探讨了一些，包括质量、大小及引力强度是怎样依赖于位置的。在本章中，我将给大家展示弯曲时空一个更为非同寻常的特征：即便世界实际是五维的，它也可以表现得只有四维。在进一步仔细研究了弯曲的时空几何之后，我和拉曼惊讶地发现：**一个额外维度即使可以无穷大，也仍可以不被我们发现。**

本章中我们将探讨的时空几何与第 20 章中描述的几乎完全一样，只不过正如故事里讲的那样，这一几何有个明显的特征：它只有一个膜。但这是一个异常重要的特点：因为没有另一个膜作边界，这就意味着第五维度是无限延伸的（见图 22-1）。

这是一处明显的差别。自 1919 年西奥多·卡鲁扎提出空间的额外维度后，近 100 年以来，物理学家相信额外维度是可以接受的，但它们的大小一定是有限的，它们要么卷曲，要么被限制于两膜之间。无限大的额外维度很容易就被排除了，因为如果引力在这样的维度上无限远地扩散，在所有的距离尺度，甚至我们熟悉的尺度，它看上去都会是错的。人们猜想无限大的第五维度会破坏我们周围所有事物的稳定性，包括由牛顿定律束缚在一起的太阳系。

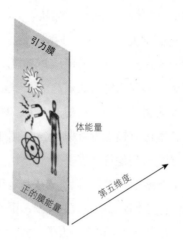

图 22-1

只有一个膜的无限弯曲时空。在五维宇宙里，只有一个四维膜，标准模型就居住在这个唯一的膜上。

本章将解释为什么这一推理并不总是成立的。1999 年，我和拉曼发现了一个全新的理由来解释额外维度是怎样隐藏的：时空可以极度弯曲，使得引力场高度集中于靠近膜的一个小区域内——因为非常集中，以致一个无限维度的无限延伸也无关紧要。引力并没有迷失在额外维度里，而是聚集于靠近膜的一个微小区域内。

在这一图景里，传递引力的粒子——引力子，就被限制于膜的附近，那就是阿西娜故事里的膜，我称之为引力膜。阿西娜的梦将她带入了这个弯曲的五维空间，其中引力膜彻底改变了时空的性质，从而使时空显得只有四维，虽然它实际上有五维。值得注意的是，一个卷曲的额外维度可以无限延伸，却仍能不被发现，而其他三个无限延伸的平坦维度展示了我们这个世界的物理现实。

改变时空的引力膜

可能你还记得，在第一次讲到膜时，我讲明了不愿意探索遥远的地域与真的被拘禁的区别——真的拘禁是明确禁止你离开被禁锢之地到别的地方旅行。尽管你可能从未去过格陵兰岛，但没有任何法律禁止你到那儿去，只不过我们要去一些地方很麻烦。即使没人禁止我们去这些地方，即使这些地方并不比我们曾去过的其他地方更遥远，但我们仍可能永远也不会去。

再假设一个人的腿受了伤，从理论上讲，只要他想出门，他随时都可以出去，既没有锁也没有栅栏会把他困在家里，可更多的时候，我们还是会看到他待在家里。

同样的道理，局域的引力子可以不受限制地到达无穷大第五维度的任何地方，可它仍高度集中在膜的周围，很少出现在远处。根据广义相对论，所有事物——包括引力子，都服从引力。引力子丝毫没有被削弱，可它的行为像是受膜的引力吸引，因此总是在膜的附近。因为引力子很少活动到一个有限的区域，所以额外维度可以是无限的，而又不会产生任何危险的效应将理论排除在外。

在我和拉曼的研究中，我们关注的是只有一个额外空间维度的五维时空，因此我们可以集中研究我们即将讨论的局域化机制，它使引力集中在五维时空的一个小区域内。我将假定，如果宇宙有 10 个或更多维度，那么局域化和卷曲的某种组合隐藏了其余的维度。那些额外的隐藏维度不会对我将描述的局域化现象产生影响，因此我将忽略它们，而只集中关注对我们的讨论至关重要的 5 个维度。

在我们的模型里，只有一个膜静止于第五时空维度的一端。它和我在第 20 章里描述的那两个膜一样，具有反射作用——撞到膜上的东西都会被弹回。因此，任何东西撞到膜上不会丢失能量。我们现在讨论的模型只包含这一个膜，我们假设标准模型粒子就被限制在这个膜上。注意这一模型与上一章讨论的模型的差别：在上一章的模型里，标准模型粒子是在弱力膜上，而在这里，弱力膜不复存在。标准模型粒子的位置对于时空几何来说无关紧要，但对于粒子物理学来说，它却具有重要意义。

虽然在本章中我们感兴趣的是只有一个膜的理论，但我和拉曼得到的可能存在无限的第五维度的线索，却是两膜弯曲几何的奇特特征。起初我们假设第二个膜有两个作用：一是束缚标准模型粒子；二是让第五维度有一定限度。与平坦额外维度一样，有限的第五维度保证了引力在足够大的距离上会表现为四维时空的样子。

但是，一个奇怪的事实却让我们想到，第二个膜的后一个作用实际上转移了我们的注意力，要模拟四维宇宙的引力，第二个膜不是必需的。

> 四维引力子的相互作用与第五维度的大小实际上没有任何关系。计算显示，第二个膜无论是在原位置也好，或者离引力膜两倍甚至是 10 倍距离也好，引力的强度是不变的。事实上，即使我们的模型把第二个膜推至无穷远——也就是说，干脆让它消失，四维引力也将维持不变。如果第二个膜和一个有限的维度是重现四维引力所必需的，那这将根本不可能发生。

这是我们的第一个线索，我们需要第二个膜的直觉是基于平坦维度的，对于弯曲时空未必正确。在一个平坦额外维度，第二个膜对于四维引力是必须存在的。由第 20 章里洒水装置的比方我们就可以看清这点，一个平坦额外维度对应的是水沿着一个长长的直管均匀地洒向各处（见图 20-4），❶ 水管越长，浇到每个花

----

❶ 这里我们设想的是一根平直的水管，而不是以前说的洒成圆圈的装置，由此更容易想象一个弯曲时空的情景。

园的水就越少。把这一推理引申出去，假设一个水管无限长，我们会看到，水量被分散得更为稀疏，实际上，在一个面积有限的花园里，根本没有浇到水。同样地，如果引力沿着一个无限延长的不变的维度发散，在这一额外维度上，它将被无限减弱到零。若要引力有四维表现，一个无限额外维度的几何必须要有超越这幅简单的直觉图像的微妙特征。事实上，弯曲时空就给出了这一必要的附加成分。

我们再回到洒水装置的比方上，来看它是怎样运作的，并以此找到上述论点的漏洞。假设你的水管无限长，而你却并非均等地把水浇到所有花园，相反，你可以控制水的分配，保证自己的花园得到充足的水量。要做到这样，你可以把一半的水浇进自己的地里，而剩下的另一半水量分给其他花园，这样，虽然离得较远的花园受到了不公平待遇，但你的花园总能保证得到需求的水量。无论水管延伸到多长，将水洒向无限远的地方，你的花园总能得到一半的水量。有了这种不公平分配，你就能得到你所需要的水量，而水管是无限延伸的，你并不知道它的长度。

同样地，在我们的弯曲几何里，尽管第五维度是无限的，但引力子的概率函数在靠近引力膜的地方总是很大。与上一章里一样，引力子的概率函数在这个膜上达到了高峰（见图22-2），并随着远离引力膜进入第五维度的距离指数式地下降。然而，在这一理论里，引力子的概率函数会无限地延伸下去，但这对靠近膜处引力子概率函数的值不会有任何影响。

像这种陡降的概率函数告诉我们，在远离引力膜的地方找到引力子的可能性是极小的，以至于我们可以忽略第五维度的遥远区域。尽管从理论上讲，引力子可以出现在第五维度的任何地方，但指数级陡降使得引力子概率函数高度集中于引力膜附近，这一情形几乎就像（却又不完全是）有第二个膜把引力子局限在一个有限的区域里。

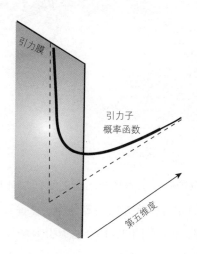

引力膜

引力子
概率函数

第五维度

图 22-2

引力子在只有一个膜的无限弯曲时空里的概率函数。

　　在引力膜的附近发现引力子的概率很高，与此对应的是引力场在那里高度集中。我们可以用池塘边密集的贪嘴野鸭来比喻这一情形：通常野鸭并不会均匀地散布于整个池塘里，而常常是聚集在边上，因为那里有爱鸟人投放的面包屑（见图 22-3）。因此，对野鸭的分布来说，池塘大小实际上根本无所谓。同样地，**在弯曲时空里，引力把引力子吸引在引力膜周围，因此，第五维度的长度实际上也是无关紧要的。**

　　通过想象在引力膜上一个物体周围的引力场，你也能明白为什么第五维度对引力不会产生很大影响。我们已看到，在平坦维度空间里，由一个物体发出的引力场会向所有方向发散。而如果额外维度有限，引力场线先是向所有方向延伸，然后会有一些到达边界，产生弯曲。出于这一原因，如果离一个物体的距离超过了额外维度大小，引力场线就会只沿着低维世界的三个无限维度发散。

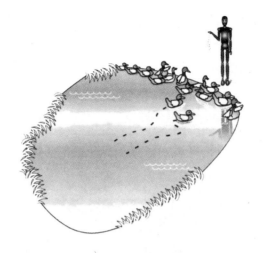

图 22-3

聚集在池塘边的野鸭。如果野鸭都集中在岸边，你只要数一数周围的野鸭几乎就等于把所有的野鸭都数全了。

　　而在弯曲图景里，引力场线不会在所有方向上均等分布，只有在膜上，它们才向所有方向均等延伸。在垂直于膜的方向上，它们几乎没有延伸（见图 22-4）。因为引力场线主要沿膜散播，引力场看起来就几乎与一个四维物体发出的场是一样的，它在第五维度的发散非常小（不会比普朗克级长度 10^{-33} 厘米大很多），我们甚至可以将它忽略。尽管第五维度是无限的，但它对局限在膜上的物体的引力场无关紧要。

图 22-4

弯曲图景里引力场线的分布。在弯曲图景里，引力场线在膜上向所有方向均等发散，但离开膜的引力场线会弯向膜的方向。这样，它们基本上与膜平行，就好像第五维度是有限的。即便是维度无限，引力场也只是集中于膜的附近，而引力场线的分布就好像只有 4 个（时空）维度。

你还可以看到拉曼和我是如何解开这个谜题的：为什么第五维度的大小对引力强度无关紧要？回到上面洒水装置的例子，假设我们使水在整个洒水装置里的分配与陡降的引力子概率函数所产生的引力分布类似：在为你的花园浇了一半的水之后，剩下的水再分一半送到邻近的花园，再把剩下的水分一半给下一个花园，依此类推。这样，每个花园得到的都是上一个邻近花园得到的水量的一半。为了模拟第五维度上的另一个膜，我们假设到达某个地点后就停止供水，就如第2个膜会在第五维度的某个点上截断引力子概率函数；而为了模拟无限的第五维度，我们则假设水会无限远地沿着水管的长度继续浇下去。

为了证明在膜附近引力强度与第五维度大小无关，我们就要证明：不管我们在第5个或第10个花园开始停止供水，抑或我们根本不停止供水，那么最近几个花园得到的水量几乎不会因供水的距离受到影响。因此我们设想，如果供水装置在浇完最近的5个花园后停止供水会是什么情形。因为第6个花园之外得到的水量原本就已非常少，所以浇到最近几个花园的总水量与水管无限延伸浇在这几个花园里的水量只有小量的差别；而如果你在第7个花园之后停止供水，则更是相差无几。用我们这种方式分配水量，几乎所有的水都被浇在了最近的几个花园里，远处的花园，只得到极小比例的水量，这对于近处几个花园得到的水量是无关紧要的。❶

在下一章，我将再次用到野鸭的比方，因此，我将以数鸭子的方式来解释同一件事情。有人在池塘边投食面包屑，野鸭会被

----

❶ 现实生活中有一个这样的例子：科罗拉多河。在这里，水坝和灌溉渠保证了大部分的水都供应美国西北部；而到达墨西哥时，河里只剩下了很少的水量。而在靠近加州湾的地方再建一座水坝（这就如在远离膜的地方再加上一个膜），对于拉斯维加斯得到的水量不会产生影响。

吸引到岸边，如果你先数周围的鸭子，然后再数稍远一点的，很快，你再继续数几乎就没什么意义了。等到你数离岸边稍远一点的鸭子时，已没几只让你来数了。你根本不需要远离岸边继续数下去，因为只集中数岸边的这些鸭子，根本不用你再费劲了（见图 22-3）。

引力子的概率函数在第二个膜之外非常小，以至于第二个膜的位置对四维引力子相互作用强度造成的差异几乎是可以忽略的。换句话说，在这一理论里，由于引力场只集中于引力膜附近，即便没有第二个膜，第五维度的长度对四维引力的强度根本没有影响。而第五维度是无限的，引力看起来仍是四维的。

我和拉曼称我们的图景为局域化引力，这是因为引力子的概率函数只集中在膜的附近。尽管严格来说，因为第五维度是无限的，引力可能泄漏进入第五维度，但由于在远处发现引力子的概率非常低，实际上它并没有这样。空间并未被截断，但所有东西仍集中在膜附近的局部区域。既然引力膜上极少有东西会伸向远处，那么一个遥远的膜对引力膜上的物理过程也就不会有任何影响。引力膜及其附近产生的东西将集中在附近一个局部区域之内。

物理学家通常称这一局部引力模型为 RS_2，“RS”代表的是兰道尔和桑卓姆，但“2”就容易让人产生误解——它实际指的是我们有关弯曲空间的第二篇论文，而不是指有两个膜。针对等级问题的有两个膜的图景，被称作 RS_1（如果我们写作两篇论文的顺序颠倒过来，这名称就不会让人产生迷惑了）。尽管你也可以如第 20 章后半部分简要介绍的那样，引进第二个膜解决等级问题，但与 RS_1 不同，本章的图景于等级问题未必重要。但是，**无论在空间中是否存在着针对等级问题的第二个膜，局域化引力都是一种非常激进的可能，它对长期以来人们认为额外维度必须是卷曲的假设提出了反驳，这有着重要的理论含义。**

引力子的卡鲁扎 – 克莱因粒子伙伴

在上一节，我们讨论了引力子的概率函数，它高度集中于引力膜上。我讲的粒子发挥的是四维引力子的作用，因为它几乎只沿着膜穿行，极少会泄漏进入第五维度。从引力子的角度来看，第五维度对它好像只有 10^{-33} 厘米这么大（由弯曲决定的大小，而弯曲又是由空间和膜上的能量决定的），而不是无限延伸。

虽然我和拉曼对我们的发现感到非常兴奋，但是否彻底解决了问题，我们却并不十分确信。**局域化的引力子是否足以产生一个四维有效理论，使引力表现得就如在四维一样？**潜在的问题是，引力子的卡鲁扎 - 克莱因伙伴也有可能形成引力，且由此可能大大地改变引力。

这看起来很危险，通常来讲，额外维度越大，最轻 KK 粒子的质量越小。对一个有着无限维度的理论来讲，这意味着最轻的 KK 粒子可能会呈现出任意轻的质量。又因为 KK 粒子的质量差也会随着额外维度的增大而减小，因此在任一有限的能量上有可能生成无限多种很轻的引力子 KK 伙伴，所有这些 KK 粒子都有可能影响引力定律并使它发生改变。这个问题看起来尤其糟糕，因为即便每个 KK 粒子相互作用都很微弱，但如果有太多 KK 粒子，那么引力作用仍旧会与四维引力看起来大不相同。

最为重要的是，因为 KK 粒子极轻，所以它们很容易生成。对撞机运行的能量已足以生成它们。即使常见的物理过程，如化学反应，都可能产生足够的能量形成引力子的 KK 伙伴，如果 KK 粒子携带过多的能量进入五维体空间，那么这一理论将被排除。

幸运的是，所有这些担忧最终都没有成为问题。当我们计算 KK 粒子的概率函数时，我们发现引力子 KK 伙伴在引力膜上及其附近的相互作用极其微弱。尽管有大量的引力子 KK 伙伴，但是它们的相互作用都非常微弱，因此不会生成太多的危险，也不会在任何地方改变引力定律的形式。如果说有什么问题，那就是由于这一理论极近似地模拟了四维引力，我们还不知道怎样以实验方法将它与真正的四维世界区分开来。引力子 KK 伙伴对任何可见现象的影响都可以忽略不计，因此我们没有办法区分 4 个平坦维度与 4 个平坦维度再加一个弯曲的第五维度的差别。

由引力子 KK 伙伴概率函数的形状，你就可以看出它们之间的相互作用有多么微弱。与引力子的概率函数一样，它告诉我们在第五维度的任一位置上发现一个粒子的可能性有多大。在我们的弯曲几何里寻找每个引力子 KK 伙伴的质量和概率函数时，我和拉曼遵循的基本上是标准的程序，这包括要解决一个量子力学问题。

对于一个平坦的第五维度，量子力学问题（如第 6 章所述）就是要找到适合卷曲维度的波，使得允许的能量量子化。❶ 对我们的弯曲而无限的第五维度几何而言，量子力学问题显得大不相同，因为我们需要把使时空产生弯曲的膜上和空间里的能量都计算在内。但我们能够修改通常的程序使其适合我们的结构，结果是引人入胜的。

我们发现的第一个 KK 粒子在第五维度中没有动量，这个粒子的概率函数高度集中在引力膜上，而离开它时则呈指数级下降。这一形状听起来似曾相识：它与我们曾探讨过的四维引力子概率函数是同样的，这个无质量的 KK 模式就是传达四维牛顿引力定律的四维引力子。

但是，其他 KK 粒子便不同了。在引力膜附近很难找到这些 KK 粒子，相反，我们会发现对应在零质量和普朗克级质量之间的任一值，都存在着具备这一特定质量的 KK 粒子，其中每个粒子的概率函数都会在第五维度的不同地方达到高峰。

事实上，对峰值的位置不同有一个有趣的解释。我们在第

----

❶ 卷曲空间在数学上仍是"平坦的"，这是因为你可以想象将一个卷曲的维度打开、摊平，而对一个球体，你就无法这样做。

20 章中看到，在弯曲时空里，为了把所有粒子都置于四维有效理论的同一地位，以使它们以同样的方式与引力相互作用，我们需要把第五维度上处于不同位置的所有距离、时间、能量和动量都按比例重新标度。**当一个人远离膜旅行时，与每个点相联的都是一个呈指数级变小的能量。这就是在弱力膜上的粒子质量大约应是 1 TeV 的原因。**阿西娜进入第五维度旅行，随着她从引力膜向弱力膜的移动，她的影子越来越大，而她越来越轻。

第五维度上的每个点都能以同样的方式关联一个特定质量，这一质量都通过那一点的重新标度与普朗克级质量相联。概率函数在某个特定点达到峰值的 KK 粒子，就近似具有那个重新标度的普朗克级质量。当你进入第五维度旅行时，你会陆续遇到概率函数在那里达到峰值的、依次减轻的 KK 粒子。

事实上，你可能会说卡鲁扎 - 克莱因图谱展示的是一个高度隔离的社会。重 KK 粒子在空间的某些区域被排除了，在那里，重新标度的能量太小，不能生成它们；而在那些包含了非常活跃的、高能量粒子的区域，轻 KK 粒子极少出现。**依据它们的质量，KK 粒子集中在离引力膜尽可能远的地方，它们的位置就像是十几岁男孩的长裤，只要裤子掉不下来，口袋越多越好。**好在确定 KK 粒子位置的物理学定律要比当今孩子令人迷惑的时尚更容易理解。

对我们来说，轻 KK 粒子概率函数的最重要特征是，它们在引力膜上极其微小。这就意味着，你在膜及其附近找到轻 KK 粒子的可能性极小，因为轻 KK 粒子会尽可能地避开引力膜，因为在那里将很难生成轻粒子（除了概率函数在引力膜达到峰值的个别引力子之外）。而且，轻 KK 粒子并不能大大地改变引力定律，因为它们倾向于远离引力膜的地方，因此并不太与束缚在膜上的粒子发生相互作用。

把所有这些串连起来，我和拉曼确定我们发现了一个有效的理论。

> 集中在引力膜上的引力子导致了四维引力的表现。尽管引力子 KK 伙伴数量充足，但在引力膜上它们的作用非常微弱，以至于它们的效应根本不会被人注意到。尽管存在着一个无穷大的第五维度，但所有物理定律及过程，包括引力定律，看上去都与四维世界应有的现象一致。在这个高度弯曲的空间里，一个无穷大的额外维度是可能存在的。

如前所述，如果说存在什么问题，那就是从实验角度来看，这一模型让人颇受打击。虽然它看上去令人称奇，但这个五维模型对四维的模拟好得异乎寻常，以至于我们很难将它们区分开来。粒子物理学的实验者们当然将面临巨大的挑战。

然而，物理学家已开始探索能够区分两个世界的天体物理学和宇宙学特征。许多物理学家已探讨了弯曲时空的黑洞，他们仍在继续研究是否存在可以区分的特征，以利用它们来确定我们生活的宇宙究竟是哪一种类型。

迄今为止，我们知道局域化是额外维度在我们宇宙的一种新奇可能。我热切地盼望进一步的发展能够最终确定它是不是我们这个世界的真实特征。

-imension
探索大揭秘

- 如果时空呈现恰当的弯曲，那么一个维度可以无限长但不被发现。
- 虽然引力并没有被严格地局限在一个特定区域，但它仍会集中于局部。
- 在局域化的引力理论里，无质量的 KK 粒子就是局域化的引力子，它集中于靠近引力膜的地方。
- 所有其他的 KK 粒子都集中在离引力膜尽可能远的地方，它们的概率函数形状及达到峰值的位置会取决于它们的质量。

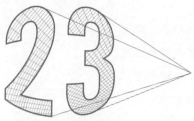

曲折延伸的通道：我们生活在一个四维引力的孤岛上
WARPED PASSAGES

我不知道会是哪一天，但总有一天，我们会到达我们想去的地方。

布鲁斯·斯普林斯汀（Bruce Springsteen）

---

31 世纪里的艾克四十二世

艾克四十二世已做好了变大的准备，他想测试 Alicxvr 上百万秒差距的超高设置，他能用它来探索银河系以外的地方和整个已知宇宙，到达以前从未有人见过的遥远太空。

Alicxvr 把他带到了 90、120 甚至是 130 亿光年之外，艾克感到非常刺激。但当他试图飞得再远些时，他的兴奋感消失了，因为信号强度陡然减弱。他把目标设定在 150 亿光年，但他的探索彻底失败了。因为他根本接收不到任何信息，相反，他听到的是："信息 5B73：您试图接通的视界客户超出了您的寻呼范围，如果需要帮助，请联系当地长途接线员。"

艾克简直不感相信自己的耳朵，这已经是 31 世纪了，而他的视界服务提供的却仍是有限的覆盖范围。他尝试着与接线员联系，但听到的却是一个录音："请待在膜上，按顺序等候答复。"艾克怀疑接线员可能永远也不会答复，他才不想傻傻等下去呢。

上一章我解释了为什么弯曲能解放额外维度，允许它无限延伸而不被发现。但是，无穷大的维度并非故事的结局，事实上事情更加离奇。在本章，我将解释四维（即空间三维加时间一维）引力可能真的是一个局部现象——在远处，引力看起来可能大为不同。我们会看到，不仅空间可能在确有五维的情况下看上去是四维的，而且还有可能我们就生活在五维宇宙中一个孤立的有着四维引力的口袋里。

我们现在将讨论的模型显示，尽管看起来很奇特，可空间的不同区域可以有不同数量的维度。在研究局域化引力的一些令人费解的特征时，我和物理学家安德烈亚斯·卡奇发现了一个时空模型，其中就有这样的情形。我们最终得出的全新、激进的图景让人想到：我们看不到额外维度的原因，可能是因为我们环境的特殊，这依赖性可是人们原来所没想象到的。**也就是说，我们可能生活在一个四维溶洞里，而三维空间只不过是一个位置的巧合而已。**

回　顾

回顾和拉曼合作以来的 E-mail 记录，我感觉有点儿难以想象，因为中间有那么多分神的杂事，我们究竟是如何完成研究的。研究开始的时候，我正从麻省理工学院去往普林斯顿大学，到那儿做教授。同时，我还在筹划第二年在圣塔芭芭拉举行的为时 6 个月的研讨会。而拉曼，由于已做了好几期的博士后，他急于获得一个正式的教职，当时正忙于准备谈话和工作申请。真的令人难以相信，他已做了大量工作，我和其他人都试图说服他事情总会好转的，他不应放弃物理转向其他职业——拉曼显然应该继续他的物理学研究，他绝对该得到一份优秀的教职，可他就是很难找到工作。

从那时起，在杂乱、有趣的物理学问题中间，还夹杂着推荐信请求、会议发言安排、普林斯顿房子的安置还有圣塔芭芭拉会议的组织，另有几封与其他物理学家往来的 E-mail 谈论我们的工作，却并不很多。尽管 RS$_2$ 论文最终被千百次地引用，且已被广泛认可，但研究最初接收到的反应却很复杂。过了很长一段时间，物理学家才最终领会其中的含义，并相信了我们。一个同事告诉我，起初人们在等待别人去发现漏洞，所以他们根本不必关注。当然，在普林斯顿大学，人们对于拉曼发言的反应顶多算得上是不温不火。

即便那些真正在听的人也未必立即就相信了我们，与弦理论学家安迪·斯特罗明格的一次谈话对我们有很大的启发，可现在他自嘲说，起初我们说的话他一句都不相信。幸运的是，当时他没有怀疑到根本不听我们讲话，或根本不与我们谈论的程度。

在物理界，有几个人从一开始就理解我们且相信我们是正确的，令我们感到无比幸运的是，史蒂芬·霍金就在其中——而且他毫不迟疑地让物理界听众共享了他的热情。我记得拉曼非常兴奋地告诉我，霍金在哈佛大学所做的著名演讲重点讲述了我们的研究。

另外还有几个人也在致力于相关观点的研究，但直到第二年秋天，在我们的论文发表了几个月后（从我们开始谈论起已是好几个月的事了），整个理论物理界才开始广泛关注起来。事实证明，1999 年秋我在圣塔芭芭拉卡夫里理论物理研究所组织的为期 6 个月的研讨会提供了良好的机会，组织这次研讨会的人还有：戴维·库塔索夫（David Kutasov），芝加哥大学的一位来自以色列的物理学家；米沙·史夫曼（Misha Shifman），明尼苏达大学的一位俄裔粒子物理学家。

研讨会本来的目的是要让弦理论学家和模型构建者聚集在一起，共同探讨两个阵营在诸如超对称和强相互作用的规范玻色子理论等方面的研究。我们事先为研讨会做了详尽的计划，最终却是膜和额外维度的观点产生了巨大的轰动。尽管我们曾希望在弦理论学家和模型构建者之间能形成一种积极的合作关系，但组织之初我们却未料到在会议实际召开时，我们却讨论起了额外维度。

时间的选择实际很凑巧，它提供了一个绝佳的机会，让额外维度的观点变得鲜活起来，也让模型构建者、弦理论学家、广义相对论学家能共享前沿的研究成果。人们进行了激烈的讨论，其中一个主要话题是弯曲几何。最后，弯曲的五维几何让模型构建者和弦理论学家都认真对待起来。事实上，当人们共同合作，致力于相似问题如弯曲几何和其他观点的研究时，两个阵营的界线就变得模糊了。

后来，许多物理学家对弯曲几何的其他方面进行了研究，确立了一些联系并探索了一些细节，这使得局域化引力变得更加有趣了。尽管弦理论家最初对 RS_1（有两个膜的弯曲几何）不以为然，只把它看作一个模型，但一旦他们开始研究，他们便发现了在弦理论里实现 RS_1 图景的方法。有关黑洞、时间演变的问题、相关几何的问题，以及与弦理论和粒子物理学观点的联系也成了科研的丰产领域。现在局域化引力已进入了不同领域的研究，而新观点仍在不断涌现。

我们的观点被接受之后，不再被认为是错误的了，但有些物理学家又开始走向另一极端：声称我们的理论根本不新鲜，一位弦理论学家甚至总结说，弦理论对卡鲁扎 - 克莱因模式影响的计算就是确凿的证据，证明我们的理论与弦理论学家早就在研究的一个版本是一样的。这正印证了科学界的一段笑谈：**一个新的理论在被接受之前要经历三个阶段：起先它是错的；然后变得显而易见；最后有人会说别人早就发现了。**但在这一事例中，当物理学家认识到弦理论的计算比他们想象得还要复杂时，确凿的证据最终化作了一缕轻烟——他们宣称的弦理论答案实际上并不正确。

　　事实是，融入弦理论的研究令我们所有人都无比兴奋，而且引出了许多重要的新见解。结果，局域化引力与当时大多数重要的弦理论成果都有着强烈的重合：弦理论的研究和我们的研究都包含了一个类似的弯曲几何。事实上，也许因为我们的研究并未直接挑战弦理论模型，因此，相比模型构建团队，弦理论团队更快地接受和认可了我们研究的意义。虽说起初很凑巧，可这兴许表示我们找对了研究方向。而令人高兴的是，以后拉曼找工作再也没遇到什么困难（现在他是约翰·霍普金斯大学的教授）。

　　然而，仍有一些人对此持怀疑态度。我和拉曼提出的模型所引出的一些有趣的问题，有人立即回应：局域化会依赖于远处的时空形式吗？当有人试图在超弦理论里找到我和拉曼提出的那种几何例子时，远离膜的引力形式似乎成了障碍。

　　但这些是不是根本条件？我们想回答的另一个问题是，时空是否处处一定都是四维的？局域化引力使整个五维宇宙表现得就像只有四维引力，事情是否总能这样？或者一些区域看起来是四维的，而另一些区域表现却不同？如果引力膜不是完全平坦的，事情又会怎样？在一个有着不同几何的膜上，局域化会同样有效吗？这些问题是当地局域化引力要解决的，那也是我和拉曼发展的一个理论。

当地局域化引力

空间究竟有几个维度？我们真的知道吗？到现在为止，如果我们断言自己可以肯定地知道额外维度不存在，这未免有些自欺欺人，我想你也会同意我的看法。我们只看到三个空间维度，但实际可能会有更多，而我们未曾发现。

现在你知道额外维度可以隐藏起来，要么因为它们是卷曲的或很小，要么因为时空的弯曲，引力过于集中在一个微小区域，即使维度无限大都不曾被发现。不管是哪种情况，维度是卷曲的也好，是只集中于局部也好，时空表现出的处处都是四维的，无论你位于何处。

在局域化引力图景里，这可能不那么明显。在这一图景里，当你进入第五维度时，引力子概率函数会变得越来越小，如果在靠近膜的地方，引力的表现就好像它真的在四维世界一样。但在别处会是什么样子？答案是，在 RS_2 图景里，无论你位于第五维度的什么位置，四维引力的影响都是无法逃避的。虽然引力子概率函数在引力膜上最大，但所有地方的物体都是通过交换引力子相互作用的。因此，所有物体都会经受四维引力，无论它们在哪里。

所有地方的引力看起来都是四维的，因为引力子概率函数永远不会实际为零——它会永远继续下去。在局域化图景里，远离膜的物体会有极其微弱的引力相互作用，但即便微弱，引力仍是以四维方式表现。因此，无论你在第五维度的什么位置，牛顿平方反比定律都会成立。

远离引力膜的小但不等于零的引力子概率函数，是我在第 20 章中提出的等级问题解决方法的根本。在体空间远离引力膜的弱力膜，经受着看似四维的引力，即使那引力非常微弱。这就如在洒水装置的对比里，远离你自家花园的地方，虽然水并不是很多，但总还是有小量的水供应。

假设我们再进一步细想，我们对空间维度确切地知道什么？我们并不知道空间处处都是三维的，在我们能看到的范围内，空间看起来有三维（时空四维），但空间可能延伸出这一范围，直达我们无法看见的领域。

毕竟，光速是有限的，而我们宇宙存在的时间也是有限的。这就意味着我们所能了解的周边空间区域也是有限的，其范围是光自宇宙起源之始所能到达的距离。这并非无穷远，这一区域被称作视界，它是我们能够知道和无法知道的信息的分界线。视界之外，我们一无所知，太空不必都如我们这里一样。随着观察到的距离越来越远，我们认识到宇宙未必处处都如我们所见，哥白尼式的革命也在不断重复、更新。即使物理学定律处处都是一样的，这也并不意味着它们表演的舞台都一样，有可能膜在我们周围会引致一个与其他地方不同的引力定律。

我们怎能断言了解视界之外的宇宙维度呢？如果这之外的宇宙呈现了更多的维度（或者 5 维，或者 10 维，也可能还有更多）都不会出现任何矛盾。我们从最根本处思考，而不是假设所有地方——甚至包括我们无法到达的领域，都与我们的时空构成一样，我们就能推想出真正根本的是什么，而最终可以想见的、合乎情理的又是什么。

我们只知道自己感知的空间看上去是四维的，如果由此认为宇宙的其他区域也都是四维的，未免有些离谱。**一个离我们极其遥远的世界，有可能根本不与我们相互作用——或者有，也只是通过极其微弱的引力信号，那又为什么一定要与我们经历相同的引力和空间？它怎么就不可能有不同类型的引力呢？**奇妙的就是，它当然可以。我们的膜宇宙是三维加一维的世界，而外面的区域未必如此。2000 年，我和安德烈亚斯·卡奇提出了一个理论，在这一理论里，在膜上和靠近膜的地方，空间看起来是四维的，但远离膜的大多数地方看起来都是高维的（见图 23-1），这令我们非常惊奇。

我们称这一图景为当地局域化引力 ❶，因为局域化的引力子只在当地一个区域传递四维引力作用——空间里的其他区域看上去不是四维的。一个四维世界只存在于一个引力"孤岛"上，你所看到的维数取决于你在五维体空间的位置。

图 23-1

我们可能居住在一个高维空间的四维溶洞里。

为了理解什么是当地局域化，我们再回到池塘野鸭的类比。当我说池塘的大小无关紧要时，你可能不以为然。的确，如果池塘真的很大，对岸的鸭子就不会与你这边的鸭子聚集在一起，事实上，如果你能影响到远处的野鸭反倒是很奇怪的。远处的野鸭不会注意到你投食的面包，辽阔的湖面上，它们在另一处遥远的地方闲游，根本不知道你的存在。

当地局域化引力，其根本与此类似：聚集于一个膜上的引力与发生在空间另一遥远区域的事无关。虽然在我和拉曼研究的模型里，有一个引力子概率函数呈指数级迅速衰减却永远不等于

---

❶ 根据我们的姓名缩写，这一模型还被称作 KR。

零——因此我们处处都能感受到四维引力，但远处的引力表现对膜周围是否存在四维引力的论证并不重要。这是当地局域化引力的根本。

> 引力子可以集中在一个膜的周围，形成四维引力作用，而不影响远处的引力。四维引力可以是纯粹的局域化现象，只与局部空间相关。

安德烈亚斯是一位优秀的物理学家，一个大好人。有意思的是，他是与我以前在麻省理工学院的一个同事合作进行一个科研项目时，开始考虑这一模型的，他们原意是要挑战我和拉曼的研究（结果令我们非常高兴，他们的合作成功地证明我们的研究成果是正确的）。在项目进展中，安德烈亚斯发现一个模型与我和拉曼创建的那个极为相近，却有着非常奇特的性质。安德烈亚斯在访问普林斯顿大学时，来找我讨论这一模型，最终我们发现它的含义是令人惊讶的。起初，我和安德烈亚斯通过 E-mail 合作，有时我们到彼此的学校互访，直到我回波士顿后，交流才多了起来，而我们的发现真的令人瞩目。

这一模型与我和拉曼研究的那个非常接近，也是在五维弯曲空间里只有一个膜，但有一处差别，在这一情形下，膜并不是完全平坦的。这是因为，它承载着小量的负真空能量。正如我们看到的，在广义相对论里，有意义的不仅是相对能量，还有总能量，总能量表明时空会怎样弯曲。例如，五维时空里恒定的负能量形成了时空的弯曲，这是我们在前几章讨论过的。但在那一模型里，膜本身是平坦的，而在此，膜上的负能量使得膜产生了略微的弯曲。

膜上的负能量催生了一个更为有趣的理论，但我们实际感兴趣的并非负能量本身——如果我们生活在一个膜上，理论要与观察相符，那么我们的膜应该有小量的正能量。我和安德烈亚斯决定研究这一模型，仅仅是因为它对维数的神奇意义。

为了领会我们的发现，让我们简要回顾一下两膜的构成，以后我们将把第二个膜剔除出去。当第二个膜足够远时，我们发现有两个不同的引力子，各自集中于一个膜的附近，每个引力子概率函数都在其各自靠近的膜附近达到高峰，而随着你的离开，则呈指数级下降。这两个引力子都不能影响整个空间里的四维引力，它们只在自己聚集的膜的局部区域产生四维引力。在不同的膜上感受到的引力是不同的，它们甚至会有不同的强度，这个膜上的物体不会与另一个膜上的物体通过引力相互作用。

在这一情形里，有两个相距遥远的膜，这就好比在湖泊遥远的对岸也有一个人在喂野鸭一样。那些野鸭甚至可能是不同的品种：你引来的是绿头鸭，而对岸的那个人可能吸引的是木鸭。在这种情况下，对岸就会聚集另一群野鸭，这就好比集中于第二个膜附近的另一个引力子概率函数。出现了两个不同的粒子，且看起来都像是四维引力子，这让我们非常惊讶。通常的物理学原则应该保证只有一个引力理论，而实际上，也确实只有一个五维引力理论。但五维时空却包含了两种不同的粒子，各自在五维空间的不同区域传递着引力，其表现都像四维。两个不同的空间区域看起来都包含了四维引力，但在这些理论里传递四维引力的引力子却是不同的。还有另外一个让我们惊讶的地方：根据广义相对论，引力子是无质量的，就如光子一样，它应以光速行驶，但我和安德烈亚斯发现，其中的一个引力子是非零质量的，**不以光速行驶**。这真的令人吃惊——但也带来了麻烦：根据物理学文献，还没有一个有质量的引力子能够形成与我们的观察相符的引力。事实上，正如我们在第10章中讨论过的重规范玻色子的情形一样，相比无质量的引力子，有质量的引力子会有更多的极化方向。物理学家通过比较测得的两种不同的引力过程证明，过其他引力子的极化效应并不存在。这困扰了我们好长一段时间。

但模型却超越了传统的智慧。我们刚提出这一模型，纽约大学的物理学家马西莫·波拉提和牛津大学的伊恩·科根（Ian Kogan）、斯塔夫罗斯·莫斯普洛斯（Stavros Mousopoulos）及安东尼奥·帕派佐格罗（Antonios Papazouglou）就发现，在某些特定情形里，引力子可以有质量，且仍能产生正确的引力预言。他们分析了理论的技术细节，说明了有质量的引力子为什么不符合我们观察到的引力过程的逻辑漏洞。而这一模型还有更为奇特的含义。现在我们考虑如果除去第二个膜会怎么样。结果，**物理定律在剩余的那个膜（引力膜）上仍然表现为四维的，尽管有个无限的额外维度。**引力膜附近的引力与 RS_2 模型的完全一样。对引力膜上的事物来说，单一的引力子传递着引力，引力看上去是四维的。但是，这一模型与 RS_2 有一个重要的区别。

> 在这一模型里，集中于膜附近的引力子并不能支配在整个空间里的引力，它之所以不同只是由于膜上的负能量。引力子不会与空间所有地方的物体相互作用，它只有在膜上及其附近产生四维引力。远离膜之后，引力看上去不再是四维的。

前面我曾说过，在高维体空间，引力一定无处不在，这似乎就产生了冲突。以前的说法没错，五维引力的确是无处不在的。不过，到现在为止我们所思考的其他额外维度理论里，物理都有四维阐释，而这一理论却不同，只有对膜上或靠近膜的事物，理论才是四维的。**牛顿引力定律只在膜上及其附近适用，在别的地方，引力都是五维的。**

在这一情形中，四维引力完全是局域化现象，只有在膜的周围才能感受到。由引力表现导出维数，取决于你在第五维度的什么位置。如果这一模型正确，我们必须生活在膜上才能经受四维引力。如果在别的地方，引力都将是五维的。**膜是一个四维引力的溶洞—— 一个四维引力的孤岛。**

当然，我们还不知道当地局域化引力是否适用于真实世界，我们甚至不知道额外维度是否存在，倘若存在，它们又变成了什么么。但是，如果弦理论正确，就会有额外维度。如若这样，它们就会隐藏起来，要么通过紧紧卷曲，要么集中于局部（或当地局域化），要么就是两者结合。许多弦理论学家仍相信卷曲才是答案，但由于弦理论产生了许多引力疑难，所以没有人能最后确定。我认为局域化是一个新的选择，当引力集中于局部时，就如卷曲维度的情形一样，物理学定律就当作额外维度不存在。由此，局域化的引力就又给我们增添了一个构建模型的工具，且又扩大了机会，让弦理论找到了一个与观察一致的现实版本。

当地局域化引力模型只集中于我们能明确证实的事物上，我喜欢这种方式。它只表明在我们能够验证的区域，宇宙看起来必须是四维的——而并未说明它必定是四维的。我们的 3 个空间维度可能只是一个位置的巧合，而这一观点还有待继续探索，但不同的空间区域可能会有不同数量的维度，也并非没有可能。毕竟，每当我们探索到以前未探测到的更小距离时，都会发现新的物理学理论。在大距离上可能也是一样：如果我们生活在膜上，谁知道膜之外会是什么样子？

-imension
探索大揭秘

- 局域化引力是一种当地现象，它不依赖于时空的遥远区域。
- 引力的表现可以使世界看起来在不同区域有不同的维度，因为一个局域化的引力子并不一定会在整个空间中延伸。
- 我们可能生活在一个孤立的空间口袋中，而它的表现是四维的。

WARPED

第六部分

弯曲的旅行

PASSAGES

UNRAVELING THE MYSTERIES OF THE UNIVERSE'S HIDDEN DIMENSIONS

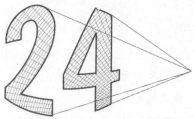

额外维度：你是在里面，还是在外面
WARPED PASSAGES

> 可我一直没有找到我要找的东西。
>
> U2 乐队

第五维度不见了

阿西娜有关一维世界、膜和五维世界的梦境经过了几代，一直流传到艾克四十二世那里。听到这些故事后，他决定确认一下，这其中是否有一定道理。于是他又搬出了他的 Alicxvr，到极小的尺度下探索——不必小到让弦出现，只要小到让他足以看清是否存在第五维度即可。对于他的问题，Alicxvr 的回答是，直接将他送进这个五维世界。

但艾克并不十分满意，他还记得以前当他胡乱扳动超空间驱动器时出现过的怪事，于是，他再次拉动操作杆——事情再次发生了急剧的变化。眼前熟悉的事物艾克统统找不到了，他只知道一件事：第五维度不见了。

艾克被搞糊涂了，因此他到太空网上搜索，看看关于"维度"都能找到些什么答案。他浏览了无数个网站，都是从那些更加令人难辨真伪的垃圾邮件里找到的。很快他就意识到，他必须要将搜索范围再明确一下。但搜了半天，始终没有找到一个明确的答案。最后他想，既然一时半会儿也弄不明白维度的根本来源，还不如转而关注时间旅行呢。

物理学进入了一个非凡的世纪，曾只在科幻小说中存在的观点，现如今已经进入理论甚至实验领域。有关额外维度的全新的理论发现，已不可逆转地改变了当今粒子物理学家、天体物理学家以及宇宙学家对世界的思考。单从发现的数量和速度来看，对一些潜在的神奇可能，我们触及的或许只是其肤浅的表面，而每个观点都正处在自行发展成长中。

但是，许多问题还有待充分解答，我们的路途远未结束。**粒子物理学家仍想知道，为什么我们只看到这几种力，是否还有其他的力？我们熟知的粒子的质量和性质的来源是什么？我们还想知道弦理论是否正确，如果正确，它又怎样与我们的世界联系起来？**

最新的宇宙观察给我们提出了更多的谜题，这都是我们要面对的。**宇宙中大多数的物质和能量是由什么构成的？在宇宙演变早期，是否有一个短暂的快速膨胀时期？如若有，是什么引起了这种膨胀？所有人都想知道，宇宙最初是什么样子。**

现在我们知道，引力在不同的距离尺度上可以有非常不同的表现。在很小的距离上，只有量子引力理论，比如弦理论，才可能描述引力；在更大的距离尺度上，广义相对论完美地适用其中；但在宏大的距离尺度上，穿越宇宙的最新发现提出了一些宇宙学谜题，比如，是什么加速了宇宙膨胀？而在更大的距离上，我们则到达了宇宙视界。不过，超出视界之外的地方，我们一无所知。

额外维度理论的一个引人入胜的方面是，它们在不同尺度上会自然形成不同的结果。在这些理论里，引力展示了在小于卷曲维度尺度的小距离的行为，或在小到没有任何效应的曲率处的行为，这些行为不同于在维度不可见或卷曲很重要的更大距离上的行为。这使我们有理由相信，额外维度最终会帮助我们理解宇宙的一些神秘特征。如果我们确实生活在一个多维世界里，那么我们当然不会忽略它的宇宙学意义。这一课题已经有了一些研究成果，但我相信还有更多有趣的结果在等待着我们去发掘。

物理学将去往何方呢？有数不胜数的可能性。但是先让我来描述几个令人迷惑的发现，这将是一些很快就能接近答案的理论。这些谜题都围绕着一个问题，此时提出也许有点令人吃惊，这就是：究竟什么是维度。

究竟什么是维度

你肯定会很吃惊，我怎么会提出这样一个问题？本书的大部分内容都在讨论维度的含义，以及额外维度宇宙假说的潜在意义。但是，既然我曾讲过我们对维度的理解，那就请允许我再简要地回顾一下这个问题。

维数究竟有什么意义？ 我们知道，维数就是你在空间中确定一个点所需要的量的数目。但在第 15 章和第 16 章中，我还给出了几个例子，说明十维理论与十一维理论有时会有相同的物理结果。

这种对偶性表明，有关维度的概念并不像看起来那么严格——它的定义是有弹性的，这使它避开了传统的术语意义。同一个理论存在对偶性描述告诉我们，没有哪一个形式必定是最好的。例如，最好的描述形式甚至其维数，都可能取决于弦耦合的强度。因为没有哪一个理论总是能给出最恰当的描述，所以维数问题也并不总是有一个简单的答案。这种含糊的维度意义以及在强相互作用理论里明显涌现的额外维度，是这 10 年来最为重要的理论物理学现象。现在，我将列举几个更令人迷惑的理论新发现。它们表明，维度的概念比我们原来预想的更为模糊。

I. 弯曲几何与对偶性

第 20 章和第 22 章解释了我和拉曼发现的弯曲时空几何的一些结果。在这一弯曲几何中，物体的质量和大小要取决于其在第五维度的位置，而且引力只局限在膜的附近。但是，这个弯曲时空，在专业上叫作反德西特空间，还有一个更为令人迷惑的特征，这是我必须告诉你的——这一特征引起了有关维数的更深层次的思考。

反德西特空间的另一个显著特征是，它还存在着一个对偶的四维理论。理论线索告诉我们，发生在反德西特五维空间里的所有事情都可以用一个四维对偶理论来描述，而在这个四维理论框架里，有着性质特别的、极强的力。根据这一神秘的对偶性，五维理论里的所有东西都能在四维理论里找到一个类似物，反之亦然。

尽管数学推理告诉我们，在反德西特空间里的一个五维理论就等同于一个四维理论，但我们并不总能知道那一四维对偶理论里确切的粒子内容。但是，现在普林斯顿大学高等研究院的阿根廷裔弦理论学家胡安·马尔达西那（Juan Maldacena），1997 年在弦理论中得到了一个类似于对偶性的明确例子，由此掀起了一轮弦理论热潮。他发现了一个有着大量重合 D- 膜的弦理论版本。

> 弦在 D- 膜上强烈地相互作用，既可以由一个四维量子场论来描述，也可以用一个十维引力理论来描述。在这个十维引力论里，其中五维卷曲，剩下的五维位于一个反德西特空间中。

一个四维理论和一个五维（或十维）理论怎么可能有相同的物理含义？比如，一个穿越第五维度的物体，它的等效物是什么？答案是：一个在第五维度上穿行的物体，在四维对偶理论里表现为一个放大或缩小的物体，这就如阿西娜在引力膜上的影子，随着她沿第五维度远离引力膜而不断长大。况且，在第五维度上互相超越的两个物体，在四维空间里对应的是两个物体增大、缩小，然后重叠。

一旦把膜引进来，对偶性的结果就显得更加奇怪了。例如，一个有引力却没有膜的五维反德西特空间等同于一个没有引力的四维理论，但是，一旦你把膜包括在五维理论里，正如我和拉曼所做的那样，这个等效的四维理论立即包含了引力。

那么，这种对偶性是不是表示，我提出的高维理论的弯曲几何是在骗人？当然不是。对偶性确实引人入胜，但它并不能真正改变我所讲过的事情。即便有人找到了一个对偶的四维理论，那这样一个理论也将极难研究：它必须包含大量的粒子，而其相互作用又极为强烈，根本无法使用微扰理论（见第15章）。

一个有着强相互作用的理论，如果没有一个替代的、弱相互作用的描述，几乎不可能得到解释。在这种情况下，这个较易驾驭的描述就是五维理论。只有这个五维理论具有足够简单的形式用以计算，我们由五维角度来思考这一理论才有意义。但即便五维理论更容易驾驭，对偶性仍令我想知道"维度"一词究竟是什么意思。我们知道维数应是你确定一个物体的位置所需量的数量，但我们是否总能确定地知道哪个量是该被计算在内的？

Ⅱ. T 对偶

还有一个原因让我对维度的含义存有疑问，那就是表面不同的两个几何之间的等效性，被称作 T 对偶。在发现我们讨论过的对偶性之前，弦理论学家早就发现了 T 对偶。它所交换的两个空间，一个有着极小的卷曲维度，而另一个却有着庞大的卷曲维度。尽管看起来很奇怪，但在弦理论里，卷曲空间的极小体积和极大体积产生的物理结果是一样的。

T 对偶适用于有卷曲维度的弦理论，因为在紧缩成一个圆的时空里，存在两种不同类型的闭弦，当一个微小的卷曲维度空间与一个大卷曲维度空间交换时，这两种弦也会被交换。第一种闭弦在绕着封闭维度旋转时会上下振动，这很像我们在第 18 章里看到过的卡鲁扎 - 克莱因粒子的表现；而另外一种会缠绕卷曲维度，它可以在卷曲维度上缠一圈、两圈或几圈都有可能。T 对偶能够交换大、小两个卷曲维度，因此也会交换这两种类型的弦。

事实上，T 对偶是膜一定会存在的第一个线索，没有它们，开弦在对偶理论里就不会有类似物。但是，如果 T 对偶确实适用，且极小和极大的卷曲维度产生的是同样的物理结果，那么这就再次意味着我们有关"维度"的概念是不完善的。这是因为，如果设想一个卷曲维度的半径无穷大，那么 T 对偶的卷曲维度就会是一个半径为零的圆——圆根本不存在。这就是说，在一个理论里的无穷大维度与一个少了一维的理论 T 对偶（因为一个零尺寸的圆不能被算做是一个维度）。因此，T 对偶还表明，两个明显不同的空间，其无限延伸的维数不同，却能作出相同的物理学预言。至此，维度的含义变得再次模糊起来。

Ⅲ. 镜对称

当维度卷曲成一个圆时，T 对偶适用，但还有一个对称甚至比 T 对偶更奇特，即是镜对称（mirror symmetry）。当弦理论的 6 个维度卷曲成卡拉比 - 丘流形时，往往就会用到它。根据镜对称，6 个维度可以卷曲成两个完全不同的卡拉比 - 丘流形，而其形成的四维宏观理论却是相同的。

一个特定的卡拉比 - 丘流形的镜像看上去可以是全然不同的：

它可能有不同的形状、大小、卷曲方式，甚至是洞的数量也不同。❶
当一个特定的卡拉比 - 丘流形存在一个镜像时，6 个维度会卷曲成
其中的任何一个，物理理论都是同样的。因此，有了镜像流形，两
个全然不同的几何产生的是同样的预言。时空再次有了神秘的属性。

IV. 矩阵理论

矩阵理论（matrix theory）是研究弦理论的工具，它提供了
更神秘的有关维度的线索。从表面上来看，矩阵理论像一个量
子力学理论，描述了在 10 个维度里穿行的 Do- 膜（点状膜）的
表现和相互作用。但是，尽管该理论没有明确包含引力，但 Do-
膜的表现就如引力子一样，因此，即使引力子表面并不存在，该
理论最终还是包含了引力作用。

再者，Do- 膜理论模拟的是十一维的超引力，而不是十维的，
这就是说，矩阵模型包含的超引力似乎就比原来理论描述的要多
出一维。这种表现，再加上其他一些数学上的证据，使得弦理论
学家相信矩阵理论就等同于 M 理论，因为 M 理论也包含了十一
维超引力。

矩阵理论的一个尤为奇特的特点是，爱德华·威滕发现：当
Do- 膜彼此太过靠近时，我们无法明确地知道它们究竟在哪儿。
正如矩阵理论的创始人——汤姆·班克斯、威利·菲斯彻勒（Willy
Fischler）、斯蒂夫·申克（Steve Shenker）和兰尼·萨斯坎德（Lenny
Susskind）在他们的论文中所说："因此，对微小的距离而言，其
空间构形无法用寻常的位置来表示。"这就是说，当你试图明确
地找到它时，Do- 膜的位置根本不是一个有意义的量。

尽管这种奇怪属性使得矩阵理论看似值得研究，但目前将它
用于计算仍很困难。问题是，如其他所有包含强相互作用物体的

---

❶ 流形可以拥有不同数量的洞。例如，球形没有洞，而像炸面圈一样的圆环就有一个洞。

理论一样，还没有人能找到一种方法来解决这些重要问题，而这些问题将帮助我们更好地理解宇宙究竟发生了些什么。即便如此，由于额外维度的出现，以及当 Do- 膜太过靠近时维度的消失，矩阵理论也成了我们对维度含义很疑惑的又一个原因。

之后，我们该思考什么

尽管物理学家已从数学上证明，在不同维数的理论间存在着这些神秘的等效作用，但显然，我们还没有看到事实的全部。**我们能确定这些对偶性会适用吗？如果适用，关于时间和空间的性质，它们又能告诉我们些什么？**再者，当一个维度既不很大也不很小时（相对于异常微小的普朗克级长度），没人知道最好的描述是什么。或许，一旦我们试图去描述这么微小的东西时，我们的时空观念便彻底崩溃了。

在普朗克级长度上，我们的时空描述还远不充分。我之所以这样认为，其中一个最为强烈的理由就是，即便在理论上，我们都还想不出任何办法来探测这样微小的尺度。由量子力学我们知道，探测微小尺度需要消耗大量的能量，一旦你在微小如普朗克长度 10^{-33} 厘米的区域里投入太大的能量，你就会得到一个黑洞，然后你就无法知道里面究竟发生了些什么了——所有信息都被困在黑洞的视界之内。

最为重要的是，即便你试图投入更大的能量到那一微小的区域里，你仍不能成功。一旦你把大量能量加进普朗克级长度的范围内，这一区域就必然会膨胀——不然你无法加进更多的能量。也就是说，如果你增加能量，黑洞也会变大。因此，实际你不是在制造一个探索研究那一微小尺度的精良工具，而是在让那一区域膨胀，你永远也无法既让它很小同时又能对它进行研究。这就好像你要用激光束来研究博物馆里的一件珍贵的工艺品一样，激光不仅不能帮你探查其中的奥秘，反而会把工艺品灼伤。即使在物理学的思想实验里，你也永远无法看到比普朗克级长度小很多的区域：不等我们到达那里，我们熟悉的物理学定律便已失效。在普朗克标度附近，传统的时空观念几乎肯定不能适用。

事实如此离奇，我们急需一个更为深入的解释。由这 10 年令人费解的发现，我们得到的一个最为重要的信息就是，时间和空间一定还有更为基本的描述。对这一问题，爱德华·威滕给出了一句简要的总结："空间和时间可能是要消亡的。"许多顶尖的弦理论学家也同意这一观点，内森·塞伯格说道："我几乎可以肯定，时间和空间都是一种幻觉。"而戴维·格罗斯则这样设想："很有可能空间甚或时间都有各自的组成，它们可能最终成为一个全然不同的理论的自发特征。"不幸的是，有关时空这一根本描述的性质究竟会是什么，至今还没人知道。但是，深入了解空间和时间的根本性质，显然仍是物理学家今后几年将面临的最为艰巨也最具吸引力的挑战。

即将被证实的宇宙真相

> 正如我们所知，这是世界的终结（我感觉很好）。
>
> 美国另类摇滚乐队 REM

大团圆结局

艾克四十二世利用他的时光穿梭机回到了过去，他警告艾克三世，如果他继续驾驶保时捷，后面等待他的将是灾难！这一来自未来的客人让艾克三世感到无比震惊，他乖乖地听从了艾克四十二世的警告。他将保时捷卖掉，换了一辆菲亚特，从此过上了一种怡然自得的生活。

能再次与哥哥团聚，阿西娜狂喜无比，看到自己的好朋友迪特尔也非常高兴。可是两个人都感到有点儿纳闷：艾克好像从来就没有离开过呀！阿西娜和迪特尔觉得，艾克对他们讲述的时间旅行纯属虚构。即使在梦里，肥猫也从不曾在时间里轮回，兔子也从未到达过一个有额外时间维度的站点，而量子侦探也会拒绝思考如此古怪的时间行为。但阿西娜和迪特尔喜欢圆满的大结局，因此他们权且放下疑惑，欣然地接受了艾克的幻想故事。

这些年来，虽然物理学的发展令人赞叹，但我们仍不知该如何驾驭引力，也不知该如何用意念隔空取物。或许，在额外维度的研究上大量投入还为时过早。我们不知道该如何将我们生活的宇宙与能在其中进行时间轮回的宇宙联系起来，所以也没人能制造出一台时间机器，而且很有可能无论将来还是过去，都没有人能制造得出来。

虽然像这样的观点还只停留在科幻领域，但我们生活的世界着实是充满了神奇和秘密。**我们的目的是要弄清楚：其中的片段是如何连接起来的？它们又是如何发展到目前这种状态的？我们还未弄明白的联系都是些什么？像前几章里我提出的问题，它们的答案又是什么？**

即便物质的最根本来源还有待我们进行更深入的理解，但我希望你相信，在我们实验能探测的尺度内，我们已经掌握了自然许多方面的根本性质。即使我们还不知道时空的根本元素，但在远大于普朗克长度的尺度上，我们确实认识了它的属性。在这些领域里，我们可以使用我们已掌握的物理学定律，推导出我已描述的各种结果。有关额外维度和膜，我们遇到了许多出乎意料的特征。这些特征有可能会发挥重要的作用，帮助我们解开宇宙的一些秘密。

额外维度拓宽了我们的视野和想象，让我们看到更多新奇的可能。现在我们知道，额外维度的构成可以以任意多种形状和大小出现：**它们可以有弯曲的额外维度，也可以有大额外维度；它们有可能是一个膜，也有可能是两个膜；它们可能让一些粒子在体空间中，而让另外的粒子被束缚于膜上。**宇宙比我们能想象的任何东西都更为庞大、更为丰富，也更为多样。

究竟哪一个观点能描述我们的真实世界？我们只能等待真实世界来回答。精彩的是，它可能会给我们提供答案。我描述的这些额外维度模型，最令人激动的性质就是，它们会产生实验结果。这一令人瞩目的事实，其意义无论怎么强调都不过分。额外维度模型（我们原以为它们要么根本不可能，要么根本不可见）能够产生我们看得见的结果，而从这些结果中，我们可能推导出额外维度是否存在。如若这样，我们有关宇宙的观点将不可避免地被改变。

在天体物理学或宇宙学中，额外维度可能会得到验证。物理学家正在发展额外维度宇宙中黑洞的详细理论，研究发现它们尽管与四维黑洞属性类似，却仍存在一些细微的差异。额外维度黑洞可能最终会表现出明显不同的属性，足以让我们分辨出差异。

宇宙学发现还可能告诉我们更多关于时空结构的东西。当今实验探索的是宇宙几十亿年前的样子，许多发现与预言相符，但也存在一些重要的问题。如果我们生活在一个高维宇宙里，它在其早期一定大不相同，其中的一些差异就可能会帮助我们解释一些令人费解的现象。物理学家正在研究额外维度对宇宙学的意义，我们有可能了解隐藏在其他膜上的暗物质，或隐藏的高维体空间所贮存的宇宙能量。

LHC 是一个巨大的赌注——对物理学家来说，这再好不过了。几乎可以肯定的是，LHC 实验会发现新的粒子，它们的性质会给我们一些超越标准模型的新见解。更令人激动的是，没人知道这些新粒子会是什么。

在我从事物理学研究的过程中，我们发现的新粒子一直都是那些理论研究已告诉我们必然会发现的粒子。我并不是不重视这些发现——它们都是令人惊叹的成就，但如果能发现一些全新的、未知的东西将更加令人激动。在 LHC 投入运行之前，没人真正确信自己集中努力的方向是什么，来自 LHC 的结果将可能改变我们对世界的看法。

LHC 将有足够的能量生成新的粒子类型，它们有望揭示许多秘密。这些粒子可能是超对称伙伴或四维模型预言的其他粒子；也有可能是卡鲁扎 - 克莱因粒子——穿行于额外维度里的粒子。是否能看到、何时能看到这些 KK 粒子将完全取决于我们生活的宇宙有多大以及是什么形状。我们是否生活在一个多重宇宙里？这一宇宙的大小和形状会让我们看到 KK 粒子吗？

针对等级问题的所有模型在弱力级别上都将产生可见的结果。弯曲几何的印记尤其神奇：如果这一理论正确，我们将探测到 KK 粒子，并由它们留下的线索测知其属性。相反，如果其他额外维度模型正确地描述了世界，那么能量会消失在额外维度里，而我们最终可以通过不平衡的能量探测到那些维度。

当然，我们还无法得知所有的答案，但宇宙的大门很快就将打开：天体物理学对宇宙的探索将比以前更远、更早，也更详尽。在从未探测到的更小尺度上，LHC 的发现将告诉我们物质的本质。而在高能量上，我们对宇宙真相的认识也已经要爆满了。

宇宙将慢慢揭开其神秘的面纱，而我，迫不及待地想要一睹芳容。

　　2008 年 9 月 10 日，欧洲核子研究中心的大型强子对撞机进行了首次实验。无数科学家对此翘首以待，其中就包括本书的作者兰道尔教授。对撞实验也引起了全球许多普通民众的关注，关于高能物理，关于宇宙起源，关于物质本源，人们想知道得更多。本书可以让我们更多地了解近代物理学家的研究成果和面临的未解问题。

　　大型强子对撞机实验究竟会给我们和科学家提供什么样的答案？实验会发现黑洞，还是额外维度？这是眼下人们正期待的结果，也是作者在本书中探寻的问题。

　　从这本书中，你会明白什么是相对论，了解粒子物理学、量子力学的发展及其未能解决的问题，也会学到弦理论、超对称、额外维度等物理学家提出的等级问题的新的解决方案。为了让我们最终了解额外维度和高维世界，作者丽莎·兰道尔追溯了理论物理的发展历史，给我们呈现了一份详尽的文献，引领读者从宏观世界游览到微观世界。即便我们并不具备专业知识，也能跟上她的脚步。我们可以看到，早期的物理学家为了揭示物质的最基本构成，进行了怎样孜孜不倦的探索；也明白了正是由于粒子物理学的贡献，我们的现代生活才有如此先进的科技。计算机、电子通信、计算机技术、网络技术，又有哪项离得开这些根本理论的发现？而我们现在使用的万维网恰恰是从欧洲核子研究中心衍生出来的副产品。

兰道尔教授献给我们的是一本科普读物，而非学术论著，所以阅读本书并不要求读者具备高深的专业知识。本书深入浅出、通俗易懂，作者更多地用比喻来描述一些原本高深的物理现象，使它们与我们日常熟悉的现象联系起来。比如，她用以下例子讲解自发对称破缺：一支铅笔立在圆中心，在那短暂的一刻，所有方向对它都是相同的，但存在着一种旋转对称，当铅笔倒下时，原来的旋转对称则被打破；再如她用层层官僚机构、秘密在朋友间的传播，甚至是特洛伊战争，让我们理解了虚粒子的作用；还有，微扰理论就像是调颜料，为了得到理想的颜色，我们得一点一点循序渐进地加入少量的接近色。

翻译过程中查阅相关资料，有时会碰到论文或教科书之类，由于有太多的计算和专业术语，很多都是我难以领会的，我想，如若那不是给科学家看的，至少也是给物理学专业学生看的。还是回到这本《弯曲的旅行》才能更轻松地解读理论物理学，这才是给我们大众读者看的书。作者把枯燥的理论变得生活化起来，引领我们饶有兴味地读下去。

在本书中，生动有趣的比喻处处可见，池塘边的野鸭、橡胶管里的小虫、身材悬殊的同胞兄弟。作者说大统一的三种力就如同一个受精卵发育成的三胞胎，虽然最终长成了三个性格迥异的青年—— 一个留着染了色的朋克头，一个留着水手样的小平头，而另一个像艺术家一样扎着小辫子，但他们都有着相同的DNA，小时候让人难以分辨。有了这样的比喻，你还会感觉理论物理学超出我们的理解吗？为了增加阅读的乐趣，抓住读者的注意力，她还在每章的篇首都给出了一个简短的生活故事，由阿西娜和他的哥哥艾克贯穿始终。同时，每章标题下还引用了一段文字，或小诗，或歌词，或短评。从中，我们可以预期本章的内容，由此唤起阅读的兴致。

在书中，我们还能从一个侧面了解到科学家的生活点滴：在欧洲核子研究中心工作的物理学家是幸运的，尽管城里的冬天常常阴云密布，但他们却能沐浴着阳光，皮肤黝黑地度过冬季，因为在附近的山上就能滑雪、溜冰或是徒步旅行；而有时，他们又会过度专注于自己的思考，甚至过边境时都忘了停车接受检查。拉曼·桑卓姆，作者的一位合作者，尽管两人的研究在史蒂芬·霍金那里备受推崇，但此前他却因难以得到一份正式的教职而不得不做了好几期博士后，甚至差点儿放弃了物理学，好在事情有了转机，他终于找到了工作。由此，我们也看出了一位博士后的无奈。还有，作者在咖啡馆里，品着冰激凌，与同事共同探讨新的论题；或者坐在公园的长椅上，看着湖光山色，得出自己的计算结果。这些点滴，将科学家作为普通人的一面栩栩如生地展现在了我们面前。

翻译该书的过程，也是我学习成长的过程。每翻译完一章，就像是登上了一个山头：极目望去，风光无限。长舒一口气，满怀信心地展望下一山头，又是一片全然不同的风景，使我迫不及待地要去探索。在翻译过程中，尤其日本人名的翻译是一件颇费周折的事，你不可能从英文直接音译成汉字，必须恢复其日语发音，像朝永振一郎是在文献里能查到的，而其他几位如外村彰（Akira Tonomura）等就不那么容易了。

我请教教日语的同事程笙教授，而程教授又不辞辛劳地打国际长途问过几位日本学者，几经周折才最终从早稻田大学的一位教授那里得到确认。由此，我深深敬佩程教授的严谨和不懈，同时深表感激。另一日本老师名为村山齐（Hitoshi Murayama），这一译名是我的爱人张宏伟先生帮助查阅日本网站找到的，在翻译这本书的过程中，他给予了我许多帮助和支持，在此，也对他说声"谢谢"。田南阳老师为本书校稿，实乃字斟句酌，付出良多，是我最应表示感谢的人。我要致谢的人还有李绍明老师、季阳老师，正是他们对我的信任和支持，才让我有机会和勇气承担起翻译此书的任务。另外王明岩、杨桂玲、谭慧英也参与了本书的部分工作，在此一并表示感谢。

由于时间紧迫，专业知识有限，书中难免存在疏漏和不足，敬请读者不吝指正。

如何阅读商业图书

商业图书与其他类型的图书，由于阅读目的和方式的不同，因此有其特定的阅读原则和阅读方法，先从一本书开始尝试，再熟练应用。

阅读原则1 二八原则

对商业图书来说，80% 的精华价值可能仅占 20% 的页码。要根据自己的阅读能力，进行阅读时间的分配。

阅读原则2 集中优势精力原则

在一个特定的时间段内，集中突破 20% 的精华内容。也可以在一个时间段内，集中攻克一个主题的阅读。

阅读原则3 递进原则

高效率的阅读并不一定要按照页码顺序展开，可以挑选自己感兴趣的部分阅读，再从兴趣点扩展到其他部分。阅读商业图书切忌贪多，从一个小主题开始，先培养自己的阅读能力，了解文字风格、观点阐述以及案例描述的方法，目的在于对方法的掌握，这才是最重要的。

阅读原则4 好为人师原则

在朋友圈中主导、控制话题，引导话题向自己设计的方向去发展，可以让读书收获更加扎实、实用、有效。

阅读方法与阅读习惯的养成

（1）回想。阅读商业图书常常不会一口气读完，第二次拿起书时，至少用 15 分钟回想上次阅读的内容，不要翻看，实在想不起来再翻看。严格训练自己，一定要回想，坚持 50 次，会逐渐养成习惯。

（2）做笔记。不要试图让笔记具有很强的逻辑性和系统性，不需要有深刻的见解和思想，只要是文字，就是对大脑的锻炼。在空白处多写多画，随笔、符号、涂色、书签、便签、折页，甚至拆书都可以。

（3）读后感和 PPT。坚持写读后感可以大幅度提高阅读能力，做 PPT 可以提高逻辑分析能力。从写读后感开始，写上 5 篇以后，再尝试做 PPT。连续做上 5 个 PPT，再重复写三次读后感。如此坚持，阅读能力将会大幅度提高。

（4）思想的超越。要养成上述阅读习惯，通常需要 6 个月的严格训练，至少完成 4 本书的阅读。你会慢慢发现，自己的思想开始跳脱出来，开始有了超越作者的感觉。比拟作者、超越作者、试图凌驾于作者之上思考问题，是阅读能力提高的必然结果。

扫码关注湛庐文化，
回复"阅读"
这5种方法，让读过的书变成你的影子

[特别感谢：营销及销售行为专家 孙路弘 智慧支持！]

ç 我们出版的所有图书，封底和前勒口都有"湛庐文化"的标志

并归于两个品牌

ç 找"小红帽"

为了便于读者在浩如烟海的书架陈列中清楚地找到湛庐，我们在每本图书的封面左上角，以及书脊上部 47mm 处，以红色作为标记——称之为**"小红帽"**。同时，封面左上角标记**"湛庐文化 Slogan"**，书脊上标记**"湛庐文化 Logo"**，且下方标注图书所属品牌。

湛庐文化主力打造两个品牌：**财富汇**，致力于为商界人士提供国内外优秀的经济管理类图书；**心视界**，旨在通过心理学大师、心灵导师的专业指导为读者提供改善生活和心境的通路。

47mm

ç 阅读的最大成本

读者在选购图书的时候，往往把成本支出的焦点放在书价上，其实不然。

时间才是读者付出的最大阅读成本。

阅读的时间成本=选择花费的时间+阅读花费的时间+误读浪费的时间

湛庐希望成为一个"与思想有关"的组织，成为中国与世界思想交汇的聚集地。通过我们的工作和努力，潜移默化地改变中国人、商业组织的思维方式，与世界先进的理念接轨，帮助国内的企业和经理人，融入世界，这是我们的使命和价值。

我们知道，这项工作就像跑马拉松，是极其漫长和艰苦的。但是我们有决心和毅力去不断推动，在朝着我们目标前进的道路上，所有人都是同行者和推动者。希望更多的专家、学者、读者一起来加入我们的队伍，在当下改变未来。

湛庐文化获奖书目

《大数据时代》
国家图书馆"第九届文津奖"十本获奖图书之一
CCTV"2013中国好书"25本获奖图书之一
《光明日报》2013年度《光明书榜》入选图书
《第一财经日报》2013年第一财经金融价值榜"推荐财经图书奖"
2013年度和讯华文财经图书大奖
2013亚马逊年度图书排行榜经济管理类图书榜首
《中国企业家》年度好书经管类TOP10
《创业家》"5年来最值得创业者读的10本书"
《商学院》"2013经理人阅读趣味年报·科技和社会发展趋势类最受关注图书"
《中国新闻出版报》2013年度好书20本之一
2013百道网·中国好书榜·财经类TOP100榜首
2013蓝狮子·腾讯文学十大最佳商业图书和最受欢迎的数字阅读出版物
2013京东经管图书年度畅销榜上榜图书，综合排名第一，经济类榜榜首

《牛奶可乐经济学》
国家图书馆"第四届文津奖"十本获奖图书之一
搜狐、《第一财经日报》2008年十本最佳商业图书

《影响力》（经典版）
《商学院》"2013经理人阅读趣味年报·心理学和行为科学类最受关注图书"
2013亚马逊年度图书分类榜心理励志图书第八名
《财富》鼎力推荐的75本商业必读书之一

《人人时代》（原名《未来是湿的》）
CCTV《子午书简》·《中国图书商报》2009年度最值得一读的30本好书之"年度最佳财经图书"
《第一财经周刊》· 蓝狮子读书会·新浪网2009年度十佳商业图书TOP5

《认知盈余》
《商学院》"2013经理人阅读趣味年报·科技和社会发展趋势类最受关注图书"
2011年度和讯华文财经图书大奖

《大而不倒》
《金融时报》· 高盛2010年度最佳商业图书入选作品
美国《外交政策》杂志评选的全球思想家正在阅读的20本书之一
蓝狮子·新浪2010年度十大最佳商业图书，《智囊悦读》2010年度十大最具价值经管图书

《第一大亨》
普利策传记奖，美国国家图书奖
2013中国好书榜·财经类TOP100

《真实的幸福》
《第一财经周刊》2014年度商业图书TOP10
《职场》2010年度最具阅读价值的10本职场书籍

《星际穿越》
国家图书馆"第十一届文津奖"十本奖获奖图书之一
2015年全国优秀科普作品三等奖
《环球科学》2015最美科学阅读TOP10

《翻转课堂的可汗学院》
《中国教师报》2014年度"影响教师的100本书"TOP10
《第一财经周刊》2014年度商业图书TOP10

湛庐文化获奖书目

《爱哭鬼小隼》
　国家图书馆"第九届文津奖"十本获奖图书之一
《新京报》2013年度童书
《中国教育报》2013年度教师推荐的10大童书
　新阅读研究所"2013年度最佳童书"

《群体性孤独》
　国家图书馆"第十届文津奖"十本获奖图书之一
　2014"腾讯网·啖书局"TMT十大最佳图书

《用心教养》
　国家新闻出版广电总局2014年度"大众喜爱的50种图书"生活与科普类TOP6

《正能量》
《新智囊》2012年经管类十大图书,京东2012好书榜年度新书

《正义之心》
《第一财经周刊》2014年度商业图书TOP10

《神话的力量》
《心理月刊》2011年度最佳图书奖

《当音乐停止之后》
《中欧商业评论》2014年度经管好书榜·经济金融类

《富足》
《哈佛商业评论》2015年最值得读的八本好书
　2014"腾讯网·啖书局"TMT十大最佳图书

《稀缺》
《第一财经周刊》2014年度商业图书TOP10
《中欧商业评论》2014年度经管好书榜·企业管理类

《大爆炸式创新》
《中欧商业评论》2014年度经管好书榜·企业管理类

《技术的本质》
　2014"腾讯网·啖书局"TMT十大最佳图书

《社交网络改变世界》
　新华网、中国出版传媒2013年度中国影响力图书

《孵化Twitter》
　2013年11月亚马逊(美国)月度最佳图书
《第一财经周刊》2014年度商业图书TOP10

《谁是谷歌想要的人才？》
《出版商务周报》2013年度风云图书·励志类上榜书籍

《卡普新生儿安抚法》《最快乐的宝宝1·0~1岁》
　2013新浪"养育有道"年度论坛养育类图书推荐奖

延伸阅读

《叩响天堂之门》

◎ 理论物理学大师丽莎·兰道尔"宇宙三部曲"——一本书读懂宇宙求索的漫漫历程。

◎ 宇宙如何起源？为什么我们要耗资巨额，建造史上最大型的科学仪器——大型强子对撞机？宇宙万物的真相又如何向我们徐徐展开？

◎ 科学小白与科学大V都不可错过的年度最佳科普巨作，韩涛、张双楠、陈学雷、朱进、苟利军、吴岩、万维钢、郝景芳等众多顶尖科学家与科学达人挚爱推荐。

扫码直达本书购买链接

《弯曲的旅行》

◎ 理论物理学大师丽莎·兰道尔"宇宙三部曲"——一本书读懂神秘的额外维度。

◎ 我们了解宇宙吗？宇宙有哪些奥秘？宇宙隐藏着与我们想象中完全不同的维度吗？我们将怎样证实这些维度的存在？

扫码直达本书购买链接

《暗物质与恐龙》

◎ 理论物理学大师丽莎·兰道尔"宇宙三部曲"——一本书读懂暗物质以及恐龙灭绝背后的秘密。

◎ 暗物质是什么？它是如何让昔日的地球霸主毁灭的？宇宙万物又是如何在看似无关的情况下联系在一起，从而改变了世界的发展的？

扫码直达本书购买链接

《星际穿越》

◎ 天体物理学巨擘，引力波领域大师，同名电影科学顾问基普·索恩巨著，媲美霍金《时间简史》。

◎ 国家天文台8位天体物理学科学权威翻译。

◎ 国家图书馆"第十一届文津奖"科普奖获奖图书。

扫码直达本书购买链接

图书在版编目（CIP）数据

弯曲的旅行／（美）兰道尔著；窦旭霞译 . —杭州：浙江人民出版社，2016.10

ISBN 978-7-213-07565-0

Ⅰ .①弯… Ⅱ .①兰… ②窦… Ⅲ .①宇宙学－普及读物 Ⅳ.P159-49

中国版本图书馆 CIP 数据核字（2016）第 193257 号

浙 江 省 版 权 局
著作权合同登记章
图字：11-2016-369 号

上架指导：科普读物 / 宇宙天文

弯曲的旅行

［美］丽莎·兰道尔　　著

窦旭霞　译

出版发行：浙江人民出版社（杭州体育场路 347 号　邮编　310006）

　　　　　市场部电话：（0571）85061682　85176516

集团网址：浙江出版联合集团　http://www.zjcb.com

责任编辑：朱丽芳

责任校对：张志疆　俞建英

印　　刷：北京富达印务有限公司

开　　本：720 mm × 965 mm 1/16　　　印　　张：31.25

字　　数：413 千字　　　　　　　　　插　　页：3

版　　次：2016 年 10 月第 1 版　　　　印　　次：2016 年 10 月第 1 次印刷

书　　号：ISBN 978-7-213-07565-0

定　　价：89.90 元

如发现印装质量问题，影响阅读，请与市场部联系调换。